入門 統計学 第2版

—検定から多変量解析・
実験計画法・ベイズ統計学まで—

栗原 伸一［著］

第2版に向けて

早いもので，初版から10年が経ちました。その間，統計学を取り巻く環境は劇的に変化しました。非接触型ICチップが内蔵されたスマートフォンが普及し，様々なデバイスがインターネットに繋がり（IoT），我々の消費行動から健康状態まで社会のあらゆる情報がビックデータとして日々刻々と蓄積されるようになったのです。もちろん企業もそれらの重要性や将来性を認識してはいるのですが，残念ながらデータを扱える人材（データサイエンティスト）は不足しています。国もこうした事態に危機感を抱いたとみえて，2022年度からは高校で統計学が必修化されるようです。文系も学ぶ数学Bで「統計的な推測」が加えられ，仮説検定まで学ぶようになるのは感慨深いものがあります。こうした社会的情勢の変化，そして統計学自体の発展（というより著者自身の知識の向上？）を受け，このたび第2版として大幅改訂させていただく運びとなりました。

さて，改訂の内容ですが，初版は数理的厳密さよりも“取っ付きやすさ”を追求したため（それはそれで好評だったのですが），確率や確率分布の基礎的な定義が疎かになっておりました。そのためわざわざ別の統計学のテキストを買う方もいたようですので，そのようなことのないように**確率や確率分布**についての式と解説を補足しました。また，仮説検定においては，時代とともに注目されるようになった**検出力や多重比較**について大幅に加筆しました。

後半の多変量解析では，ソフトの使い方が主だった初版に理論の解説を増強し，また判別分析に代わって使用場面の増えている**ロジスティック回帰分析**を扱うようにしました。そして，ビックデータとの相性の良さなどから近年注目されている**ベイズ統計学**について新たに章を起こしました。ソフトについても，価格が高騰して一般の方は手が届かなくなってしまった有料ソフト（SPSSやエクセル統計）に代えて，無料であるにも関わらず高機能で使いやすいと評判の**Rコマンダー**と**G*Power**を使うことにしました。また，専門用語については，英語でも併記するようにしました。

このように，本改訂では増強部分が多かったため，ボリュームが大きくなってしまいました。著者の専門分野である経済学では，改訂版よりも初版の方が好評だった悲しい運命のテキストが沢山あります。本書もそうした残念な事態に陥らないよう，気をつけながら改訂したつもりですが，いかがでしょうか？

2021年6月

栗　原　伸　一

第１版の「はじめに」

みなさんのなかには「統計学なんて，どうせ自分たちの生活には関係がないのだから必要ない。仕事に使えれば（単位だけ取れれば）いいから，必要なところだけちょちょいのちょいと教えてくれ！」と考えている方はいませんか？　ところがどっこい，実はみなさんの周りは統計学だらけなのです。

例えば，高校生時代にみなさんが一喜一憂していた模試の希望大学合格可能性も，健康診断で指摘されるBMI（ボディマス指数）も，選挙で開票開始直後に報じられる“当確”も，ぜーんぶ統計学によるものなのです。そして，今日の降水確率だって，将来の年金支給額だって，やっぱり統計学が利用されているのです。もちろん，みなさんがこれから取り組もうとしている研究にも統計学は大活躍すること間違いなしです。

研究室やゼミ室の書棚に並んでいる先輩方の偉大な（？）報告書や卒論のなかには，統計学を使わずに，たった数件のデータから計算した平均や比率だけを比較して「○○ホシテントウよりも××ホシテントウの体長の方が大きい」とか「市民の△△に対する意識と□□に対する意識には差がない」などと結論づけているものもあります。しかし，よく考えてみてください。みなさんが研究で扱う10や20（せいぜい100程度）のデータ数で，本当に差があるかどうかを判断することができるでしょうか？　研究室の仲間が同じような実験や調査をやってみたら，全く逆の結論になるかもしれません。つまり，確実に○○ホシテントウと××ホシテントウの体長に差があるかどうかを結論づけるためには，この世に存在する全ての○○ホシテントウと××ホシテントウを採集し，体長を計測しなければなりません。何かに対する市民意識の差の有無を結論づけるためには，調査対象となる市の人口が50万人ならば，50万人全員から調査票を回収しなければならないのです。でも，それには時間もお金もかかりすぎて現実的には無理な話です。そこで統計学の出番です。

統計学では，上の例でいえば，「95％の確かさで，○○と××との間には差がある」などと判定するのです。しかし，統計学は万能ではありません。あくまで「確率で真の結論を推測する」だけです。少ない回数の実験や調査で結論づけようとするのですから，判定が間違うこともあることは想像できますよね？　つまり，95％の確かさということは，また別の機会に，同様の実験や調査を実施した場合，「5％は間違う可能性もある」ということです。でも，この95％の確かさというのは，かなり役に立ちます。だって想像してみてください，仮に実験を20回行っても，そのうち19回は同じ答えが得られるということですからね。みなさんも「このサプリは95％の確かさで効きますよ」といわれたら，買いたくなってしまいますよね。

さて，まだみなさんはこの程度の説明ではピンとこないかもしれません。でも，この後一緒に勉強していくに従って，統計学とはどのようなものなのか，また，どのような手法があって，どのようなデータにそれを使用することができるのかが次第に明らかになります。

大学入試においては統計学に関する問題のウェイトは低いため，高校の授業では概ねスキップされることも多いと聞きます。そのため大学に入って初めて統計学に対面したみなさんにとっては，ちょっと取っ付きにくいかもしれません。しかし，いったん，浅くてもよいですからザッと学習してしまえば，統計学のコツは意外と簡単に掴むことができると思います。とはいっても，決して薄っぺらい内容にしたつもりはありません。大学の教員や研究者が読んでも「なるほど，そうだったのか」と思うようなツボは押さえたつもりです。

さあ，一緒に統計学を使って科学的に物事を捉えていきましょう！

最後になりましたが，本書執筆のために授業見学までさせていただいた千葉大学園芸学部の野島博先生を始め，データ提供をいただいた高垣美智子先生，坂本一憲先生，宍戸雅宏先生にはこの場をお借りして深く御礼申し上げます。また丸山敦史先生には，毎回，相談に乗ってもらい，いろいろなアドバイスをいただきました。そして，貴重なコメントをいただいた早稲田大学の小島隆矢先生に対しましては，全てを反映できなかったことをお詫び申し上げます。

本書の話をいただいてから出版にこぎつけるまで2年以上かかってしまいました。辛抱強くお待ちいただいたオーム社の津久井靖彦さんには心より感謝申し上げます。

2011年7月

栗　原　伸　一

推測統計学と本書で学ぶこと

推測統計学

実は，「はじめに」の話は，統計学の中でも**推測統計学**という分野について述べたものでした。統計学には，大きく分けて**記述統計学**と推測統計学の2つがあります。ここで，既に「やっぱり難しそう……」と考えたみなさん，安心してください。これまでみなさんが小学校や中学・高校で学んできた平均や，バラツキ度合いを示す分散など，あれが記述統計学です。例えば，あるビニールハウスで品種Aのトマトが100個取れたとします。その重さの平均なら，みなさんでも簡単に計算することができますね。100個のトマトの重さをそれぞれ測って，全て足して100で割るだけです。これが記述統計学における平均です。

では推測統計学は何が異なるのでしょうか。先ほどの記述統計学における平均の値は，あくまで「あるビニールハウスで取れた100個のトマト（品種A)」の平均質量（≈重さ）です。品種Aのトマトの「真の質量」とは限りません。かなり近い数字だとは思われますが，他のビニールハウスで取れたトマトの平均質量は，同じ品種でも，もうちょっと重かったり軽かったりするかもしれないからです。でも，この世に存在するこの品種のトマト全ての重さ（**母集団**）を測定することは不可能です。つまり，私たちは，一部の測定データ（**標本**）から真のトマトの重さ（**母数**）を“推測”しなければならないのです。その方法は，例えば「(品種Aのトマトの真の質量は) 95％の確かさで90～110gの間に入る」といった具合に確率を使って示すのです（**区間推定**）。これが推測統計学の基本的な考え方ですが，太字の専門用語を含め，第3章から詳しく解説します。

いかがですか？　みなさんは自分の研究でどちらの統計学を使うことになると思いますか？

実験や調査の対象は，自然科学分野では植物や害虫など，その数が無限大の場合が多いでしょう。一方，社会科学分野でも地域住民など，有限ではあるものの，とても全数を調査することは不可能な場合が多いでしょう。つまり，どのような分野であれ，学術的な研究では，一般的には推測統計学に基づく分析が求められる場合が多いのです。本書では，この推測統計学について，できるだけわかりやすく解説していきます。とはいえ，バラツキの計算方法など，その基本は記述統計学ですので，まずは記述統計学から始めて，推測統計学は第3章から本格的に取りかかりたいと思います。

本書で学ぶこと

さて，本書で何を学んでいくのかを簡単に紹介しておきましょう。

まず第1章はデータの整理方法です。ここでは平均や分散，標準偏差などの代表値，つまり記述統計学について説明します。これらの多くは（初版）執筆時点で高校数学Bの後半に含まれる内容ですが，「はじめに」で触れたように授業を受けていない方も多いと考え，できるだけ丁寧に説明するように心がけました。

第2章ではいろいろな確率分布について整理しておきました。みなさんも正規分布ぐらいは聞いたことがあるでしょうが，そのほかにもいろいろな分布があり，これらの理解が統計学を学ぶ上では欠かせないのです。なお，第5章でも別の確率分布を学びます。

第3章からは推測統計学の本題に入ります。標本から母数（母集団の特性）を推測する不偏推定の意味や注意点，とくに「標本統計量（平均など）が分布する」という推測統計学を学ぶ上でもっとも重要な考え方について，くどいくらいに説明します。

第4章では，検定とともに推測統計学の柱の1つである信頼区間の推定を学びます。研究論文などにおいても，単なる（標本の）平均や比率だけしか示していないものが大変多くなっています。みなさんには，しっかりと本書で勉強していただき，母集団の平均や比率に関する信頼区間を示せるようになって欲しいと思います。また，ここでは標本サイズ（データ数）の決め方についても触れていますので，「アンケートを実施したいが何人ぐらい集めればよいのかわからない」という人は見逃せません。

続く第5章はややボリュームが小さいですが，よく使う割には理解できていないことの多い確率分布であるχ^2分布とF分布について学びます。ここでこれら2つの分布が理解できないと，第7章以降でつまずいてしまいますので気をつけてください。

そして次の章からは，推測統計学のもう1つの柱である仮説検定を学びます。まず第6章では，検定の基本的な手順を解説し，第7章では“2群の平均の差の検定”を学びます。とくにt検定は，実験を行う分野では次章の分散分析とともにもっとも使用することの多い手法ですから，最低限この章までは読み進んでいただかないと本書を手に取ってもらった意味がありません。

第8章では，自然科学分野における統計分析の総本山，分散分析を学びます。分散分析は3群以上の平均の差を検定する手法で，要因（例えば肥料）が結果（例えば収量）に影響を及ぼしたか否かを判定します。近代統計学の父，フィッシャーが考え出してから100年近くが経った現在でも色あせないどころか，いまだに実験系論文の分析手法の主役であり続けている重要な手法です。

続く第9章では，分散分析からさらに一歩進んで，どの群間の平均に差があるのかを特定する多重比較法を学びます。実は，大学の教員や研究者でも，本章で学ぶ「多重性の問題」を知らないばかりに，同じデータに対して検定を繰り返してしまうことがあります。近年，重視されている問題ですので，なぜこうした問題が発生してしまうのかについて理解しておいて欲しいと思います。

そして第10章では，どのように実験を行うべきかという，いわば実験のマナー集である実験計画法を学びます。実験は闇雲に実施してもいけませんし，真面目過ぎてもいけない（？）ことを解説します。また，本章後半では，逆にどのようにして実験や調査の手を抜くか（直交計画法）について学びます。

さて，ときに社会科学分野の研究では，満足度など，量的尺度では捉えることの難しい心理的データを扱わなければならない場面があります。自然科学分野でも，量的尺度で捉えることはできても極端な値がある場合や，病気か否かなどの2値データを扱う場合は結構あるものです。このようなデータは母集団に特定の分布を仮定できません。第11章では，そうした場面で用いるノンパラメトリック検定（略してノンパラ）を学びます。

一般の統計学と銘打ったテキストならば，このあたりで終わりでしょう。しかし本書では，第12章から第14章において，複数の変量（変数）を一気に扱うことのできる多変量解析も紹介しています。主に野外調査をするような分野や，分析機器で次々にデータが集まる分野，調査項目の膨大なデータを扱う経済学分野では，2群の差の検定や分散分析では役不足な場合があります（例えば結果の値を予測したい場合など）。ただし多変量解析といってもいろいろと手法がありますので，本書では，もっとも基本的でみなさんが使う頻度も多いと思われるものを5つほど見繕い，理論の基礎的なところのみを解説し，無料ソフトウェアを使って実際に，みなさんに手を動かして理解してもらうようにしました。具体的には，最初の第12章では多変量解析とは何かについて整理紹介し，重回帰分析を学びます。そして，第13章ではロジスティック回帰分析とクラスター分析を，第14章では主成分分析と因子分析を学びます。

そして，最終章となる第15章ではベイズ統計学を学びます。近年のコンピュータやソフトウェアの発展に加え，ビックデータの利用環境が整ったことが，それと相性のよいベイズ統計学のブームを引き起こしています。たった1章分だけなので，深いところまでは解説できませんが，ベイズ統計学が何者で，何ができるのかぐらいは学んでいただけると思います。

ソフトウェアについて　―無料ソフト“Rコマンダー”―

統計的検定など，本書の前半で学ぶ多くの統計分析については，Microsoft Excelに標準で備わっている関数や分析ツールで実施することができます。しかし，後半の分析にはやはり高機能のソフトウェアが必要となります。

そこで，本書では，Rというオープンソースのプログラム言語の上で動く“Rコマンダー（R Commander）”を主に使用することにしました（無料です）。

RやRコマンダーについての解説は，ネット上に山のようにありますので，本書では詳しく説明いたしませんが，Rは（https://cran.ism.ac.jp）より入手できます。

Rのインストールが終了しましたら，Rを起動して現れるRGuiからRコマンダーのパッケージ（Rcmdr）を選んでインストールしてください。

Macでも使えますが，Rコマンダーの前にXQuartzをインストールしておくことと（https://www.xquartz.org/），ターミナルの上でRとRコマンダーを起動することがコツです（それでもグラフ上で日本語を表示するのは困難です）。

Rコマンダーの解説書としては下記がお勧めです。

- 大森崇ほか（2014）『R Commanderによるデータ解析 第2版』共立出版

また，第6章と第10章の検出力分析では，G*Powerという無料ソフトを使っています。下記URLからダウンロードしてください。

https://www.psychologie.hhu.de/arbeitsgruppen/allgemeine-psychologie-und-arbeitspsychologie/gpower

章末問題の解答と教材について

本書で用いたデータと章末問題の解答は，オーム社のWebページ（https://www.ohmsha.co.jp/）からダウンロードできます。また，大学の先生方から好評だった授業用PowerPointも新たに全てを作り直して公開しております（自習の補完教材としてもお使いください）。

目　次

第7章 2群の平均の差の検定 134

第8章 分散分析 159

付録 統計数値表（分布表）と直交表およびギリシャ文字一覧 369

第1章 データの整理 ―記述統計学―

記述統計学：実験や調査で集めた手元のデータの特性を明らかにする学問。平均やバラツキを求めたり，グラフや表を作成したり，分布の形を検討したりする。

1.1 記述統計学と測定尺度

データの整理法

研究のテーマが決まったら，それに沿った実験や調査を計画，実施して，なんらかのデータを手に入れることになります。

さて，そうしたデータを前に，最初にみなさんは何を行いますか？

研究室の仲間や先生，上司に最初に何を報告しますか？

データが3つや4つしかないならば，そのまま眺めてもよいかもしれません。しかし，20も30もある場合，そのままの数字を並べた表を見せても，仲間や先生の頭の中は「？？？」となってしまいます。経済学の分野では，国が実施するセンサス調査（国勢調査）などを利用させてもらう場合もあり，データの数は数万件にも上ることがあります。我々人間の頭はコンピュータではありません。人間には，全体の特性を大雑把にパッと捉えたいという欲求があります。例えば，30個のトマトの重さの値を全て並べられると大変なストレスを感じますが，「平均は200gでした」といわれるとホッとします。本章では，そうしたデータの特性を捉えやすくするための整理手法について学びます。このような学問を**記述統計学**（descriptive statistics）と呼びます。

ところで，**データ**（data）とは，**変量**（variate）や**変数**（variable）に値が入った状態を表す用語ですので，変量や変数と同じ意味と捉えてもらって構いません。また，変量と変数についても，次章の節2.4の補足（42ページ）で解説しているように，やはりたいした違いはないので区別しなくても結構です。

測定尺度①　―量的データ―

データ整理法の前に，データによって実施できる計算や分析が異なることに触れておかなければなりません。データによっては，平均の計算どころか足し算さえもできないものもあるからです。データにもいろいろな分類方法がありますが，ここではどのような尺度によって測定（観測）されるのかという点に注目します。統計学ではこれを**測定尺度**（尺度水準；scales of measurement）の問題と呼びます。

データは必ずなんらかの尺度で測定されています。例えば，キュウリの長さならば定規などを使って21 cm（かっぱ巻きで使うために海苔の幅19 cmよりやや長くなるように品種改良されています）と測定されるでしょうし，気温ならば温度計を使って摂氏○○度と測定されます。このように数値で表されるデータは**量的データ**（定量データ，数量データ；quantitative data）と呼ばれ，いろいろな演算が許されています。その中でも，とくに長さや質量，時間や金額など，絶対的なゼロ点を持っているデータは**比率データ**（ratio data）と呼ばれ，加減乗除（足し算，引き算，かけ算，割り算）の四則演算が全て許されています。比率データは**比率尺度**（比例尺度；ratio scale）で測定されます。数値と数値の差（間隔）だけでなく比率にも意味があるため，こうした名称が付けられたのでしょう。

「絶対的なゼロ点」という言葉が出てきましたが，例えば，絶対的なゼロ点を持たないものとして，摂氏や華氏で測定される温度があります。「摂氏ゼロ度が立派にあるじゃないか」と思われるかもしれません。しかし，あれは，セルシウスというスウェーデンの天文学者の発案をもとにして，便宜的に水の凝固点を0度，沸点を100度にし，その間を等分しただけです（つまり数値の比率には意味はありませんが，差には意味があるということになります）。アメリカやイギリスで用いられている華氏の32度が摂氏ゼロ度に相当することからも，気温のゼロ度は物理的にゼロなわけではないことがわかると思います。余談ですが，みなさんがアメリカに旅行に行くときなどには華氏（℉）から

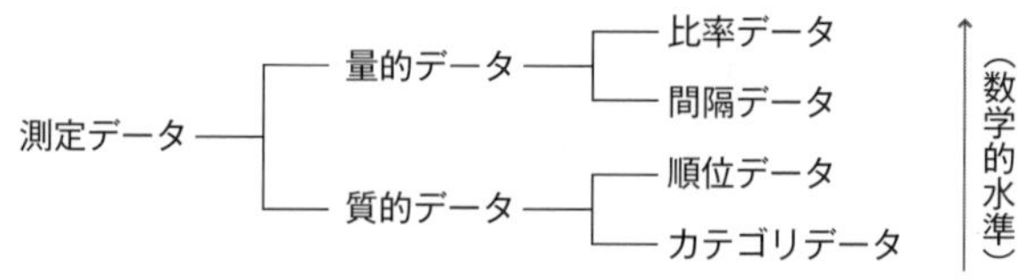

図 1.1　測定尺度によるデータ分類
注：Stanley Smith Stevens（1946）による分類

摂氏（℃）へ変換する式「℃ ＝ (5 ÷ 9) × (℉ − 32)」を覚えておくととても便利です。このような測定尺度を**間隔尺度**（interval scale），測定されたデータを**間隔データ**（interval data）と呼びます。足し算や引き算を行うことはできますが，直接かけ算や割り算を行うことは許されていません。「今日は昨日より5度暑いな」とはいうでしょうが，「今日は昨日の2倍暑いな」といわれても意味がわかりません（感覚量としてはこのような表現も間違いとはいえませんが……）。しかし，絶対的なゼロ点を持つ比率尺度ならば話は別です。例えば体重という間隔尺度で「太ったAさんは痩せたBさんの2倍重い」という表現は意味をなすでしょう。

このように，量的データの測定尺度には比率尺度と間隔尺度の2種類がありますが，結論からいいますと，どちらの尺度で測定されたデータからでも平均や分散，相関係数など，たいていの統計的な計算はできるので，区別すべき場面はそれほど多くありません。ただし，後述する幾何平均など，間隔尺度では許されない統計処理もあることはあります……。

◉ 測定尺度②　―質的データ―

一方，経済学や心理学など社会科学の分野では，**質的データ**（qualitative data）を扱うことが多くなります。例えばアンケート調査などで，性別や満足度などを質問した場合，得られたデータは量的なデータではありません。確かにデータをExcelなどに入力する場合は便宜的に「男を1，女を2」などとしますが，決して女が男の2倍という意味ではありません。このように内容を区別するだけに用いられる尺度を**名義尺度**（nominal scale）と呼び，名義尺度で測定されたデータを**カテゴリデータ**（categorical data）と呼びます。アンケート調査でいえば，職業や住所，電話番号などは全てカテゴリデータです。自然科学分野でも，単なる割り振りのための圃（ほ）場番号や試薬番号はカテゴリデータといえるでしょう。また，先ほどの性別もそうですが，病気に「なる／ならない」とか，現在の政権を支持「する／しない」などに対して1と0などを割り当てた場合も名義尺度です。そして，こうしたカテゴリデータに対しては一切の計算が許されません。できることは唯一，数をカウントすることです。つまり数学的には度数や最頻値の計算ぐらいしかできないのです。もちろん，その後で比率（疾病率や支持率）などを計算することはできます。

一方，同じ質的データでも，満足度などを5段階（例えば，5：大変満足，4：満足，3：どちらともいえない，2：不満，1：大変不満）で質問した場合などは，得られる数値に大小の関係（順序関係）は与えられているので，名義尺度よりは数学的に意味があるといえます。食品の官能検査や社会科学分野で頻繁に用いられるこうしたデータを**順位データ**（ordinal data），測定尺度を**順序尺度**（ordinal scale）と呼びます。なかでも質問に対する合意の度合いを回答させる測定尺度（そう思う，……，そうは思わない）をとくに**リッカート・スケール**（Likert scale）と呼びます。さて，この順位データにおいて，満足度の例でいえば，大変満足（5）と満足（4）との間の差は1ですが，決してそれが大変満足（5）とどちらともいえない（3）の差（2）の半分というわけではありません。つまり，その差（間隔）には意味がないため，順序尺度で測定されたデータに対して許される演算は少なくなります。とはいえ，中央値や累積度数，場合によっては（順位）相関係数などが許されるため，カテゴリデータに比べればいろいろな使い道があります。表1.1に整理しておきましょう。

表 1.1　測定尺度の一覧

	データの名称	測定尺度	直接できる演算	主な代表値	主な事例
量的データ	比率データ	比率尺度	＋－×÷	幾何平均	質量，長さ，年齢，時間，金額
	間隔データ	間隔尺度	＋－	算術平均	温度（摂氏），知能指数
質的データ	順位データ	順序尺度	＞＝	中央値	満足度，選好度，硬度
	カテゴリデータ	名義尺度	度数カウント	最頻値	電話番号，性別，血液型

みなさんが実験や調査をする際には，できるだけ数学的に意味のある（図1.1や表1.1のできるだけ上のほうにある）尺度で測定すべきですが，順序尺度や名義尺度などで測定せざるを得ない場合もあるでしょう。しかし，がっかりする必要はありません。質的データも扱える手法群が開発されているのです（第11章のノンパラメトリック検定）。

1.2　度数分布表とヒストグラム

◉ 度数分布表の作成

みなさんが実験や調査でデータを入手したら，いきなり平均などを計算するのではなく，まずは，度数分布表やヒストグラム（柱状グラフ）を作成することをお勧めします。なぜならば，重さにしろ，生育日数にしろ，所得額にしろ，入手したデータが全部同じ値になることは滅多にありません。つまり，どのようなデータでもバラツキを持って分布しているのです。もちろん，次節で述べるような平均や中央値，分散などでもデータの特性を捉えることはできますが，やはり直感的に捉えるには表やグラフを使って視覚化するのが一番です。

では，早速，実際のデータを使って作成してみましょう。表1.2は千葉大学園芸学部の高垣美智子先生の研究室で栽培したキュウリの収量に関するデータです。このデータは，亜熱帯地方のハウス内で養液土耕栽培（図1.2）という方法で栽培されたキュウリの総収量を表しています。なお，養液を与える時間帯によって収量に差が出るかどうかを明らかにすることがこの実験の最終目的なので，昼間に養液を与えたグループ（栽培法Aとします）と夜間に与えたグループ（栽培法Bとします），それぞれ15個ずつの栽培ポットを設置しました。

表 1.2　キュウリの収量

ポット番号	栽培法 A (g)	栽培法 B (g)
1	3 063	3 157
2	2 275	2 707
3	2 089	3 270
4	2 855	3 181
5	2 836	3 633
6	3 219	3 404
7	2 817	2 219
8	2 136	2 730
9	2 540	3 408
10	2 263	3 203
11	2 140	2 938
12	1 757	3 286
13	2 499	2 920
14	2 093	3 332
15	2 073	3 478

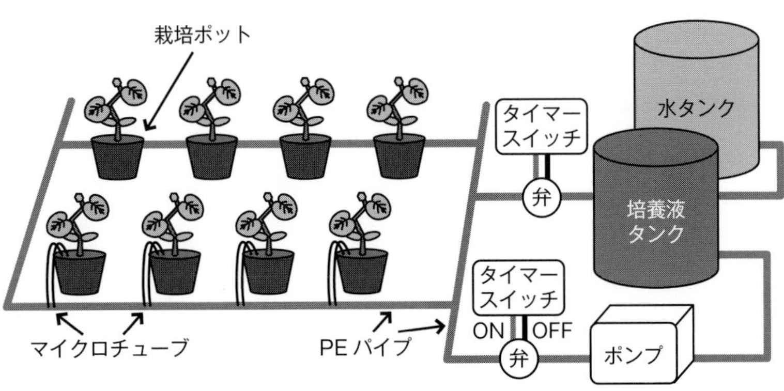

図 1.2　養液土耕栽培の仕組み（作図：奥山洋大）

度数分布表（frequency table）を作成する場合，表は横長でも縦長でも都合に合わせていただいて結構ですが，項目として階級，階級値，度数，そしてできれば相対度数と累積相対度数まで書いておくと理想的です。階級とは数値の区間のことで，階級値とは，その階級を代表する値で，普通はその階級の中央値を使います。また度数とは各階級に入るデータの数で，相対度数はその階級に入るデータは全体の何パーセントかを示し，累積相対度数はそれらを足し合わせていったもので最終的には100％になります。

ここで注意しなければならないのは，重さや長さなど，もともと区分されていない**連続型のデータ**（continuous data）の場合は，自分で適当なところで区切る必要があるということです。それに対して，疾病件数や農家戸数など，はじめから区分されている**離散型のデータ**（discrete data）の場合は，そのまま階級値に用いることもできますが，やはり細かすぎることが多いでしょうから，区切り直すことになるでしょう。どのように区切るかは決まりがないため，数字のきりのよさや紙幅の都合，先輩や先生方の論文などを参考に決定しますが，階級の数の目安として$\sqrt{n}+1$（nはデータ数で，最後に1をプラスしない場合もあります），あるいは**スタージェスの公式**（Sturges' rule）と呼ばれる$\log_2 n+1$などが提案されています。また，各階級の区間の幅は等分するのが一般的です（よって最大値と最小値の差を階級数で割った値となります）。

さて，それでは実際の度数分布表の例を見てみましょう（表1.3）。この例では，栽培方法ごとに分けずに，30個のデータをまとめて扱っています。まず，階級の数ですが，前者の式で計算すると，今回のデータ数は30で，その平方根（5.5）に1をプラスすると6.5ですから，四捨五入して7階級としました（スタージェスの公式だと4.9+1で6階級）。次に，区間の幅ですが，最大値（3633 g）と最小値（1757 g）の差（1876 g）を7等分し，きりのよい300 gで区切ることにしました。

いかがですか？　この度数分布表を見ると，2000～2300 gの階級と3200～3500 gの階級の度数が8でもっとも多くなっていることがすぐにわかりますね。

表 1.3　キュウリ収量の度数分布表

総収量（g）	階級値（g）	度数（ポット数）	相対度数（%）	累積相対度数（%）
1 700以上～2 000未満	1 850	1	3.3	3.3
2 000～2 300	2 150	8	26.7	30.0
2 300～2 600	2 450	2	6.7	36.7
2 600～2 900	2 750	5	16.7	53.3
2 900～3 200	3 050	5	16.7	70.0
3 200～3 500	3 350	8	26.7	96.7
3 500～3 800	3 650	1	3.3	100.0

ヒストグラムの作成

ヒストグラム（histogram）は，先ほどの度数分布表を基に作るだけですが，分布の形を視覚的に捉えるのに大変便利です。ヒストグラムは階級を横軸に，度数を縦軸にして柱状のグラフを作成していくのが一般的ですが，縦横を逆にする場合もあります。また，階級区間をそのまま記入しようとしてもグラフの中には入りきらない場合があるので，階級区間内の中央値か下限値を階級値として使うとよいでしょう。

表1.3の度数分布表から作成したヒストグラムの例を図1.3に示します（ここでは中央値を階級値として使用）。**なお，Excelに標準搭載されている「分析ツール」（144ページ）の「ヒストグラム」を用いれば簡単に作図できます。**

すると，分布が異なる2つの栽培方法が一緒になっているために，2つのピークを持った**二峰性**（双峰型）の分布になっている（つまり栽培方法によって収量に差が出た可能性が高い）ことが一目でわかります。そうです，既に分析が始まっているのです！

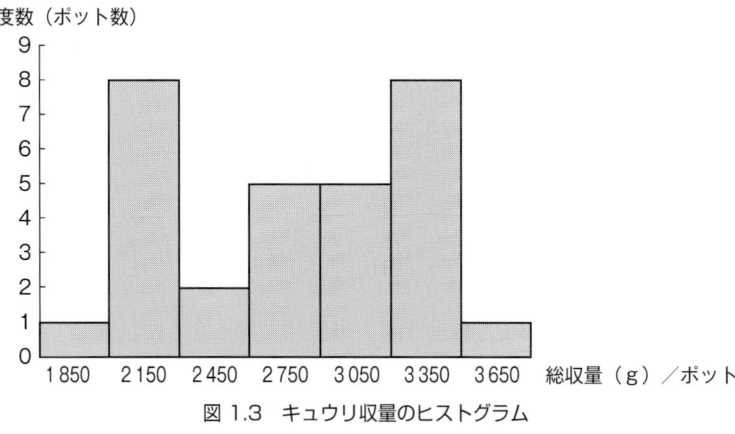

図 1.3　キュウリ収量のヒストグラム

1.3　代表値①　―平均―

算術平均

代表値（average←平均よりも広い意味）は，記述統計量とか基本統計量，要約統計量などとも呼ばれますが，とにかくデータの特性を数値で一気に表そうという**統計量**（データに対してなんらかの統計的な計算をして得られた値；statistic）のことです。

もっともよく使う代表値には，みなさんもご存じの“平均”というものがありますし，またデータのバラツキ（散らばり）の程度を表す“分散”などがあります。まずは平均から紹介していきます。

平均といっても実はいろいろ種類があります。でも，単に平均という場合には，たいていは**算術平均**（相加平均；arithmetic mean）のことを指します。小学校で習った「データの値を全て足してデータの数で割った」ものです。例えば，2と8という2つのデータがあったら，その算術平均は$(2+8)\div 2=5$です。

これを式で表すと，n個のデータ$x_1, x_2, \cdots, x_n$の算術平均$\overline{x}$（エックスバー）は次のようになります。ただし，変数xの右下の小さな数字や記号は添字とか添数（subscript, suffix）と呼ばれ，例えばx_1は数列x_nの初項を表します。

算術平均　$$\overline{x}=\frac{x_1+\cdots+x_n}{n}$$

ついでに**総和**を意味するΣ（シグマ）という便利な記号の使い方を学んでおきましょう。Σは和を意味するsumの頭文字Sに相当するギリシャ文字の大文字です（付録にギリシャ文字の一覧があります）。先ほどの算術平均の式も，Σを使うと次のような簡単な式として表すことができます。Σの上下にある数字は，x_iの添字iを1からnまで動かすことを意味しています（自明なときは省略）。

（$\sum$を使った）算術平均　$$\overline{x}=\frac{\sum_{i=1}^{n}x_i}{n}$$

ちなみに，第3章で学ぶ推測統計学では，母集団の平均を指す場合には，英語で平均を意味するmeanの頭文字に対応するギリシャ文字のμ（ミュー）を使い，標本の平均を指す場合には$\overline{x}$を使います。母集団と標本をまだ区別していない記述統計学ではどちらでもよいのですが，本書では，標本統計量である$\overline{x}$の方を使っておきます。**なお，Excelでは AVERAGE関数で簡単に計算できます。**

例題

先ほどのキュウリの収量データ（表1.2）の算術平均について，全てのポットを一緒にしたときのものと，栽培方法別のときのものと2種類求めてみましょう。

解：
全てのポットの算術平均　（$n = 30$）：2784.0g
栽培法Aのポット群の平均（$n = 15$）：2443.7g
栽培法Bのポット群の平均（$n = 15$）：3124.4g

加重平均

測定されたデータの値それぞれに重み（ウェイト）をかけた**加重平均**（weighted average）も重要です。大学の入試に例えて考えてみましょう。ある農学部では，同じ100点満点の試験でも，数学には社会の2倍の重みがかけられているとします。この場合，数学の試験で65点，社会の試験で80点を取った受験者の加重平均は，$(2 \times 65 + 1 \times 80) \div 3 = 70$点となります。各データ$x_i$に，重み$w_i$をかけているときの加重平均の式は次のようになります。

$$\text{加重平均}\quad \overline{x}_w = \frac{w_1 x_1 + \cdots + w_n x_n}{w_1 + \cdots + w_n} = \frac{\sum_{i=1}^{n} w_i x_i}{\sum_{i=1}^{n} w_i}$$

また，度数分布表のように，階級値とその度数しかデータがない場合に平均を算出したい場合は，この加重平均を使うことになります。その場合は，階級値をx_i，度数をw_iとして同じように計算します。

幾何平均

データがn個ある場合に，データの値の積のn乗根を取った値を**幾何平均**（あるいは相乗平均；geometric mean）と呼びます。例えば，2，4，8という3つのデータがあったら，$\sqrt[3]{2 \times 4 \times 8}$で4ということになりますが，データに1つでもゼロ以下の値があったら計算できません。式にすると次のようになります。ただし，Π（パイ）は積（product）の頭文字に相当するギリシャ文字の大文字で**総乗**を意味します。よって，Πx_iはx_1からx_nを全てかけ合わせればよいのです。$\overline{x}_g$の添字gはgeometricの頭文字から取っていますが，テキストによって異なります。

$$\textbf{幾何平均}\quad \overline{x}_g = \sqrt[n]{x_1 \times \cdots \times x_n} = \sqrt[n]{\prod_{i=1}^{n} x_i} = \left(\prod_{i=1}^{n} x_i\right)^{\frac{1}{n}}$$

この幾何平均，数学が得意な方はすぐにわかるでしょうが，対数の平均を指数変換しているので，データの偏った分布を左右対称の分布に近づけようとする性質を持っています。実は，算術平均は**外れ値**（outlier）にとても影響を受けやすい統計量です。外れ値とは極端に大きな（または小さな）値のことで，なんらかの理由で発生していることがわかっている場合にはとくに**異常値**（abnormal value）と呼ぶことがあります。この外れ値が1つでもあると，平均はそれに大きく引っ張られてしまいます。

自然科学の分野ではこの幾何平均がよく用いられます。例えば細菌数を何度か測定すると，機器の精度や環境の違いなどによって値が大きく外れる場合があります。しかし，外れているからといって理由もなしに削除はできません。ですから，1回だけの測定で細菌数の結論を出さず，数回測定してその幾何平均を示したりするのです。

一方，社会科学の分野でも，経済学では幾何平均がよく用いられます。例えば経済成長率など，変化率の平均を算出する場合です。変化率とは「対前年比で2.5倍」などで表されるように，いわばかけ算の値のことです。**かけ算（あるいは比率）の平均としては，かけ算の累乗根を取った幾何平均の方が好ましい**というわけです。例えば，次のような事例を考えてみてください。

> 「2年前から1年前にかけて物価が2倍（対前年比2倍）になり，1年前から今年にかけて物価が8倍（対前年比8倍）になりました。この2年間の対前年比の平均は何倍といえるでしょうか？」

算術平均では$(2+8) \div 2 = 5$倍／年，幾何平均だと2×8の平方根で4倍／年となります。どちらを示した方がよいでしょうか？

よくわからない人は具体的な物価を考えてみましょう。100円だったものはいくらになっているでしょうか？　1年目の2倍（100円のものが200円）に2年目の8倍（100円のものが800円）をかけて2年間で16倍，つまり1600円になっているはずです。先ほどの算術平均の値（5倍）を2回（2年分）かけてみると5倍×5倍＝25倍です。一方，幾何平均の値（4倍）のほうは4倍×4倍＝16倍となります。よって幾何平均の方が妥当であることがわかります。**なお，Excel では GEOMEAN 関数で幾何平均を計算できます。**

移動平均

もう1つ，経済学でよく用いる平均があります。時系列データを平滑化する場合などに用いる**移動平均**（moving average）です。みなさんも株価のグラフなどで見たことがあるはずです。

図1.4のグラフの色の薄いほうの折れ線は，シカゴの大豆価格の推移を示しています。毎年大きく変動していることがわかります。一方，濃いほうの折れ線は，移動平均によって平滑化された値を示しています。元のデータよりも滑らかになり，大まかな傾向を捉えやすくなっています。

このように，移動平均は季節や突発的な変動を元のデータから除去し，傾向（トレンド）を知る場合に有効なのです。移動平均の計算は，Excelなどを用いればとても簡単にできます。最初の任意の期間の平均をAVERAGE関数で計算し，それをコピーしてずらしていけばよいのです。**また，Excel分析ツール（144ページ）の「移動平均」を使えば一発で作図まで可能です。**

具体的に，この大豆価格のデータを使って計算してみましょう（図1.4右表）。まず，1970年から1974年までの5年間の平均を計算して，1972年の値とします。次に，同様に1年ずらして1971年から1975年までの平均を計算して1973年の値とします。それを何度も繰り返すだけです。この事例では5年間の平均（5項移動平均）を使っていますが，3年でも7年でもOKです。ただし，Excelなどで偶数項の移動平均を取る場合には，セルの行がずれてしまうので，2つの移動平均の平均をもう一度計算することもあります（中心化移動平均）。

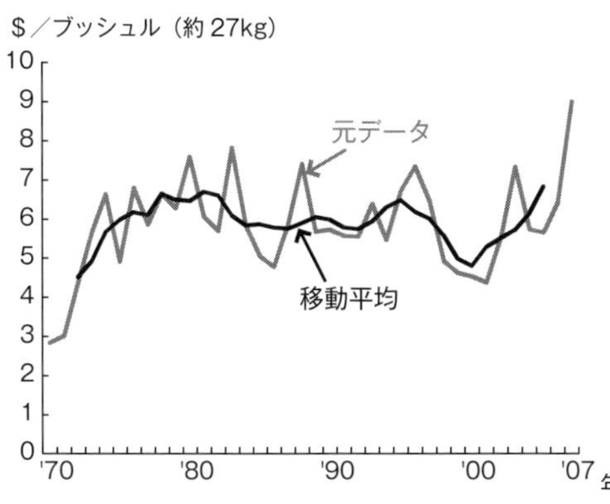

年	大豆価格	移動平均値（5項）
1970	2.85	
1971	3.03	
1972	4.37	4.51
1973	5.68	4.93
1974	6.64	5.68
1975	4.92	5.99
	⋮	⋮
2003	7.34	5.73
2004	5.74	6.14
2005	5.66	6.83
2006	6.43	
2007	9.00	

図 1.4　大豆価格の推移

1.4　代表値②　―バラツキの指標―

分散と標準偏差

データの特性を知りたい場合，平均だけではちょっと情報不足です。なぜなら平均は，その字が示すように，値を平らに均（なら）しているだけで，バラツキの程度はわからないからです。

例えば，どこかの調査会社の発表によると男子学生の平均貯金額は40万円らしいですが，それを聞くとみなさんは「エッ，そんなにあるわけないじゃん！」と思われるでしょう。でも，少数のお坊ちゃまが数百万円と申告していれば，平均は簡単に跳ね上がってしまうのです（幾何平均における外れ値と同じ話です）。でもそのような場合は，バラツキも大きくなっているはずです。よって，平均とセットで，バラツキを示す統計量も計算して示すとよいでしょう。

それでは，どのようにすればデータのバラツキを捉えることができるでしょうか？

それにはやはり何かを基準にして，そこからの距離，つまり値の差を足し合わせていくのがもっとも簡単でしょう。ここで問題となるのは何を基準にするかです。誰でも真っ先にゼロを考えつくでしょう。しかし，データの値が大きくて，ゼロからずっと離れたところにある場合には不便です。やはり，いろいろ考えると，（算術）平均を基準にするのがよさそうです。

平均を基準としてデータのバラツキを捉えるためには，各データの値 x_i と平均 $\overline{x}$ との差を取ります。この $x_i - \overline{x}$ を**偏差**（deviation）と呼びます（図1.5）。そうです，高校時代にみなさんがいつも気にしていた偏差値（後述）も，この偏差をもとに計算されているのです。

先ほどのキュウリの収量データ（表1.2）を使って偏差を計算してみましょう。栽培法別のバラツキを比較したいので，別々に算出してみてください。

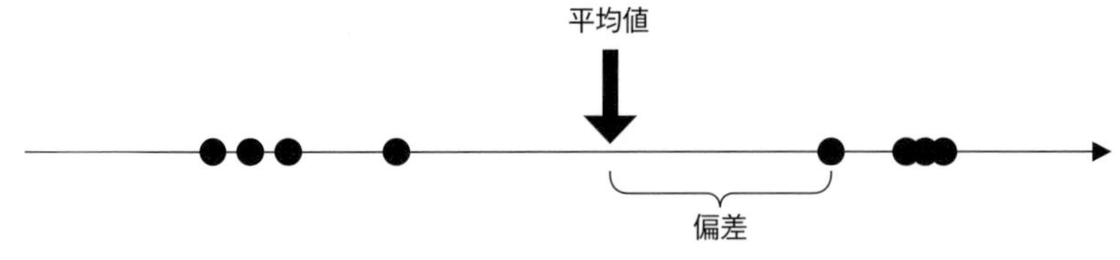

図 1.5　偏差の概念

表 1.4　キュウリ収量の偏差

ポット番号	栽培法A (g)	栽培法B (g)
1	619	33
2	-169	-417
3	-355	146
4	411	57
5	392	509
6	775	280
7	373	-905
8	-308	-394
9	96	284
10	-181	79
11	-304	-186
12	-687	162
13	55	-204
14	-351	208
15	-371	354
平均・計	0	0

表 1.5　偏差の２乗

ポット番号	栽培法A (g^2)	栽培法B (g^2)
1	383 574	1 063
2	28 448	174 223
3	125 788	21 199
4	169 195	3 204
5	153 925	258 674
6	601 142	78 176
7	139 378	819 749
8	94 659	155 551
9	9 280	80 429
10	32 640	6 178
11	92 213	34 745
12	471 511	26 115
13	3 062	41 779
14	122 967	43 098
15	137 394	125 033
偏差平方和（計）	2 565 177	1 869 216

表1.4のような値が得られましたか（小数点以下の値は省略しています）？でも，バラツキ具合を判断するのには，プラスやマイナスの符号は関係ありません。それに，1つの統計量にするために足し合わせようとするとゼロ（平均もゼロ）になってしまうので，バラツキの指標としては不合格ですね。

そこで，表1.5のように全ての偏差を2乗して符号をプラスにそろえてしまいましょう。マイナスの値はなくなり，かなり見やすくなりました。しかし，30個も数値が並んでいては，バラツキを一見で捉えるのはまだ難しいですね。

次に，偏差を2乗した表1.5の値を全て足して1つの値にしてみましょう。すると，栽培法Aは2 565 177，栽培法Bは1 869 216となり，昼間に養液を与える方式で栽培したキュウリの収量の方がバラツキが大きいことが簡単にわかります。このように偏差の2乗を全て足した統計量を**偏差平方和**（sum of squared deviation）と呼び，Σを使った式は次のようになります。**なお，Excel ではDEVSQ関数で計算できます。**

偏差平方和　$S = \sum_{i=1}^{n}(x_i - \overline{x})^2$

さて，この偏差平方和，今回はデータの数が15ずつなので，この程度で済んでいますが，データ数が多くなるに従って，とてつもなく大きくなってしまいます。ですから，データ数で割ることにしましょう。そうすれば，データ数が多くなっても心配いりません。このように，偏差平方和をデータ数nで割った統計量を**分散**（variance）と呼びます。式で表すと，次のようになります。**なお，ExcelではVAR.P関数で計算できます。**

$$\text{分散}\quad s^2 = \frac{\sum_{i=1}^{n}(x_i - \overline{x})^2}{n}$$

ちなみに平均同様，後述の推測統計学では，標本の分散s^2と母集団の分散σ^2（シグマ）とで区別しますが，ここでは前者の記号を使っておきます。さて，この分散，偏差の２乗の平均なので単位も２乗のまま（キュウリの例ならばg^2）ですし，データ数nで割ったとはいっても，まだ値は大きいので，その平方根を取ってみましょう。

すると，栽培法Aのほうは413.5 g，栽培法Bのほうは353.0 gとなり，ようやくわかりやすい値になりました（表1.6）。このような分散の平方根は**標準偏差**（standard deviation）と呼ばれ，個別データのバラツキを表すもっとも一般的な統計量です。分散の平方根を取った値なので，単なるsやσ，英語の頭文字からSDで表します。**ExcelではSTDEV.P関数で計算できます。**

$$\text{標準偏差}\quad s = \sqrt{s^2} = \sqrt{\frac{\sum_{i=1}^{n}(x_1 - \overline{x})^2}{n}}$$

◉ 変動係数

ここまで出てきた分散や標準偏差は，高校数学の教科書でも扱っているため，みなさんもなんとなく見たことがあったかもしれません。しかし，バラツキを示すもう１つの統計量，**変動係数**（coefficient of variation）も知っておいて欲しいと思います。

先ほど，「標準偏差がデータのバラツキを表すもっとも一般的な統計量」と説明しましたが，それはバラツキを比較する対象が同じ場合です。つまり，同じキュウリの重さならば，標準偏差を比較することで，「昼間に養液を与えたグループ（栽培法A）の方が夜間に与えたグループ（栽培法B）よりもバラツキが大きい」といえますが，全く異なった単位や平均を持つグループ同士を比較することはできません。例えば，同じ魚同士の体重でも，ジンベイザメの体重とメダカの体重では，その標準偏差は絶対にジンベイザメのグループの方が大きくなってしまいます。しかし，だからといって，ジンベイザメのバラツキがメダカより大きいとはいえませんよね？

そこで，標準偏差を平均で割って，平均に対するバラツキの度合いを示す統計量（変動係数）とすれば，同じ単位同士で割り算をしているため単位がなくなりますし（**無名数**；bare number），平均が異なっても問題ありません。つまり，単位や平均が異なるグループ同士でも変動係数を使えば相対的な比較ができるのです。ただし，平均がゼロの場合には計算できません。また，100をかけて百分率（%）とすることもあります。変動係数は，頭文字からCVなどと表されます。

$$\textbf{変動係数}\quad CV = \frac{標準偏差}{平均} = \frac{s}{\bar{x}} \quad (\times 100\,(\%))$$

ここまで，データのバラツキを示す統計量の数々を見てきました。偏差→偏差平方和→分散→標準偏差→変動係数，と進むにつれて計算はやや複雑になるものの，見やすくなり，対象が異なる場合でも使えるようになることが理解していただけたでしょうか。

表 1.6　キュウリ収量のバラツキに関する統計量

	栽培法A	栽培法B
偏差平方和（変動）	2,565,177	1,869,216
分散	171,012	124,614
標準偏差（g）	413.5	353.0
変動係数	0.17	0.11

注：偏差平方和や分散の単位はg^2となるため示さないことが多い。

しかし，「それならばいつでも変動係数を用いた方がよいのか？」というと，そうでもないのです。計算が高度になるにつれ，元のデータに含まれる情報も少なくなっていきます（例えば偏差ならば分布の形もわかる一方，変動係数からは単位さえわからなくなります）。ですから，適宜，分析に適したバラツキの統計量を示す方がよいのです。

1.5　質的データの代表値

ここまでは量的データを例に代表値の説明をしてきましたが，質的データの場合はどのようにすればよいでしょうか？

既に説明したように，名義尺度や順序尺度で測定された質的データ（カテゴリデータや順位データ）の値に対しては，四則演算は使えませんから，算術平均を求めることはできません。よって，平均の代わりに**最頻値**（mode）や，ときには**中央値**（median）を用いることになります。最頻値とは，ヒストグラムで最大度数を持つ階級の階級値のことです。図1.3のキュウリのヒストグラムの例では，2150gと3350gが最頻値ということになります。なお，中央値については説明不要でしょうが，カテゴリデータには使うことはできません。

また，平均を用いた分散などの統計量も求めることはできませんから，バラツキを見るには表や図を作成して視覚的に捉えるしかないでしょう。

このように，質的データの場合には多くの計算が許されていないため，その整理にも大きな制約がかかってしまいます。しかし，実際の社会科学分野の論文などでは，順序尺度のデータについても平均が計算されることがあります。表1.7は，実際に著者が学会で報告した研究で用いた表です。

表 1.7　食品リスクに対する国別不安度

国名	日本	米国	中国	アイルランド	インドネシア
回答者数	238	300	265	137	233
平均値	3.7	3.4	3.3	2.5	4.2

この表は，世界5カ国の消費者に対して，食品リスクについての不安度を調査した結果をまとめたものです。回答者は「不安である」から「不安でない」までの5段階の不安度を表す選択肢から1つだけ自分の意識に該当するものを選びます。この表は「不安である」を5,「まあまあ不安である」を4,「どちらでもない」を3,「それほど不安ではない」を2,「不安でない」を1に変換し，その平均を国別に算出したものです。これらは順位データなので，厳密には平均を求めることはできません。しかし，平均を用いると，それが中央値である3.0よりも大きいか小さいかで，その国の消費者の不安度が相対的に高いか低いかを判断する目安にはなります。5カ国間で相互比較することで,「インドネシアや日本の消費者の食品に対する不安度は他国よりも高い」傾向にあることなどを推測する材料として使えることは否定できないでしょう。

1.6　相関係数と共分散　―2つの変数の関係―

ここまでは，例えばキュウリの収量という，1つの変数の整理法について説明してきました。でも，ときには，「重さ」と「長さ」の関係など，2つの変数の関係について知りたい場合もあります。そのようなときに用いられるのが，**相関係数**（correlation）という指標です。

みなさんも相関関係という言葉は無意識に使っていると思います。例えば，長いキュウリほど重さもあることが多いので，「キュウリの長さと重さの間には**正の相関**関係がある」といいますし，私たち人間の運動量と体重の関係のように，一方が増えると他方が減る傾向が見られるときは「**負の相関**関係がある」といいます。

そうした相関関係の度合いを表す指標が相関係数なのです。とりあえず式を書いておきますと，2つの変数xとyの相関係数r_{xy}は，下記のようになります。**ExcelではCORREL関数で計算できます。**

$$\textbf{相関係数}\quad r_{xy} = \frac{\sum_{i=1}^{n}(x_i - \overline{x})(y_i - \overline{y})}{\sqrt{\sum_{i=1}^{n}(x_i - \overline{x})^2}\sqrt{\sum_{i=1}^{n}(y_i - \overline{y})^2}}$$

これはカール・ピアソン（第11章のトピックス⑧）が，ガウスの2次元正規分布という大変難しい理論を前提にまとめ上げたものなので，**ピアソンの積率相関係数**とも呼ばれています（積率とは特性を数値化したもの）。

どうやってこの式が導き出されたかというと，まず図1.6グレー部分のように観測値ごとにxとyの偏差（平均との差）の積を考えます。それらを全て足し合わせると，正の相関があるときには正，負の相関があるときには負となる統計量が得られますね。それを，観測数に左右されないように，nで割って偏差の積の平均とした統計量を**共分散**（covariance）と呼びます。記号ではs_{xy}とか，$\mathrm{Cov}(x, y)$と関数のように表します。**また，ExcelではCOVARIANCE.P関数で計算できます。**

$$\textbf{共分散}\quad s_{xy} = \frac{1}{n}\sum_{i=1}^{n}(x_i - \overline{x})(y_i - \overline{y})$$

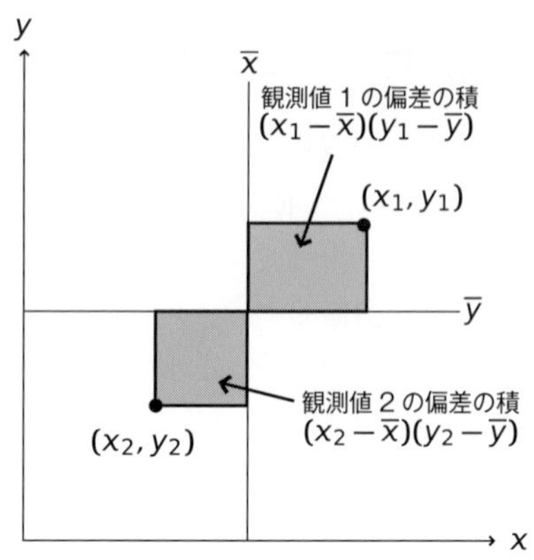

図 1.6　偏差の積の総和から関連性を考える

ただし，このままだと尺度単位やバラツキ具合によって値が変わってしまうため，あくまで符号が正か負かしか見るところがなく（単位も2つが混在したままです），相関の程度を把握することができません。そこで，xとyの偏差をそれぞれの標準偏差で割って標準化（節2.4で解説しますが，平均が0，標準偏差が1となるように変換すること）して，単位のない無名数としたのが先ほどの相関係数というわけです。いいかえれば，2つの標準化した変数の共分散が相関係数ということになります。

みなさんは相関係数の難しい式を覚える必要はありません。ただし係数の性質，つまりrが取り得る範囲は-1から1までで，図1.7が示すようにrが1に近いほど正の相関が強く，rが-1に近いほど負の相関が強くなる（0に近いときに相関は弱くなる）ことは覚えておいてください。また，相関係数は比率尺度ではなく間隔尺度ですので，「$r = 0.8$は$r = 0.2$の4倍強い」とはいわないようにしてください。

最後に，大切な注意を1つしておかなければなりません。それは，相関係数は，あくまで2つの変数の**直線的な関係についての指標**であるため，それらの間に非直線的な興味ある関係があっても全くわからないということです。例えば，図1.7の右のグラフのように，明らかに規則的な関係があっても，相関係数はゼロとなってしまいます。やはり，まずは作図して眺めてみることが大切なのです。

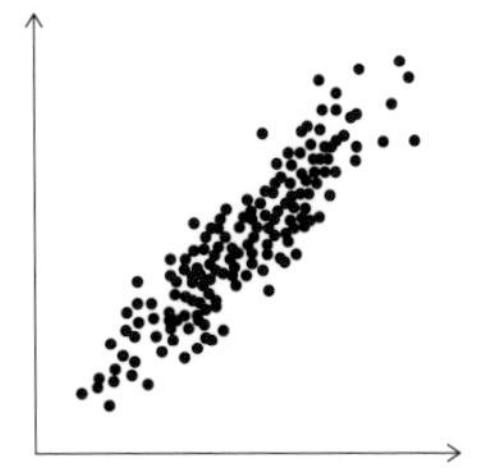

$r = 0.9$（正の相関関係）

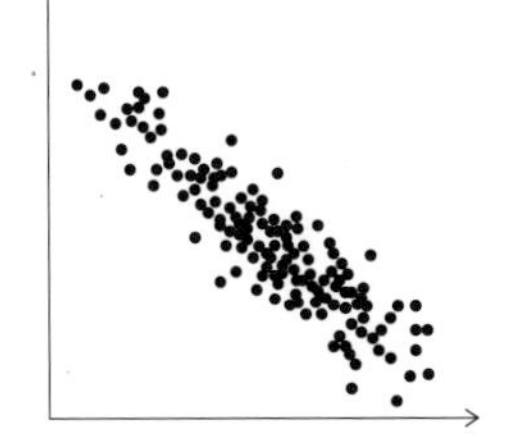

$r = -0.9$（負の相関関係）

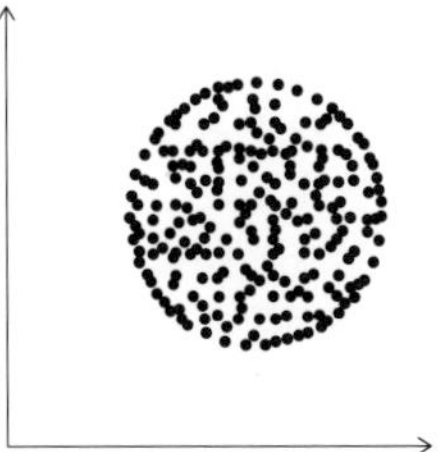

$r = 0$（相関関係なし）

図 1.7 相関係数と散布図の関係

なお，順位データに対して相関係数を計算することも可能で，その場合は**スピアマンの順位相関係数**と呼ばれます。満足度などの順位データに用いるのはもちろんですが，外れ値など極端な値がある量的データも順位に変換（同順には平均値を当てます）してから相関係数を計算することで，極端な値から影響を受けにくくなるというメリットがでてきます。というのも，相関係数は，本来，両変数とも次章で学ぶ正規分布に近いことが理想だからです（極端な値があると正規分布から大きく外れてしまいます）。

トピックス①

相関と回帰 ―ゴールトン―

F. Galton
(1822～1911)

相関係数の基礎概念を最初に思いついたのはフランシス・ゴールトンです。ゴールトンは「種の起源」の著者として有名なダーウィンを従兄に持っていたので，彼の影響を受けて生物学的な統計に興味を持ったようです。ちなみに，現代の犯罪捜査になくてはならない指紋による個人識別法を確立したのもこの人です。

ゴールトンは親の身長から子供の身長を予測するために，ロンドンで多くの親子を測定しました※。そして，そのデータについて検討を重ねた結果，あることに気がついたのです。それは，「身長の高い親からは身長の高い子供が生まれ，低い親からは低い子供が生まれるのは当然だが，身長のとても高い親からは（親よりも）やや低い子供が生まれ，とても低い親からはやや高い子供が生まれている」という事実です。ちょっと難しいかもしれませんが，つまり，極端な遺伝形質も次世代には（平凡な）平均に近づくということです。でも，これはよく考えると生物にとっては必要不可欠な現象であることがわかります。なぜなら，背のとても高い親からもっと背の高い子供が生まれ，背の低い親からもっと背の低い子供が生まれたら，世代を重ねるうちにとんでもなく背の高い人や背の低い人が現れるようになってしまって，ヒトという種を維持できなくなるからです。

ゴールトンは，この現象を（平均や先祖への）**回帰**（regression）と名付けました。そして，親の身長と子供の身長などのように，2つの変数の関係を測定する尺度を相関係数と名付けて，それまでに収集した膨大なデータを使って現在の相関係数の基となる公式を作ったのです。

※実際には，その前にデータを収集しやすいスイートピーの種子の重さを測定したようです。

例題

次の表は，あるクラスの学生12名から集めた親子の身長のデータです（一部修正）。親の平均身長と子の身長との相関係数を計算してみてください。Excelなどのソフトウェアを使っても結構です（関数名はCORREL）。

親子の身長の相関関係

番号	両親の平均身長（cm）	子の身長（cm）
1	185.0	183.0
2	169.1	167.4
3	166.2	171.0
4	160.1	164.2
5	166.6	173.9
6	172.1	177.0
7	180.5	179.3
8	169.1	172.0
9	170.9	170.6
10	160.0	166.3
11	168.2	170.0
12	175.5	173.0
平均	170.3	172.3
分散	49.9	27.0
標準偏差	7.1	5.2

注：女性の身長には1.08を乗じて修正している

解：

このデータの相関係数を計算してみると0.90となり，親と子の身長には強い正の相関があることがわかります。

また，両親の平均身長を横軸（x）に，子の身長を縦軸（y）にとって散布させたのが右の図です。

わかりやすいように，データの真ん中あたりを通る直線を引いてみました（これを回帰線と呼びますが，線の引き方については第12章で学びます）。そうすると，直線の傾きが1.0（＝45°の角度）よりもややなだらかな0.66（＝30°）となっていることがわかります。つまり，ゴールトンが発見した「親の世代よりも子の世代の方が全体的に平均に近づいている（バラツキが小さくなっている）」ことが，このデータからも証明されたのです。

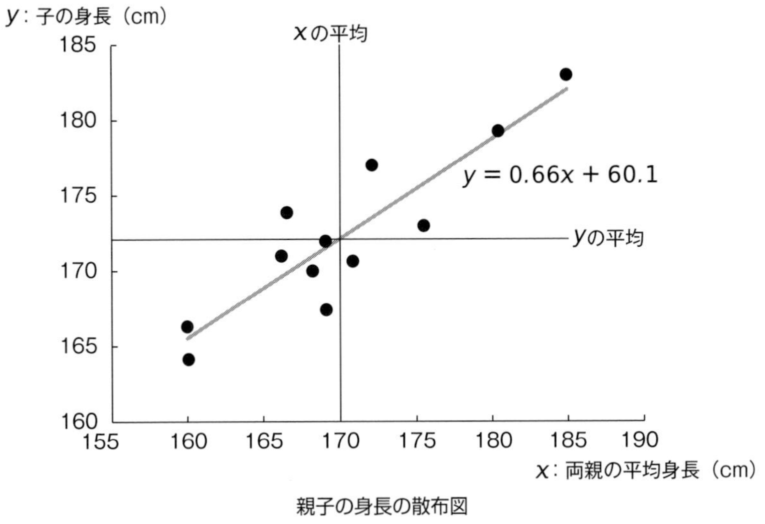

親子の身長の散布図

章末問題

注：章末問題のデータと解答はオーム社Webページから入手できます。

問１　次のa〜eの５種類のデータの測定尺度を答えなさい。

a.　植物の成長速度（単位：mm／日）
b.　植物の病気の有無（単位：病気／健康）
c.　絶対温度（熱力学温度）で測定した気温（単位：ケルビン，K）
d.　農家アンケートで測定した仕事の「やりがい度」（5段階の選択肢：ある，ややある，どちらでもない，それほどない，ない）
e.　実験した日付（カレンダーの日付）

問2 次の表は，北海道のある地域から無作為に抽出した20戸の農家の農産物の2005年度の販売金額と総経営耕地面積のデータです（「a」は面積単位のアールを表す記号で100 m^2 のことです）。次のa～cの問いに答えなさい。なお，ソフトウェア（Excelなど）を使っても結構です。

農家の耕地面積と販売金額

農家番号	農産物の販売金額（万円）	総経営耕地面積（a）
1	400	60
2	15	30
3	480	365
4	993	190
5	600	136
6	150	15
7	115	37
8	50	100
9	0	170
10	130	70
11	3 000	783
12	500	560
13	200	50
14	55	35
15	2 200	595
16	1	200
17	900	300
18	1 000	356
19	450	155
20	400	250

a. 総経営耕地面積に関する度数分布表とヒストグラムを作りなさい。

b. 農産物の販売金額と総経営耕地面積，それぞれについて算術平均，分散，標準偏差，変動係数を求めなさい。

c. 農産物の販売金額と総経営耕地面積との相関係数※を求めなさい。

※注：今回はピアソンの積率相関係数でよいが，本データのように極端な値がある（次章で学ぶ正規分布に従っていない）場合には，順位に変換してから相関係数（スピアマンの順位相関係数）を計算することが望ましい。

問3 $\{2, 4, 5, 7\}$，$\{2, 4, 5, 70\}$ という2組のデータセットの算術平均と幾何平均を求め，それぞれ比較しなさい。

第2章 確率分布

確率分布：確率変数（確率に応じて取る値が決まる変数）が取る値と，その起こる確率との対応関係を図や表，あるいは関数で示したもの。離散型と連続型がある。

2.1 確率分布

確率分布とは

第4章以降で学ぶ各種の区間推定や検定では，母集団がなんらかの確率分布に従っていることを仮定しています。確率分布といってもたくさん種類があり，分析の目的に応じて適切に選んで利用しなくてはなりません。ですから，分析手法を具体的に学ぶ前に，ここで基本的な確率分布について理解しておきましょう。

具体的な例で考えてみましょう。一般的な六面体のサイコロを振るとします。この場合，1〜6までのそれぞれの目の出やすさ，つまり目の出る**確率**（または**生起確率**；probability）が6分の1であることは誰でも知っています。これがコイン投げの場合ならば，表裏それぞれの面が出る確率は2分の1です。

このように，ある値を取る確率が決まっている変数（サイコロの目やコインの面など）を**確率変数**（random variable）と呼び，確率変数が取る値とその確率の対応関係を図や表，関数で示したものが**確率分布**（probability distribution）なのです。なお，高校数学で使ってきた変数は，1とか2とかの値が入る単なる箱のことで，確率変数のように「1になるは6分の1である」とか決まっていません。同じ変数という名称ですが，そこ（取る値の確率が決まっているかどうか）が違います。

図2.1は1個のサイコロ振りの確率分布を図に，表2.1は表に示したものです。ここで確認しておきますが，全ての確率変数が取る確率を足し合わせると1になります（1個のサイコロなら1〜6までの目の確率の和は1）。

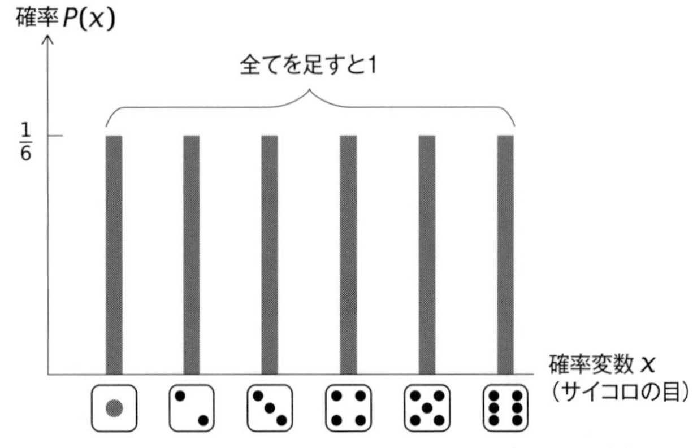

図 2.1　確率分布図（1個のサイコロ振りの例：一様分布）

表 2.1　1個のサイコロを振ったときの確率分布表

確率変数（目の値）	1	2	3	4	5	6
生起確率	$\frac{1}{6}$	$\frac{1}{6}$	$\frac{1}{6}$	$\frac{1}{6}$	$\frac{1}{6}$	$\frac{1}{6}$

また，一度に何個のサイコロを振るかによって，生起確率は異なってきます。1個のとき全ての目の確率は6分の1ですが（その形状から**一様分布**；uniform distributionと呼びます），2個（あるいは1個を連続して2回振ると考えても結構です）になると，表2.2のように確率変数である「目の値の和」の取る確率は異なってきます。

表 2.2　2個のサイコロを同時に振ったときの確率分布表

確率変数（目の値の和）	2	3	4	5	6	7	8	9	10	11	12
生起確率	$\frac{1}{36}$	$\frac{2}{36}$	$\frac{3}{36}$	$\frac{4}{36}$	$\frac{5}{36}$	$\frac{6}{36}$	$\frac{5}{36}$	$\frac{4}{36}$	$\frac{3}{36}$	$\frac{2}{36}$	$\frac{1}{36}$

確率とは

既に，サイコロの目の“出やすさ”を確率として説明しましたが，ここで改めて定義しておきたいと思います。

まず，サイコロ振りのように試しに何かを行うことを**試行**（trial）と呼びます。試行は同じ条件で繰り返すことができ，その結果である**事象**（サイコロ振りならば出た目のこと；event）は偶然によって決まります。みなさんが実施する実験や調査も試行で，得られた結果が事象となります。

さて確率ですが，ある試行の結果，事象Aの確率$P(A)$は，「起こり得る全て

の場合の数 $n(U)$」に対する「事象 A の起こる場合の数 $n(A)$」の比率（割合）であると定義できます。

$$\text{事象Aが起こる確率}\quad P(A) = \frac{\text{事象}A\text{の起こる場合の数}}{\text{起こり得る全ての場合の数}} = \frac{n(A)}{n(U)}$$

例えば，表2.2のように2つのサイコロを振ったときに6の目の出る確率を考えてみましょう。定義式の分母となる「出る可能性のある目の場合の数」は6×6で36通り，そして分子となる「6の目が出る場合の数」は（1と5，2と4など）5通りです。よって，6の目が出る確率は5÷36で約0.14となりますね。このように，確率とは「いま考えている結果が全体のどれだけの割合（比率）を占めているかを示すもの」，いいかえると「ある事象がどの程度起こりやすいかという，偶然性の程度を数値化したもの」なのです。また，事象は1つとは限りません（結果の集合です）。2つのサイコロの事例で「偶数の目（2，4，6，8，10，12）が出るという事象」の確率を考えるならば，それが起こる場合の数は18通り（分子）なので，18÷36で2分の1となります（計算するまでもないですが……）。

なお，複数の試行の結果が互いに他方に影響を与えないで**独立**している場合，それぞれの事象を組合せた事象の確率，つまり同時に起こる確率は，それぞれの事象の確率の積（かけ算）になります。2つのサイコロ振りは独立しているので，どちらも1の目が出る確率，つまり合わせて2の目になる確率は（場合の数を考えなくても）この方法で簡単に計算できます。どちらも1の目が出る確率は6分の1なので，6分の1の2乗で36分の1となります。

確率の表し方

確率の表記の方法はいろいろあってわかりにくいのですが，本来は確率変数を大文字の X，そして X が取り得る値（実際に事象 i が起きたと観察された値のことなので**実現値**；realizationと呼びます）を小文字の x_i で区別して，確率変数 X が実現値 x_i を取る確率を $P(X = x_i)$ と表します。P は確率を意味するprobabilityの頭文字からきていて，Pr とか $Prob$ まで使用することもあります。よって，2つのサイコロ振りの試行ならば，6という目が出る確率を $P(X = 6)$ と表します。しかし，初学者にとって X と x とが混在していると，むしろわかりにくいため，本書では確率変数の名称と実現値とを区別せずに小文字の x をどちらの用途でも使用することにします（読者は文脈で区別するしかないですが，気になることはまずないでしょう）。

また，確率を表すPも大文字と小文字を区別します。確率を上のように確率変数の関数として考える場合には大文字のPを使い，ある実現値x_iの確率そのものを指す場合にはp_iのように小文字を使います。

以上，改めて書くとなんだか難しそうな気がしますが，実際には（Xとx，Pとpどちらも）それほど厳密に区別されておらず，結構いい加減に用いられているので，神経質になる必要はないでしょう。

連続型確率分布の確率

ここまでは，もっとも簡単なサイコロ振りの事例で確率や確率変数，その分布の説明をしてきました。しかし，サイコロの目のように1の次が2のような離散型の確率変数の分布（**離散型確率分布**）ではなく，重さや長さ，温度，時間のように，1と2の間にも無数の値が存在する連続型の確率変数の分布（**連続型確率分布**）を考えなければならない場合も多くあります。しかし，連続型の場合には，特定の確率変数の値の確率を先ほどの定義式で計算しようとしてもできません。

長さの事例として人の身長で考えてみましょう（全人口が無限大だと考えます）。例えば目をつぶって投げた紙飛行機が人に当たったとしたら，その人が170 cmである確率はいくつでしょうか？

先ほどの離散型確率変数の定義に従って考えると，170 cmの人が全人口（厳密には紙飛行機を飛ばせる範囲の人口）の何割を占めているかが，その確率になります。しかし，170 cmぴったりの人というのは存在するでしょうか？
仮に「俺がそうだ」という人が出てきても，精密な機器を使って小数点まで測定すれば169.999…cmとかになるでしょう。つまり先ほどの定義式の分子の値（事象の内容）が不明となり，確率は計算できません。逆に，たとえ170 cmぴったりの人が万が一いたとしても，定義式の分母の方が無限大ですので，確率がゼロになってしまいます。そこで，どのように考えるかというと，例えば169 cmから171 cmというように，特定の範囲に入る人の全人口に対する割合を考えるのです（1点の値では考えないで幅を持たせるわけです）。

それを図で表すと全体に占めるグレー部分の割合となります（図2.2）。

数学が苦手な方も，関数を積分することで曲線の下側の面積を求められることは聞いたことがあるでしょう？　事例の場合ならば全人口の確率，つまり全事象が起こる確率（曲線の下側の全面積）は1というのが約束なので，169 cmから171 cmの面積を定積分で求めれば，それがそのまま当該範囲の確率となるわけです。なお，全範囲を積分しても1とならない関数の場合は，1になる

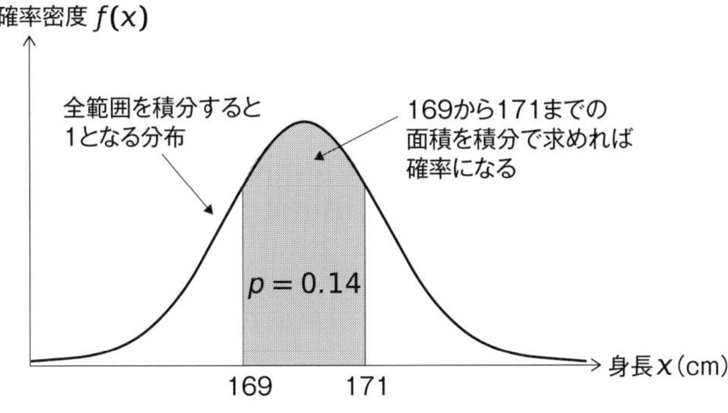

図 2.2　連続型確率分布の確率

ように**正規化**（あるいは**規格化**；normalization）しておきます。

本書は，積分が関数の面積を求める計算方法であることさえわかっていればよい入門書ですが，一応，連続型確率分布の確率を求める一般的な式を書いておきます。

連続型確率分布の確率（aからbまで）　$$P(a \leq x \leq b) = \int_a^b f(x)dx$$

ここで$f(x)$は連続型確率変数x（例では身長）の関数を表します。このような，確率変数が連続型の関数を**確率密度関数**と呼びます（それに対して離散型の確率変数の関数は**確率質量関数**と呼んで区別します）。ちなみに人の身長は後ほど解説する釣り鐘型の正規分布という確率密度関数に従うことがわかっていますので，その関数式を定積分することで特定範囲に入る人の確率をちゃんと求めることができます（ただし，人の身長は人種や性別によって異なるので，「成人した日本人の男性」のように限定しないとこのようなきれいな釣り鐘型の分布にはなりません）。このように，ある範囲にデータが何個入るかという「密度」を計算するので，連続型確率分布の縦軸のことを，単なる確率ではなく**確率密度**（probability density）と呼びます。

ところで，図2.2には例として$p = 0.14$と書いてありますが，みなさんはまだ正規分布の式（や分布の形を決める平均や標準偏差）を知りませんので計算できません。それに正規分布をはじめ，確率分布は複雑な式の場合が多いので，実際には代数的に（初等数学の筆算では）定積分はせず，たくさんの長方形（とても細かいヒストグラム）に分割してそれの和から面積の近似値を計算する区分求積法（数値積分）を使います。

確率分布の平均（期待値）と分散

確率分布の平均は，試行の結果として期待される値なので**期待値**（expectation）と呼ばれ，各確率変数の実現値x_iと生起確率p_iをかけた値の総和になります。確率変数の期待値は頭文字を使って関数のように$E(x)$と表すか，母平均（母集団の平均）という意味で単にμと表します。

離散型確率分布の期待値（平均）　$$\mu = E(x) = x_1 p_1 + x_2 p_2 + \cdots + x_n p_n = \sum_{i=1}^{n} x_i p_i$$

図2.1のような六面体のサイコロ1つを振る場合ならば，1から6までの目それぞれに6分の1をかけた値を足し合わせた3.5が期待値となります。実際には3.5というサイコロの目はありませんが，何度も振って出た目を平均すると3.5という値に近づくという意味です（確率の平均ではなく出目の平均です）。

しかし，連続型確率分布の場合は確率p_iが定義できないため，積分しなければなりません。連続型確率変数xの関数式を$f(x)$とすると期待値は次のようになります。

連続型確率分布の期待値（平均）　$$\mu = E(x) = \int_{-\infty}^{\infty} x f(x) dx$$

離散型確率変数と比べると確率p_iが確率密度関数$f(x)$に，総和Σが積分$\int$に変わっているだけなのがわかっていただけますでしょうか。なお，この式では確率変数が取り得る下端を$-\infty$，上端を∞としていますが，確率変数の性質によって変わります（正規分布ならば$-\infty$～∞ですが，第5章で学ぶχ^2分布やF分布は負の値は取らないので0～∞など）。

一方，**確率分布の分散**はどうやって計算するのかというと，各確率変数の値と平均μ（期待値$E(x)$）との差，つまり偏差を2乗した値に生起確率をかけた値の総和となります。分散はvarianceの頭文字を使って関数的に$V(x)$，あるいは母集団の分散なのでσ^2と表記します。

離散型確率分布の分散　$$\sigma^2 = V(x) = (x_1 - \mu)^2 p_1 + \cdots + (x_n - \mu)^2 p_n = \sum_{i=1}^{n} (x_i - \mu)^2 p_i$$

よって，六面体のサイコロ1つの場合ならば，$(\text{各サイコロの目} - 3.5)^2 \times 0.17$を6つの目分足し合わせて2.9となります。

また，分散の平方根を取れば**確率分布の標準偏差**となります。

離散型確率分布の標準偏差　$\sigma = \sigma(x) = \sqrt{V(x)} = \sqrt{\sum_{i=1}^{n}(x_i - \mu)^2 p_i}$

そして，分散や標準偏差も連続型確率分布では積分します。上下端が∞の場合は次のような式となります。こちらも確率p_iが確率密度関数$f(x)$に，総和Σが積分$\int$に変わっているだけです。

連続型確率分布の分散　$\sigma^2 = V(x) = \int_{-\infty}^{\infty}(x - \mu)^2 f(x)dx$

連続型確率分布の標準偏差　$\sigma = \sigma(x) = \sqrt{V(x)} = \sqrt{\int_{-\infty}^{\infty}(x - \mu)^2 f(x)dx}$

例題

1個のサイコロを2回振る試行における平均（期待値）と分散，標準偏差を求めてみましょう。また，最初に5，2回目に6の目が出る確率はいくつになるでしょうか。

解：
表2.2がちょうど2個のサイコロ振りの離散型確率分布なので，これを利用して計算してみましょう。2個同時に振るのも，1個を2回振るのも同じ試行です。
まず，平均（期待値）ですが，サイコロの目の値（2回分の目を合わせた値）に生起確率を乗じて足し合わせればよいので，2 × 1/36 ＋ 3 × 2/36 ＋…＋ 11 × 2/36 ＋ 12 × 1/36で“7”となります。本例題は左右対称の分布なので，計算するまでもなく真ん中の値となりますが，そうでない場合には重要な計算になります。
次に分散ですが，サイコロの目の平均7からの偏差平方に確率を乗じた総和ですので，$(2-7)^2 \times 1/36 + (3-7)^2 \times 2/36 + \cdots + (11-7)^2 \times 2/36 + (12-7)^2 \times 1/36$で“5.83…”となります。そして，標準偏差は分散の平方根なので，“2.452…”となります。
さて，最初に5の目，2回目に6の目が出る確率ですが，5の目も6の目も確率は1/6なので，それらを乗じた“1/36”となります。表2.2で11の目となる確率は2/36となっていますが，これは11という目が「5と6」と「6と5」という**組合せ**が2通りあるためです（例題は「5の次が6」という順番が決まっている1通りの**順列**なので確率は半分となります）。

主な確率分布

図2.3に基本的な確率分布を離散型と連続型に分けて整理しました。

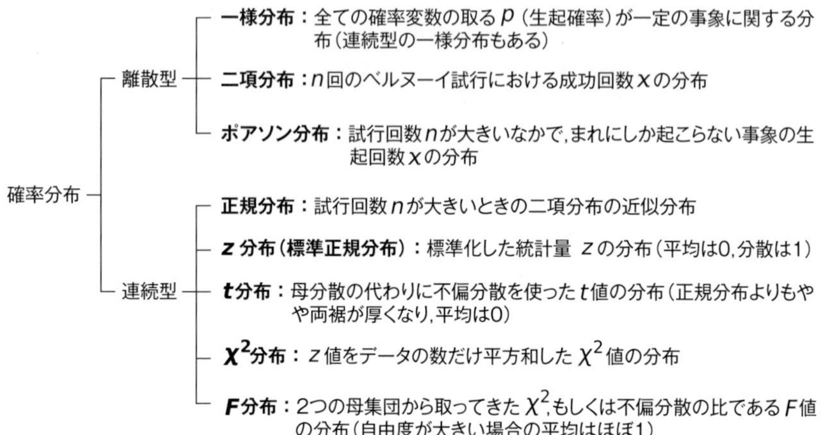

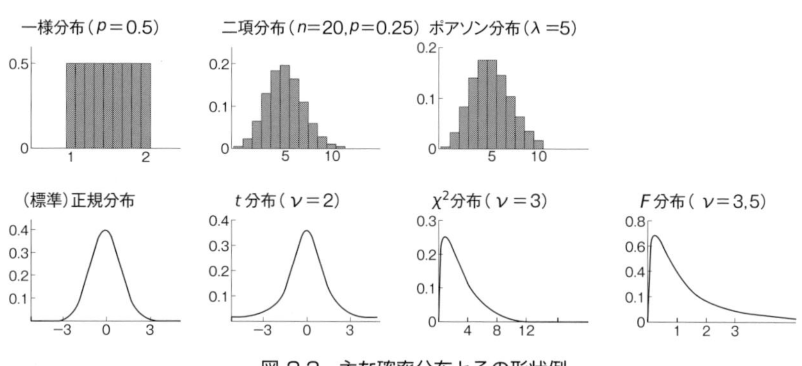

図 2.3　主な確率分布とその形状例

まず，離散型確率分布ですが，一様分布，二項分布，ポアソン分布などがあります。ただし一様分布は，特別な確率分布の名前ではなく，既に見てきたサイコロの数が1個のときのように，全ての確率変数の取る生起確率が同じ場合の確率分布の総称で，あくまでその形状を表しているだけです。ですから連続型の一様分布もあります。

離散型で重要な確率分布は二項分布とポアソン分布です。いま簡単に紹介しておくと，同時に投げるサイコロの数を増やしていった場合の出る目とその生起確率との関係を示したのが二項分布，一定時間に発生する交通事故死のような滅多に起こらない事象を扱った分布がポアソン分布です。

一方，連続型確率分布には，正規分布や正規分布に後述する標準化を施した z 分布，母分散が未知の場合に z 分布の代わりに用いる t 分布，そして分散の推定に用いる χ^2 分布，2群の分散が同じかどうかを検定するときに用いる F 分布などがあります。これらは，いずれも統計学では主役級となる重要な確率分布なので，後ほど個別に説明します。とりあえず，ここでは，「確率分布にはこのようなものがあるのだな」という程度の理解で結構です。なお，図2.3で示した確率分布の形状はあくまで事例で，試行回数や分散，自由度（このあと説明）などによって変化します。

2.2　二項分布から正規分布へ

正規分布とは

あまり統計学に興味がない方でも，**正規分布**（normal distribution）という言葉を聞いたことや，図2.4のような平均を中心とした左右対称の釣り鐘型の曲線を見たことはあるでしょう。

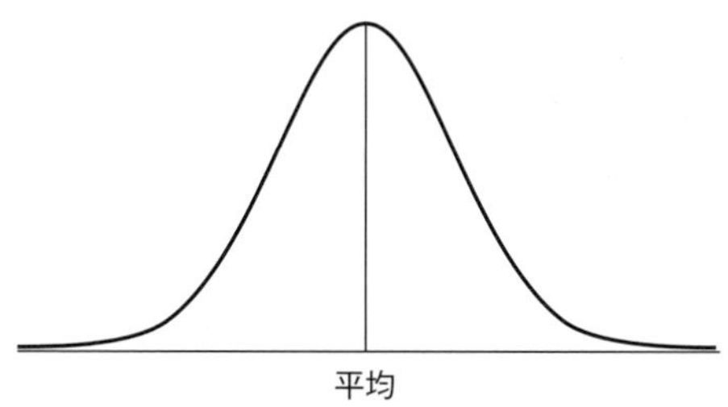

図 2.4　正規分布

統計学において，この正規分布は絶対に欠かすことはできません。なぜならば，以降で学ぶ統計的手法の多くは，標本の抽出元である母集団が正規分布に従って分布していることを前提にしているからです（**正規母集団**）。

しかし，この仮定はそれほど無茶なものではありません。みなさんが研究で扱うであろう動植物の重さや高さはもちろん，我々人間の知能や意識など，生物に関する多くの統計量や社会現象が，この正規分布に従うことが経験的に知られているからです（ただし「完全に」ではなく「近似的に」という意味です）。実際，このことはみなさんも普段の生活で感じているはずです。体重にしろ身長にしろ，平均前後の人がもっとも多いでしょうし，やせている人やぽっちゃり型の人，あるいは身長が高い人や低い人は，平均的な人よりも相対的に少ないですよね？　そのため，正規分布という名称は，普通とか標準を意味するnormalの直訳からきています。

二項分布とベルヌーイ試行

正規分布は二項分布の近似的分布としてド・モアブル（本章のトピックス②を参照）によって考え出されました。よって，正規分布を理解するためには，まずこの二項分布を理解するのが近道でしょう。

事例を使って二項分布を説明する前に，まず言葉で定義してしまいますと，結果が図2.5のように成功か失敗の2種類しかない**ベルヌーイ試行**（Bernoulli trial）をn回繰り返したとき，成功の回数を確率変数とする確率分布が**二項分布**（binomial distribution）です。なお，ベルヌーイ試行は，結果が成功・失敗のように2種類のいずれかしかないことのほかに，互いの試行の結果が独立していることと，成功確率pが試行を通じて一定であることが条件です。

確率分布の説明で使用してきたサイコロ振りの結果も二項分布に従う（ある目が出るかどうかというベルヌーイ試行です）のですが，ここではもっと簡単な事例として，コイン投げで説明します。サイコロだと出る目が6つもありますが，コイン投げなら表が出るか出ないかしかないですからね。

コインを何枚か同時に投げる試行を考えます。1枚を繰り返し投げることを考えても結構です。いずれにせよ，投げる枚数や繰り返す回数が試行回数nとなります。ここで，何枚投げようが，コイン1枚1枚の各試行において表が出る（成功）確率はいつでも2分の1（$p = 0.5$）です。また，それぞれのコイン投げの結果は互いに何の影響も及ぼしません（試行は独立しています)。よって，このコイン投げはベルヌーイ試行であることがわかります。さて，表が出たら1点，出なかったら（裏）0点というルールで実験をしてみましょう。つまりこのコイン投げの実験で得られる点数は表の出た成功回数ということになります。

一度に投げるコインが1枚（$n = 1$）のときから考えましょう。得点は0点か1点で，それぞれの点数の場合の数は1通りだけです（0点は裏だけ，1点は

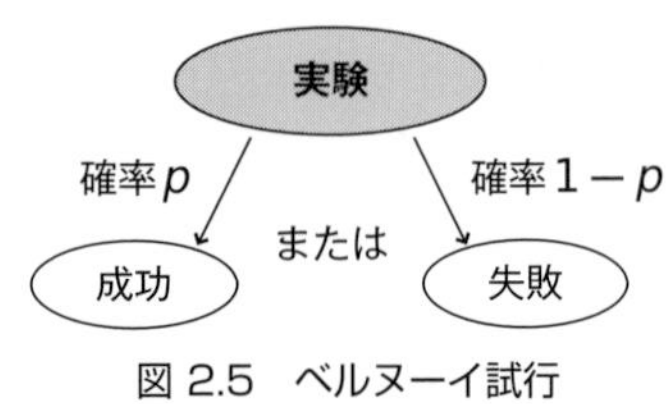

図 2.5　ベルヌーイ試行

表だけ)。これを横軸（確率変数）に点数，縦軸（確率）に場合の数をとって図で示すと図2.6の（a）のようになります。これが試行回数$n = 1$で生起確率$p = 0.5$の二項分布（そして一様分布）です（確率変数xは表の出た回数)。いわば図2.1のコイン版です。なお，このように試行回数が1回の二項分布を，とくに**ベルヌーイ分布**（Bernoulli distribution）と呼びます（第13章のロジスティック回帰分析で出てきます)。

さて，コイン1枚ではピンとこないかもしれませんので，図2.6の（b）のように，一度に投げるコインの枚数を2枚（$n = 2$）に増やしてみましょう。2枚に増やしてもコイン1枚1枚の表の出る確率pは0.5で全て同じですが，それぞ

(a) コインが1枚（n=1）の場合

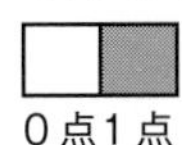

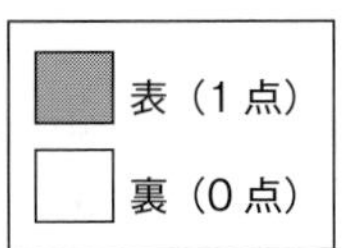

(b) コインが2枚（n=2）の場合

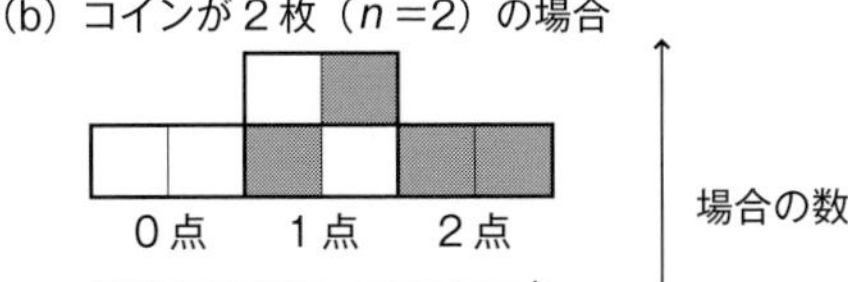

(c) コインが3枚（n=3）の場合

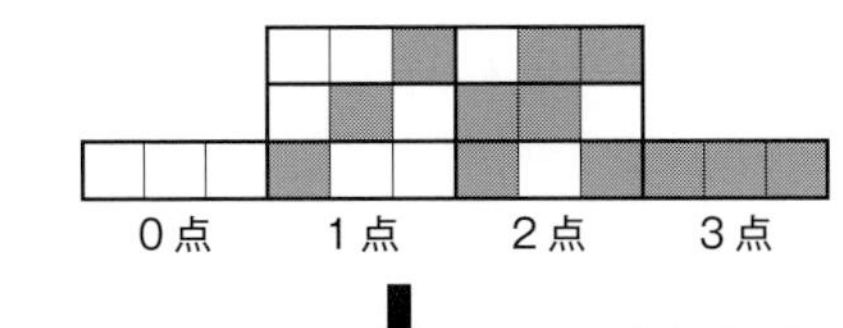

コインの数を増やすと徐々に釣り鐘型に…

(d) コインが4枚（n=4）の場合

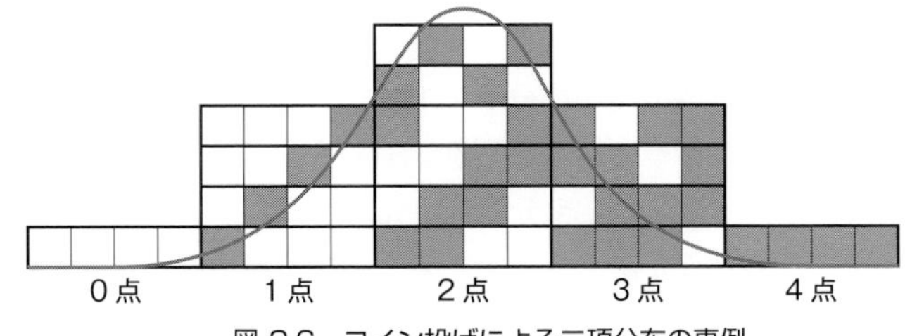

図 2.6　コイン投げによる二項分布の事例

れの点数（確率変数の値）の出る確率は異なってきます。裏・表の組合せによる場合の数が，0点（裏□裏□）や2点（表■表■）では1通り，1点（裏□表■・表■裏□）では2通り……となるからです。例えば2点になる確率は，全4通りのうち1通りなので，4分の1（$p = 0.25$）ということになります。分布の形も一様ではなく，真ん中が少し出てきました。

同じように試行回数（コインの枚数）を増やしていくと，図2.5の（c）→（d）のように，徐々に山の形がはっきりしていくのがわかります。そうです，正規分布曲線に近づいているのです！

このように二項分布は，同じ条件のもとで繰り返し行われる反復試行の確率分布なので，組合せの記号$_{\square}C_{\square}$を使えば次のように表せます。$_nC_x$は，異なるn個のものからx個を取り出す組合せが何通りあるかを表し，階乗$n!$を使えば計算できます。例えば$_4C_3$ならば$4! \div 3!$で，$4!$は$4 \times 3 \times 2 \times 1$，$3!$は$3 \times 2 \times 1$なので，4になります。なお，この組合せの総数を二項係数と呼ぶことから本分布の名称がきています。

二項分布の確率質量関数　$$P(x) = {}_nC_x p^x(1-p)^{n-x} = \frac{n!}{(n-x)!x!}p^x(1-p)^{n-x}$$

この式には試行回数nと生起確率pが入っておりますので，それらの値によって，分布の形状も変化します。このように，確率分布を特徴付ける定数を**母数**（**パラメータ**；parameter）と呼びます。母数とは聞き慣れない用語ですが，確率分布を仮定するのは手元のデータ（標本）ではなく，その背景にある全体（母集団）であるためです（標本や母数については，次章の推測統計学で学びます）。

図2.6ではnだけを変化させましたが，pも大きくなると分布曲線の山が右（上側）に移動します。このようにnとpが母数ですので，二項分布を$B(n, p)$と表します（Bはbinomialの頭文字）。

なお，ExcelならばBINOM.DIST関数で簡単に二項分布の確率を得ることができます（右の例題の解答参照）。

ところで，二項分布は離散型確率分布の1つですが，確率pはどの試行（このpは確率変数xの生起確率ではなく個別試行における成功確率のことです）でも同じなので，平均（期待値）や分散は，先に学んだ離散型確率分布の式よりもずっと簡単に求めることができます。まず**平均（期待値）は，確率pに試行回数nを乗ずる**だけです（$n \times p$）。よって，コイン2枚（$n = 2, p = 0.5$）の平均なら2×0.5で1.0（点）となります。

分散が簡単になる理由はちょっと難しいのですが解説しておきましょう。確率変数の分散$V(x)$は偏差平方の平均，つまり期待値$E(x-\mu)^2$です。それを確率変数xの2乗の期待値$E(x^2)$から確率変数xの期待値の2乗$[E(x)]^2$を引いた形に変形し，二項分布の期待値$E(x)$がnpであることを利用すると，最終的に**二項分布の分散は$np(1-p)$**という簡単な形になります。もちろん標準偏差はその平方根です。例えばコイン2枚の分散は$2 \times 0.5 \times (1-0.5)$で0.5となります（標準偏差は$\sqrt{0.5}$）。

例題

1個のサイコロを3回振る試行（$n=3$）で，3の倍数が出る回数を確率変数xとすると，xは0，1，2，3の4つになります。それぞれの生起確率$P(x)$はいくつになるでしょうか。下記の表に記入してみましょう。組合せの計算が苦手な方はExcel関数を使っても結構です。

x	0	1	2	3
確率				

解：

二項分布の確率質量関数の式を使います。六面体のサイコロで3の倍数の目が出る（成功）確率pは1/3ですので，出ない（失敗）確率$1-p$は2/3となります。よって，3の倍数が出る回数が0回の確率は${}_3C_0(1/3)^0(2/3)^3 3$となりますが，${}_3C_0$は1なので，$1 \times 1 \times (2/3)^3 = 0.296$となります。同じように1回は${}_3C_1(1/3)^1(2/3)^2 = 3 \times (1/3) \times (2/3)^2 = 0.444$となります。2回は${}_3C_2(1/3)^2(2/3)^1 = 3 \times (1/3)^2 \times (2/3) = 0.222$で，3回は${}_3C_3(1/3)^3(2/3)^0 = 1 \times (1/3)^3 \times 1 = 0.037$となります。全ての確率変数の生起確率を合わせると1になることが確認できますね。

なお，Excel関数の場合，例えばxが1の確率は，引数（関数の右側の括弧に入れる値）は順に成功数，試行回数，成功確率，関数形式（確率を求めるならばFALSEとする）なので，=BINOM.DIST（1,3,1/3,FALSE)とすれば，0.444が返ってくるはずです。

図に表すと，この確率変数xは次のような二項分布$B(3,1/3)$に従います。

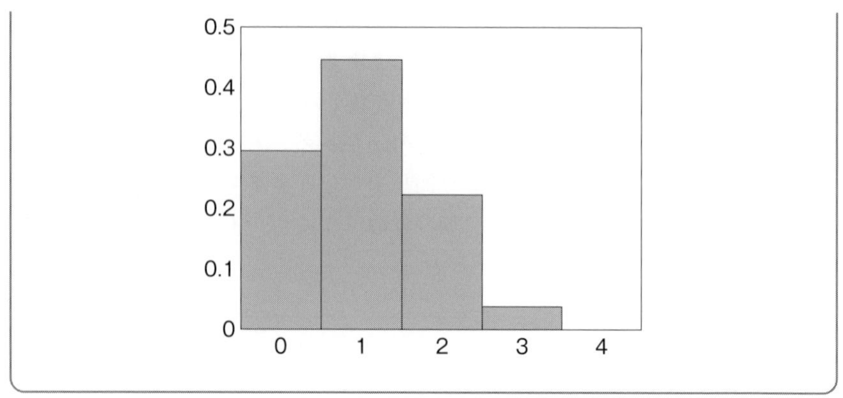

正規分布への近似

このように試行回数が増えていくと左右対称の釣り鐘型の曲線に近づく二項分布ですが，試行回数が増えて組合せの数も増えてくると，特定の枚数のコインが表（おもて）になる確率などの計算は大変面倒になります。そこでド・モアブルは，なんとかこの分布を数式で表すことができないか（そうすれば積分でざっくりした面積を求められますからね）と悩み，苦心の結果，一度に投げるコインの数（試行回数）が十分に大きい場合には次のような数式で近似できるようにしたのです。いくつぐらいが十分な大きさかというのは難しい質問ですが，25とか30，テキストによっては100と書かれています。本書では30以上としておきましょう。

正規分布の確率密度関数　$$f(x) = \frac{1}{\sqrt{2\pi\sigma^2}} e^{\frac{-(x-\mu)^2}{2\sigma^2}}$$

ただし，xは連続型確率変数，μは平均，σ^2は分散，πは円周率，eはネイピア数（自然対数の底のことで，2.718…という割り切れない超越数の1つ）です。式を見ればわかるように，分布の形状を決定づける**母数（パラメータ）は平均μと分散**σ^2です。よって，正規分布も$N(\mu, \sigma^2)$として略します。なお，第1章では平均を$\overline{x}$，分散をs^2で表していましたが，先ほどからギリシャ文字を使っていることに気がつきましたでしょうか。冒頭で述べたように，統計学では一般的に，標本についての統計量（変数の実現値）を表す場合にはアルファベットの小文字を使い，母数を表す場合にはギリシャ文字の小文字を使うことで区別するのです。確率分布は統計学では母集団について仮定するものなので，ここでは記号をギリシャ文字にさせていただきました。標本や母集団という言葉については（記号の表記ルールについても）第3章で詳しく説明するので，まだ混乱していても結構です。

さて，ド・モアブルがどうやってこの式にたどり着いたかというと，まず，釣り鐘型の曲線を表せる指数関数 $f(x) = e^{-x^2}$ を土台にしました。しかし，このままでは分布の横位置（平均）も横幅（分散）も最初から決まっていて動かせないため使い物になりません。そこで，指数部分に μ と σ^2 を加えて横位置と横幅を任意に変更できるようにしたのです。また，e にかかる定数（$1/\sqrt{2\pi\sigma^2}$）は，曲線の下の全面積を積分で求めたときに1になるように，つまり正規化するために加えられました（そうしないと所与の範囲を定積分で求めたときに確率になりません）。

トピックス②

正規分布の発見　―ド・モアブル―

A. de Moivre
(1667〜1754)

正規分布はガウス分布とも呼ばれているので，あのドイツの天才数学者ガウスが発見したように思われている方も多いのですが，実は最初に発見したのはド・モアブルです（ベルヌーイだという説もあります）。

ド・モアブルはフランス人ですが，当時，新教徒であったために迫害され，逃亡先のイギリスでギャンブラーを相手に，カードやサイコロ賭博で「どの目にかけるべきか」という計算をしてあげることで生計を立てていました（今でいうと競馬場の予想屋ですね）。例えば，一度に投げるサイコロが多い場合などは，特定のサイコロの目の確率などを計算することは容易ではありません。そこで，なんとかその分布を数式で表すことができないかと苦心したのです。ちなみに現在の高校数学では教えなくなってしまったようですが，著者が高校生の時代は三角関数でド・モアブルの定理という公式を学びました。ですから我々より上の世代にとっては彼の名前は大変馴染みがあるのです。

ド・モアブルによる正規分布の発見後，ベルギーの統計学者A・ケトレーが，人間の身長や体重，体力のような生物にまつわる統計や，犯罪，結婚，自殺などの社会現象も正規分布に従うことを確認しました。こうして，正規分布は，大概の統計に対して前提できる分布であると考えてもよいということになったのです。なお，体格指数BMIもケトレーによるものです。体重（kg）÷身長（m）^{2} で簡単に計算できます。日本の基準では25以上が肥満らしいのですが，みなさんはいくつになったでしょうか（ちなみに著者はジャスト25でした）？

2.3　正規分布の便利な性質

少し面倒な話が続いてしまいましたが，重要なのは，統計データがこの正規分布に従って分布していると便利だということです。ここでは，その1つ，「データ全体の平均とバラツキさえわかれば，ある値がデータ全体の中でどのような位置にあるかがわかる」ことについて取り上げましょう。

図2.7は，横軸に確率変数，縦軸に確率密度を取った正規分布です。正規分布では平均まわりの確率密度は大きく，平均から離れて両裾に近づくに従って小さくなります。そして，横軸（確率変数）の真ん中を平均μとし，そこから両端方向に標準偏差σ（分散σ^2の平方根）の1倍（$\mu \pm 1\sigma$），2倍（$\mu \pm 2\sigma$），3倍（$\mu \pm 3\sigma$）という，きりのよいバラツキの大きさで区切ってあります。特定の確率変数の範囲の面積，つまり確率は積分によって求められるため，これらの範囲の確率をあらかじめ計算しておくと何かと便利です。

いくつかの区間の確率を見てみましょう。すると，平均$\mu \pm$標準偏差の1倍（1σ）の確率はそれぞれ0.3413で，それよりも1σ離れて1σ～2σの区間の確率は0.1359となっています。これは，$\mu \pm 1\sigma$の範囲に全データの68％（0.341 + 0.341）が，同様に$\mu \pm 2\sigma$の範囲にデータの95％（0.341 × 2 + 0.136 × 2）が入ってしまうことを意味しているのです。これを利用すれば，例えば図2.7で平均よりもσの2倍分，右側（正確には上側といいます）に位置する対象があるとすると，その対象は分布の右端（上位）から0.0228（0.0214 + 0.0014），つまり2.28％のところにあることがわかるのです。つまりデータが全部で1,000個あったとしたら，その対象は全体の上位から23番目あたりに位置していると察しがつくのです。

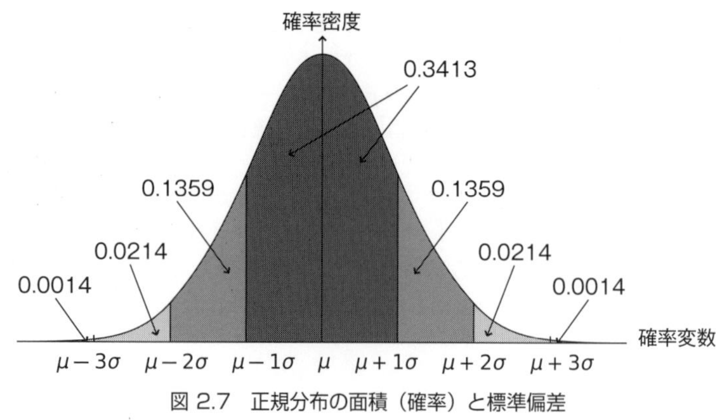

図 2.7　正規分布の面積（確率）と標準偏差

こうした確率変数の値（連続型の場合はその範囲）と確率との対応を大まかに示した表を**分布表**（確率表，数値表）といいます。大抵の統計学のテキスト（本書も）の付録にはいろいろな確率分布の表が掲載されています。ただし，対象によって母数（平均と分散）が異なり，それに伴って分布の形状も変化してしまうので，次節で解説する標準化した正規分布表が掲載されています。

なお，Excelならば，NORM.DIST関数で正規分布の確率密度や累積確率を得ることができます。累積確率とは分布の左側，つまり確率変数の下端からの確率を累積した（全て足し合わせた）確率のことです。

例題

Excelの関数を使って，44という対象の値が正規分布の下側や上側から何%のところに位置するのかを計算してみましょう。なお，このデータ集団の平均μは40，標準偏差σは2であることがわかっているとします。

解：

NORM.DIST関数の書式は，=NORM.DIST(x，平均，標準偏差，関数形式）です。関数形式は確率密度（つまり分布の高さを）を知りたい場合FALSE，累積確率を知りたい場合TRUEを入れるので，ここではTRUEを入れてみましょう。=NORM.DIST(44，40，2，TRUE)と入力すると，0.97725という値が返ってきますね。1からこの値を引くと0.02275になるので，44という対象は，平均40，標準偏差2の正規分布においては，下（左）から97.7％，上（右）から2.28％のところに位置することがわかります。

2.4　標準化と偏差値

このように大変便利な正規分布，そして分布表ですが，母数（平均と分散）は観測する対象によって異なります。つまり，対象によって分布の形状が変わるため，当然，確率変数の範囲と確率の関係も異なり，毎回違う分布表が必要になるということです。それを全て掲載していたらテキストが何百ページにもなってしまいます。でも，もし，どのような対象でも同じ縮尺となる横軸（確率変数）があったらどうでしょうか。あらゆる対象に対応できる万能の正規分布表を作ることができるので大変便利ですね。

それを実現するための作業が**標準化**（**基準化**；standardization）です。決して難しい作業ではありません。確率変数xの「平均をゼロ，標準偏差を1」に変換すればよいのです（分散も1になります）。その手続きは，確率変数xの観測値x_iごとに全体の平均μ（まだ母集団と標本を区別していないので$\overline{x}$と考えていただいても結構です）を引いて，全体の標準偏差σ（こちらもsでOK）で割るだけです。標準化された確率変数は**標準化変量**（standardized variate）と呼ばれ，次のような式で表すことができます（記号はz）。ただし，データが100個あったら，この変換作業を100回行わなければならないことに注意してください。それを本式では変数に添字iを付けて明示しました。

標準化変量　$$z_i = \frac{\text{データ} - \text{平均}}{\text{標準偏差}} = \frac{x_i - \mu}{\sigma}$$

このように，平均がゼロ，標準偏差（分散）が1に標準化された確率変数zが従う正規分布を**標準正規分布**（standard normal distribution），あるいは***z*分布**（z-distribution）と呼び，この分布表を**標準正規分布表**（**z分布表**）と呼びます（表の読み方は後ほど説明します）。

確率密度関数の式は次のように簡単になり，データzの値のみに依存することがわかります（正規分布の母数であった平均μや分散σ^2は式からなくなりましたし，円周率πやネイピア数eは定数で変化しません）。ですので，z分布は，いつでも同じ形状となります。

標準正規分布の確率密度関数　$$f(z) = \frac{1}{\sqrt{2\pi}} e^{\frac{-z^2}{2}}$$

標準正規分布は$N(0, 1)$とも表され，図2.8のような曲線になります。図2.7と比べて横軸にμやσを使わなくてもよくなったことに注意してください。

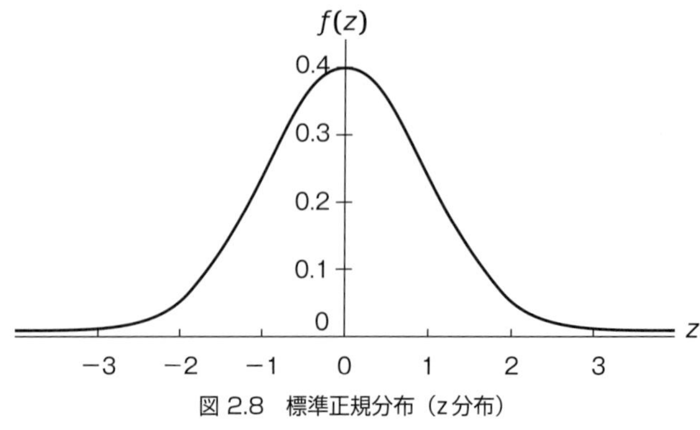

図2.8　標準正規分布（z分布）

例題

第1章で用いたキュウリの収量を栽培法ごとに標準化してみてください。そして標準化が終わったら，標準化した値の平均やバラツキ（分散，標準偏差）も求めてみてください。zの計算にはExcel関数のSTANDARDIZE（*x*, 平均, 標準偏差）を使っていただいても結構です。

解：
標準化した収量とその平均，分散，標準偏差を示しておきます。

標準化したキュウリ収量

ポット番号	栽培法 A	栽培法 B
1	1.50	0.09
2	-0.41	-1.18
3	-0.86	0.41
4	0.99	0.16
5	0.95	1.44
6	1.87	0.79
7	0.90	-2.56
8	-0.74	-1.12
9	0.23	0.80
10	-0.44	0.22
11	-0.73	-0.53
12	-1.66	0.46
13	0.13	-0.58
14	-0.85	0.59
15	-0.90	1.00
平均	0.0	0.0
分散	1.0	1.0
標準偏差	1.0	1.0

補足　変数と変量について

本節で，標準化した変数をなぜ（標準化変数といわずに）標準化変量というのか気になった方もいらっしゃるかもしれません。そもそも変数（variable）と変量（variate）の違いは何でしょうか？　結論から言うと，“ほぼ”同じで使い分ける必要はありません。つまりどちらも，実験や調査の対象となる個体が担う数値を抽象化したものです。しかし，厳密には，確率の定義で「事象は偶然によって決まる」と述べたこと（つまりランダムな変動を伴うこと）を明示的に表すときに変数を変量と呼ぶのです。また，別な区別方法として，変数は本来数学から生まれた概念なので，それに比べて変量はより統計学的な名称，つまり数式だけでなく，そこに物理的（重さとか）・経済的（金額とか）な意味が入ると考えていただいても結構です。というわけで，標準化した変数をそのまま標準化変数と呼んでもよいのです（標準化変量と呼ばれることが多いですが……）。では同じように本書後半で扱う多変量解析のことも多変数解析と呼んでいいのかというと，複素数を扱う数学の分野に多変数解析関数論というのがあるため，それはやめておいた方がよいでしょう。

ところで，高校生時代にみなさんを一喜一憂させてきた**偏差値**（deviation value, standard score）も，実はこの標準化変量にちょっと手を加えたものなのです。偏差値Tの式は次のように計算されます。

偏差値　$$T_i = 10 \times 標準化変量\, z_i + 50 = \frac{10 \times (x_i - \mu)}{\sigma} + 50\,(点)$$

先ほどの標準化変量zの式と見比べてみてください。偏差値Tは，標準化変量zでデータの平均を50点に，標準偏差を10点に修正している（つまりzを10倍にして50点を足す）だけであることがわかりますね。別に平均は50点でなくてもよいですし，標準偏差も10点でなくてよいのですが，試験の点数が普通は0〜100点の範囲にあることを意識して，標準化変量に下駄を履かせてわかりやすくしているのです。

ですから，例えばAさんの英語の試験の偏差値が50点ならば，図2.9を見ればわかるように全体の平均点と全く同じ，つまりグループ全体のど真ん中にいることを示しています。また，数学の偏差値が60点ならば，縦線の引いてあるところなので，上位から16％（下位から84％）あたりにAさんは位置していることを示しています（つまり図2.8の$\mu + 1\sigma$と同じ位置）。よって，およその順位も簡単にわかります。クラス全体の人数が100人ならば，英語は50番目あたり，数学は上から16番目あたりに位置していることになります。

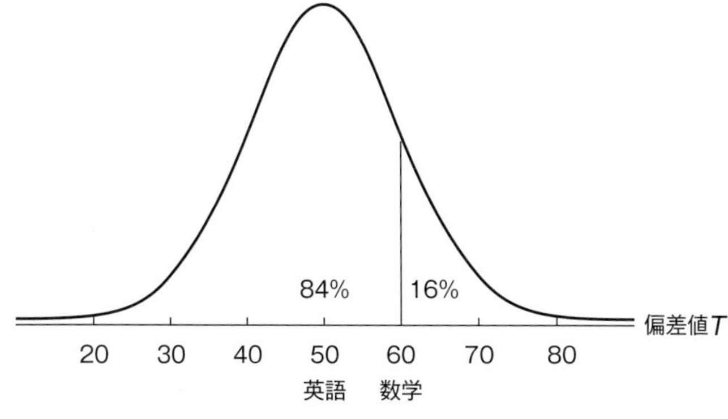

図 2.9 Aさんの偏差値と確率の関係

いかがですか？　先生から自分の英語や数学の点数をそのまま渡されるよりも，それぞれの偏差値を教えてもらった方が有用であることが理解できたと思います。友達の点数を聞き回らなくても，自分がクラスのどのあたりにいるのかが一発でわかるのです。偏差値教育の弊害がマスコミで叩かれて以来，偏差値という言葉まで悪者扱いされるようになってしまいましたが，もともとはとても便利な概念なのです。そして，実は**知能指数**（intelligence quotient；IQ）も同じように平均を100，標準偏差を15に変換した標準化変量なのです。

標準正規分布表の読み方

表2.3は，標準正規分布表（z分布表）の一部です（全体表は巻末付録の統計数値表Ｉに掲載）。パソコンを使えば簡単に特定の確率変数の範囲に対応する確率を求めることができますが，昔はこうした表を読まなければなりませんでした。確率分布を理解する上でも役に立つので，読み方を覚えておきましょう。

標準正規分布表にもいろいろな様式がありますが，この表は特定の標準化変量zの値からz分布の右裾までの面積（**上側確率**；upper probability）を示しています（表右下にある図のグレー部分)。つまり，表中の値は，いまから調べようとしているzが上位何％の限界（境界）にあるのかを示しています。そして，表側（表の左端のタイトル列のこと）はzの小数点第1位までを，表頭（表の一番上のタイトル行のこと）は小数点第2位を表しています。

表 2.3　標準正規分布表の一部（表側表頭の z 値に対応する上側確率）

z = ○.○○（1 の位と小数点第 1 位は表側，小数点第 2 位は表頭）　　表中の値は上側確率 p

z	0.00	0.01	0.02	0.03	0.04	0.05	0.06	0.07	0.08	0.09
0.0	0.5000	0.4960	0.4920	0.4880	0.4840	0.4801	0.4761	0.4721	0.4681	0.4641
0.1	0.4602	0.4562	0.4522	0.4483	0.4443	0.4404	0.4364	0.4325	0.4286	0.4247
0.2	0.4207	0.4168	0.4129	0.4090	0.4052	0.4013	0.3974	0.3936	0.3897	
0.3	0.3821	0.3783	0.3745	0.3707	0.3669	0.3632	0.3594			
0.4	0.3446	0.3409	0.3372	0.3336	0.3300	0.3264	0.3228			
0.5	0.3085	0.3050	0.3015	0.2981	0.2946	0.2912	0.2877			
0.6	0.2743	0.2709	0.2676	0.2643	0.2611	0.2578				
0.7	0.2420	0.2389	0.2358	0.2327	0.2296	0.2266				
0.8	0.2119	0.2090	0.2061	0.2033	0.2005					
0.9	0.1841	0.1814	0.1788	0.1762	0.1736					

上側確率 20%
0　0.84　z

例えば $z = 0.84$ の上側確率を求めてみましょう。

まず0.8の行まで下がり，次に0.04の列まで右に進みます。すると表の値は0.2005となっていますね。つまり，標準化した値（標準化変量 z）が0.84は，全体の中で上位0.2（20％）あたりに位置することがわかるのです。もちろん標準化される前のオリジナルの値 x も上位0.2あたりに位置しています。一方，分布全体の確率は1（100％）なので，この z よりも小さな値を取る確率（下側からの累積確率）は1から0.2を引いた0.8（80％）となります。そして，この逆の手順で，所与の上側確率に対応する z を求めることもできます（上側確率が0.2となる z が0.84であることを見つける）。

なお，ExcelならばNORM.S.DIST（z, 関数形式）という関数で標準正規分布における任意の標準化変量 z の確率密度（関数形式をTRUE）や累積確率（FALSE）を求めることができます。例えば，=NORM.S.DIST(0.84, FALSE)と入力してみると0.7995という下側からの累積確率が返ってきますね。これを1から引けば0.2005となり表の $z = 0.84$ の値が得られます。逆に，所与の**累積確率に対応する z 値を求めることもNORM.S.INV（確率）という関数で可能**です（=NORM.S.INV(0.7995)で0.84が返ってきます）。

2.5　正規分布に近いことを確認する統計量とポアソン分布

歪度と尖度

このように，二項分布の近似として発見され，今では便利に使われている正規分布ですが，みなさんが実験や調査で観測したデータの分布の形が，どの程度，正規分布に近いか，あるいは離れているかを調べることもできます。統計分析では，標本の抽出元である母集団が正規分布に従っていることが前提条件となるので，それを確認することは重要です。

ヒストグラムなどを作成することで大まかな分布の形状は確認できますが，ある統計量を使えば，数値として知ることができます。それが**歪度**（skewness）と**尖度**（kurtosis）です。

まず，歪度から説明しますが，この統計量は分布の非対称度を表します。歪度がゼロになるときは左右対称，正になるときは右裾（上側）の方向へ伸びる非対称な分布，負になるときは左裾（下側）の方向へ伸びる非対称な分布となっていることを意味します（図2.10）。

図 2.10　分布の歪度（破線が正規分布）

以下が，歪度の計算式です。nはデータ数，sは標本標準偏差，$\overline{x}$は標本平均です。今回は手元のデータ（標本）を対象にした記述統計量ですので，母集団の標準偏差σや平均μは使いません。**なお，ExcelのSKEW.P関数でも計算できます**。

歪度　$$S_w = \frac{1}{n}\sum_{i=1}^{n}\left(\frac{x_i - \overline{x}}{s}\right)^3$$

一方，尖度とは，対象となるデータが正規分布よりも，どれだけとがっているかを表します。尖度がゼロになるときは正規分布と同じ，正になるときは鋭角，負になるときは平たく鈍角になっていることを意味します（図2.11）。

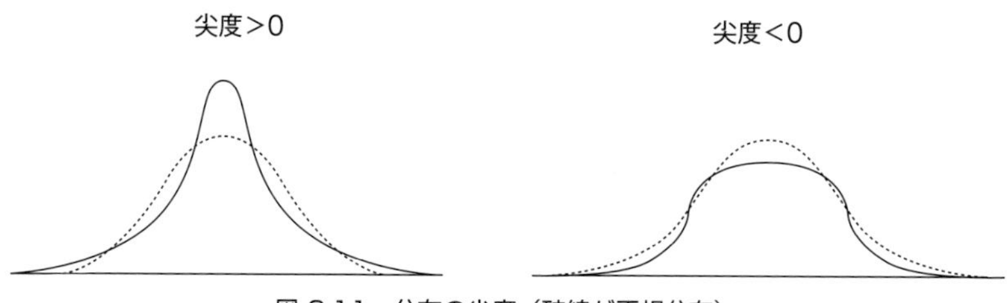

図 2.11　分布の尖度（破線が正規分布）

次が尖度の計算式です。

$$\textbf{尖度}\quad S_k = \frac{1}{n}\sum_{i=1}^{n}\left(\frac{x_i - \overline{x}}{s}\right)^4 - 3$$

尖度は，**ExcelのKURT関数でも計算できます**。ただし，KURT関数は，標本から母集団の尖度を推測する統計量（次章で学ぶ不偏推定量）なので，上の計算式よりも複雑です。

歪度や尖度は，標本データの分布が正規分布に近いかどうかを確かめる以外にも用途があります。例えば外れ値があるかどうかを知りたい場合に有効です。もし，入力ミスや観測機器の不具合によって1桁大きい数値が混ざってしまったときは，歪度や尖度は大きな正の値となります。

ポアソン分布

正規分布と同様，二項分布の試行回数nが大きい場合に計算を容易にするために考え出された確率分布として**ポアソン分布**（Poisson distribution）があります。正規分布と比べて何が異なるのかというと，離散型であるということと，極めて起こりにくい（ベルヌーイ試行が成功する確率pが極めて小さい）事象を対象としている点です。

式を使って説明します。ある一定の時間や空間において，「平均でλ（ラムダ）回発生する事象がx回発生すると考えられる確率$P(x)$」は，次のように表すことができます。ただし，λは試行回数nと生起確率pを乗じた値です。

$$\textbf{ポアソン分布の確率質量関数}\quad P(x) = \frac{e^{-\lambda}\lambda^x}{x!}$$

入門書の域を超えるので詳しい証明は省略しますが，（二項分布の）平均値nと確率pの積が一定という条件の下で，nを無限に大きく，pを無限に小さくしたときに二項分布の極限として導かれた確率分布式がポアソン分布です。つまり，λは極めて大きいnと極めて小さいpの積ですから，ちょうど適当な値となり，それを定数とみなせば，このような単純な式で近似できるのです。**なお，Excel関数ではPOISSON.DIST(x, λ, 関数形式)で（累積）確率を求めることができます。**

さて，この式を見ていただければわかるように，ポアソン分布の形状を決める母数は平均発生回数λのみです。というより，ポアソン分布においても**母数**

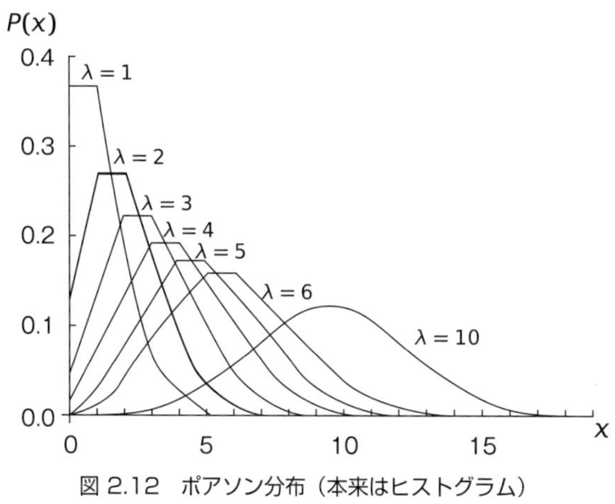

図 2.12　ポアソン分布（本来はヒストグラム）

は平均と分散なのですが，そのどちらもλ，つまり$n \times p$なのです（標準偏差はその平方根）。λによってどのような分布の形状になるのかを表したのが図2.12です（離散型なので本来はヒストグラム）。これを見るとλが大きくなるに従って正規分布と変わらなくなるのがわかります。このように，母数が少なく式が単純という点で正規分布より使いやすいといえます。

まとめ（確率分布の使い分け）

さて，本章では二項分布，正規分布，ポアソン分布の3つの確率分布を紹介しましたが，いかがでしたでしょうか。でも，結局，どのような対象を観測したときにはどの分布で表すとよいのかよくわからないと思いますので，最後に整理しておきましょう。でないと，例えば将来ソフトウェアで分析するときに，確率分布の種類を指定しなければならない場合に困りますからね（ただし，本書で扱う分析手法の多くは一部を除き正規分布が前提です）。

まず，**離散したカウントデータには二項分布かポアソン分布**が適しています。とくにnが小さいときや値の上限が決まっているとき，そしてpがそれほど小さくないときは二項分布で表すのがよいでしょう。例えば10本の樹木に処置を施し，効果のあった樹木本数（0～10までの整数値）を数えるような実験を独立に繰り返し，その分布を表すような場合です（つまり，分母が一定の比率データ）。

逆にポアソン分布はnが大きいとき（目安として100以上）や値の上限が決まっていないとき，そしてpが小さいとき（目安として0.05以下）に使います。また，分布をプロットしてみて，平均と分散がだいたい同じぐらいのときにポアソン分布と判断してもよいでしょう。例えば，1週間に生産する製品のうちの不良品の数を全国の工場でカウントし，その分布を表すような場合です。

そして，**連続データには正規分布**が適しています。とくにnが大きくて，それほどpが小さくなく，上限や下限が決まっていないときに適しています。正規分布の両裾は下がっていてx（横）軸に接しているように見えますが，実は完全には閉じておらず$-\infty$～∞なのです。ですから，マイナスの方にもプラスの方にも無限に値を取る可能性がある連続データが一番適しています。代表的な例としては測定誤差の分布があります。みなさんが持っている定規で何かの長さを測定したとします，そのとき真の値がわかっていたとすると，測定した値と真の値とのズレの分布は正規分布に従うというわけです（誤差については次章で解説します）。しかし，動植物の長さや重さなどを測定するような実験，つまり生物統計学で扱うデータは負の値を取らない場合も多いので，そのあたりは妥協して正規分布に近い形で分布しているならばOKとします（とはいえ，nがそれほど大きくない場合に正規分布を前提としてしまうのは無理があると思いますので，控えた方がよいでしょう……）。

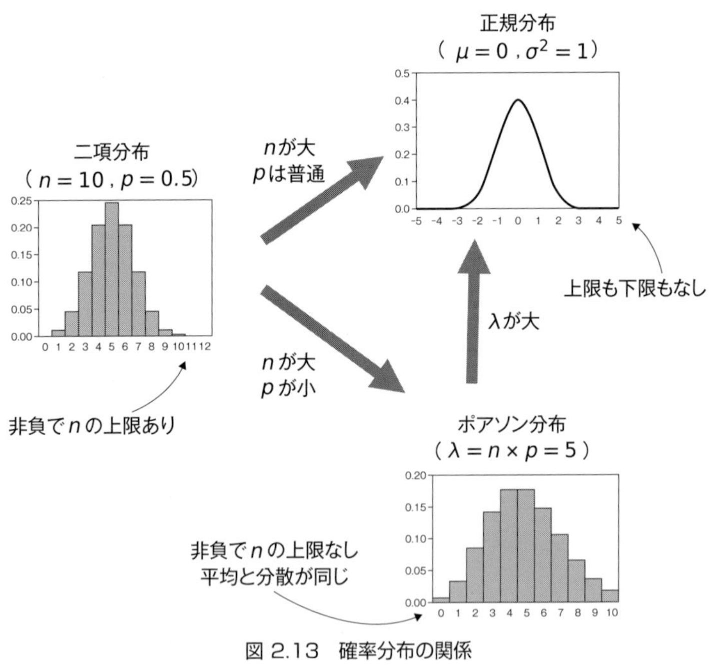

図 2.13　確率分布の関係

例題

2011年3月11日，日本は東北・関東地方を中心に大きな地震に襲われ，甚大な被害を被りました。著者が調べたところ，日本では過去5年間（2006年4月～2011年3月）にマグニチュード7以上の大きな地震（余震は除く）は7回起こっていました（1.4回／年）。これから3日の間にマグニチュード7以上の地震が1回起きる確率はいくつになるでしょうか。

解：

大地震は滅多に起こらない事象なので，ポアソン分布に従って発生すると考えてよいでしょう（実際に使われています）。まずλですが，試行回数nと生起確率pとの乗算なので，3日×（1日あたりの生起回数）となります。よって，$\lambda = 3 \times (1.4 \div 365) = 0.0115$です。$x$は仮定する発生回数なので1です。両値を先ほどの式に代入します。なお，Excelでe（ネイピア数）を表示するには「=exp(1)」という関数を使います（2.718という近似値を直接入力しても構いません）。
すると，$(2.718^{-0.0115} \times 0.0115^1) \div 1 = 0.01137$となり，これから3日の間にマグニチュード7以上の地震が日本で1回起こる確率は1.137％となります。Excel関数ならば=POISSON.DIST(1, 3 * 1.4/365, FALSE)で求めることができます。
もちろん，2回以上の確率は別に計算する必要があります。ちなみに2回起こる確率は0.007％，3回以上の確率を含めて積算すると約1.14％となり，1回だけの確率よりも少し高くなります。平常時でこの確率なのですから，やはり日本は地震大国といえるのではないでしょうか？

章末問題

問1　表計算ソフトを使って，第1章の章末問題で使用した20戸の農家データを標準化しなさい。

問2　同様に，20戸の農家データの歪度と尖度を求めなさい。

問3　あなたの統計学の試験の得点は80点でした。クラス全体が平均60点，標準偏差10点の正規分布に従う場合に，あなたの得点の標準化した値と偏差値を求めなさい。

問4　問3で標準化したz値が仮に2.00だとすると，あなたはクラス全体の上位何%ぐらいの位置にいると考えられますか。分布表を使って推定しなさい。

問5　厚生労働省によれば，日本では過去5年間（2006～2010）に平均で20 204人／年の食中毒が発生しています。千葉県松戸市（人口484 600人）において食中毒にかかる人が1人も発生しない日の確率をポアソン分布を使って求めなさい。なお，日本の人口は1億27 370 000人とします。

第3章 推定と誤差 ―推測統計学―

推測統計学：標本を使って，その背後にある母集団の平均や分散などの分布特性（母数）を推測する学問。推定と検定が中心となる。
誤　　差：標本から得られる推定量と真の値（母数）との差。偶然誤差と系統誤差がある。

3.1 推測統計学

第1章で学んだ記述統計学では，実験や調査で観測した手元のデータが全てであると考え，そこから平均や分散などを計算しました。しかし，もっと多くのデータを集めたり，別の時間や場所で観測したデータを使ったりできれば，それらの値も違ってくるでしょう（つまり真の値ではないのです）。

もちろん「私はここにあるデータの特性のみ知ることができれば十分です」というならば，その人にとってはそれが真の値ですから，それで良いでしょう。しかし，大抵の研究では10個とか20個という少ないデータを使って，ある処理の違いが，普遍的に結果に差を生じさせていることを確認したいのです。

自分が肥料メーカーの社員だったらと想像してみてください。新しい肥料を売り出す前に実験した場合にだけ効果があっても意味がありません。売り出した後に，たくさんの農家が栽培する無限のケースにおいても効果が発揮されることが重要なのです。

このように，観測データから，その背後にある全体の特性を推測する統計学分野を**推測統計学**（あるいは推計統計学；inferential statistics）と呼びます。

ここで用語を整理しておきましょう（図3.1）。みなさんが特性を推測しようとする対象全体を**母集団**（population）と呼び，実験観測によって母集団から取り出した一部のデータを**標本**（sample）と呼びます。なお，この母集団から標本を取り出すことを**抽出**（sampling）といいますが，母集団の特性を正しく推測するためには，偏りのない“良い標本”を抽出しなければなりません（良い

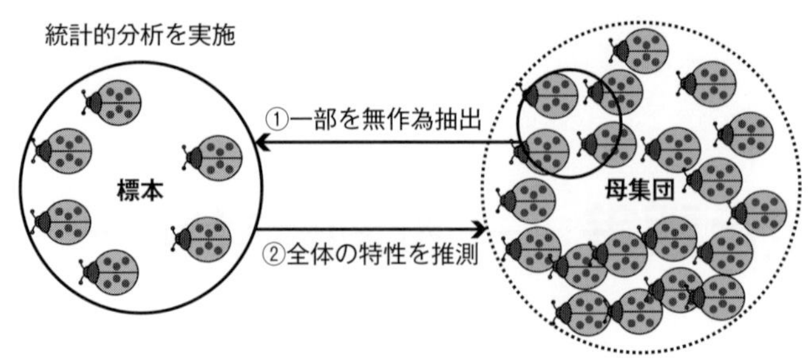

図 3.1　推測統計学

標本を得るための方法は第10章で学びます)。

また，推測する対象である母集団の特性には，平均や分散，比率などがあります。それらがわかれば，母集団の分布も知ることができるため，そうした母集団の特性をひっくるめて**母数**（第2章で学びました）と呼びます。

推測統計学の主な分析手法は，推定と検定の2つです。

推定とは，標本から母数を推測する方法のことで，1つの値で推測する点推定（次節）と，幅をとって考える区間推定（次章）があります。

一方，検定は，複数群の母数に差があることを検証します。例えば，農薬を使う前と後の害虫の平均数を比較したり，古い工場と新しい工場とで製造している製品内容量の分散を比較します。

統計学はこのように単純な目的を持つ学問分野なのですが，測定尺度や，母集団の分布の形，処理群の数の違いなどによって，様々な手法があります。そうした統計的手法を正しく使いこなすことは容易なことではありません。ゆっくりと時間をかけて一緒に勉強していきましょう。

トピックス③

母集団とユニバース

「母集団」を和英辞典で調べると，population（ポピュレーション）とuniverse（ユニバース）の2つの英単語が出てきます。日本ではあまり区別されていないのですが，著者の経験では，アメリカの研究者らはこれらを明確に区別します。標本の背後にあって対象となる要素（長さや気温などの項目）の集合体のこと，つまり本書で母集団といっていたものをpopulationと呼び，要素を含む対象自体の集合をuniverseと呼ぶのです。例えば，著者は以前，千葉県の松戸市民3 000人に対して食育に対する意識調査を実施したことがあります。この場合，回収された松戸市民の意識データが標本，その背後にある全松戸市民の意識490

個が母集団，そして，意識だけでなく年齢や身長，所得など多くの要素からなっている490 000人の松戸市民自体がユニバースということになります。つまり，ユニバースにはいくつもの母集団があるのです。

3.2 記号と点推定

記号の整理

推定の前に，用語や記号のルールについて整理しておきます。

母集団の特性（母数）を「母○○（population ＊＊）」と呼び，小文字のギリシャ文字を使って表します。具体的には，母集団の平均を**母平均**と呼び，μで表します。同様に，母集団の分散である**母分散**はσ^2，母集団の標準偏差である**母標準偏差**はσで表します。

一方，観測データから計算して得られる標本統計量は「標本○○（sample ＊＊）」と呼び，小文字のアルファベットを使って表します。具体的には，標本の平均である**標本平均**は$\bar{x}$，標本の分散である**標本分散**はs^2，標本の標準偏差である**標本標準偏差**はsで表します。この標本○○は，第2章の記述統計学で学んだ数式によって，標本から計算した統計量です。

なお，比率については，定義してからでないとわかりにくいので，第4章で紹介します。

点推定（不偏推定）

ここから，標本を使って未知の定数である母数を推測する話に入ります。本章では，母分散や母標準偏差など，バラツキに関する母数を“1つの値”で推測する**点推定**（point estimation；不偏推定）を説明したいと思います。

ただし，そのためには，バラツキに関する標本統計量と母数との間にある“ある重要な関係”について知っておかなければなりません。

それは，「標本分散s^2は，平均すれば母分散σ^2よりも小さく偏ってしまう」ということです（もちろん標準偏差においても同じ性質があります）。

（バラツキの）点推定のポイント　標本分散 ＜ 母分散

そのため，標本分散や標本標準偏差を，そのまま母数の推定値とは考えない方が良いのです（母分散や母標準偏差を過小推定してしまいます）。

詳しい理由については節3.6で述べますが，簡易的には，標本分散や標本標準偏差の計算のもとになる偏差平方和$\sum(x_i - \overline{x})^2$が，$\mu$を含むどのような値を使った場合よりも，標本自身の平均$\overline{x}$を使った場合の方が小さくなるからであると理解していただければ良いと思います。

例えば，$x_1 = 1, x_2 = 2, x_3 = 3$という3つの標本データがあるとします。このとき，$\sum(x_i - \overline{x})^2$の$\overline{x}$は$(1 + 2 + 3) \div 3$で2となるため，$(1 - 2)^2 + (2 - 2)^2 + (3 - 2)^2 = 1 + 0 + 1 = 2$となります。しかし，母集団の平均$\mu$は2とは限りません。仮に2.1だったとすると，母分散の分子である$\sum(x_i - \mu)^2$は$(1 - 2.1)^2 + (2 - 2.1)^2 + (3 - 2.1)^2 = 2.03$となり，$\overline{x}$を使った標本分散よりも大きくなりますね。

そこで，標本から母分散を推測する場合，偏差平方和をデータ数（**標本サイズ**；sample size）のnで割るのではなく，nから1を引いた“$n - 1$”で割って，標本統計量の値を少し大きく修正するのです。この“$n - 1$”は**自由度**（degrees of freedom）と呼ばれ，やはり節3.6において詳述します。ただし，修正といっても標本サイズから1を引くだけなので，標本が大きくなると，たいした違いではなくなります（逆にいえば，小標本では大きな違いです）。

$$\frac{\sum(x_i - \bar{x})^2}{n} \xrightarrow{\text{自由度で割る}} \frac{\sum(x_i - \bar{x})^2}{n - 1}$$

このようにして，期待値が（平均的に）母集団の特性である母数とできるだけ一致するように推測した推定量を，大きい方へも小さい方へも偏っていないという意味で，**不偏推定量**（unbiased estimator）と呼びます。具体的には，母分散の不偏推定量を**不偏分散**，母標準偏差の不偏推定量を**不偏標準偏差**（簡易的に不偏分散の平方根と考えて結構です）と呼びます。

なお，不偏推定量も標本から求めているので，厳密には標本統計量の1つです。しかし，「（自由度で）偏りを修正していない標本分散」とか「偏りを修正した標本分散」などと毎回区別するのも面倒なので，本書では前者を標本分散，後者を不偏分散と呼ぶことにします（標準偏差も同様）。

Excel関数では，VAR.Pが標本分散でSTDEV.P関数が標本標準偏差であるのに対して，VAR.Sが不偏分散でSTDEV.Sが不偏標準偏差となります。

ところで平均ですが，標本平均と母平均も完全に一致することはありませんが，偏る方向も（どちらが大きくなる傾向にあるとは）決まっていません。ですから，標本平均はそのまま偏りなく母平均を推測しているものとして，**標本平均$\overline{x}$は，母平均μの不偏推定量である**と考えます。

これらを整理すると図3.2のようになります。

不偏推定量にはギリシャ文字に^を乗せた記号を使います（$\hat{\sigma}$はシグマ・ハットと読みます）。なお，この図では不偏平均を$\hat{\mu}$と表示していますが，標本平均$\bar{x}$は不偏統計量でもあるため，実際には$\bar{x}$で統一します。

次ページに，標本統計量，母数，不偏推定量の式を整理しておきます。

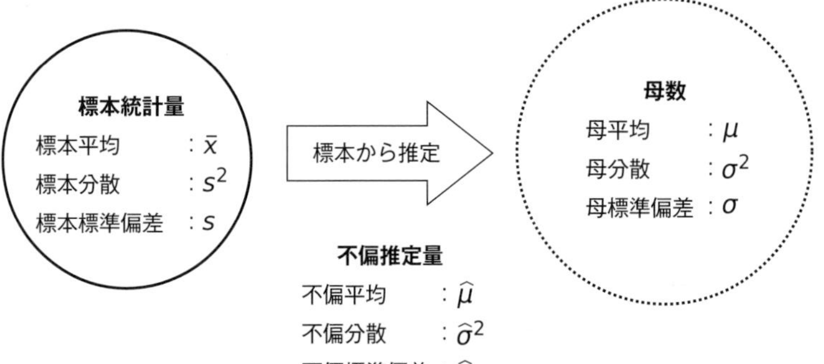

図 3.2　不偏推定量と記号の整理

補足　不偏分散と不偏標準偏差の関係

本書では不偏分散の平方根を不偏標準偏差としていますが，実は，これだと厳密には本来の不偏推定量の値よりも少し小さくなってしまいます。しかし，標本がある程度の大きさになれば，ほとんど問題のない差となりますので，入門書である本書では単なる平方根ということにさせていただきました（ExcelのSTDEV.S関数も，この簡単な式で算出しています）。とはいえ，論文で式を書く必要がある方のために，正確な式も記載しておきましょう。Γはガンマ関数のことで，整数以外も使えるように一般化した階乗のことですので，定数だと思っていただいて結構です。

不偏標準偏差　$$\hat{\sigma} = \frac{\sqrt{n-1}}{\sqrt{2}} \cdot \frac{\Gamma\left(\frac{n-1}{2}\right)}{\Gamma\left(\frac{n}{2}\right)} \cdot \sqrt{\frac{1}{n-1}\sum_{i=1}^{n}(x_i - \bar{x})^2}$$

標本統計量（記述統計学）

標本平均　$\overline{x} = \dfrac{\sum_{i=1}^{n} x_i}{n}$

標本分散　$s^2 = \dfrac{\sum_{i=1}^{n}(x_i - \overline{x})^2}{n}$

標本標準偏差　$s = \sqrt{\dfrac{\sum_{i=1}^{n}(x_i - \overline{x})^2}{n}}$

母集団の特性（母数）

母平均　$\mu = \dfrac{\sum_{i=i}^{n} x_i}{n}$

母分散　$\sigma^2 = \dfrac{\sum_{i=1}^{n}(x_i - \mu)^2}{n}$

母標準偏差　$\sigma = \sqrt{\dfrac{\sum_{i=1}^{n}(x_i - \mu)^2}{n}}$

母数の不偏推定量（標本から母数を推定した統計量）

不偏平均　$\hat{\mu} = \dfrac{\sum_{i=i}^{n} x_i}{n}$

不偏分散　$\hat{\sigma}^2 = \dfrac{\sum_{i=1}^{n}(x_i - \overline{x})^2}{n-1}$

不偏標準偏差※　$\hat{\sigma} = \sqrt{\dfrac{\sum_{i=1}^{n}(x_i - \overline{x})^2}{n-1}}$

※注：正確な式は55ページの補足を参照してください。

3.3　標本分布と誤差

標本分布

ここでは，推測統計学の最初の難関である**標本分布**（sampling distribution）について解説します。

難関というのはちょっと大げさだったかもしれませんが，統計学を学んだ多くの人たちが，統計学に対して何か捉え難い印象を持ってしまう理由の1つに，この標本分布の概念（というよりもこれを使うわけ）を理解できないことにあると著者は考えています。

標本分布とは，標本平均や標本分散など，標本統計量が従う分布のことです（そのなかから本章では標本平均の分布を中心に解説します）。

第2章の正規分布では，あくまで個々のデータ，つまりxの分布として説明しました。しかし，推測統計学（推定や検定）では，図3.3のように，標本平均$\bar{x}$の分布を考えます。

その理由は次節で述べることにして（図には書いてありますが……），標本が分布することにピンとこない人のために，事例で説明しましょう。

Aという種のテントウムシの母集団があるとします。

これまでは，例えば10匹のテントウムシを採集してきて，その体長を測り，その10個のデータの代表値や分布などを見てきました。しかし，母集団からの標本の抽出は1回とは限りません。図3.4のように，時間と労力，費用をかければ，10匹のテントウムシを何度でも採集して体長を測定することができます。そして，100回採集・測定すれば，100個の標本平均が得られますが，それらが全て完全に同じ値となることはありません。つまり，値がバラついている（標本平均が分布する）のです。

このように，（理論上ではありますが）何度も標本を抽出することがイメージできれば，標本平均が分布することについても納得いただけると思います。では，標本平均の分布の形はどうなるでしょうか？

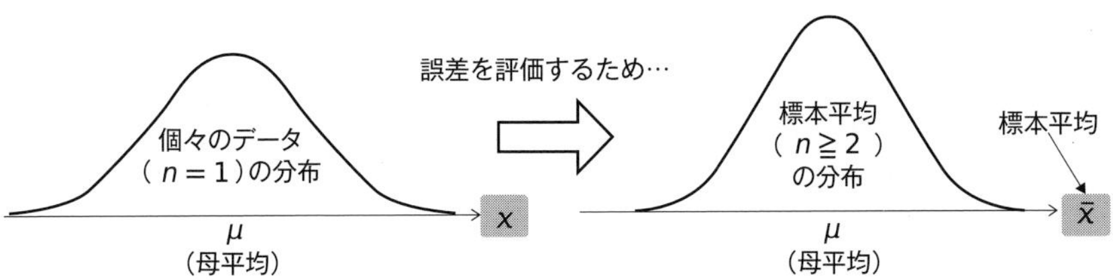

図 3.3　推定・検定では標本分布を考える

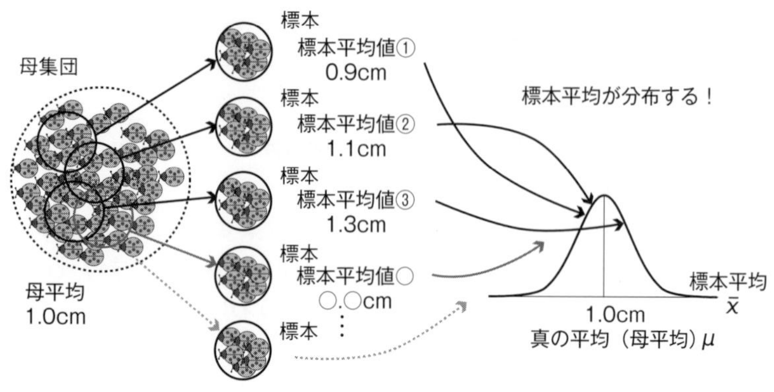

図 3.4　標本平均の分布

母集団の個々のデータが正規分布に従っていれば，もちろん正規分布に従います。しかし，母集団が正規分布に従っていなくても，標本サイズ（データの数）nが大きければ，（次章で学ぶ中心極限定理によって）標本平均は正規分布に従うという便利な性質があるのです。

ここで，標本サイズという言葉について，2つほど注意しておきます。

① データの数を**標本数**（number of samples）という人をときどき見かけます。**標本数とは標本自体の数のこと**ですので，間違わないようにしてください（前ページのテントウムシの事例だと，10が標本サイズで，100が標本数になります）。

② 標本サイズを大文字のNで表す人がいますが，Nは母集団のサイズにあてることが多いので，小文字のnを用いるようにしましょう。

誤差

推定や検定で標本分布を考える理由は，標本から母数を推測すると，必ず誤差が生じ，しかも，その大きさが**標本サイズによって変化する**からです。ですから，標本サイズが常に$n = 1$で変化しない個々のデータの分布ではなく，実験の繰り返し次第でnが変化する標本分布で母数を推測するのです。そうすれば，推定の誤差の大きさを標本サイズから評価できます。

標本サイズとの関係は次節で詳しく解説するとして，初めて出てきた**誤差**（error）という言葉について，ここで定義しておきたいと思います（統計学は

「誤差の学問」といわれるぐらい重要です)。

誤差とは，真の値との差のことですが，もう少し狭く定義すれば，標本から推測した**推定値が母数からどれぐらいズレているか**を表すものです（推定量に具体的な値が入ったものが推定値です)。

この誤差は，大きく分けると，図3.5のように，ズレに方向性のない**偶然誤差**（random error）と，方向性のある**系統誤差**（systematic error）があります。方向性があるというのは，推定値がいつも（平均すれば）母数よりも大きい方，あるいは小さい方へ偏っているという意味です。

このうち，本章以降でしばらく問題にするのは偶然誤差の方です（標本サイズによって変化するのがこちら)。偶然誤差の発生原因としては，測定器の精度限界や測定者の測定ムラ，制御できない環境変化などが考えられます。つまり，**偶然誤差が大きいということは，精度（再現性）が低いということ**です。

一方，系統誤差は，測定者の癖や測定器の特性，実験の順番，データの欠損（アンケートの非回答）などで発生します。この誤差は方向性を持って実験データに入り込んで，推定や検定の結果を歪めて誤らせてしまいます。つまり，**系統誤差が大きいということは，正確さ（正確度）が低いということ**になります。

このように，どちらの誤差も小さい方が良いのですが，系統誤差の方は実験内容が不適切であったために発生するものなので，実験自体を工夫することによって発生原因そのものを取り去ったり，偶然誤差に転化させたりできます（それが第10章で学ぶ「実験計画法」の目的の1つです)。しかし，偶然誤差の方は，理想的な実験でも偶然に必ず発生するもので，原因を取り去ることは難しいため，その大きさを評価することはとても大切なのです。そこで次節では，この偶然誤差の評価方法について解説します。

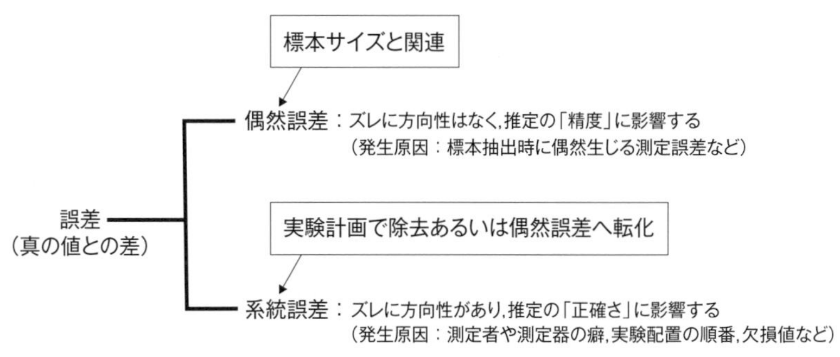

図 3.5　誤差の分類

3.4　標本のバラツキと誤差指標

前節で標本統計量のバラツキの大きさ（標本分布の幅）と標本サイズとの間には，とても密接な関係があると述べました。それは，**標本サイズが大きくなるほど，標本統計量のバラツキは小さくなる**ということです。

図3.6を見てください。例えば，標本サイズの小さい場合を考えてみましょう。図左のように，たった4匹のテントウムシの体長データしか観測していない場合（$n = 4$），1匹でも突出して大きなテントウムシが含まれていたら，その平均は簡単に大きくなってしまいますよね。では標本サイズが大きい場合はどうでしょうか？　30匹の体長データから平均を算出する場合（$n = 30$），たとえ1～2匹大きなテントウムシが混じっていても，平均はそう簡単には大きくなりません。つまり，大標本の標本分布のバラツキは小さいというわけです。

さて，標本平均の分布のバラツキが小さいと，何が良いのでしょうか？

分布のバラツキが小さいということは，図3.7のように，標本平均が従う正規分布の幅が狭くなるということですから，推定値が，真の値である母平均よりも大きくズレる確率が低くなる（いい方を変えれば，同じ確率ならばズレが小さくなる）ということです。

つまり，**標本の統計量（標本平均など）のバラツキの大きさ（標本分布の横幅）が，推定の誤差（偶然誤差）の大きさ（精度の低さ）**なのです。

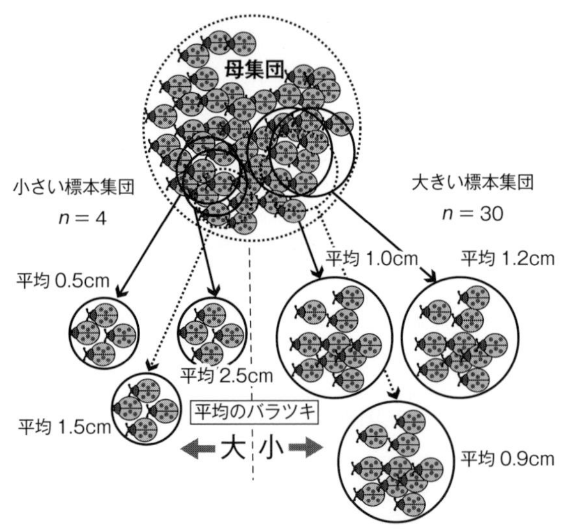

図 3.6　標本サイズと標本平均のバラツキ

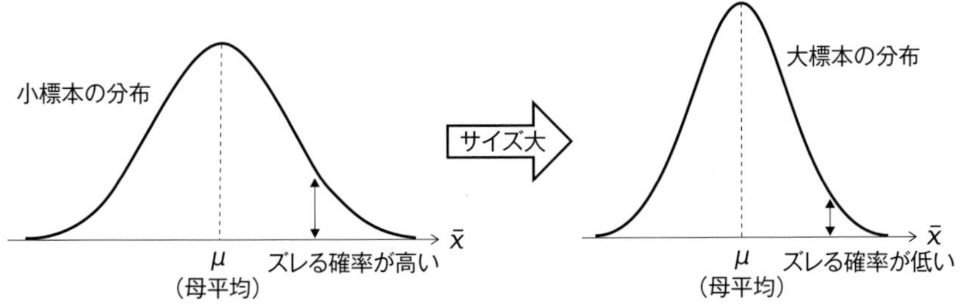

図 3.7　小標本の分布と大標本の分布

それでは，推定の誤差である，標本分布のバラツキの大きさを評価する式を紹介しましょう。個々のデータのバラツキにも分散と標準偏差があったように，標本分布のバラツキにも分散と標準偏差があります。しかし，毎回"標本平均の分散"などと呼ぶのは面倒なので，標本の分散を"誤差分散"（第8章のものとは区別してください），標本分布の標準偏差を"標準誤差"と呼びます。

誤差分散（error variance）から示しますが，これにも母数（母誤差分散），偏りを修正していない標本統計量（標本誤差分散），不偏統計量（不偏誤差分散）の3種類があります。

まず，（ありえませんが）母分散σ^2がわかっている母誤差分散は，次のような母分散σ^2を標本サイズnで割った式となります（次ページの補足を参照）。

母誤差分散　$$\sigma_{\bar{x}}^2 = \frac{\sigma^2}{n} = \frac{\sum_{i=1}^{n}(x_i - \mu)^2/n}{n}$$

標本誤差分散は，標本分散s^2を標本サイズnで割った式で表せます。偏りを修正していないので，使うとしたら大標本のときだけです。

標本誤差分散　$$s_{\bar{x}}^2 = \frac{s^2}{n} = \frac{\sum_{i=1}^{n}(x_i - \bar{x})^2/n}{n}$$

そして，不偏誤差分散は，不偏分散$\hat{\sigma}^2$を標本サイズnで割った式，あるいは標本分散s^2を自由度$n-1$で割った式で表されます。

不偏誤差分散　$$\hat{\sigma}_{\bar{x}}^2 = \frac{\hat{\sigma}^2}{n} = \frac{\sum_{i=1}^{n}(x_i - \bar{x})^2/(n-1)}{n} \quad \text{か} \quad \frac{s^2}{n-1} = \frac{\sum_{i=1}^{n}(x_i - \bar{x})^2/n}{n-1}$$

一方，標本平均の標準偏差は**標準誤差**（standard error；SE）と呼ばれ，誤差分散の平方根を求めるだけです。こちらも母標準誤差，標本標準誤差，不偏標準誤差の3つがあり，次のような式となります。

母標準誤差　$\sigma_{\overline{x}} = \sqrt{\sigma_{\overline{x}}^2} = \dfrac{\sigma}{\sqrt{n}}$

標本標準誤差　$s_{\overline{x}} = \sqrt{s_{\overline{x}}^2} = \dfrac{s}{\sqrt{n}}$

不偏標準誤差　$\hat{\sigma}_{\overline{x}} = \sqrt{\hat{\sigma}_{\overline{x}}^2} = \dfrac{\hat{\sigma}}{\sqrt{n}}$　か　$\dfrac{s}{\sqrt{n-1}}$

これら，誤差を評価する指標のなかで，基本的に使うのは不偏標準誤差です。ですから，論文で点推定（本章の節3.2）を行った場合も，その推定の精度が高かったのか低かったのかを示すため，**誤差の指標である不偏標準誤差ぐらいは記載しておくとよい**でしょう。

補足　２度もnで除す理由

誤差分散の式で，分子である母分散σ^2の計算で既に偏差平方和をnで割っているのに，もう一度nで割っているのが不思議に感じるかもしれません。これを証明するには，「確率変数xを定数倍したものの分散は，元の確率変数xの分散を定数の２乗倍したものになる（性質①）」ことと「“和の分散”は“分散の和”と等しい（性質②）」という２つの性質を利用します。

また，x_iの個別の分散は全て同じ母集団から抽出した標本なので全て同じσ^2となることから$\sum x_i$の分散は$n \times \sigma^2$と表せます。よって，次式のように，標本平均の分散は$n\sigma^2/n^2$となり，最終的にσ^2/nに整理できるというわけです。

$$V(\bar{x}) = V\left(\frac{1}{n}\sum_{i=1}^{n} x_i\right) = \frac{1}{n^2}V\left(\sum_{i=1}^{n} x_i\right) = \frac{1}{n^2}\sum_{i=1}^{n} V(x_i) = \frac{1}{n^2}\sum_{i=1}^{n}\sigma^2 = \frac{n\sigma^2}{n^2} = \frac{\sigma^2}{n}$$

性質①　性質②

例題

第1章で取り上げたキュウリの収量の不偏標準誤差$\hat{\sigma}_{\bar{x}}$を，栽培法ごとに計算してみましょう。

解：

昼間に養液を与えた栽培法Aのグループ（$n = 15$）の標本標準偏差は413.5，不偏標準偏差は428.1でした。よって栽培法Aの不偏標準誤差は$413.5 \div \sqrt{14}$，もしくは$428.1 \div \sqrt{15}$になり，どちらからでも不偏標準誤差は110.5となります。ここで注意しなければならないのは，既に自由度で修正してある不偏標準偏差を，さらにまた自由度を$n-1$で割ったりしてはいけないということです（$428.1 \div \sqrt{14}$は間違い）。同様に，栽培法Bの不偏標準誤差は$353.0 \div \sqrt{14}$または$365.4 \div \sqrt{15}$で，94.3になります。

キュウリの収量に関する各種統計量

	栽培法A	栽培法B
標本サイズ	15	15
平　　均	2 443.7	3 124.4
標本標準偏差	413.5	353.0
不偏標準偏差	428.1	365.4
標本分散	171 011.8	124 614.4
不偏分散	183 227.0	133 515.4
標本標準誤差	106.8	91.1
不偏標準誤差	110.5	94.3

3.5　標本平均の標準化

標本分布のまとめ

このあたりで，標本分布と標本サイズの関係をまとめておきましょう。

図3.8は，標本サイズによって，標本分布（標本平均$\bar{x}$）のバラツキ（$\bar{x}$の標準偏差＝標準誤差）がどのように変化するかを示したものです。

例えば$n = 10$の標本平均$\bar{x}$は$n = 5$よりも真ん中の母平均μ（我々が知りたい真の値）周辺が高く（観測されやすく）なり，左右の端に行くに従って低く（観測されにくく）なっていることがわかります。つまり，大標本の平均たちは小標本の平均たちよりもバラツキが小さくなるということです。みなさんが実験するのは普通1回だけなので，この横軸（確率変数$\bar{x}$）のどこか1点が観測されることになります（理論上は何度でも実験を繰り返せるので，こうした分

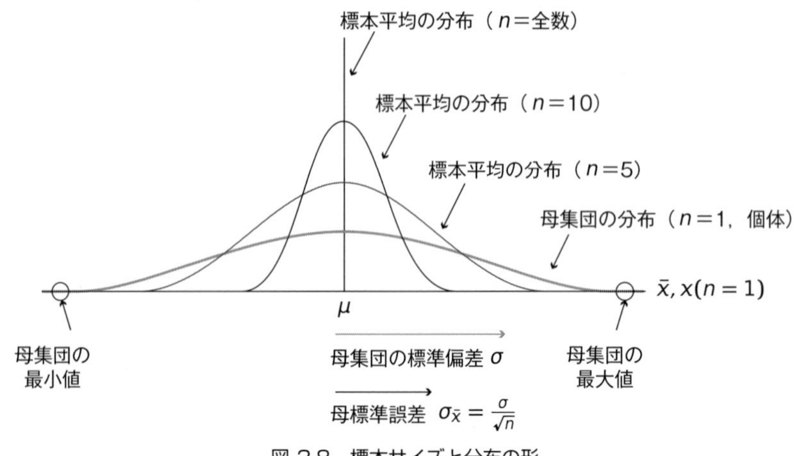

図 3.8　標本サイズと分布の形

布を描けます)。その観測1回分の標本データで母数（ここでは母平均μ）を推測するのですから，母数付近が高くなっている（つまりバラツキの小さい）大標本の方が，当然，推定精度も高く（推定値と母数が近く）なっていることがわかると思います。

では，$n=1$や$n=$ 全数はどのような場合を示していると思いますか？

$n=1$は標本サイズが1，つまりテントウムシの話にたとえれば，1匹しか採集しなかった場合です。1匹の採集を何度も繰り返せば，それらの個別の体長の値はこのように正規分布するでしょう（個々のデータの分布)。つまり，分布の一番右端がもっとも大きいテントウムシ個体の体長，一番左端がもっとも小さいテントウムシ個体の体長となります。こちらも標本平均の分布のように，真の値である母平均周辺がもっとも高くなっていますが，バラツキがとても大きくなっているため，真の値からかなり外れた左右の値を取る確率も低くはありません。誤差の統計量である誤差分散や標準誤差も分母が1となってしまうため，ただの分散や標準偏差と同じ値になってしまいます。つまり，標本サイズnが1（データを1つしか観測しない実験）の推定は，とても大きな誤差を伴っているため，ほとんど当てにならないことを意味しています。

一方，$n=$ 全数は，この世に存在するAという種のテントウムシ全てを採集できた場合を表しています。実際には無理でしょうが，こうした全数調査を実施できたとすると，その平均は，まさにAという種のテントウムシの真の体長そのものとなります。この場合はバラツキ（誤差）のない定数になりますから，広がりのない縦線となります。

例題

63ページの例題で不偏標準誤差が計算できたら，Excelを使ってエラーバー（誤差範囲）付の棒グラフで示してみましょう。

解：

まず栽培方法ごとの棒グラフを作成します。次に，グラフエリアを左クリックしますと，グラフ要素を追加するための緑色の十字ボタンが出てきますので，左クリックして出てきた［誤差範囲］の左を☑し，その右にある▶［その他のオプション］を選択し，［ユーザー設定］から［値の指定］で，前の例題で計算した標準誤差が入っているセルを選択します（正の誤差の値も負の誤差の値も同じセルでOK）。

なお，今回は両栽培法における母平均の比較に興味があるため，その推定精度を示す標準誤差でエラーバーを作成しましたが，収量のバラツキの比較に興味があるならば標準偏差を用います（どちらのエラーバーなのかは必ず明記してください）。

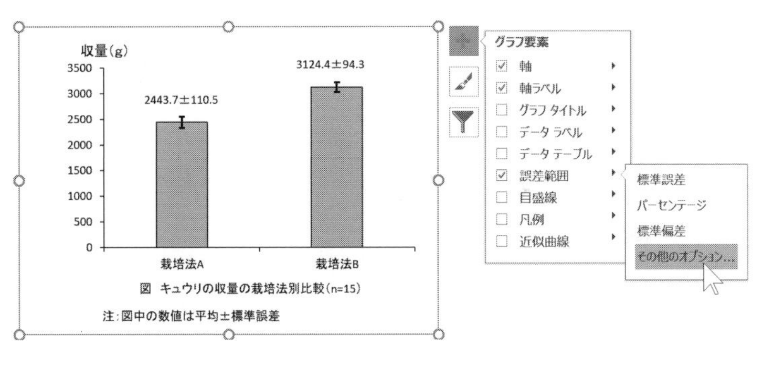

標本平均の標準化

標本平均も分布し，そのバラツキの大きさが推定の誤差を表し，標本が大きくなるにつれて小さくなる（精度が高くなる）ことがわかったところで，第2章で学んだ標準化（基準化）作業が，この標本平均を対象にもできることを確認しておきましょう。次章で出てくるt分布を理解するのに役立つからです。

復習すると，個々のデータx_iの標準化の式は次の通りでした。

標準化変量　$$z_i = \frac{x_i - \mu}{\sigma}$$

個々のデータにこの変換を実施すると，データ全体の平均（母平均）はゼロ，バラツキ（母分散や母標準偏差）は1になるため，どのような対象にも同じ分布表（標準正規分布表，z分布表）が使えるというメリットがありました。

この変換を次のように標本平均$\overline{x}_i$にも同様に実施すれば，標本平均の平均（母平均）はゼロ，標本平均のバラツキ（つまり母誤差分散や母標準誤差）が1になるため，やはりどのような対象でも同じ分布表が使えるので便利になります。なお，一応μには添字$\overline{x}$を付けていますが，先ほどの個々のデータの標準化の式のμと同じ値ですので，なくても問題はありません（次章以降省略します）。図3.8（64ページ）を見れば，個々のデータxの母平均μ_xと標本平均$\overline{x}$の母平均$\mu_{\overline{x}}$とが同じ値であることは確認できますね。

標本平均の標準化変量　$$z_{\overline{x}_i} = \frac{\overline{x}_i - \mu_{\overline{x}}}{\sigma_{\overline{x}}} = \frac{\overline{x}_i - \mu_{\overline{x}}}{\frac{\sigma}{\sqrt{n}}}$$

3.6　自由度

最後に，不偏推定量のところで問題となった，標本分散が母分散よりも小さくなる理由（というよりも，なぜ$n-1$で割るのか）を説明しましょう。

真のバラツキである母分散σ^2を標本から推測するとき，母平均μが既知ならば$\sum(x-\mu)^2/n$で求まるので問題ありませんが，全数調査が実現しない限りそれは不可能です。そのため実際には，母平均μの代わりに標本から計算できる標本平均$\overline{x}$を使って$\sum(x-\overline{x})^2/n$で標本分散s^2を求めることになります。

しかし，ここで1つ問題が発生します。それは，前節で説明してきたように標本平均$\overline{x}$自身もバラツキを持ってしまうということです（いま母集団のバラツキを推測しようとしていることを思い出してください）。そのため，母分散を偏りなく推測するためには，標本分散s^2にその標本平均のバラツキ（母誤差分散）σ^2/nを加えなければならないのです（分散には加法性があり，足したり引いたりできます）。

以上のように，母分散σ^2を求める式のμを$\overline{x}$に代えて，そのバラツキであるσ^2/nを加えると，分母が$n-1$の分散σ^2の式に変形できることが次の式から確認できると思います。このようにして，母分散σ^2を推測するときに偏差平方和を割る分母から1を引いて，バラツキが少し大きくなるように修正した分散が不偏分散$\hat{\sigma}^2$なのです。

これ自身のバラツキ

$$\sigma^2 = \frac{\sum_{i=1}^{n}(x_i-\mu)^2}{n} \rightarrow \sigma^2 = \frac{\sum_{i=1}^{n}(x_i-\bar{x})^2}{n} + \frac{\sigma^2}{n} \rightarrow \sigma^2 = \frac{\sum_{i=1}^{n}(x_i-\bar{x})^2}{n-1}$$

この$n-1$は自由度と呼ばれ，バラツキだけでなく，あらゆる不偏推定量の計算に必要となる概念です。degrees of freedom からdfと略され，式中の記号にはnに該当するギリシャ文字のν（ニュー）があてられます。

さて，自由度ですが，その名の通り，不偏推定量の計算に使う観測データ数（変数の数）のうち，自由に値を取れる度合いのことです。例えば，a，b，cという3つのデータ（変数）があるとします（$n=3$）。その平均は$(a+b+c)/3$で求めることができます。このとき，平均の値が決まっていなければ，a，b，cはいずれも自由に値が選べます（どのような値が入っても式は成り立ちます）。しかし，例えば平均の値が10と決まっていたらどうでしょうか？　$a=5$と$b=10$など，2つは自由に値が選べるでしょうが，残りのcは自動的に15と決まってしまいますね。自由に値が取れる変数の数が3個から1つ減って2個となった状態です。つまり，平均が決まってしまったために，自由に値を取れる変数の数が制約されたのです（この場合の平均を**制約条件**と呼びます）。

本章で問題となる不偏分散の場合も同じです。データが3つあると，偏差も表面上は3つ計算できます。しかし，3つのデータから求めた標本平均を使った偏差の場合，最後の1つはほかの2つの偏差から計算できてしまいます。つまり，自由に値を取れる独立した偏差は2つなのです。よって，不偏分散を計算するときに，偏差平方和を割る値としてデータの数である3では大きすぎるため，自由度である2を用いるのです。

なお，今回は1つの平均を制約条件とした事例で説明しましたが，制約条件は1つとは限りませんし，平均とも限りません。不偏推定量を求める式において，標本データを使った計算式がいくつあるかが制約の数になります。例えば第8章で学ぶ分散分析（のF値という検定統計量）では，処理水準ごとの平均が制約条件となるため，もっと多くの数（群数）がnから引かれます。また，第11章で学ぶ独立性の検定（χ^2値）では，行と列の和がそれぞれ制約条件となるため，行と列の数から1つ引いた値（の積）が自由度となります。

章末問題

問１　ある大学で，統計学の授業内容の検討資料とするため，新入生の学力を測ることにしました。しかし新入生だけでも1万人もいるマンモス大学のため，無作為に500人だけ抽出して試験を行うことにしました。
この調査（試験）における母集団，標本，ユニバースが何にあたるか，また標本数がいくつかを答えなさい。

問２　母分散（有限母集団から計算した分散）と標本分散（標本から計算した分散）とではどちらが大きくなるか答えなさい。

問３　標準偏差と標準誤差の違いを述べよ。

問４　母集団の相関係数を標本から推測する場合，その統計量の自由度はいくつになるか答えなさい。

第4章 信頼区間の推定

信頼区間の推定：母平均などの母数が，どのような範囲にあるのかを標本から推定すること。

t 分布：母分散が未知の状況で母平均を推定・検定するため，正規分布の代わりに用いる確率分布。自由度によって形状が変化する。

4.1 大数の法則と中心極限定理

大数の法則

前章で，推測統計学では，どのぐらいの誤差（偶然誤差）で未知の母数を推定できているのかを検討するため，標本分布で考える理由について述べました。本章で学ぶ区間推定においても，その考え方は基本となるので，少し復習させてください。

標本分布とは，何度も標本を無作為抽出した場合にその平均などが分布することでした。しかし，みなさんが行う実験や調査は，予算や時間の都合上，実際には何度も繰り返すことはできません。とくに圃場実験やアンケート調査などでは一発勝負的な場合が多いでしょう。つまり，標本サイズnはそこそこ確保できるでしょうが，現実の標本数は1つだけとなります。

こうした1回きりの実験結果から母平均μを推測しようとするのですから，その推定の誤差の大きさを知ることは重要です。

前章で，誤差は標本分布のバラツキに密接に関係しており，標本が大きくなるほど小さくなることを学びました。標本平均と母平均のズレである誤差が小さいということは，仮に同様の実験や調査を再び実施したとしても，標本が大きいほど，似たような結果が得られる確率が高くなるということです。これは，推定の精度が高いということを意味しています。

図4.1は，データを1つしか集めなかった実験結果（$n=1$）と，標本サイズの小さい実験結果と標本サイズの大きい実験結果のそれぞれの平均が，どのあ

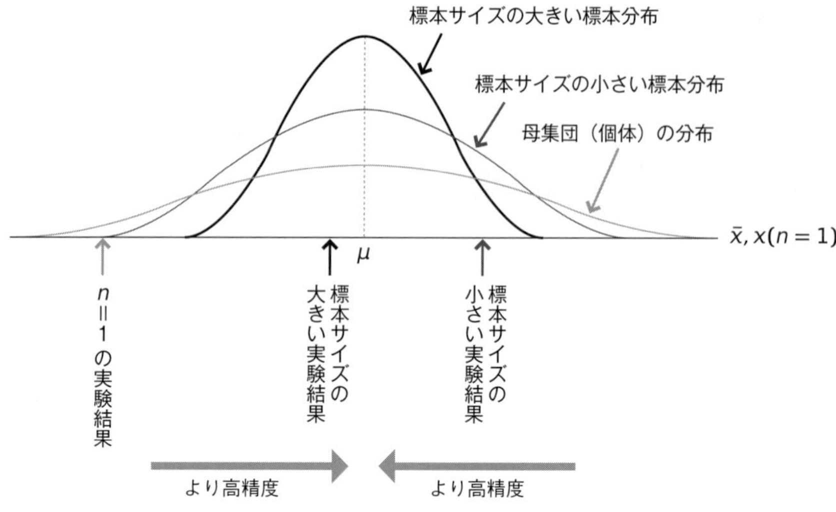

図 4.1　標本サイズと推定精度（大数の法則）

たりに来る可能性が高いかを示したものです（基本的に64ページの図3.8と同じです）。

テントウムシの事例ならば，もしA種のテントウムシの真の体長（母平均）を知りたい場合に，1匹しか採集しなかったら，その1匹の体長のデータx_1だけから未知の真の値μを推測することになります。これを繰り返すと幅の広い母集団（個体）の分布となるので，バラツキ（分散や標準偏差）は大きく，推定値はμからずっと離れてしまう可能性も十分にあります。

では，複数のテントウムシを採集してきた場合はどうでしょうか？　それら標本平均$\bar{x}$のバラツキ（誤差分散や標準誤差）は，1匹しか採集しなかった場合に比べて小さくなるので，μに近づいている可能性が高くなります。テントウムシを採集すればするほど誤差は小さくなるため，実験結果も真の値に近づいていくのです。

このように**より大きい標本から求めた平均が，真の値（母平均）に近づく**ことを**大数の法則**（law of large numbers）と呼びます。

中心極限定理

そして標本平均の分布は**中心極限定理**（central limit theorem）という便利な性質を持っています。ちょっと難しそうな言葉ですが，いっていることはとても単純です。

正規分布に従う母集団から抽出された標本平均の分布が正規分布に従うこと

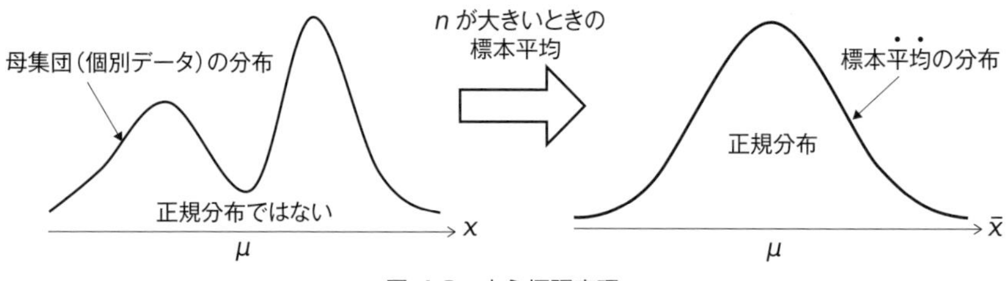

図 4.2　中心極限定理

は，みなさんも予想できるでしょう。しかし，この定理は，図4.2のように，ある程度大きい標本（$30 \geq n$ ぐらい）であれば**抽出元の母集団が正規分布でない場合も，標本平均は近似的に正規分布に従う**というのです！

実は第2章の二項分布で，既にこの定理を実証しています。サイコロ振りの表2.1から2.2やコイン投げの図2.6（33ページ）を見直してください。サイコロやコインを1つ（$n = 1$）だけ使った実験では，正規分布とはかけ離れた，分布の形が平らな一様分布だったのに，試行回数 n を増やしていくと徐々に山の形になり，正規分布に近づいていきましたよね。

今の段階では，この定理の便利さ（ありがたさ）についてピンと来ないかもしれません。しかし，この性質があるからこそ，この後学ぶいろいろな統計解析を問題なく実施できるのです。というのも，たいていの推定や検定は，正規分布に従った母集団を前提としています。しかし，そんな面倒なことをいっていては，何もできなくなってしまいます。でも，この中心極限定理があるおかげで，そのような前提条件を気にせず，様々な分析を行うことができるのです。

4.2　信頼区間の推定の基礎

さて，いよいよ母数のもう1つの推定法，**信頼区間の推定**（**区間推定**と略します；interval estimation）の話に入っていきます。ここでも，テントウムシの体長を例に解説することにしましょう。

Aという種のテントウムシの体長を研究テーマにした場合，採集してきた数匹の標本の平均が10.0 mmだったら，「このテントウムシの真の体長（母平均）も10.0 mmである」と断言できるかどうかを考えてみましょう。

10.0 mmというのは，ある1つの標本平均 $\overline{x}$ であり，また母平均 μ の不偏推定値でもあるので，大数の法則から，1匹しか採集しない場合よりも真の体長 μ にかなり近いところにあることは期待できます。でも，それら標本平均と母平均の間には，少なからず誤差が生じています。

そのため，その誤差を考慮して，例えば「このテントウムシの真の体長は，95％の確率（←正確な意味は後ほど）で8.0〜12.0 mmの間に入る」などと幅を持たせて表現するのです。その方が，「10.0 mmである」と1つの値のみで推定（点推定）の結果を示すよりも，ずっと親切ですね（その推定の誤差がどれぐらいなのかがわかりやすくなります）。

用語を整理しますと，この例における95％（あるいは0.95と表現）を**信頼係数**（confidence coefficient；**信頼水準**とか**信頼度**ともいいます），8.0〜12.0 mmを**信頼区間**（confidence interval），8.0 mmや12.0 mmなどの信頼区間の両端の値を**信頼限界**（confidence limit）と呼びます（小さい方を下限値，大きい方を上限値）。

区間推定の用語の整理：

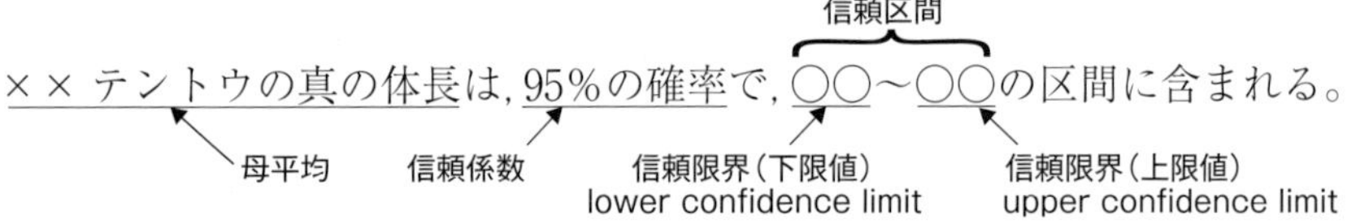

なお，信頼区間の推定は，母平均だけではなく，様々な母数に対して行うことができます。母比率の区間推定については本章後半で，母分散の区間推定については第5章で学びます（第7章で学ぶ仮説検定の対象である「2群の母平均の差」についても区間推定が可能ですが，本書では扱いません）。

実際の推定方法に入る前に，統計学の初心者にとって理解しにくい“信頼係数”について説明しておきましょう。テントウムシの事例では，単に“確率”と表現しましたが厳密には正しくありません。ちゃんと定義しますと，信頼係数95％とは，「何度もテントウムシの標本を採集（抽出）し，体長を計測して区間推定を繰り返したとき，その区間がテントウムシの真の体長（母平均）を含む回数が全回数の95％である」ということです。

図4.3を見てください。母平均（未知）は定数ですので決まった場所（図では真ん中）から動きません。太い横線1本1本が推定された区間です。同じ標本サイズで推定しているので，区間の幅は全て同じですが，抽出の度に位置は変わります。標本を使って推定しているのですから，推定が成功する（区間がμを含む）ときもあれば失敗する（含まない）こともあります。この図は100本の推定された区間のうち，μを含んでいるのが95本である状態（推定の信頼性の高さが95％であること）を表しています。

以上のように，**信頼係数とは推定した区間が母数を含む頻度**なのです（いい

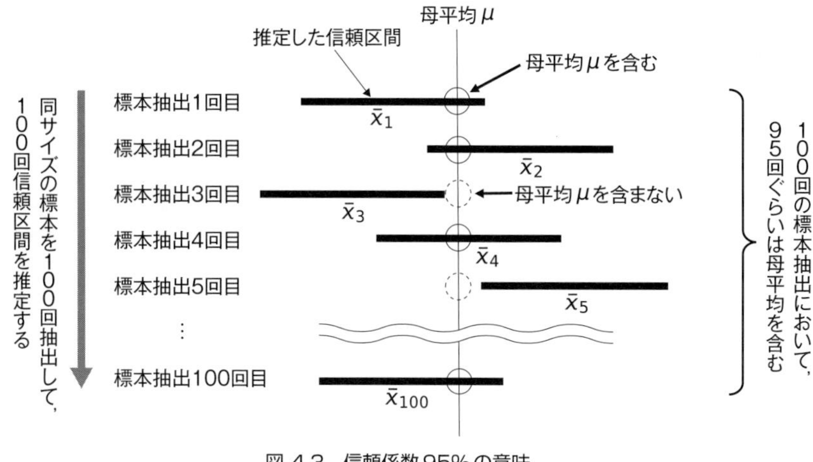

図 4.3　信頼係数95％の意味

かえれば推定の成功比率)。

もちろん，実際には何度も観測（標本抽出）と推定を繰り返すわけではありませんが，このように頻度で考えなければいけない（何度も抽出・推定することを想定しなければいけない）ところが，統計学が取っ付きにくいところかもしれません。こうした伝統的な推測統計学のことを，**頻度論的**統計学とか**頻度主義**（frequentism）統計学といいます。

4.3　正規分布による母平均の区間推定 ―母分散が既知もしくは大標本の場合―

それでは，段階を踏んで，母平均μの信頼区間の推定の方法を解説していきましょう。段階を踏むのは，母分散σ^2（あるいはその平方根の母標準偏差σ）がわかっているか否かによって推定に用いる確率分布が異なるからです。

まずは，めったにあり得ない状況ですが，母分散σ^2が既知の場合から解説します。ただし，母分散が未知の状況でも標本が大きい場合には，s^2をσ^2と（あるいはsをσと）見立てて推定しても結果に大差ないため，近似的にこの方法を用いることもできるので，あながち無駄な勉強ではありません。

さて，母分散σ^2が既知の状況で信頼区間を推定するときは，第2章で学んだ正規分布の便利な性質が役に立ちます。それは，図4.4左のように，正規分布は連続型確率関数として数式化されているため，所与の確率変数$\overline{x}$の区間（図ではa〜b）について，分布曲線の下側の面積（確率）を積分で求めることがで

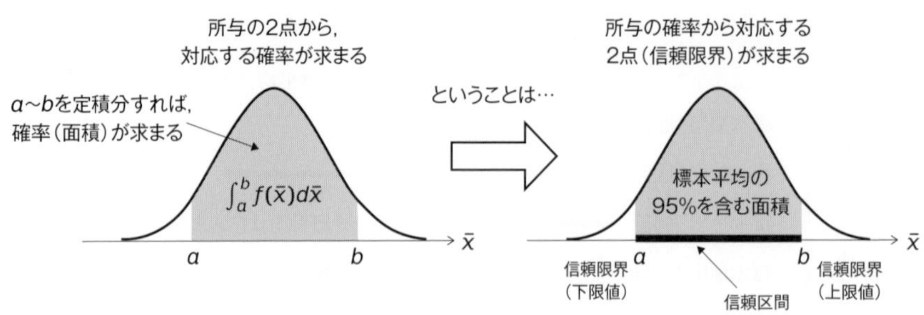

図 4.4　正規分布で区間を推定できる理由

きることでした。これは逆にいえば，図の右のように，**所与の確率に対応した「標本平均$\bar{x}$の範囲」も求められる**ということです。これを利用して，所与の信頼係数（図では95％）に対応した信頼区間を求めるのです。

区間推定の大まかな手順

ステップ①：母平均μはどこにあるのかわからないので，とりあえず1回目の実験結果から得られた標本平均$\bar{x}_1$をとりあえず置く（それ以外にヒントはない）。

$$\mu ? \quad \bar{x}_1 \quad \rightarrow \bar{x}$$

ステップ②：仮に，何回か観測（標本抽出）しても，それらの標本平均はまあまあ近い値になると考えられる（標本平均は母平均μを中心とした正規分布に従っているため，μ付近の生起確率は高いから）。

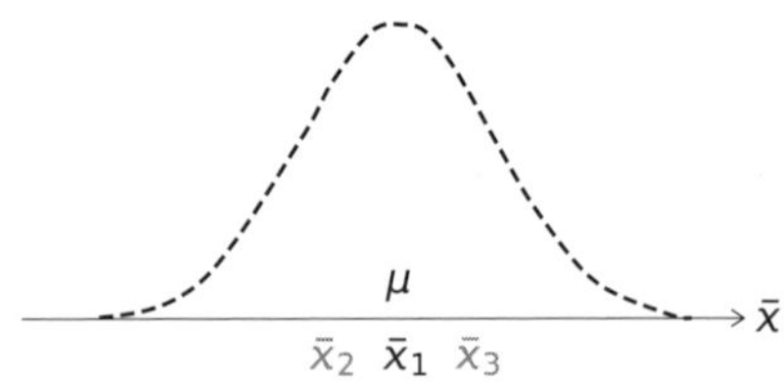

ステップ③：何回目の観測がより正しいかは不明なので，第1回目の標本平均 $\overline{x}_1$ を中心とした区間を考える。

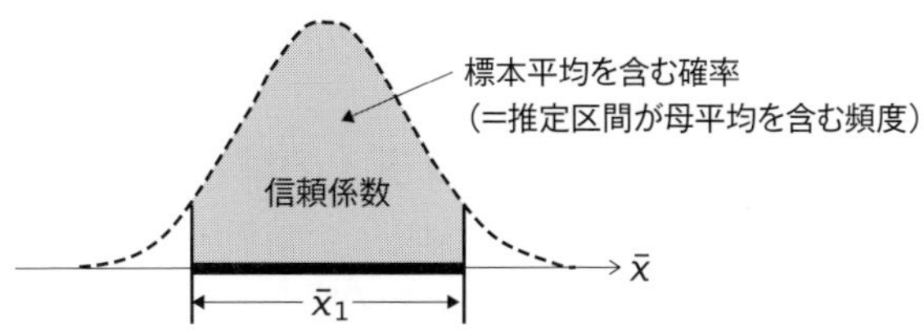

ステップ④：信頼係数に対応した信頼限界 (a, b) を求める。標本平均 $\overline{x}_1$ の上下両側に信頼係数に応じた誤差の幅をとった範囲が信頼区間となる。幅は「標準誤差の○倍」と設定すると分かりやすくなる。

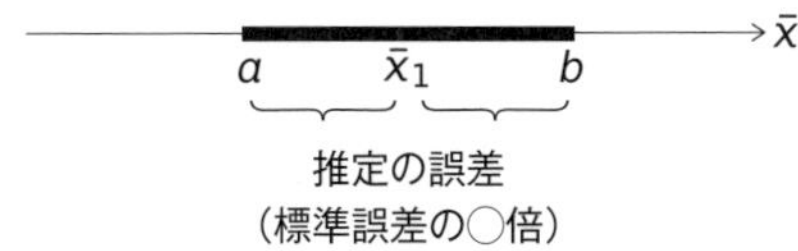

以上が区間推定の大まかな手順ですが，区間の幅は信頼係数をどの程度に設定するかによって異なってきます（標準誤差が同じ場合）。

信頼係数とは，推定した区間が母平均 μ を含む頻度（＝推定の信頼性の高さ）ですので，高いに越したことはありません。しかし，図4.5右のように，むやみに高くしても信頼区間の幅が広くなりすぎて使い物になりません。

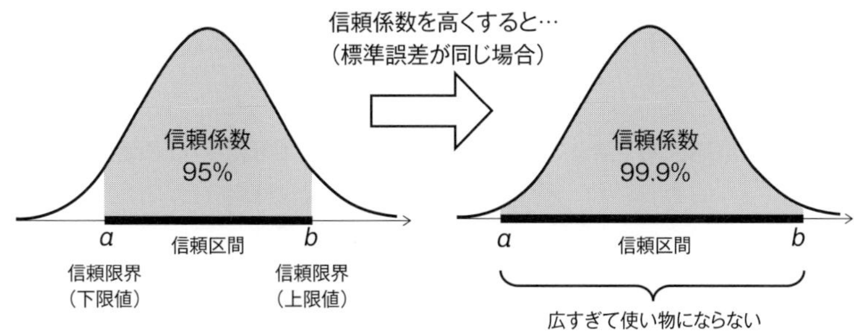

図 4.5　信頼係数と区間の幅

そこで**信頼係数には95％がよく使われます**（切りが良いという理由だけですが……）。ただし，大きい標本が得られた場合や，個別データのバラツキが小さい場合には，標準誤差が小さくなるため，高い信頼係数（99％など）でも実用的な信頼区間を推定することが可能になります。

信頼限界の求め方（ステップ④の解説）

信頼係数が決まったら，それに対応した信頼限界を設定します。

信頼限界は，標本平均の上下に誤差の幅を取ったところになります。どれぐらいの幅にするかというと，誤差は標本平均のバラツキのことですから，その基本的な指標である標準誤差の○倍という形で表します（具体的に何倍にするのかは信頼係数によります）。

例えば，95％信頼係数の信頼区間は，図4.6のように，正規分布の中心周りの面積0.95（図のグレー部分）に対応する$\overline{x}$の範囲ということです。母分散が既知の場合には，母標準誤差$\sigma_{\overline{x}}(=\sigma/\sqrt{n})$が使えるので，信頼限界は標本平均$\overline{x}_1$から上下に母標準誤差$\sigma_{\overline{x}}$の1.96倍のところとなります（1.96という値を得る方法は後述します）。

以上をまとめますと，母分散が既知の場合，母平均μに対する信頼係数95％の信頼区間の推定式は次のようになります。なお，標本抽出1回目の平均値という意味で，平均$\overline{x}$の右下に添字1を付けていましたが，以降では省略します。

母平均の信頼区間（母分散が既知）

$$\overline{x}-1.96\frac{\sigma}{\sqrt{n}}<\mu<\overline{x}+1.96\frac{\sigma}{\sqrt{n}}$$

さて，既にいくつかの図や式で，母標準誤差にかかる値として“1.96”という値が出てきておりますが，これは標準正規分布表から読み取ります。

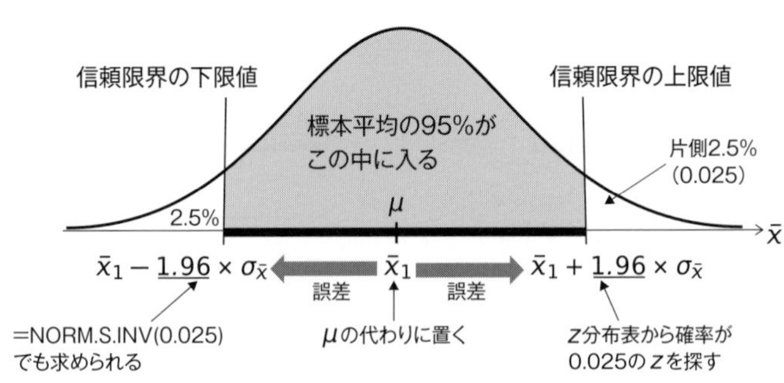

図 4.6　信頼係数95％の信頼限界

本書の付録に掲載されている z 分布表は上側（分布右裾）だけの確率となっているので，信頼係数が95％の場合，残り5％の半分である2.5％，つまり分布表の値（確率）が0.025にもっとも近い標準化変量 z を探せばよいのです。自分で，付録Ⅰの z 分布表で確率0.0250に対応する z が1.96となっていることを確認してみてください。

また，Excel関数ならばNORM.S.INV(0.025)で簡単に求めることができます。ただし，左裾からの累積確率が2.5％の z 値なので，マイナスの付く下限値−1.96が返ってきますので注意してください。

z 分布を用いた区間推定

ここまでは，標準化していない標本平均 $\overline{x}$ が従う，普通の正規分布で信頼区間を推定する方法を考えてきました。ここで，次節の t 分布を使った区間推定へスムーズに進むために，標準化した標本平均 $z_{\overline{x}}$ が従う標準正規分布，つまり z 分布を使った区間推定を考えてみましょう。

標準化とは，母平均を0，母誤差分散と母標準誤差を1に変換することです。標本平均の標準化変量 $z_{\overline{x}}$ の式は，次のようでした（節3.5，添字は略）。

標本平均の標準化変量
$$z_{\overline{x}} = \frac{\overline{x} - \mu}{\sigma_{\overline{x}}} = \frac{\overline{x} - \mu}{\dfrac{\sigma}{\sqrt{n}}}$$

真の値，つまり標準化した母平均 μ（標準化されているので0になることに注意！）が95％の頻度（信頼係数）で含まれる信頼区間は，図4.7のように，観測された標本平均 $\overline{x}$ の標準化変量 $z_{\overline{x}}$ の ±1.96の範囲となります。

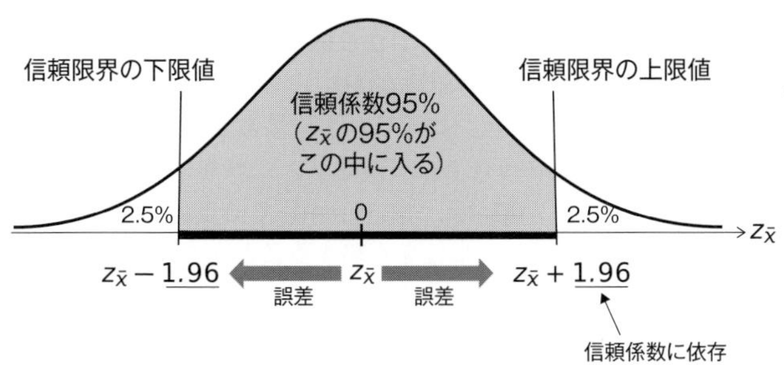

図 4.7 z 分布による区間推定（信頼係数95%）

式は次のようになります。本来，1.96に母標準誤差がかかっているのですが，標準化しているために1となり，式からは消えています。

$$z_{\overline{x}} - 1.96 < 0 < z_{\overline{x}} + 1.96$$

この式を，$z_{\overline{x}}$の連立不等式に変形すれば，次のようになります。

$$-1.96 < z_{\overline{x}} < 1.96$$

この式の$z_{\overline{x}}$に，1つ前の標本平均の標準化変量の式を代入します。

$$-1.96 < \frac{\overline{x} - \mu}{\frac{\sigma}{\sqrt{n}}} < 1.96$$

この式を，μの連立不等式に変形すれば，次のように，先ほどの（標準化前の$\overline{x}$の）信頼区間の推定式と全く同じになります。

$$\overline{x} - 1.96\frac{\sigma}{\sqrt{n}} < \mu < \overline{x} + 1.96\frac{\sigma}{\sqrt{n}}$$

例題

ある園芸農家が，母の日に向けて出荷を控えたカーネーション16本の蕾（つぼみ）の直径を調べたところ，平均で10.0 mmでした。この園芸農家の栽培しているカーネーションの蕾の平均直径を信頼係数95％で推定してください。ただし，母分散は36.0 mm^{2}であることがわかっているとします。

解：

母分散は既知ですから，標準正規分布表から信頼係数95％の信頼限界に対応するz値を読み取ります。すると上側確率0.025（5％の半分）にもっとも近いz値は1.96であることがわかります。よって，信頼係数95％の信頼区間は10.0の$\pm 1.96 \times \sqrt{(36 \div 16)}$の範囲ということになります。これを，「蕾の直径に対する信頼係数95％の信頼区間は（7.06 mm，12.94 mm）である。」と表現します（大括弧［］を使うこともありますし，単位を省略することもあります）。

ちなみに，カーネーションは母の日とその後では価格が8倍も異なるので，蕾の状態で収穫・低温貯蔵され，母の日直前に強制的に開花させて出荷するのです。そのときの蕾の直径は15 mm以上が適しているといわれているので，この園芸農家のカーネーションは，収穫するのにはまだ早すぎるようです。

4.4　t 分布による母平均の区間推定 ―母分散が未知で小標本の場合―

ここから現実的な母平均の区間推定に入ります。前節では，母平均 μ を推定しようとしているのにもかかわらず，母分散 σ^2 がわかっているという，非現実的な状況を設定していました（母平均が未知ならば母分散も計算できませんよね）。そこで，本節では，母分散も未知という状況下における区間推定について学んでいきます。

結論からいうと，母分散 σ^2 が既知の必要のある（標準）正規分布の代わりに，母分散が未知でも OK な“t 分布”を使って推定します。

「なーんだ」と思われたかもしれませんが，実は，たったこれだけのことを発見するのに，人類はゴセット（トピックス④）という統計学者の登場を待たなければならなかったのです。

トピックス④

t 分布の発見 ―ゴセット―

W. S. Gosset
(1876～1937)

イギリスの統計学者ウィリアム・ゴセットは，ギネスブックで有名なビール会社 Guinness に化学の研究者として 1899 年に採用されました。その頃のビールは，製造工程が今ほど機械化されていなかったため発酵タンク内の酵母の数が毎回異なり，味が不安定でした。そのためゴセットは，いくつかの標本（小標本）をとって血球計数器で数え，タンク内の酵母数（母平均）を推定しようと試みました。しかし，その頃はまだ大標本から正規分布を使って母平均を推定する方法しかなかったため，「実際には誤差が大きいのに，良い推定をしている」と勘違いをする可能性があることにゴセットは気がついたのです。そこで，それまでのデータを調べ上げ，平均からの偏差を不偏標準誤差で割った単純な値（t 値）が，ある確率分布（t 分布）に従うことを発見しました。これ以降，母平均を推定する際の誤差を，標本の大きさに応じて想定できるようになり，信頼区間や検定で間違えなくなったのです。

余談ですが，その当時，ギネス社は機密漏洩を嫌って研究結果を公にすることを禁止していたため，ゴセットは，Student というペンネームを用いていました。

ゴセットの発見の重要性をいち早く見抜いたフィッシャー（第 8 章のトピックス⑥を参照）は，この統計量や分布に彼のペンネームから「t」という文字をあて，回帰分析の係数の検定など，その応用範囲を広げていきました。

t分布の特徴

さて，正規分布の代わりに用いる**t分布**（Student's t-distribution）とは，どのような確率分布なのでしょうか？

t分布はtという統計量が分布したものなので，まずはt（標本平均$\overline{x}$の$t_{\overline{x}}$）の中身を見てみましょう。ただし，μは母平均，sは標本標準偏差，nは標本サイズです。

標本平均の準標準化変量　$$t_{\overline{x}} = \frac{\overline{x}-\mu}{\hat{\sigma}_{\overline{x}}} = \frac{\overline{x}-\mu}{\dfrac{\hat{\sigma}}{\sqrt{n}}} = \frac{\overline{x}-\mu}{\dfrac{s}{\sqrt{n-1}}}$$

これを，前節で用いた標本平均$\overline{x}$の標準化変量$z_{\overline{x}}$と比較してみてください。

標本平均の標準化変量　$$z_{\overline{x}} = \frac{\overline{x}-\mu}{\sigma_{\overline{x}}} = \frac{\overline{x}-\mu}{\dfrac{\sigma}{\sqrt{n}}}$$

ほとんど同じ内容ですが，よく見てみると，第2項の分母が$\sigma_{\overline{x}}$ではなく$\hat{\sigma}_{\overline{x}}$となっています（^記号が付いています）。つまり，$t$では標本平均$\overline{x}$の母標準偏差である母標準誤差$\sigma_{\overline{x}}$を使用せず，その不偏推定量である不偏標準誤差$\hat{\sigma}_{\overline{x}}$を使っているのです。不偏推定量とは，例えば分散の場合，偏差平方和を標本サイズnではなく自由度$n-1$で割ることによって，標本データからの計算でも偏りなく母数を推定できるように修正した統計量のことでした。

このように，母標準誤差$\sigma_{\overline{x}}$を使用せず，その不偏推定量である$\hat{\sigma}_{\overline{x}}$から求められる$t$を使うことによって，母分散$\sigma^2$がわからない場合でも母平均を推定できるようになります。

なお，tもzのように，平均からの差を標準誤差（母数か不偏統計量かという違いはあります）で割っています。つまりtも，zと同じように平均μをゼロ，不偏標準誤差$\hat{\sigma}_{\overline{x}}$を1にするような，標準化に準じた変換をしているのです。こうした変換を**準標準化**（または**スチューデント化**；Studentization）と呼びます。

準標準化変量tは，次の式によって表される連続型の確率分布に従います。

t分布の確率密度関数　$$f(t) = \frac{\Gamma(n/2)}{\sqrt{(n-1)\pi}\,\Gamma((n-1)/2)}(1+t^2/(n-1))^{-n/2}$$

ただし，Γは前章（55ページ）の不偏標準偏差の厳密な方の式で出てきた「階乗を一般化したガンマ関数」です。

なぜこのような難しい式をわざわざ掲載したのかというと，z 分布の式（第2章の節2.4）と比較して，“あること”に気がついて欲しかったからです。それは，z 分布の式では使われていない自由度（$n-1$）が，t 分布の式では使われているということです。つまり，t 分布は自由度の大きさによって分布の形が変化するのです（**自由度が t 分布の母数**）。

分布の形は，図4.8のように z 分布に似た左右対称の釣り鐘型をしていますが，自由度が小さくなるほど中央の高さは z 分布よりも低く，両裾はやや厚く（重く）なります。バラツキも z 分布の分散は1なのに対して，**t 分布の分散は，“$n/(n-2)$”** となり，z よりも少し大きくなります。また，**平均（期待値）は z 分布同様“0”** です。

また，式に表すことができるということは，z 分布のように，所与の確率変数値（t 値）で囲まれる曲線の下の面積（確率）を積分で求められるということですから，あらかじめそれらの対応関係を示した t 分布表を作成しておくことができます。

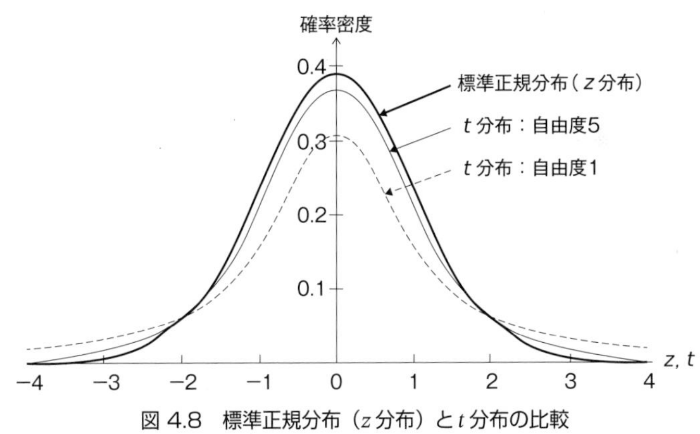

図 4.8　標準正規分布（z 分布）と t 分布の比較

t分布による区間推定

t分布が理解できたところで，早速，この分布を使って母平均を区間推定してみましょう。自由度を考慮する以外は，母分散が既知のz分布を使った場合と全く同じです。

母平均μ（準標準化されているので0です）を含む信頼区間は，実験で観測された標本平均$\overline{x}$の準標準化変量である$t_{\overline{x}}$値の上下に誤差の幅をとった範囲となります。ただし，その両端の値である**信頼限界（上・下限値）は，信頼係数だけでなく自由度によっても変化**します。

図4.9は，例として自由度が9（$n = 10$）のt分布を使って，母平均μを含む信頼区間（信頼係数95％）の推定を示したものです。

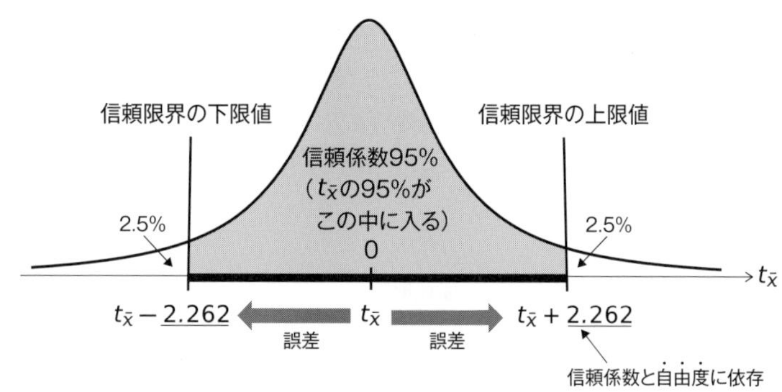

図 4.9　t分布による区間推定（信頼係数95%，ν=9）

式に表すと，母平均0を含む区間は次のように，$t_{\overline{x}} \pm 2.262$となります（2.262という値は設定した信頼係数と自由度によって決まります）。

$$t_{\overline{x}} - 2.262 < 0 < t_{\overline{x}} + 2.262$$

ここで，推定の誤差の大きさを表す2.262の部分には，z分布のとき同様，不偏標準誤差がかかっているのですが，準標準化されているので不偏標準誤差は1となり，式から消えています。この式を$t_{\overline{x}}$の不等式に変形すれば，次のようになります。

$$-2.262 < t_{\overline{x}} < 2.262$$

この式の$t_{\overline{x}}$に，本節最初に示した$t_{\overline{x}}$の式の標本標準偏差sを使った第3項を代入すれば，次のようになります。

$$-2.262 < \frac{\overline{x} - \mu}{\dfrac{s}{\sqrt{n-1}}} < 2.262$$

これをμの連立不等式に変形すれば，次のように表すことができます。

母平均の信頼区間（母分散が未知） $\overline{x} - 2.262\dfrac{s}{\sqrt{n-1}} < \mu < \overline{x} + 2.262\dfrac{s}{\sqrt{n-1}}$

さて，この“2.262”という値はt分布表から読み取ることができます。

表4.1は，t分布表の一部（全体表は付録Ⅱに掲載）です。

z分布表ではz値に対応する上側確率p（分布の右裾片側だけの確率）が示されていましたが，t分布表では上側確率pに対するt値が記載されている点に注意してください（ページ数を節約するため，1行1行がいわば別のt分布表になっているのです）。

例えば，自由度νが4で，信頼係数が95％ならば，$\nu = 4$の行と$p = 0.025$という列とがクロスする“2.776”となります。

表 4.1　t 分布表の一部（表頭の上側確率と表側の自由度に対応する t 値）

ν \ p	0.10	0.05	0.025	0.01	0.005	0.001
1	3.078	6.314	12.706	31.821	63.657	318.309
2	1.886	2.920	4.303	6.965	9.925	
3	1.638	2.353	3.182	4.541		
4	1.533	2.132	2.776			
5	1.476	2.015	2.571			
6	1.440	1.943	2.447			
7	1.415	1.895	2.365			
8	1.397	1.860				
9	1.383	1.833				
10	1.372	1.812				

また，Excel関数ならば，先ほどの自由度$\nu = 9$の左裾からの累積確率2.5%のt値である-2.262は，T.INV(0.025,9)で求めることができます。

図4.8（81ページ）のように，自由度が小さくなるほどt分布の両裾はz分布よりも厚くなるため，同じ信頼係数でもz分布で推定された信頼区間よりも広くなります。これは，バラツキを持たない定数の母分散σ^2に代えて，バラツキを持つ不偏分散$\hat{\sigma}^2$を使ったペナルティーとして，そのぶん誤差を大きく見積もって保守的な結果を得るようにしているのです。

例題

ある日，ある酪農家が，搾乳中のホルスタイン5頭の乳量を調べたら，1頭あたりの平均乳量は22.1リットル，標本標準偏差は6.5リットルでした。この農家が飼養しているホルスタインの1頭あたりの乳量（／日）を，信頼係数95％で推定してください。

解：

母分散がわからない上に標本サイズも小さい（n＝5）ので，正規分布ではなくt分布を使って推定します。t分布表（表4.1）において，自由度は$n-1$ですから，νが4の行と上側確率pが0.025（5％の半分）の列とが交わる2.776という値を使って信頼限界を算出します。すると，信頼係数95％の信頼区間は22.1という平均の$\pm 2.776 \times 6.5 \div \sqrt{4}$という範囲となります。
よって，この酪農家のホルスタイン1頭あたり平均乳量（リットル／日）に対する信頼係数95％の信頼区間は（13.1，31.1）となります。
ちなみに，近年はホルスタインの改良も進み，1日あたりの平均乳量は20～25リットルといわれています（1970年頃までは10リットルにも満たなかったようです）。

4.5　母比率の区間推定　―選挙速報の「当確」とは？―

比率と得票率

テレビやラジオで国政選挙などの特番を視聴していると，投票終了直後の開票間もない時点で**当確**が報道されることがあります。ちなみに当確とは，当選確実の略で，その候補者が確実に当選しそうな状況にあると予想されただけですので，当確が打たれたのに落選してしまうことも昔はありました。では，この当確はどのように判定されるのでしょうか？　実は，この当確にも信頼区間の推定が用いられているのです。何の信頼区間かというと“母比率”です。

それでは早速，**母比率の区間推定**の方法を解説したいと思いますが，その前に，そもそも比率とは何でしょうか？　誰もが知っている言葉ではありますが，ここで改めて定義しておきましょう（あとで分布を考えるときに役立ちます）。

比率（proportion）とは「ある性質について，集団を構成する要素が，それを持つか持たないかのどちらかのとき，その性質を持つ要素の割合」のことです。式ならば，比率pは，ある性質を持つ要素の数が，全要素の数に占める割合のこととして，次のように表すことができます。

$$\textbf{比率}\quad p = \frac{\text{ある性質を持つ要素の数}}{\text{全要素の数}}$$

例えば，テレビ番組の視聴率ならば，「その番組を視聴した世帯数が，全テレビ所有世帯数に占める割合」となります（視聴することが「ある性質を持つ」ということで，世帯が「要素」となります）。なお，比率の記号にはproportionの頭文字からpがあてられます。確率のpと紛らわしくてすみません……（確率の方はprobabilityの頭文字です）。

当確の話に戻りましょう。この場合の比率とは，ある候補者の**得票率**のことです。得票率は，正確には相対得票率といい，その候補者の得票数が，投票総数に占める割合です。確実に当選したかどうかは，全てを開票して母集団の得票率（母得票率）をみなければわかりませんが，過ちを犯すこと（誤報を打つこと）をある程度許すならば，事前に得た標本の得票率（標本得票率）を使って母得票率の信頼区間を推定することで当確を判定できます。

区間推定に用いる標本得票率は**出口調査**（exit poll）によって得ます。出口調査とは，その名の通り，投票所の出口付近で，投票を終えた人たちに「誰に投票したか」を聞く調査です。よって，標本得票率は「ある候補者に投票したと答えた人数xが，聞き取りした総人数nに占める割合x/n」ということになります。例えば，100人に出口調査を実施し，10人が候補者Aに投票したと答えたら，A氏の標本得票率は10/100で0.1（10％）です。なお，標本比率の記号には，母比率pの推定量という意味で$\hat{p}$をあてます。

標本比率の確率分布

さて，標本得票率（標本比率$\hat{p} = x/n$）の確率分布を使って母得票率（母比率p）の信頼区間を推定するわけですが，一体，標本比率はどのような確率分布に従うのでしょうか？　それがわからなければ推定できません。

先ほど，比率の定義で分子を「ある性質を“持つか持たないか”のどちらかの性質を持つ要素の数」といいました。投票でいいかえれば，ある候補者に票を入れたか入れなかったかのどちらかの性質を持つ投票者の数のことです（もちろん得票率とは前者「票を入れた」性質を持つ要素数です）。これを読んで，第2章で何か似たようなことを学んだ記憶がよみがえりませんか？

そうです“ベルヌーイ試行”です。

少し復習しますと（節2.2），ベルヌーイ試行は，（コイン投げのように）結果が成功・失敗のように2種類のいずれかしかなく，互いの試行の結果が独立しており，成功確率が試行を通じて一定である実験のことでした。選挙の投票も，ある候補者に投票するか否かしかなく，誰かの投票行動がほかの投票行動に影響を及ぼすことはなく，その候補者に票を入れる確率は誰でも一定であると仮定すれば，やはりベルヌーイ試行なのです。

そして，ベルヌーイ試行をn回繰り返したとき，成功回数xを確率変数とする離散型確率分布が二項分布（母平均はnp，母分散は$np(1-p)$）であり，二項分布のnが大きいときには，連続型確率分布である正規分布で近似できました（中心極限定理）。ただし，今回の二項分布の確率変数は単なる成功回数xではなく，それを試行回数nで割った比率x/nなので，母平均はnpをnで割ったp，母分散は$np(1-p)$をn^2で割った$p(1-p)/n$となります。

母分散がnでなくn^2で割られるのは，比率x/nの分散$V(x/n)$をxの分散$V(x)$の形にするとき，$1/n$をVの外に出すために分散の性質から2乗が付くからです（$V(x/n)=V(x)/n^2$ ←62ページ補足の性質①）。なお，この母分散は，標本比率という標本統計量の母分散なので，以降は母誤差分散（その平方根は母標準誤差）と呼びましょう。

以上のことから，標本が大きい場合の**標本比率$\hat{p}$は，母平均がp，母誤差分散が$p(1-p)/n$の正規分布に従う**ことがわかりました。あとは，正規分布による母平均の区間推定と同じ手順を踏めば，母比率の信頼区間も推定できます。

母比率の区間推定

図4.10のように，出口調査で得られた標本得票率（標本比率）を$\hat{p}_1$とすると，信頼係数が95％となる母得票率（母比率）pの区間は，$\hat{p}_1$から上下に母標準誤差（$\sqrt{p(1-p)/n}$）の1.96倍の範囲となります（倍数はz分布表から読み取ります）。信頼係数を99％とするならば，1.96ではなく2.58を用います。

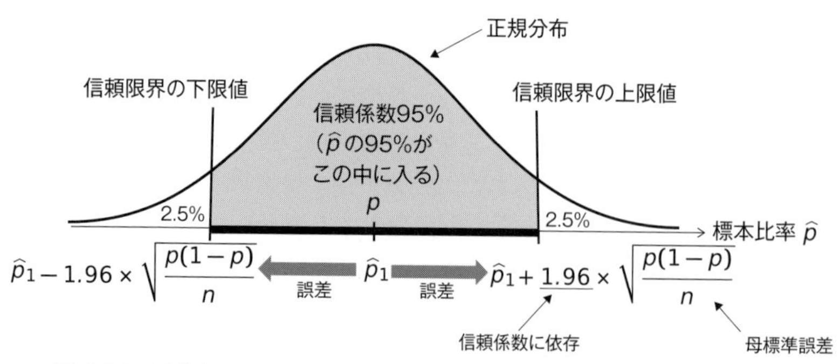

図4.10　母比率の信頼区間の推定（信頼係数95％で母比率pが既知の場合）

以上，選挙速報の当確判定を事例として，母比率の区間推定を解説してきましたが，残念ながら実際にはこの方法は使えません。なぜならば母標準誤差を求めるのには母比率pが既知でなければならないからです（母比率の推定をしているのですから既知のはずがありません）。そこで，Wald（ワルド）という数学者が，標本比率$\hat{p}$は母比率pの推定量なのだから，大きな標本ならば母比率の代わりに標本比率を使用しても，大数の法則から差し支えないだろうと考えました。それが次の**Wald法**（Wald method）と呼ばれる式です。

母比率の信頼区間（大標本）

$$\hat{p} - 1.96 \times \sqrt{\frac{\hat{p}(1-\hat{p})}{n}} < p < \hat{p} + 1.96 \times \sqrt{\frac{\hat{p}(1-\hat{p})}{n}}$$

標本比率

このWald法は，あくまで大標本のときに使う近似法なので，小標本のときに使うと本来の区間よりも狭く推定してしまいます。自由度によって標準誤差を大きく見積もるt分布を使って推定すればよいと思われるかもしれませんが，t分布は標本平均の正規分布の代わりの分布なので，標本比率の分布に使うわけにはいきません（そもそも分散の式が異なります）。

そこで，Agresti（アグレスティ）とCoull（クール）という統計学者が，小標本用に次のような修正式を提案しました（**Agresti-Coull法**；Agresti-Coull method，あるいは**調整Wald法**；Adjusted Wald method）。一見，Wald法と同じ見えますが，標本比率$\hat{p}$にプライムが付いて$\hat{p}'$となっている点に注意してください。この標本比率$\hat{p}'$は，単なる標本比率の式x/nを$(x+2)/(n+4)$に修正したものです。

母比率の信頼区間（小標本）

$$\hat{p}' - 1.96\sqrt{\frac{\hat{p}'(1-\hat{p}')}{n+4}} < p < \hat{p}' + 1.96\sqrt{\frac{\hat{p}'(1-\hat{p}')}{n+4}}$$

当確の話に戻りますが，出口調査で観測された標本サイズに合わせてどちらかの式を選び，当確かどうかを知りたい候補者の母得票率の信頼区間を求め，その信頼限界の“下限値”から判定します。なぜならば，どのような選挙でも，得票率が0.5（50％）を超えれば，その候補者は当選するからです。よって，下限値が0.5を超えていれば，その候補者は過半数の票を95％の信頼度で獲得するだろう（つまり当確）と予想できるのです。もちろん議会議員のように複数名当選できる場合には，そのぶん低い下限値でも当確と判断できます。

ただし，実際の報道現場では出口調査だけでなく，地域の担当記者が世帯ごとに取材を行うなど，もっと泥臭い作業も併せて行うことで，当確判定の精度を高めているようです。

例題

ある市長選挙でA氏とB氏が立候補しました。50人に対する出口調査の結果，A氏の得票率は70％でした。この結果からA氏について当確を出してもよいでしょうか？　信頼係数95％で判断してください。

解：
50人は比較的大きな標本なので，Wald法を使うと，母比率は，

$$0.7 \pm 1.96\sqrt{\frac{0.7(1-0.7)}{50}}$$

の区間に95％の確率で入ると考えられます。
これを計算すると 0.7 ± 0.127 となり，A氏の真の得票率に対する信頼係数95％の信頼区間は（57.3％，82.7％）と推定されます。このうち，下限の信頼限界の値は50％を超えているので「当確を出してもよい」ということになります。ただし，調査対象者が偏っている（サンプリングバイアスが発生している）と誤判断を招くので注意してください（女性や高齢者，そして農村の投票者は出口調査に非協力的であるという研究論文もあります）。

標本サイズの決め方（簡易法）

著者の指導しているゼミでは，毎年，卒論でアンケート調査（意識調査）を実施する学生がいます。そして，その学生からは，決まって「何人ぐらいからアンケートをとればよいですか？」という質問を受けます。もちろん，標本は大きい方がよさそうだというのは学生もわかっているのでしょうが，街頭調査は骨の折れる作業なので，できるだけ小さい標本（少ない人数への聞き取り）で調査を済ませたいのでしょう。

最後に，区間推定を使った，標本サイズの簡易的な決め方を解説します（検定の標本サイズは難しいので第6章や第10章の検出力分析で扱います）。

さて，アンケート調査では，政策や新商品など，何かに対する意識を聞くことが主な目的となります。ということは，何かに対して賛成の人や，良いなと思った人が全体の何割いるのかという，「比率」に対する統計的な分析がベースとなると考えられます。よって，先ほどまで当確判定で学んだ母比率の区間推定プロセスを使えば，およその標本サイズを求められます。

具体的には，信頼区間の幅を決める $1.96 \times \sqrt{p(1-p)/n}$ の部分を使います。この「（信頼係数95％の z 値）×（標本比率の母標準誤差）」は誤差，つまり推

定値と母数とのズレの大きさを表しています。ですから，あらかじめ「この程度の誤差ならば許せる」という適当な許容値を，この誤差に対して設定しておけば，そこから標本サイズnを逆算できるといわけです。

ただし，母比率pは未知ですので，類似の調査結果などから想定される標本比率$\hat{p}$を使うか，何の手がかりもない場合には，保守的な（大きめの）nを得るために，誤差がもっとも大きくなる0.5を入れておきます。$p \times (1-p)$が一番大きくなるのは，0.5×0.5のとき（つまり最大は0.25）であることはわかりますね？

では，事例として，許容できる比率の誤差を5％とした場合の標本サイズを求めてみましょう。pは不明なので0.5としておくと，95％の確率で信頼できる，母比率の区間推定を可能にするための標本サイズは，次の式から求めることができます。

$$1.96 \times \sqrt{\frac{0.5 \times (1-0.5)}{n}} = 0.05$$

$\sqrt{n} = 19.6$となり，nは約384となります。よって，384人にアンケートを実施すればよいことになります。例えば384人に対して「現在の内閣を支持しますか？」という質問を行えば，内閣支持率の95％信頼区間を±5％以内の誤差で推測することができるというわけです。

もちろん，より高い信頼係数や，より小さい誤差を設定すれば，必要となる標本サイズはもっと大きくなりますし，想定される母比率pが0.5より小さければ，必要となる標本サイズは小さくなります。

なお，母比率ではなく，母平均の区間推定の誤差である「$1.96 \times \sigma/\sqrt{n}$」に許容できる平均の誤差を設定すれば，“母平均”の95％信頼区間の推定を可能にするための標本サイズを得ることができます。ただし，母標準誤差σはやはり未知なので，類似の実験結果などから想定される値を用いる必要があります。こちらは標本平均の分布なので，z値（信頼係数95％ならば1.96）ではなくt値（自由度によっても変化する値）を使うこともできますが，そもそも自由度がわからない（というよりこれから決める）状態なのでz値でよいでしょう。

例題

A君は卒論のためにアンケート調査を実施しなければなりませんが，お金も時間もないため，母比率に対する信頼係数95％の信頼区間を推定する際の誤差は10％以内に収まればよいと考えています。さて，A君は何人ぐらいから回答を得られればよいでしょうか？

解：

次の式により，必要な標本サイズnは約96人になることがわかります。

$$1.96\sqrt{\frac{0.5\times0.5}{n}}=0.1$$

章末問題

問1　ある島に調査に行って，そこに自生しているスギの中から無作為に100本を選び，胸高周囲（成人の胸の高さでの幹周り）を観測したところ，標本平均が2.0 m，標本分散が1.0 m^2でした。この島のスギの胸高周囲の母平均に対する信頼区間を信頼係数95％で推定しなさい。

問2　第1章の章末問題で使用した農家データから，この地域の農家の販売金額の母平均に対する信頼区間を信頼係数95％で推定しなさい。

問3　あるペットショップの猫の中から20匹を無作為抽出して血液型を調べたところ，A型の猫が16匹，B型が3匹，AB型が1匹でした（猫の血液型にO型はありません）。このペットショップの猫の中で，血液型がA型である母比率に対する信頼区間を信頼係数95％で推定しなさい。ただし，標本サイズが小さいので，Agresti-Coull法を使うこと。

問4　郵送によるアンケート調査を実施することになりました。とても大事な調査で，かつ予算も十分にあるので，精度の高い調査を実施しようと思います。そこで，信頼係数95％で推定した母比率の信頼区間の幅（誤差）が1％で収まるような調査を目指す場合，何件に調査票を発送すべきかを求めなさい。ただし，返信率は20％とし，返信された回答は全て分析に使えるとする。

第5章 χ^2分布とF分布

χ^2 分 布：データの平方和が従う確率分布で，母分散の区間推定や独立性の検定に用いる。

F 分 布：χ^2の比が従う確率分布で，等分散の検定や分散分析に用いる。

5.1 χ^2分布

データの平方和

本章では，様々な推定や検定で用いられる統計量であるχ^2（「かいじじょう」と読みます）とF，そしてそれらが従うχ^2分布とF分布について学んでいきます。ボリュームは小さいですが，大変重要な章となります。まずはχ^2分布から解説しましょう。

前章では，標本平均$\overline{x}$が従う正規分布（あるいはt分布）を使って母平均μを推定したり，標本比率$\hat{p}$が従う正規分布を使って母比率pを推定しました。

では，母集団の真のバラツキである母分散σ^2はどうすれば推定できるでしょうか？　標本分散s^2が従う確率分布を使うのでしょうか？　もし，そうだとしたら，それはどのような確率分布でしょうか？

母分散を推定する場面などあまり想像できないかもしれませんが，例えば，ある食品工場で生産している製品の袋ごとの容量のバラツキがどのぐらいあるのかを知りたいときなど，意外と使うことが多いのです。

答えからいってしまいますと，残念ながら標本分散が従う分布はありません。でも，幸いなことに標本分散（あるいは不偏分散）と比例する統計量が従う分布が考え出されているので，それを使えば母分散を推定できます。それが**χ^2分布**（chi-square distribution）です。

χ^2分布は，F・R・ヘルメルトという，ドイツの測地学（地球の形や大きさを調べる学問）の研究者によって1875年に考え出されました。その後，K・ピアソンによって独立性の検定（第11章）などの使い道が見い出され，彼によって命名されました。なお，χはアルファベットのxに当たるギリシャ文字で，χの2乗などと考えずにχ^2で1つの単語として扱います（ただのχという統計量はありません）。

さて，このχ^2分布に従うχ^2ですが，実は**複数のデータを2乗して全てを足し合わせるだけ（つまり平方和）**という，とても単純な統計量です（このあたりが統計量の名称の由来でしょう）。ただし，複数のデータ（$x_1, x_2, \cdots, x_n$という確率変数に値が入った状態）は，正規分布に従う母集団から，それぞれ独立した試行で得られたものとします（後の図5.2も参照）。

正規母集団

χ^2統計量（標準化前）　$$\chi^2 = x_1^2 + x_2^2 + \cdots + x_n^2 = \sum_{i=1}^{n} x_i^2$$

例えば，−2と5というデータが実験から得られたとすると，$(-2)^2 + 5^2$で“29”がχ^2値となります。このようにχ^2はデータを2乗しているために負にはならず，またそれらを全て足し合わせているのでデータの数（自由度）が多くなるほど値も大きくなりやすい性質を持っています。つまり，χ^2が従うχ^2分布は（t分布と同じように）自由度によって形が変わるのです（**自由度νがχ^2分布の唯一の母数**です）。

χ^2とはこのような単純な統計量なのですが，対象が異なれば尺度・単位も違ってくるため，たとえデータ数が同じ場合でも，値と確率との対応関係が一律ではなくなり1つの分布表に整理できません。それでは不便なので，どのような対象に対しても同じ分布表を使えるように，普通は，元のデータxを標準化した標準化変量zの平方和をχ^2値とします。

標準化を復習しますと，次のような式で個別のデータxを変換することで，データ全体（母集団）の平均μをゼロ，標準偏差σを1に揃えることでした（節2.4）。

標準化変量　$$z = \frac{x - \mu}{\sigma}$$

この標準化の式を使って，まずは母平均μが既知の場合のχ^2を定義しておきましょう（母平均が未知の場合については次節で扱います）。

χ^2は，このzに対してデータの数だけ平方和すればよいので，母集団から抽出するデータの数が1つの場合は，次のようになります。

$$\chi^2_{(1)} = z^2 = \frac{(x-\mu)^2}{\sigma^2}$$

下付きのカッコ内の数字（1）は自由度νを示しているのですが，いまのところ式の中で標本平均$\overline{x}$ではなく母平均μを使っているため何の制約もかからず，自由度はデータ数そのものです（自由度$\nu=n=1$）。

同様にデータが2つ（自由度$\nu=n=2$）の場合のχ^2は，次のようになります。

$$\chi^2_{(2)} = z_1^2 + z_2^2 = \frac{(x_1-\mu)^2}{\sigma^2} + \frac{(x_2-\mu)^2}{\sigma^2}$$

自由度が3以上の場合も同様なので，総和記号$\sum$を使うと，自由度nのχ^2は，次のように表すことができます。

χ^2統計量（母平均が既知）
$$\chi^2_{(n)} = \sum_{i=1}^{n} z_i^2 = \frac{\sum_{i=1}^{n}(x_i-\mu)^2}{\sigma^2}$$

χ^2が従う確率分布

χ^2が従う確率分布を描いたのが図5.1です（とりあえず1，3，10という3種類の自由度の分布を描きました）。連続型で右側に歪んだ形をしてします。

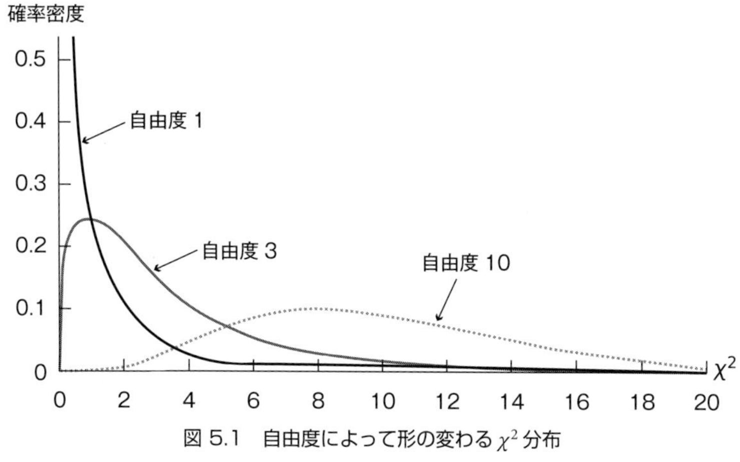

図 5.1　自由度によって形の変わるχ^2分布

また，χ^2 分布の確率密度関数式は，次のようになります。

$$\chi^2\text{分布の確率密度関数}\quad f(\chi^2) = \frac{1}{2^{\frac{\nu}{2}}\Gamma\left(\frac{\nu}{2}\right)}(\chi^2)^{\frac{\nu}{2}-1}e^{-\frac{\chi^2}{2}}$$

t 分布と同様，このような複雑な式を覚える必要は全くありませんが，自由度 ν が式に入っており，それ以外はネイピア数 e や Γ 関数（階乗を一般化したもの）などの定数しかないことから，自由度 ν のみが χ^2 分布の形を決める母数であることが確認できます。

また，**χ^2 分布の平均は自由度（ν），分散は自由度の2倍（2ν）**となります。平均も分散も，第2章で積分を使って示した連続確率分布の期待値（平均）と分散の式と，Γ 関数の性質（$\Gamma(\nu) = (\nu-1)\Gamma(\nu-1)$）を使えば導き出せますが，入門書である本書では省略させていただきます。

分布の歪みと平均とのズレ

さて，図5.1をもう一度見てください。自由度1の χ^2 分布曲線だけが，χ^2=0に近い左裾が高い形状になっているのを不思議に感じたかもしれません（実は自由度2まではこのような形状をしています）。これは，確率密度関数式の χ^2 の指数部分が自由度 $\nu \div 2$ から1を引く内容になっているからなのです。例えば χ^2 が0に近い χ^2=0.01の場合で考えてみましょう。$(\chi^2)^{\nu/2-1}$ の部分の値は，自由度 $\nu = 3$ のとき $0.01^{0.5}$ で0.1ですが，$\nu = 2$ では 0.01^{0} で1となり，$\nu = 1$ では $0.01^{-0.5}$ で10と急に大きくなります。つまり，自由度が1や2のときの χ^2 の値は，0に近づくほど大きくなるのです。

また，分布曲線のピークが平均よりもやや左にあることが気になったかもしれません（例えば自由度10の分布では平均の10ではなく，8あたりにピークが来ています）。これは，分布曲線は単に確率変数値に対応する確率密度を描いているのに対して，平均である期待値は確率密度に確率変数値を乗じたものを積分して足し合わせているからです（第2章の復習）。つまり，正規分布のような左右対称の確率分布ならば分布曲線のピークと平均とが一致しますが，χ^2 分布のように**左右非対称の分布曲線の場合，その形状からは平均の位置を知ることはできない**のです。ただし，自由度が大きな χ^2 分布は正規分布に近づくため，ピークと平均とがほぼ一致します。

著者の統計学の授業では，大抵，このあたりで「なぜこのような分布になるのか全くわからない」という反応が返ってきます。みなさんにとって，χ^2 分布

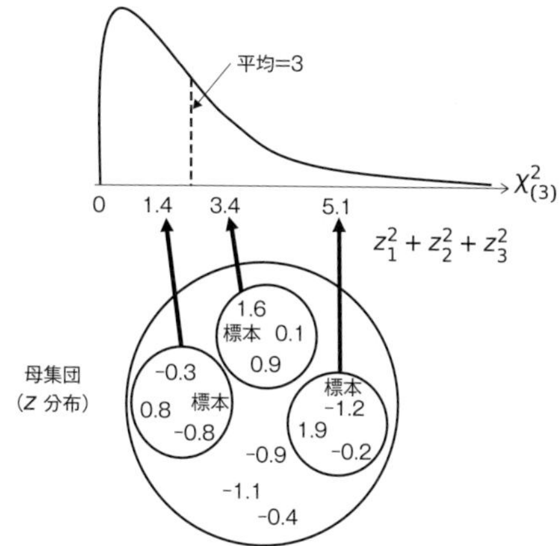

図 5.2　自由度３の χ^2 値（母平均が既知の場合）

がしっくりこない理由ですが，正規分布のように自然界に存在する（というよりは様々な自然・社会の現象の起きる確率を近似できる）ものではなく，推定や検定のために作り出された分布だからでしょう。

ですからダメ押しで，もう少し説明させてください。例として，自由度3の χ^2 分布を具体的に考えてみましょう。

母平均 μ が既知の場合の χ^2 の自由度はデータ数（標本サイズ）n ですから，図5.2のように z 分布に従う母集団から3つのデータが独立に無作為抽出される状況になります。つまり，第3章で説明した標本平均と同じように，3つのデータからなる標本を何度でも抽出することができます。そしてこのたくさんの標本から，たくさんの χ^2 を得られます。それらは同じ値になる場合もあるでしょうが，微妙に異なることが多いでしょう（図5.2では，たくさんは描けないので，3つの標本から1.4，3.4，5.1という3種類の χ^2 の値が得られた状況を示しています）。つまり，分布するのです。それが χ^2 分布です。

食い違い指数

ここまでの説明で，χ^2 分布とは何ぞやということについてはだいたい理解していただけたと思いますが，この z の平方和の分布が母集団のバラツキ（母分散や母標準偏差）の推定に役立つ理由について再確認したいと思います。

複数のデータがあり，それらの標準化変量 z の2乗を集めたのが χ^2 ですから，抽出元の母集団のバラツキが小さければ，z の平均である0に近いデータの割合が高くなるため，χ^2 は大きくなりにくいでしょう。逆に，抽出元のバラツキが大きければ0から離れたデータの割合が高くなるため，χ^2は大きくなりやすいでしょう。つまり，χ^2は標本のバラツキと連動しているのです（次節では式を展開してこれを証明します）。これが，χ^2分布を母分散の推定に使える理由です（標本分散が大きければ，母分散も大きいでしょう）。

また，このように手元のデータが標準値からどれぐらい離れているのかを確率的に評価できるχ^2の性質は大変便利なため，母分散の推定以外にも様々な検定で用いられています。というのも，比較する標準値を0でなく，何らかの仮説が正しい場合に得られると期待できる値とすれば，**現実のデータが，それ（仮説）とどれぐらいズレているのかを捉えることができる**からです。ですからχ^2は「食い違い指数」などとも呼ばれます。とくに第11章の「独立性の検定」では，期待度数（仮説の下で得られるはずの件数）と観測度数（実験で得られた件数）とのズレを捉えるのにχ^2を用います。仮説や検定の考え方は次章で詳しく解説しますので，とりあえずここではχ^2がズレを捉える統計量として，多方面で活躍することを覚えておいてください。

5.2　母分散の区間推定

不偏分散との比例関係

第4章では，正規分布やz分布，t分布を使って母平均μや母比率pの信頼区間を推定しました。ここでは，χ^2分布を使った母分散σ^2の信頼区間の推定について学びます。

前節では，χ^2をわかりやすく説明するため，母平均μが既知であることを想定して，自由度がデータ数（標本サイズn）そのままのχ^2を使いました。しかし，実際に母分散σ^2を推定する場合，母平均μは未知でしょうから，μの代わりにその標本統計量であり不偏統計量である標本平均$\overline{x}$を用いることになります。標本平均$\overline{x}$を1つ使用すると，節3.2や節3.6で学んだように，自由度はμを使う場合に比べて1つ減って$n-1$となります。つまり，母分散σ^2を推定する場合の（母平均が未知の）χ^2の式は次のようになります。

χ^2統計量（母平均が未知）　$$\chi^2_{(n-1)} = \frac{\sum(x_i - \overline{x})^2}{\sigma^2}$$

この式をよく見てください。何か見覚えがある式だと思いませんか？

次に示す不偏分散$\hat{\sigma}^2$の式（節3.2）と分子の$\sum(x_i - \overline{x})^2$が同じですね。

$$\hat{\sigma}^2 = \frac{\sum(x_i - \overline{x})^2}{n-1}$$

ということは，両式の分子を整理して，

$$\sigma^2 \times \chi^2_{(n-1)} = (n-1) \times \hat{\sigma}^2$$

という関係が成り立ちます。これを χ^2 について解けば，

$$\chi^2_{(n-1)} = \frac{(n-1) \times \hat{\sigma}^2}{\sigma^2}$$

となり，前節で解説したように，χ^2 が母集団のバラツキの不偏推定量である不偏分散 $\hat{\sigma}^2$ と比例関係にあることが証明されました（σ^2 は定数）。

また，右辺分子の分散において自由度 $n-1$ を制約がかかる前の n に戻せば，不偏統計量でない標本分散 s^2 とも（χ^2 が）比例関係にあることもわかります。

$$\chi^2_{(n-1)} = \frac{n \times s^2}{\sigma^2}$$

よって，不偏分散でも標本分散でもよいのですが，両方説明すると紛らわしいので，以降では前者（不偏分散 $\hat{\sigma}^2$）を使ってた式で母分散 σ^2 の区間推定を進めたいと思います。

さて，1つ前の不偏分散 $\hat{\sigma}^2$ との比例関係を示した式について，右辺分母である母分散 σ^2 の式に変形すれば，次のようになります。

$$\sigma^2 = \frac{(n-1) \times \hat{\sigma}^2}{\chi^2_{(n-1)}}$$

ここで，右辺分母の χ^2 は分布するため幅を持ちますから，分子の不偏分散 $\hat{\sigma}^2$ を標本から計算すれば，母分散 σ^2 を推定できるというわけです。

母分散の区間推定

それでは，母分散 σ^2 に対する信頼係数95％の信頼区間を推定してみましょう。例として，自由度が4（標本サイズ $n = 5$）の場合を考えます（図5.3）。

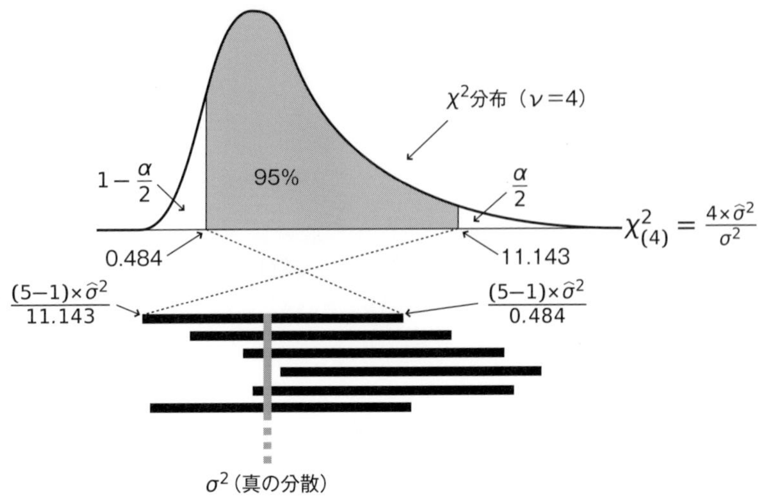

図 5.3　母分散の信頼区間の推定
注：χ^2 分布の横軸がそのまま母分散の信頼区間になるわけではない。

まず，先ほどの母分散σ^2の式を，母分散を含むと（信頼係数$1-\alpha$で）期待できる信頼区間を表す連立不等式に変形してみると次のようになります。

母分散の信頼区間　$$\frac{(n-1)\times\hat{\sigma}^2}{\chi^2_{(n-1,\frac{\alpha}{2})}} < \sigma^2 < \frac{(n-1)\times\hat{\sigma}^2}{\chi^2_{(n-1,1-\frac{\alpha}{2})}}$$

この左辺分母の$\chi^2_{(n-1,\alpha/2)}$は，母分散に対する信頼区間の信頼限界の下限値（区間左側の小さい方の値）を計算するとき，右辺分母の$\chi^2_{(n-1,1-\alpha/2)}$は上限値（区間右側の大きい方の値）を計算するときのχ^2の値をそれぞれ表しています。不等式において，χ^2は分母にあるため，上／下限値の計算では一見，逆に用いているように見えることに注意してください（それが図5.3で破線がクロスしている理由です）。添字のαはχ^2分布の上側の確率を表す記号です。本事例では信頼係数95％ですから，100％から95％を引いた5％（$\alpha = 0.05$）の半分になります。このように，χ^2分布は，z分布やt分布と異なり左右非対称なので，上側と下側それぞれのχ^2の値を読み取る必要があります。

2つの信頼限界を計算するためのχ^2の値は，分布表やExcel関数で得ることができます。表5.1にχ^2分布表の一部を抜き出しましたので，ここから値を読み取ってみましょう（全体表は巻末に付録IIIとして掲載）。

表 5.1　χ^2 分布表の一部（表頭の上側確率と表側の自由度に対応する χ^2 値）

ν ＼ p	0.995	0.990	0.975	0.950	0.900	0.100	0.050	0.025	0.010	0.005
1	0.000	0.000	0.001	0.004	0.016	2.706	3.841	5.024	6.635	7.879
2	0.010	0.020	0.051	0.103	0.211	4.605	5.991	7.378	9.210	10.597
3	0.072	0.115	0.216					9.348	11.345	12.838
4	0.207	0.297	0.484					11.143	13.277	14.860
5	0.412	0.554	0.831					12.833	15.086	16.750
6	0.676	0.872	1.237						16.812	18.548
7	0.989	1.239	1.690						18.475	20.278
8	1.344	1.646	2.180						20.090	21.955
9	1.735	2.088	2.700							
10	2.156	2.558	3.247							

χ^2 分布表には，所与の上側確率 p に対応する χ^2 の値が自由度 ν ごとに掲載されています。さて，2つの信頼限界のうち，上限の計算に使う χ^2 値は，$1-\alpha/2$ の確率 p の列，下限は $\alpha/2$ の確率 p の列から読み取ります。事例では α は5％なので，信頼限界に使う2つの χ^2 のうち，上限の計算に使う分布下側の χ^2 の値は，確率 $p(1-\alpha/2)=0.975$ の列と自由度 $\nu=4$ がクロスする0.484，下限の計算に使う分布上側の χ^2 の値は，確率 $p(\alpha/2)=0.025$ の列と自由度 $\nu=4$ がクロスする11.143であることが読み取れますね。**また，Excel関数ならば分布下側の χ^2 の値はCHISQ.INV($\alpha/2$，$n-1$）で，分布上側はCHISQ.INV.RT($\alpha/2$，$n-1$）で求めることができます。**

以上，自由度が4（標本サイズが5）の場合，母分散 σ^2 に対する信頼係数95％の信頼区間は次のようになります。なお，母標準偏差 σ の信頼区間は，この連立不等式の平方根を取るだけです。

$$\frac{(5-1)\times\hat{\sigma}^2}{11.143} < \sigma^2 < \frac{(5-1)\times\hat{\sigma}^2}{0.484}$$

例題

Aという種のテントウムシを5匹採集しました。それらの体長は，小さい順に5 mm，8 mm，10 mm，11 mm，15 mmでした。このテントウムシの体長の母分散に対する信頼区間を信頼係数95％で推定してみてください。

解：

母平均の信頼区間の推定と同様に，この例では5匹の標本から母分散（母集団の分散），つまり誰も知らない真の分散を推測します。

まず，採集した5匹の標本から不偏分散を計算すると，節3.2の計算式から，

$$\frac{((5-9.8)^2+(8-9.8)^2+(10-9.8)^2+(11-9.8)^2+(15-9.8)^2)}{(5-1)}=13.7$$

となります。また，信頼係数は本文中と同じ95％で自由度も4なので，信頼限界の下限値の計算に使うχ^2値は11.143，上限値のほうは0.484となり，次の不等式を解けばよいことになります。

$$\frac{(5-1)\times 13.7}{11.143}<\sigma^2<\frac{(5-1)\times 13.7}{0.484}$$

すると，このテントウムシの体長の母分散の95％信頼区間は（4.92，113.22）となります。単位を付けるとすればmm^2です。また，これらの値の平方根を取った（2.22，10.64）は，母標準偏差σの95％信頼区間となります（単位はmm）。

5.3　*F*分布

様々な確率分布が次々に出てきて，閉口してしまった方もいらっしゃるかもしれませんが，このF分布で終わりです（あと第9章でq分布というのが出てきますが，限界値を読み取る専用です）。もちろん確率分布は他にもいろいろあるのですが，統計学の初心者ならば，ここまでに学んだ離散型の二項分布とポアソン分布，連続型の正規分布，z分布，t分布，χ^2分布，そして本節で学ぶF分布を理解すれば十分でしょう。もう一頑張りしてください。

***F*分布**（F-distribution）も“F”という統計量が従う連続型確率分布の一種です。F分布という名称は，G・W・スネデカーというアメリカの統計学者が，この統計量を考案したR・フィッシャー（Fisher，トピックス⑥）の頭文字から取りました（名付け親の名前からスネデカー分布とも呼ばれます）。

このF分布は，これまでの確率分布とは決定的に違う性質を持っています。それは，これまでの確率分布が，1つの母集団から何度も無作為抽出した標本の統計量が従う分布であったのに対し，F分布は2つの母集団からそれぞれ無作為抽出した標本から計算した統計量（これがFです）が従う分布であるという点です。その性質を利用して，抽出元である2つの母集団の分散が同じかどうかを判定するとき（**等分散の検定**）などに用いられます。例えば，中学校Aと中学校Bの数学の成績のバラツキに差があるかどうかを調べたいときなど，いろいろな応用場面が考えられるでしょう。等分散の検定は，第7章の最後に

扱いますので，とりあえずここでは「*F* 分布とは何ぞや」ということについて解説しておきます。

F 分布に従う統計量である *F* の具体的な内容ですが，それはずばり「2つの χ^2 の比」です（図5.4）。ただし，χ^2 の値は自由度によって大きく異なるので，2つ（比になる分母と分子の）の χ^2 をそれぞれの自由度で割ることで，分母と分子の値の大きさを自由度あたりに修正して対等の状態にします。このように，*F* には自由度が2つになる点に注意してください（もちろん同じ自由度になることもあります）。

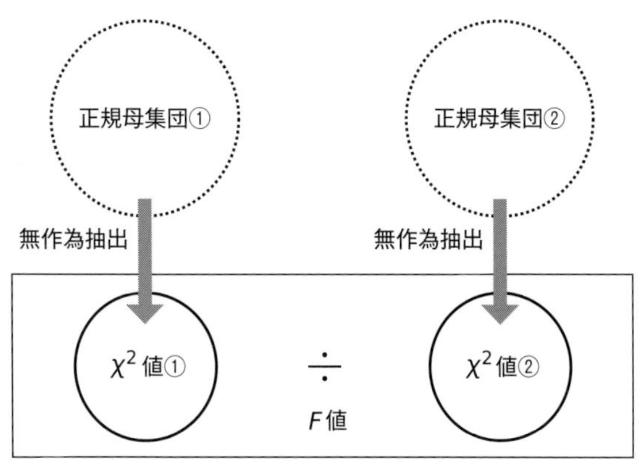

図 5.4　*F* の意味

F を式で表すと次のようになります。ν_1 は分子の χ^2 の自由度（第1自由度と呼びます），ν_2 は分母の χ^2 の自由度（第2自由度）です。

F 統計量　$$F_{(\nu_1,\nu_2)} = \frac{\chi^2_{(\nu_1)}/\nu_1}{\chi^2_{(\nu_2)}/\nu_2}$$

なお，この *F* が従う *F* 分布の確率密度関数は，次のような，とても複雑な式です（入門書では普通は掲載しません……）。

F 分布の確率密度関数　$$f(F) = \frac{\Gamma(\frac{\nu_1+\nu_2}{2})F^{\frac{\nu_1-2}{2}}}{\Gamma(\frac{\nu_1}{2})\Gamma(\frac{\nu_2}{2})(1+\frac{\nu_1}{\nu_2}F)^{\frac{\nu_1+\nu_2}{2}}}(\frac{\nu_1}{\nu_2})^{\frac{\nu_1}{2}}$$

みなさんに，この複雑な式で確認して欲しいのは，χ^2分布同様，分布の形を決める**母数は自由度のみ（ただし2つ）**ということです（それ以外は一般化した階乗を意味するΓ関数がたくさんあるだけ）。χ^2の比をとった統計量が従う分布なので，当たり前といえば当たり前なのですが……。

F分布の平均（期待値）と分散は次のようになります。こちらもχ^2分布同様，証明は複雑なので省略しますが，平均は第2自由度ν_2が大きくなると1に近づくことが簡単にわかりますね。

F分布の期待値（平均）　$$E(F) = \frac{\nu_2}{\nu_2 - 2} \quad （ただし\nu_2 > 2）$$

F分布の分散　$$V(F) = \frac{2\nu_2^2(\nu_1 + \nu_2 - 2)}{\nu_1(\nu_2 - 2)^2(\nu_2 - 4)} \quad （ただし\nu_2 > 4）$$

F分布の形状は図5.5のようになります。横軸である確率変数のFは（χ^2の）“比”ですから負の値は取らず，右に歪んで左右非対称の形をしています。

自由度が2つあるので様々な組合せがあり，その度に異なる形状を取るのですが，χ^2分布のように自由度によって劇的に形が変わるわけではありません。また，いくら自由度が大きくなっても正規分布に近づくこともありません。

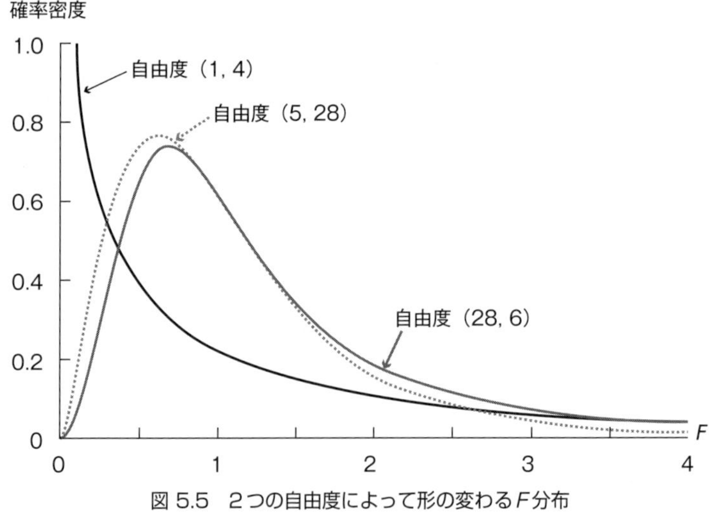

図5.5　2つの自由度によって形の変わるF分布

5.4 特別なF値

F値が2つの不偏分散の比になる場合

本節では，ある条件の下で，Fが2つの不偏分散の比になることや，tと密接な関係があることを導いておきます。とくに不偏分散の比となるFは，等分散の検定（第7章）や分散分析（第8章）で実施されるF検定の統計量となりますので，ここで一旦，理解しておいてください。

まず，節5.2で導いた自由度が$n-1$のχ^2の式を思い出してください。この式の$n-1$をνにして表現し直すと，

$$\chi^2_{(n-1)} = \frac{(n-1)\times\hat{\sigma}^2}{\sigma^2} \quad \rightarrow \quad \chi^2_{(\nu)} = \frac{\nu\hat{\sigma}^2}{\sigma^2}$$

となります。ということは，前節で示したFの式（2つのχ^2/νの比）は，不偏分散$\hat{\sigma}^2$を使って，次のように整理できます。

$$F_{(\nu_1,\nu_2)} = \frac{\chi^2_{(\nu_1)}/\nu_1}{\chi^2_{(\nu_2)}/\nu_2} = \frac{\dfrac{\nu_1\hat{\sigma}_1^2}{\sigma_1^2}/\nu_1}{\dfrac{\nu_2\hat{\sigma}_2^2}{\sigma_2^2}/\nu_2} = \frac{\hat{\sigma}_1^2/\sigma_1^2}{\hat{\sigma}_2^2/\sigma_2^2}$$

ここで，もし分子の不偏分散$\hat{\sigma}_1^2$の真の値である母分散σ_1^2と，分母の不偏分散$\hat{\sigma}_2^2$の真の値である母分散σ_2^2とが同じσ^2だったら（検定ではそのような仮説の下で統計量Fを計算します），次のような不偏分散$\hat{\sigma}_1^2$と$\hat{\sigma}_2^2$の単純な比になります。

$$F_{(\nu_1,\nu_2)} = \frac{\hat{\sigma}_1^2/\sigma^2}{\hat{\sigma}_2^2/\sigma^2} = \frac{\hat{\sigma}_1^2}{\hat{\sigma}_2^2}$$

当然ながら，2つの標本が同じ分散の母集団から抽出されたならば，そこから推定した2つの不偏分散の値も近くなるため，その比である統計量Fは“1”前後の値を取りやすいでしょう。その性質を利用して，等分散の検定では母集団の分散が等しいか否かを，分散分析では処理の効果があるかないかを検証するのです。

◉ Fとtの関係

最後に，Fはtとも関係が深いことを導いておきましょう。

まず，標本平均$\overline{x}$の準標準化変量$t_{\overline{x}}$の式（節4.4）を，次のように$z_{\overline{x}}$を使った式に変形します。

$$t_{\overline{x}} = \frac{\overline{x}-\mu}{\hat{\sigma}_{\overline{x}}} = \frac{\overline{x}-\mu}{\hat{\sigma}/\sqrt{n}} = \frac{\dfrac{\overline{x}-\mu}{\sigma/\sqrt{n}}}{\dfrac{\hat{\sigma}/\sqrt{n}}{\sigma/\sqrt{n}}} = \frac{z_{\overline{x}}}{\hat{\sigma}/\sigma}$$

この式に，先ほどの

$$\chi^2_{(\nu)} = \frac{\nu\hat{\sigma}^2}{\sigma^2}$$

という式を使って，次のように右辺分母を直します。

$$t_{\overline{x}} = \frac{z_{\overline{x}}}{\sqrt{\dfrac{\chi^2_{(\nu)}}{\nu}}}$$

この式を2乗すると，次のように，tの2乗と，第1自由度が1のF（自由度1のχ^2はz^2でしたね）とが同じになることがわかります。

$$t^2_{(\nu)} = \frac{z^2_{\overline{x}}}{\chi^2_{(\nu)}/\nu} = \frac{\chi^2_{(1)}/1}{\chi^2_{(\nu)}/\nu} = F_{(1,\nu)}$$

例えば，Fを使う分散分析（第8章）で，2群の場合は第1自由度が1になります。つまり，2群の分散分析を実施するのと2群の平均の差のt検定（第7章）を実施することは同じことなのです。みなさんはまだ検定を学んでいないので，とりあえずここではt分布とF分布が密接な関係になるんだなと感じていただければ結構です。

そして，この2つ以外にも，第2章以降学んできた確率分布は少なからず関連しているのです。48ページの図2.13の拡張版として，ここまでに学んだ全ての確率分布の関係を，図5.6に整理しておきます。

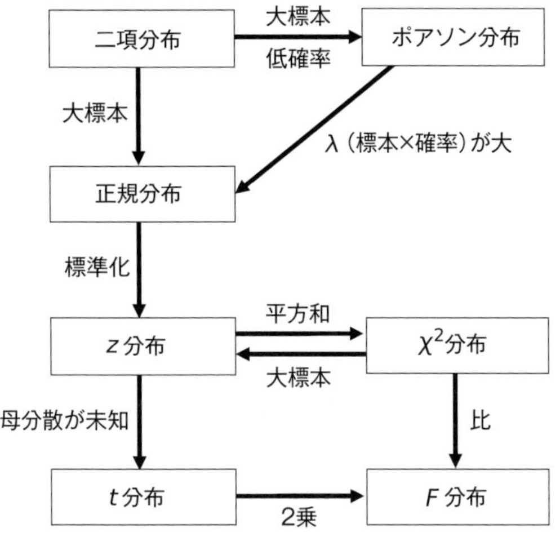

図 5.6　確率分布の関係（図2.13の拡張版）

F 分布表と読み方

F 分布も確率分布ですので，確率密度関数を積分すれば，所与の *F* の値とそこから上（右）側の確率との対応関係を表にできます。表5.2に，その *F* 分布表の一部を掲載しておきます（全体表は付録IVとVに掲載しています）。

F 値には，分子の自由度（第1自由度ν_1）と，分母の自由度（第2自由度ν_2）の2つがあるので，確率ごとに1つの表が必要になります。ここでは上側確率が5％（$p = 0.05$）の *F* 分布表を載せておきます。

さて，読み方ですが，例えば「第1自由度ν_1が5，第2自由度ν_2が10の *F* 値（上側確率5％）」は，表側に10と書かれている行と，表頭に5と書かれている列とのクロスしている値である“3.33”となります。

ExcelならばF.INV.RT(0.05,5,10)という関数で，分子の第1自由度が5，分母の第2自由度が10の *F* 分布における上側確率5％の *F* 値を求めることができます。

表 5.2　F分布表の一部（表頭と表側の自由度に対応するF値，上側確率５％）

		ν_1（分子の自由度）											
		1	2	3	4	5	6	7	8	9	10	15	20
ν_2（分母の自由度）	1	161.45	199.50	215.71	224.58	230.16	233.99	236.77	238.88	240.54	241.88	245.95	248.01
	2	18.51	19.00	19.16	19.25	19.30	19.33						
	3	10.13	9.55	9.28	9.12	9.01	8.94						
	4	7.71	6.94	6.59	6.39	6.26	6.16						
	5	6.61	5.79	5.41	5.19	5.05	4.95						
	6	5.99	5.14	4.76	4.53	4.39	4.28						
	7	5.59	4.74	4.35	4.12	3.97	3.87						
	8	5.32	4.46	4.07	3.84	3.69	3.58						
	9	5.12	4.26	3.86	3.63	3.48	3.37						
	10	4.96	4.10	3.71	3.48	3.33	3.22						

章末問題

問1　χ^2値とは何かについて，標準化変量z_iを使って説明しなさい。ただし式を書く必要はありません。

問2　母平均μが未知の場合，χ^2値の自由度はいくつになるか。標本サイズはnとします。

問3　ある農家の10年間の平均農業所得率の不偏標準偏差は5％でした。この農家の経営上のリスク，つまり農業所得率の母標準偏差が入ると考えられる信頼区間を信頼係数90％で推定しなさい（ヒント：データが10年分あるわけですから，標本サイズnは10になります）。

問4　F値とt値の関係について述べなさい。

第6章 仮説検定と検出力

仮説検定：仮説が正しいにしては起きにくいことが起きたと考えられる場合，そもそも仮説は間違いであったと判断する。
検出力：母集団に差があるときに“ある”と正しく判断できる能力。

6.1 検定の概要

本章では，信頼区間の推定とともに推測統計学の二枚看板のもう1つである「仮説検定」の基本と，検定の能力を表す「検出力」を学びます。

仮説検定（hypothesis testing）は統計的仮説検定，あるいは単に検定（test）とも呼ばれ，薬を使う・使わないなど，処理の違いで生まれた複数群の母平均などに，差があるかないかを判断する手法です。

仮説検定は図6.1のような4つの手順から構成されています。

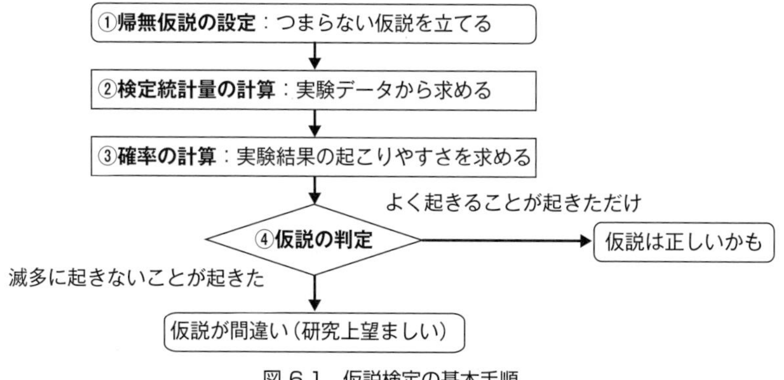

図 6.1　仮説検定の基本手順

手順①：仮説の設定

まず母集団に関する仮説を立てます。仮説とは，未知の事実を説明するために，とりあえず正しいものと仮定しておく道筋のことで，それが正しいか正しくないかを検証します。

手順②：検定統計量の計算

実験で観測されたデータのままで検定できることは滅多にないため，目的に沿った検定統計量を求めます。そのために，ここまでzやt，χ^2，Fなどを学んできたのです。

手順③：確率の計算

とりあえず仮説が正しいとした下での実験結果の起こりやすさ（生起確率）を計算し，次の手順の判断材料とします。ただし，確率を計算するのは難しいので，実際には帰無仮説の分布でどれぐらい端の方に位置している（極端な値を取っている）のかで判断します。

手順④：仮説の判定

滅多に起きないことが起きたといえるぐらいに確率が低いならば，「そもそも前提していた仮説が間違いだった」と判断します。そうでない場合には判定を保留します（仮説は正しかったとはいわない）。

6.2　仮説の設定

帰無仮説の設定

手順①の母集団に関する仮説を立てるにあたって，1つ注意が必要となります。それは，研究目的からすると「つまらない内容（主張したい内容とは逆）」の仮説を立てるということです。

例えば，殺虫剤の効果を検定する場合，殺虫剤処理前と処理後の植物では平均害虫数に「差がある」という仮説を立て，それを証明したくなるのが自然だと思います。しかし，検定では，処理前と処理後とでは平均害虫数に「差はない」という，むしろ棄却したい仮説をまず立てるのです。なぜならば，差（処理の効果）があることを直接証明するためには，どの程度の差なのかをあらかじめ特定し，その大きさの差について検証する必要が出てきてしまうからです。しかし，その差の大きさがわからないから検定するのであって，これでは話が進みません。

そのため，検定では本来の研究目的からすると棄却したい「△△と××とでは差はない」という仮説を立て，それが結果と矛盾していることを証明するのです。このように，証明したい仮説と相反する仮説を立て，それを棄却することで本来主張したい仮説を証明する論理を，**背理法**と呼びます。そして，検定の対象となる棄却したい仮説を，本来は無に帰すべき仮説という意味で**帰無仮説**（null hypothesis；nullは0の意味）と呼び，頭文字を使ってH_0で表します。なお，**棄却**（reject）とは仮説が成り立たないこと，つまり正しくないと判断されたために検定結果で採択されなかったことを意味します。

対立仮説の設定

一方，帰無仮説が棄却された場合に，代わりに採択される仮説もあらかじめ立てておきます。その内容は帰無仮説を否定するものなので「差（処理効果）がないとはいえない」という二重否定になってわかりにくいのですが，「差がある」と同じ意味と考えてよいでしょう。

このような，本来採択して欲しい（もともと主張したかった）仮説を**対立仮説**（alternative hypothesis）と呼び，H_1で表します。「対立仮説など立てなくても帰無仮説が棄却されれば検定の目的は達成できるじゃないか」と思われるかもしれませんが，本章後半で扱う検出力や第二種の過誤確率βが計算できるようになるというメリットが生まれるのです。

なお，帰無仮説が棄却されなかった場合，つまり帰無仮説を受容せざるを得ない場合の解釈には注意が必要です。というのも，「差はない」という帰無仮説が棄却されなかったからといって，それが直ちに帰無仮説が正しいことを意味しているわけではありません。なぜならば，別の標本や，標本がもっと大きかったら帰無仮説を棄却できたかもしれないからです。よって，帰無仮説が棄却できなかった場合でも，あくまで当該標本（今回の実験）からは統計的に差があるとはいえなかったというだけなので，「差があるともないともいい切れない（今回の結果と帰無仮説は矛盾しない）」程度の消極的な解釈で，判断を保留しておくようにしましょう（図6.2）。

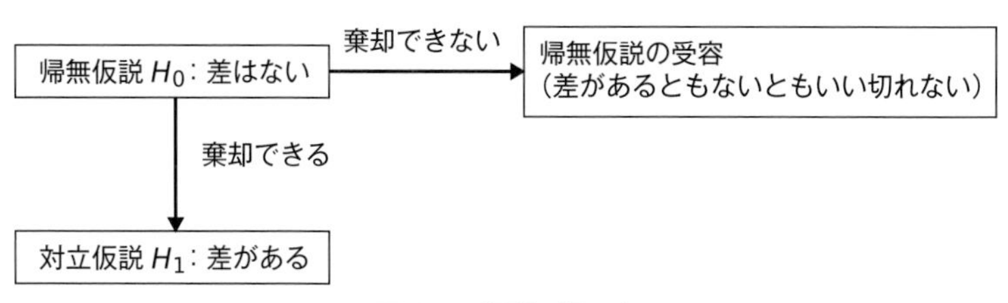

図 6.2　仮説の扱い方

このように，帰無仮説が棄却できなかったときに下される判定が曖昧になる点が，仮説検定の最大の弱点といってもよいでしょう。とはいえ，結果をはっきり答えてくれない区間推定に比べ，「処理の効果がある」と断言してくれる仮説検定は，誰にとってもわかりやすいため，多くの分野で便利に使われているのです。

6.3 （1標本の）母平均の検定

特定の値と標本平均の差の検定

仮説検定の，手順②（検定統計量の計算）から手順④（仮説の判定）については，早速，正規分布を使った基本的な仮説検定で説明しましょう（ただし，本節では手順②はスキップできます）。

それは（1標本の）**母平均の検定**（one sample test of means）です。この検定は，実験で観測された標本平均が，特定の値（既知の定数）と差があるかどうかを判定します。標本平均の値のままでも検定できるため，検定統計量を別途計算する必要がなく，検定の基本を理解するにはちょうどよいのです。なお，本検定にはいろいろな名称があり，「1サンプルの検定」，「(1変量の分布の）平均の検定」，「1つの条件の平均値と定数との差の検定」，「平均値の検定」などとも呼ばれています。本書でも改訂前は「定数と平均との差の検定」と呼んでいましたが，あまり一般的ではないようなので「母平均の検定」に変更させていただきました。また，「1標本の」を括弧で付けているのは，次章で扱う「2群の平均の差の検定」を「2標本の母平均の差の検定」と呼ぶ場合があるので，それと区別できるようにしたためです。

具体的な応用例としては，病気が疑われるグループが本当に病気なのか，それとも健康なのかを判定したい場面などが考えられるでしょう（次節の例題で扱います）。病気が疑われるグループに実施した検査の値を，健康なグループの既知の値と比較し，両者間には差が無いという帰無仮説が棄却されたら「このグループはやはり病気だったな」と判定できることになります。

ここから検定の原理を解説しますが，まずは正規分布の性質を思い出してください（図6.3）。正規分布は，植物の長さや質量，生物の知能など，自然界で起こる現象の多くが当てはまる釣り鐘型の確率分布のことです。推定時の誤差を評価できるように標本平均$\overline{x}$の分布を考えた場合でも，左右対称で真の値である母平均μが真ん中にある正規分布となります。標本平均$\overline{x}$が取る横軸が連続型確率変数，縦軸が確率密度（その標本平均$\overline{x}$の起きやすさ）で，何度も実

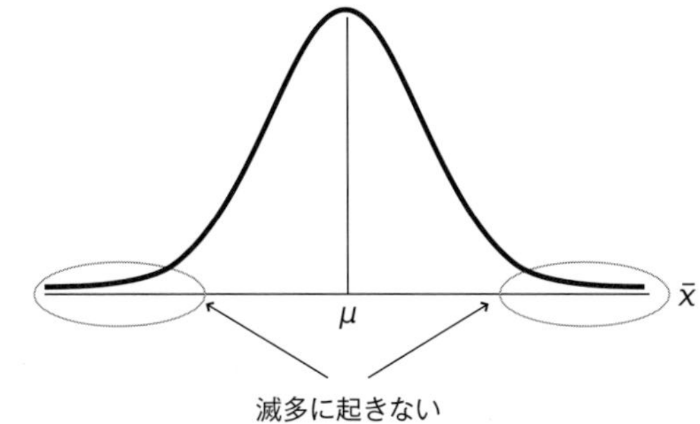

図 6.3　母平均から標本平均が大きく離れることは滅多にない

験を独立に実施したとすると，真ん中の母平均の周辺には多くの標本平均が集まりやすく（値を取る確率が高く），逆にそこから離れた両端の方には行きにくい（極端な値を取る確率は低い）という性質がありました。

母平均の検定では，この性質を利用して，観測された標本平均$\overline{x}$が，特定の値μ_0を中心とした帰無仮説の分布のどのあたりに位置しているのかをみることで，それらが同じ母集団から抽出されたものかどうかを判定します。なお，比較対象である特定の値μ_0は，後ほど示す帰無仮説H_0が正しい場合に共通の母平均になるので，0の添字をつけて標本抽出元の母平均μと区別します。

検定の流れを見ていきましょう。先ほど紹介した手順（図6.1）よりも詳細に説明したいのでステップという言葉を使わせていただきます（同じ4段階に分割していますが，内容は一致していません）。

ステップ①：2つの仮説を考える

母平均がμの母集団から無作為抽出された標本があります（実験や調査で観測したデータのことです）。その標本から計算した標本平均が$\overline{x}$だとします。

今回，この$\overline{x}$の真の値であるμと特定の値μ_0との間で，差があるか／ないかを検定することを考えます。特定の値μ_0は既知で，具体的な値が入っていますが，同時にその母集団の母平均（真の値）でもあります。

実際にはμは未知ですので，比較する（検定対象となる）のは，その標本平均$\overline{x}$と特定の値μ_0になります。ただし，仮説は母集団について立てるものなので，帰無仮説は「標本平均$\overline{x}$の抽出元の母平均μと，特定の値の抽出元の母平均μ_0との間には差がない（$H_0 : \mu = \mu_0$）」となります。差があるとかないとかいうと意味がわかりにくくなってしまいますが，$\overline{x}$の母平均μとμ_0との間に差がないということは，図6.4左のように，$\overline{x}$は比較対象であるμ_0と同じ母

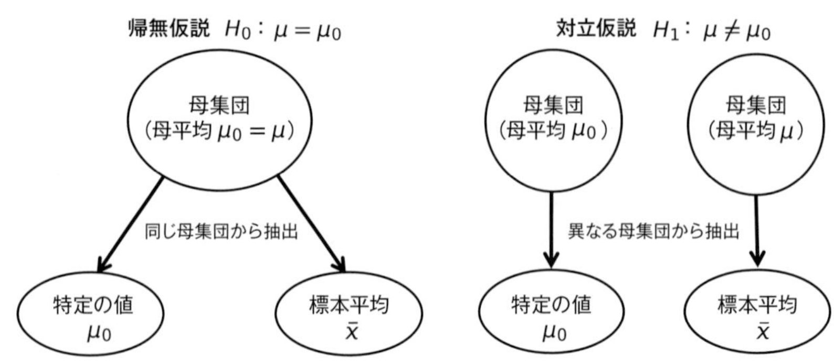

図 6.4 「（1 標本の）母平均の検定」の仮説の考え方

集団から抽出されたということ，つまり μ_0 は $\overline{x}$ の真の値でもあるということを意味します。逆に μ と μ_0 とで差があるということ（対立仮説 H_1 ：$\mu \neq \mu_0$）は，図6.4右のように，$\overline{x}$ は別の母集団から抽出されたということ，つまり μ_0 は $\overline{x}$ の真の値ではないということを意味します。

なお，μ_0 は μ より小さく（大きく）ならないと仮定できる場合や，μ_0 が μ より小さく（大きく）なったことに興味が無い場合には，対立仮説 H_1 を $\mu < \mu_0$（$\mu > \mu_0$）とすることもあります。このような場合には，分布の片側だけで判定すればよいので**片側検定**（one-sided test）と呼ばれます。ただし，そのような場面はそれほど多くはないでしょうから，本書では H_1 ：$\mu \neq \mu_0$ とした**両側検定**（two-sided test）で説明を進めます（ただし，第8章で学ぶ分散分析は片側検定が基本です）。

ステップ②：仮説が正しい下での標本の位置を考える

帰無仮説と対立仮説，それぞれ正しい場合の，標本分布（母平均の検定では標本平均の確率分布）の位置関係を図で整理しておきましょう。

図6.5が，帰無仮説 H_0 ：$\mu = \mu_0$ が正しいと仮定した下での標本分布（略して「帰無仮説の分布」）です。帰無仮説が正しいということは，μ_0 を真の値（母平均）とした破線の標本分布（←比較対象）と，μ を真の値（母平均）とした実線の標本分布（←実験結果）が重なっている状態です。ただし，実際の母平均の検定では，前者は具体的な値が与えられているので，破線のような分布を考える必要はありません（あくまで理解のために描きました）。この（帰無仮説が正しい）場合，標本平均 $\overline{x}$ は μ_0 に近い値を取る（観測される）確率が高くなるはずです。

このように，仮説検定では，帰無仮説の分布（図6.5のように重なっている

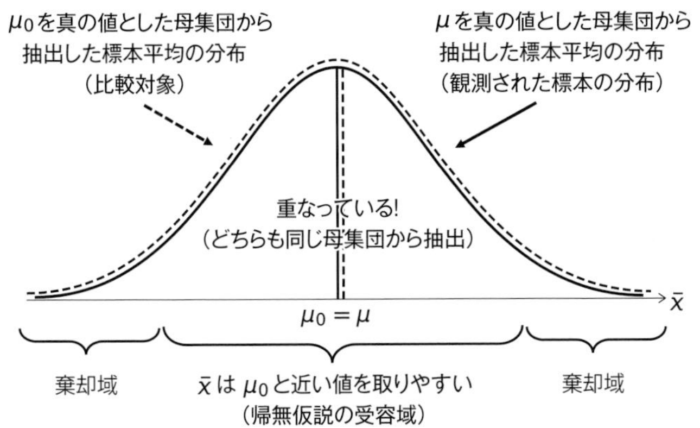

図 6.5　帰無仮説が正しい場合の分布

状態）において，統計量（標本平均$\bar{x}$）がどのあたりに位置してるか（$\bar{x}$とμ_0との距離）が重要となります。

というわけで，母平均の検定では，観測された標本平均$\bar{x}$が，帰無仮説の分布の中央にあるμ_0に近い値を取ったときに，「(帰無仮説が正しいとすると) 起こるべきことが起きただけなので，帰無仮説が間違いというのには無理がある」と判断します。ですから帰無仮説の母平均μ_0付近を，帰無仮説の**受容域**（**採択域**；acceptance area）と呼びます。

一方，標本平均$\bar{x}$が帰無仮説の分布の両端に位置したとき，つまりμ_0から離れた値を取ったときには「偶然でもなかなか起きないことが起きたので，そもそも帰無仮説は間違いであったと考える方が合理的である」と判断します。よって，帰無仮説の母平均μ_0から遠い，分布の両裾の端を（帰無仮説の）**棄却域**（rejection area）と呼びます。

帰無仮説が間違っていて対立仮説が正しい場合の標本分布である「対立仮説の分布」は図6.6のようになります。μが真の値である母集団から抽出された標本分布（←実験結果；右・実線）が，μ_0が真の値である母集団から抽出した標本分布（←比較対象；左・破線）とは違う場所に位置しています。なお，図6.6では対立仮説の分布を帰無仮説の分布の右側に描いていますが，ステップ①の最後に触れたように，μが必ずμ_0よりも大きくなるという根拠がない限り，左側に位置することも想定します。

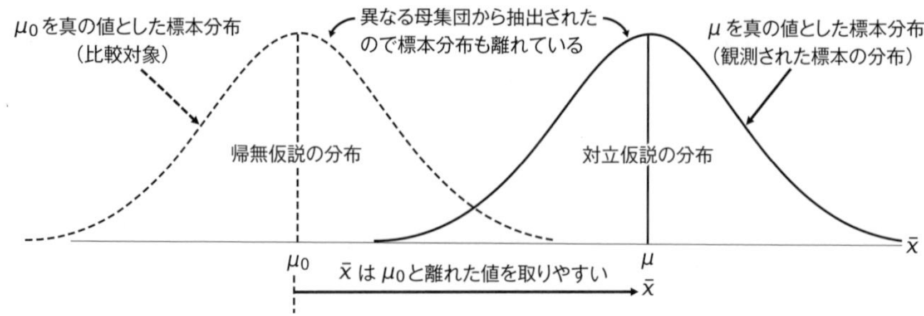

図 6.6　帰無仮説が間違っている（対立仮説が正しい）場合の分布

ステップ③：帰無仮説をどこから棄却するかを考える

それでは，どの程度，標本平均$\overline{x}$が母平均μ_0から離れていれば，帰無仮説が間違いであったと判断できるでしょうか。それが人によって変わるようでは，とても客観的な検定とはいえません。そうした帰無仮説を棄却するための，いわば足切り水準を**限界値**（**臨界値**，**境界値**；critical value）と呼びます。

図6.7に限界値の決め方を描きました。帰無仮説の下で検定統計量（標本平均$\overline{x}$）が従う分布において，限界値よりも外側の確率（グレー部分）をあらかじめ具体的に設定し，その確率に対応する値（＝限界値）を求めるのです。限界値を決めるこの両裾の確率の基準を**有意水準**（significance level）と呼び，確率の大きさを$\alpha =$ ○○と表しますが，それをいくつに設定するのかに決まりはありません。

大きく設定すれば限界値がμ_0に近い値となるため，検定統計量が棄却域に入りやすくなりますが，簡単に棄却されるような甘い検定では実施する意味がなくなってしまいます。ですから，一般的には，数字の切りがよくて適度に厳しい$\alpha = 0.05$（5％）が用いられます。

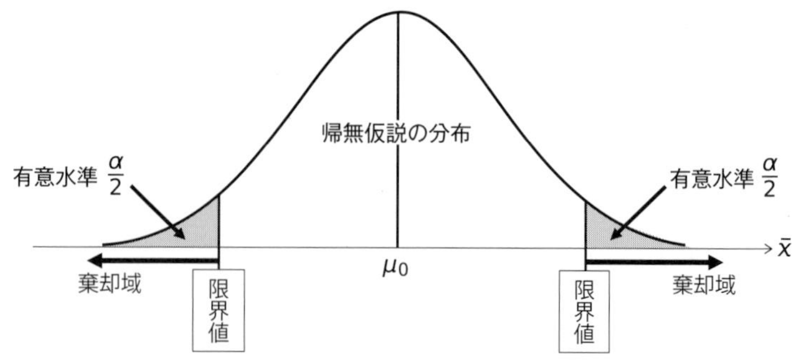

図 6.7　帰無仮説が間違っていると判断する基準（限界値）

ただし，精度の高さが求められる工業分野や自然科学分野では0.01（1％）が，逆に誤差の大きい社会科学分野では0.1（10％）まで許容されることもあります。初学者向けの本書では$\alpha = 0.05$，つまり有意水準5％を基本としますが，近年，もっと厳しくすべきだ（例えば$\alpha = 0.005$）という指摘もあることを申し添えておきます。

なお，図6.7は両側検定なので両側の確率を合わせてα（片側$\alpha/2$ずつ）としていますが，片側検定の場合には，対立仮説側だけの確率だけでαとします（ですから同じαでも帰無仮説は片側検定の方が棄却しやすくなります）。

ステップ④：限界値を求めて検定統計量と比較する

最後のステップでは，ステップ③で設定した有意水準（両側5％；$\alpha = 0.05$）に対応する限界値と，検定統計量（観測された標本平均）とを比較して，いよいよ帰無仮説が正しいか否かを判定します。限界値の求め方は，区間推定のときの信頼限界（節4.3）と全く一緒ですが，復習がてら解説しましょう。

標準正規分布において，所与の上側（右裾）確率に対応する確率変数（標本平均）の値は，標準正規（z）分布表から読み取ることができます。付録Ⅰのz分布表で，“0.0250”となるのは，表側（z値の小数点第1位まで）は“1.9”の行で，表頭（小数点第2位）は“0.06”の列なので，z分布で上側の確率が0.025（2.5％）となるz値は“1.96”であることがわかります。

ただし，今回は，標本平均のままで標準化されていません（zではなく$\overline{x}$）ので，z分布表から読み取った値（1.96）に母標準誤差$\sigma_{\overline{x}}$（標本平均$\overline{x}$の母標準偏差）を乗ずる必要があります（zならば母標準誤差が1なので不要）。よって，両側有意水準5％（$\alpha = 0.05$）に対応する限界値は，帰無仮説の分布の中央にあるμ_0の左右に$1.96 \times \sigma_{\overline{x}}$のところ（$\mu_0 \pm 1.96\sigma_{\overline{x}}$）となります。

というわけで，図6.8のように，検定統計量である観測された標本平均$\overline{x}$の値が$\mu_0 + 1.96\sigma_{\overline{x}}$よりも大きいか，あるいは$\mu_0 - 1.96\sigma_{\overline{x}}$よりも小さい場合に，帰無仮説が正しいとした下では滅多に起こらないことが起きた（偶然としても20回に1回も出ない）ので，むしろ「帰無仮説は正しくなかった（μ_0と$\overline{x}$との間の差は大きかった→μ_0は$\overline{x}$の真の値ではなかった）」と判断します。

なお，ここで改めて気がついた方も多いと思いますが，限界値は母標準誤差$\sigma_{\overline{x}}$の値に左右されます。つまり，データをたくさん集めて標本が大きくなるほど，限界値はμ_0と近い値になるため，同じ有意水準であっても棄却域が広がり，帰無仮説は棄却されやすくなるのです（これが帰無仮説を正しいと断言してはいけない理由です）。

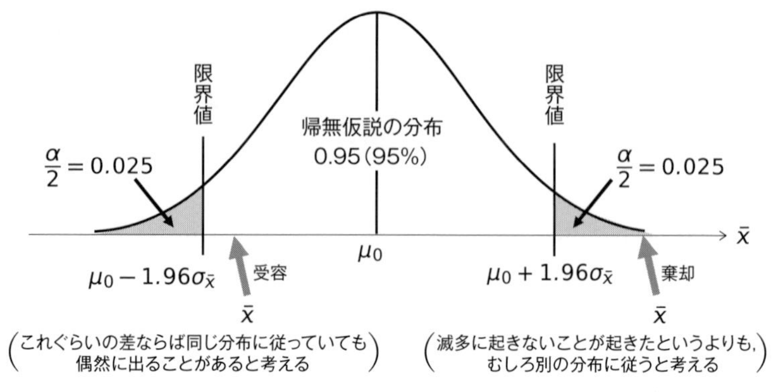

図 6.8　両側５%水準で帰無仮説が棄却される場合とされない場合

逆に，観測された標本平均$\bar{x}$が$\mu_0+1.96\sigma_{\bar{x}}$よりも小さい，または$\mu_0-1.96\sigma_{\bar{x}}$よりも大きい場合には，帰無仮説が正しい下で起こるべきことが起きただけなので，帰無仮説を受容します。いいかえると，同じ母集団から抽出された（同じ標本分布に従っている）としても，その程度の小さい差ならば偶然でもよく出る（20回に1回以上は出る）と考えて，今回はμ_0と$\bar{x}$との間の差は大きいとはいえなかった（μ_0は$\bar{x}$の真の値かもしれない）と判断します。

なお，帰無仮説が棄却されたという判定結果を**有意**（significant）と表現することがありますが，この言葉をあまり重く捉えないでください。重く捉えすぎると，有意でない（帰無仮説が棄却されない）場合の実験や研究自体が“無意味”であると感じでしまい，検定で有意にすることだけにこだわってしまう本末転倒な状況になってしまいます（第9章の多重性の発生原因でもあります）。帰無仮説が受容される（有意でない）とか棄却される（有意である）とかは，あくまで実験結果と帰無仮説との乖離の程度が，偶然の範囲内といってもよいのかどうかの“目安”を示しているだけなのです。

（ステップ④の）補足：*p* 値を使った判定

以上が，母平均の検定を事例とした仮説検定の手順ですが，ソフトウェアを使用して検定を実施すると***p* 値**（p-value）という指標が計算されます。ちなみに**有意確率**とか**確率値**と訳されることもありますがp値（大文字ではなく小文字）のまま用いましょう。昔はステップ④で解説した方法（限界値と検定統計量との比較）で帰無仮説の是非を判定することが一般的でしたが，近年はこのp値を使った判定方法が用いられることが多くなってきました。

p値とは，図6.9の両裾の一番濃色の部分のように，帰無仮説の下で，実験

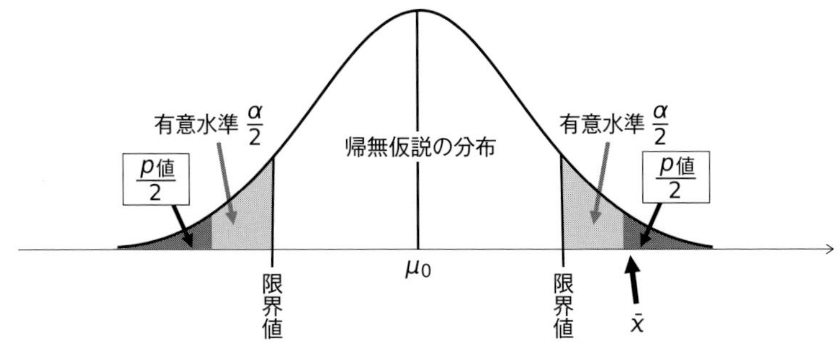

図 6.9 *p* 値
注：*p* 値も両側の確率を合わせた値とする（両側検定）

結果（検定統計量$\overline{x}$）よりも極端な（分布の外側の）値が観測される確率のことです。限界値を求めるために事前に決めておく確率が有意水準αであるのに対して，事後に判明する確率を示したのがp値ということになります。ソフトウェアが一般的でなかった時代は，この確率を求めることは難しかったため概念のみが存在していました。

さて，このp値，帰無仮説を棄却することができるもっとも低い（厳しい）有意水準ともいえます。よって，先ほどのステップ④（検定統計量$\overline{x}$が限界値よりも小さければ帰無仮説を棄却）の代わりに，p値が有意水準αよりも小さければ帰無仮説を棄却すれば良いのです（$p < 0.05$などと記載します）。また，有意水準αの値にこだわらないのであれば，p値だけを表記しておけば良いでしょう（$\alpha = 0.05$では有意ではないが，$\alpha = 0.06$ならば有意であるという判定に疑問を感じるようならば，切りの良い有意水準にこだわる必要はないでしょう）。

例題

ある日，A君がキャンパス内で，見たことのないテントウムシを数匹発見しました。しかし，B君に見せたところ，「背の模様が同じなので○○テントウという種だ」といわれました。果たして，A君が見つけたテントウムシは○○テントウなのでしょうか？　それとも新しい種を発見したのでしょうか？　なお，○○テントウか否かは体長で区別できるものとし，A君が採集したテントウムシの平均体長$\overline{x}$は11 mmで，○○テントウの体長μ_0は5 mm，母標準誤差$\sigma_{\overline{x}}$は2 mmであることがわかっているとします。

解：

A君が見つけたテントウムシが新種であることを仮説検定で判定するためには，採集したテントウムシの平均体長11mmと○○テントウの体長5 mmとの差

“6 mm”が，統計的に意味を持つ（偶然では起きにくいほど大きい差であると判断できる）必要があります。そこで，本節で学んだ「母平均の差の検定」を使います。有意水準は一般的な両側5％としましょう。

手順①：仮説の設定

まず，主張したいこととは逆の内容の帰無仮説を立てます。この例題では，A君の立場に立てば「自分（A君）が見つけたテントウムシは新種である」ことが主張したい内容（つまり対立仮説）でしょうから，帰無仮説はその逆の「自分が見つけたテントウムシは既知の○○テントウである」という，A君にとってはつまらない内容になります。いいかえれば，この帰無仮説は，「本来，両者の体長に差はないものの，標本でならば今回の6 mmぐらいの体長差は偶然でも現れることはあるだろう」という内容です。

$$\begin{cases} \text{帰無仮説} H_0 : \mu(\bar{x} = 11\,\text{mm}) = \mu_0(5\,\text{mm}) \rightarrow \text{新種ではない（同じ母集団から抽出）} \\ \text{対立仮説} H_1 : \mu(\bar{x} = 11\,\text{mm}) \neq \mu_0(5\,\text{mm}) \rightarrow \text{新種である（異なる母集団から抽出）} \end{cases}$$

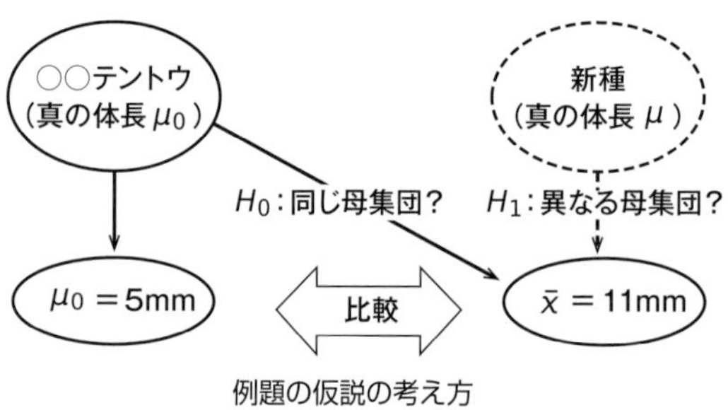

例題の仮説の考え方

手順③（手順②検定統計量計算は不要）：確率の計算

平均体長が11 mmよりも大きい○○テントウが採集される確率（p値）を求めたいのですが難しいので，その代わりに帰無仮説の分布で11 mmがどのあたりに位置するのかを考えることにします。

手順④：仮説の判定

あらかじめ決めておいた有意水準（今回は両側で5％）に対応する限界値を求め，それを11 mmと比較することで，帰無仮説の是非を判定します。

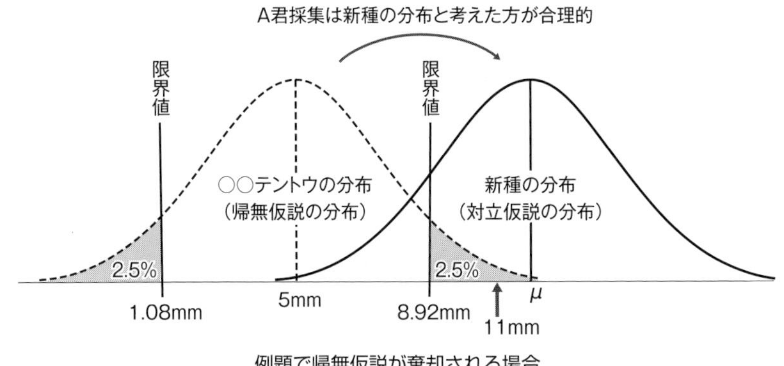

例題で帰無仮説が棄却される場合

限界値は「(比較対象となる特定の値) ± (z 分布表から読み取った値) ×母標準誤差」となります。今回，比較対象は 5 mm，z の値は z 分布表で上側確率が 0.025 となる 1.96（ステップ④を復習），母標準誤差は 2 mm ですので，限界値は「5 ± 1.96 × 2」となります。よって，標本平均である 11 mm が 1.08 mm よりも小さいか，8.92 mm よりも大きければ帰無仮説を棄却し，そうでなければ受容します。

A 君の見つけたテントウムシの平均体長 11 mm は，限界値（上限値）の 8.92 mm よりも大きいので，「今回の 6 mm という体長差は，偶然ではなかなか現れないほど大きい差といえるので，両者は異なる種である」と考え，帰無仮説を棄却して，対立仮説を採択します。つまり，A 君の見つけたテントウムシは両側 5 %の有意水準で統計的に新種であるといえます（もちろん実際はこんな単純ではありません。章末のトピックス⑤をご覧ください）。

6.4　標準正規（z）分布や t 分布の利用

標準正規分布による検定（z 検定）

本節では，同じ母平均の検定ではありますが，標本平均 $\overline{x}$ そのままではなく，それを標準化した $z_{\overline{x}}$ や，母分散が不要の $t_{\overline{x}}$ を検定統計量とした場合を考えて，次章からの本格的な検定（母平均の検定も立派な検定ですが……）への準備をしたいと思います。

さて，前節の母平均の検定の方法では，標準化していないオリジナルの値のままの正規分布を使っていたため，観測された値（標本平均という検定統計量）が棄却域に入っているかどうかを判断するためには，比較する特定の値や母標準誤差を用いた，面倒な限界値の計算が必要でした。そして，検定対象が

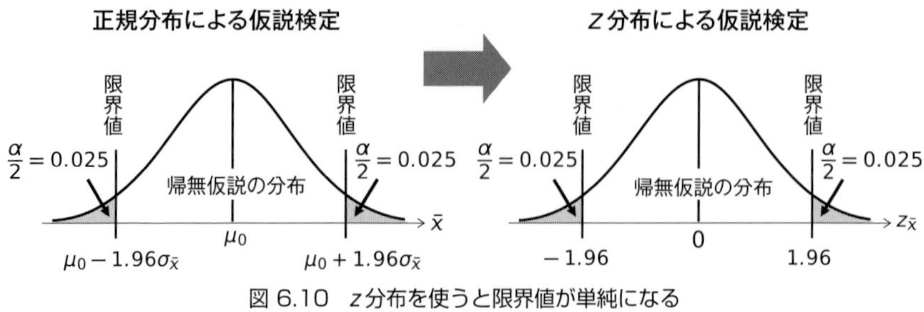

図 6.10　z 分布を使うと限界値が単純になる

異なる度に，当然ながらその限界値の値は（同じ有意水準でも）変わってしまいます。

しかし，図6.10のように，標準化された正規分布である z 分布を使った検定（***z* 検定**；*z*-test）ならば，母平均 μ はゼロ，母標準誤差は1に揃えられているので，限界値も ±1.96 と単純になります。つまり，観測された標本平均を標準化した $z_{\bar{x}}$ が1.96より大きい，もしくは −1.96 よりも小さければ帰無仮説が棄却できるのです。そして，この限界値はどのような検定対象でも（有意水準が同じならば）変わらないという，わかりやすさもメリットです。

ただし，検定前に次の式で統計量 $\bar{x}$ を標準化しておくという手間がかかりますので，決して手続きが楽になるというわけではありません。

z 検定の統計量（母平均の検定）　（特定の値：μ_0）

$$z_{\bar{x}} = \frac{\bar{x} - \mu_0}{\sigma_{\bar{x}}} = \frac{\bar{x} - \mu_0}{\sqrt{\dfrac{\sigma^2}{n}}}$$

以上のように，母平均の z 検定では，観測された標本平均 $\bar{x}$ の標準化変量 $z_{\bar{x}}$ が検定統計量になります。それを特定の値 μ_0 と比較するのですが，この比較対象 μ_0 は帰無仮説の下では $\bar{x}$ の真の値（母数）なので，z 分布の平均（中心）である0になります。よって，z 検定では，帰無仮説 $H_0 : z_{\bar{x}} = 0$，対立仮説 $H_1 : z_{\bar{x}} \neq 0$ と書くとわかりやすいでしょう。ただし，仮説は本来母集団について立てるものなので，やはり正式には前節と同じように $H_0 : \mu = \mu_0$，$H_1 : \mu \neq \mu_0$ となります。

t 分布による検定（t 検定）

このように，よりシンプルになる z 検定ですが，母分散が既知でないとできないという大きな欠点があります。母分散がわからなければ母標準誤差 $\sigma_{\bar{x}}$ も

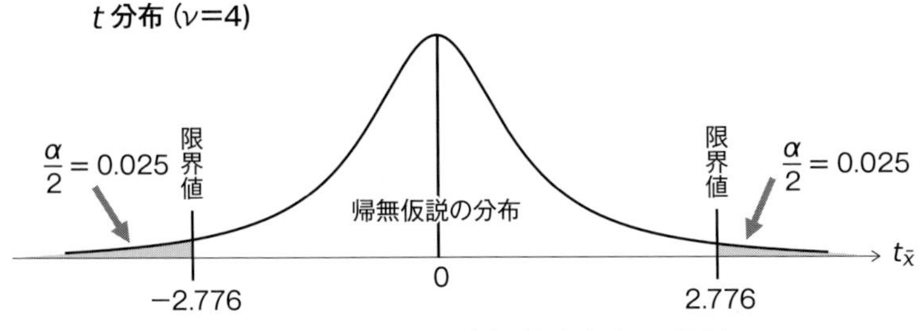

図 6.11　t 分布を使った検定（自由度が4の場合）

わからないため，標準化できないからです。そこで，母分散が未知のときに z 分布の代わりとする t 分布を使った検定（***t* 検定**；t-test）を実施します。

t 分布とは，観測データから推定できる不偏標準誤差 $\hat{\sigma}_{\bar{x}}$ を使って準標準化した統計量 $t_{\bar{x}}$ が従う確率分布でした。

しかし，この t 分布を使って検定する場合，面倒なことがあります。それは，分布の形を決める母数として，**自由度** ν（$= n-1$）が関わってくるということです。つまり，t 検定で帰無仮説の是非を判断する基準である限界値は，（有意水準だけでなく）自由度によっても変化するということです（z 分布に自由度は関係ないので，z 検定では $\alpha = 0.05$ ならば，いつでも ±1.96 です）。

図6.11は，例として自由度が4（つまり標本サイズ n が5）の場合の t 検定（有意水準 α は両側5％）を描いたものです。

図6.10（の右図）の z 検定と比べると，同じ有意水準なのに限界値の絶対値が大きくなっている（±1.96→±2.776）ことがわかります（自由度が小さくなるほど限界値の絶対値は大きくなります）。t 分布では，分布のバラツキである母標準誤差がわからないため，その代わりに不偏標準誤差としてやや大きめに見積もります。そのため，t 検定における帰無仮説の棄却域は（z 検定よりも）やや狭くなり，判定も保守的になる（棄却が難しくなる）のです。このあたりは t 分布を使った区間推定における解説と同じですね。

（1標本の）母平均の t 検定の検定統計量は次のようになります。

t 検定の統計量（母平均の検定）　（特定の値：μ_0）

$$t_{\bar{x}} = \frac{\bar{x} - \mu_0}{\hat{\sigma}_{\bar{x}}} = \frac{\bar{x} - \mu_0}{\sqrt{\dfrac{\hat{\sigma}^2}{n}}}$$

このように，母平均の t 検定では，観測された標本平均 $\bar{x}$ の準標準化変量 $t_{\bar{x}}$ が検定統計量になります。それを特定の値 μ_0 と比較するのですが，帰無仮説の下ではμ_0は標本平均の真の値なので，z検定のときと同じように，t分布の平均（中心）である0となります。よって，t検定でも，帰無仮説H_0：$t_{\overline{x}}=0$，対立仮説H_1：$t_{\overline{x}}\neq 0$とするとわかりやすいのですが，やはり仮説は母集団について立てるものなので，H_0：$\mu=\mu_0$，H_1：$\mu\neq\mu_0$と書きましょう。

例題

痛風の疑いのある5名に血液検査を実施したところ，下記のような尿酸値を観測しました（低い順，単位はmg/dL）。

7，10，12，13，13

このグループ（個人ではありません）は痛風に罹患しているといえるでしょうか？　なお，尿酸値の正常値は上限7.0 mg/dLであることがわかっています。

解：

痛風の疑いのある5名の標本（血中尿酸値）から平均を計算すると11 mg/dLです。正常値7 mg/dLと比較すると，標本は4 mg/dL高いことがわかります。
特定の値との差が偶然の範囲といえるのかどうかは，「母平均の検定」で確かめることができます。今回は母分散がわからないのでt分布を使いましょう（母分散のt検定）。また，本事例は上限値なので片側検定でも良いのですが，一般的な両側5％有意水準で検定しましょう。

手順①：仮説の設定

$$\begin{cases}\textbf{帰無仮説}H_0：\mu(\overline{x}=11\mathrm{mg/dL})=\mu_0(7\mathrm{mg/dL}) \rightarrow \textbf{正常である（痛風ではない）}\\ \textbf{対立仮説}H_1：\mu(\overline{x}=11\mathrm{mg/dL})\neq\mu_0(7\mathrm{mg/dL}) \rightarrow \textbf{正常ではない（痛風である）}\end{cases}$$

手順②：検定統計量の計算

t検定の統計量の式に，標本平均（$\overline{x}=11$），特定の値（$\mu_0=7$），不偏標準誤差（$\hat{\sigma}_{\overline{x}}=1.14$）を代入します。なお，不偏標準誤差$\hat{\sigma}_{\overline{x}}$は，不偏分散（$\hat{\sigma}^2=6.5$）を標本サイズ（$n=5$）で割って平方根を取ったものです。すると，検定統計量tは"3.51"となります。

$$t_{\overline{x}}=\frac{\overline{x}-\mu_0}{\sqrt{\hat{\sigma}^2_{\overline{x}}}}=\frac{\overline{x}-\mu_0}{\sqrt{\dfrac{\hat{\sigma}^2}{n}}}=\frac{11-7}{\sqrt{\dfrac{6.5}{5}}}=3.51$$

手順③：確率の計算
帰無仮説（このグループは正常である）が正しいとした下で4 mg/dL以上の差が観測される確率を計算するのは難しいので※，その代わりに帰無仮説の分布のどのあたりに位置するのかで，結果の起こりやすさ／起こりにくさを判定します。次の手順で求める限界値よりも極端な値を取っているようならば，今回観測された差は偶然とはいえないぐらい大きいものであったと考えます。

手順④：仮説の判定
両側5％の有意水準に対応する限界値をt分布表（付録Ⅱ）から読み取ります。すると，自由度$\nu = n - 1 = 4$の行と上側確率$p = 0.025$の列がクロスする“2.776”が限界値であることがわかります（下側の-2.776も限界値になります）。
検定統計量（$t = 3.51$）は限界値（2.776）よりも大きいので，「有意差があった」と判定できます。いいかえれば，このグループは，正常な母集団とは異なる母集団から抽出された（＝このグループは痛風である）といえます。

※手計算では手順③の確率の計算はできませんが，Excel関数のT.DIST.2T(3.51,4)で，**両側を合わせたp値=0.0247を求めることができます**。有意水準0.05と比べてp値の方が小さいので，「有意差あり」と判定できます（$p < 0.05$）。

6.5 検出力分析

統計的過誤

本章の後半は，仮説検定の能力（性能）を表す“検出力”について解説します。一昔前の統計学の入門書ならば扱わなかった内容ですが，近年は卒論レベルでも，実施した検定の「検出力がどのぐらいだったのか」を表記することが求められるようになりました。また，目標の検出力を設定すれば，事前にどのぐらいの大きさの標本を確保すれば良いのか（データをいくつ集めれば良いのか）を計算することもできます。

検出力を学ぶには，仮説検定における2種類の間違い（**統計的過誤**；statistical error）について理解しておく必要がありますので，まずはそちらから説明します。

仮説検定は，あくまで母集団の一部である標本を用いるため，間違った判断を下してしまうことも当然あるでしょう。それは次の2種類です。

1つ目は，**第一種の過誤**（Type Ⅰ error）と呼ばれる過ちで，「差（処理効果）がないのに，あると判断してしまう間違い」です。この過ちを犯す確率は**危険**

率とも呼ばれ，αで表記します。

2つ目は，第一種の過誤の逆で「差があるのに，ないと判断してしまう間違い」です。こちらは**第二種の過誤**（Type II error）と呼ばれ，この過ちを犯す確率はβで表記されます。

これらは重要なので整理しておきましょう（「真」とは仮説の内容が正しいこと，「偽」とは間違っていることです）。

第一種の過誤：帰無仮説が真なのに棄却してしまう過ち（確率はα）
第二種の過誤：帰無仮説が偽なのに棄却しない過ち（確率はβ）

第一種の過誤

2種類の統計的過誤と，それを犯す確率α，βについて，仮説の分布を使って確認しておきましょう。第一種の過誤は，帰無仮説が正しいのに，たまたま偶然，実験結果（検定統計量）が帰無仮説の分布の端の値を取ってしまったために，帰無仮説を棄却して対立仮説を採択してしまったという状況です。ですから本検定で，それを犯す確率（危険率）αは，図6.12のように帰無仮説の分布の両裾を合わせた部分となります。

αという記号が出てきた時点で気がついたかもしれませんが，仮説検定で事前に設定する有意水準こそが，この第一種の過誤を犯す確率のことです。つまり，前々節のステップ③で設定したαは，検定における第一種の過誤を「この程度に抑えておきたいな」という，許容できる危険率の上限だったのです。

例えば，製薬会社が効き目のない癌治療薬を誤って発売したら大変です（会社は傾くでしょう）。ですから，仮説検定では，この第一種の過誤をできるだ

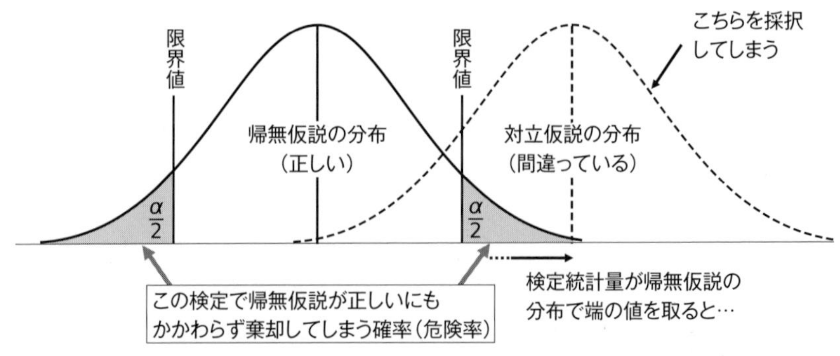

図 6.12　第一種の過誤を犯す確率α（危険率）

け犯さないように厳しく設定するのです。その厳しさとして，仮に実験と検定を20回実施しても1回（5％）までしか過誤を許さない，いいかえれば19回（95％）は過誤を犯さないという基準が一般的に用いられるのです。

第二種の過誤と効果量

一方，第二種の過誤は，対立仮説が正しいのに，たまたま偶然，検定統計量が対立仮説の分布の（帰無仮説寄りの）端の値を取ってしまったために，帰無仮説を受容してしまったという状況です。いいかえれば，対立仮説が正しかったのに，それを見逃して採択できなかったということです。検定における第二種の過誤を犯す確率βは，図6.13のグレー部分のように，対立仮説の分布の確率となります。βは帰無仮説が棄却されたときに採択される対立仮説の立場から考えるので，帰無仮説側だけの確率でOKです。

さて，こちらの過誤，製薬会社の事例だったら，良い薬をせっかく開発しても，それを発売するチャンスを逃してしまうのですから，やはり低く抑えたい過ちですね。でも，検定のステップでは，（αのように）事前に$\beta =$○○として許容できる上限を設定しませんでした。というより，次のような理由から「したくてもできなかった」のです。

対立仮説の分布の母平均は，図6.13のように帰無仮説のそれとは離れています。この両分布の離れ具合を**非心度**（noncentrality）と呼ぶのですが，その大きさによって対立仮説の分布の形が変わるのです（z分布のように自由度が関係ない場合は変わりません）。そして，やっかいなことに，非心度は事前にはわからないのです。というのも，非心度は標本サイズと効果量で決まるためです（z検定やt検定のように，帰無仮説の真値が0になる場合は検定統計量が非心度です）。

効果量（effect size）とは，母集団が持つ処理効果そのものの大きさ（を母標準偏差で割った値）のことです。例えば，降圧剤ならば，実際にその薬を飲んでどのぐらい血圧が下がるかという，薬が持つ効き目そのもののことなので，実験や検定を実施する前から決まっています。

効果量の計算式は検定によって異なりますが，母平均の検定ならば，「母平均の差（$\mu - \mu_0$）÷母標準偏差σ」となります（母平均も母標準偏差も未知ですし，標本サイズは関係ありません）。ただし，事後ならば，観測データから計算した検定統計量を非心度に見立て，それと標本サイズから逆算して推定できます。近年は，そうした事後に推定した効果量を，検出力（後述）と一緒に論

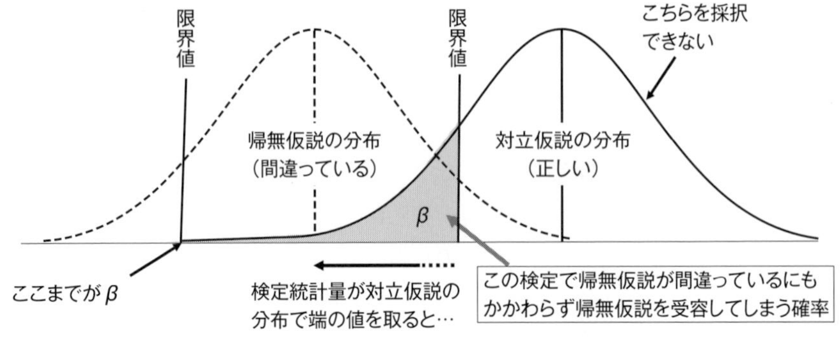

図6.13　第二種の過誤を犯す確率β

文に記載することが求められるようになってきました。ちなみに母平均のt検定の効果量dの推定式は$t/\sqrt{n}$です（同じ検定でもいろいろあり，この式はその1つです）。

なお，図6.12と図6.13を見比べていただくとわかると思いますが，標本サイズと効果量が同じ，つまり両分布の離れ具合（非心度）が同じ場合，αとβはトレードオフの関係にあります。ですから，仮にβを小さくしようとしてもαが大きくなってしまうのです。

というわけで，第一種の過誤αも第二種の過誤βも抑えたいのはやまやまなのですが，βを事前には計算できないこと，またコンプライアンスが重視される現代において，会社に大きなインパクトを与えるのは第一種の過誤である（効かない薬を発売してしまった場合と，効く薬を発売し損ねた場合の社会的影響を想像してみればわかりますね）ことから，仮説検定では有意水準αを優先して厳しく（小さめに）設定されてきたのです。

標本サイズでβを抑える

一般には第一種の過誤を犯さないことが重要だと述べましたが，場合によっては第二種の過誤を犯さないことが重要になることもあります。例えば，環境保護政策の効果の検定（H_0：効果なし，H_1：効果あり）において，本来効果のある政策を採択し損なった場合を考えてみてください。自然環境は破壊されたら最後，もう二度と復活しないでしょう。また，食品添加物の毒性を検定（H_0：毒性なし，H_1：毒性あり）する場合も，毒性を見過ごして，それを添加した食品を売り出したら大変なことになりますね。このような場合には，第二種の過誤を犯す確率βを低く抑えることが重要になるでしょう。しかし，先ほ

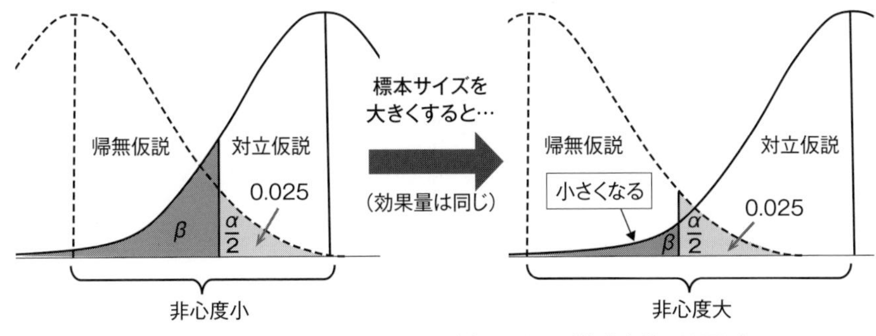

図 6.14　非心度が大きくなると β が小さくなる（有意水準 α は同じ）

ど説明したように，事前に β は知り得ませんので，上限を設定することはできません……。さて，どうすれば良いでしょうか。

ヒントは，非心度（両分布の離れ具合）を決める標本サイズと効果量にあります。母集団の特性である効果量については，自分ではどうしようもない（検定と関係なしに決まっているもの）ですが，標本サイズは実験の計画段階で調整することができます。

つまり，図6.14のように，独立した実験を繰り返してデータをたくさん観測（標本を大きく）すれば非心度が大きくなり，（有意水準 α をそのままに）β を小さくすることができるのです。ただし，効果量は未知ですので，「β ＝○○とするために標本サイズを○○とする」とはっきり決めることはできません。あくまで，予備実験や類似の既往研究などから，効果量はこのぐらいだろうと想定した値を使って，（任意の α の下で）望ましい β になるような「おおよその標本サイズを逆算」して実験を計画するのです。

検出力

以上のように，（所与の α の下で）望ましい β の小ささで検定するためのおおよその標本サイズは，効果量と有意水準から計算することになるのですが，直接 β の大きさを目標とすることはあまりしません。というのも，どうせ対立仮説の分布で考えるならば，その“補数”の方がわかりやすいからです。

正しい対立仮説を採択し損なってしまう確率が β なので，その補数（$1-\beta$）は，間違っている帰無仮説をちゃんと棄却して，正しい対立仮説を採択できる確率ということになります。いいかえれば「本当に差があるときに，差があると正しく判定できる確率」です（こちらの方がしっくりくるでしょ？）。このように，確率（$1-\beta$）は，本来の有意差を検出できる“検定の能力”を表して

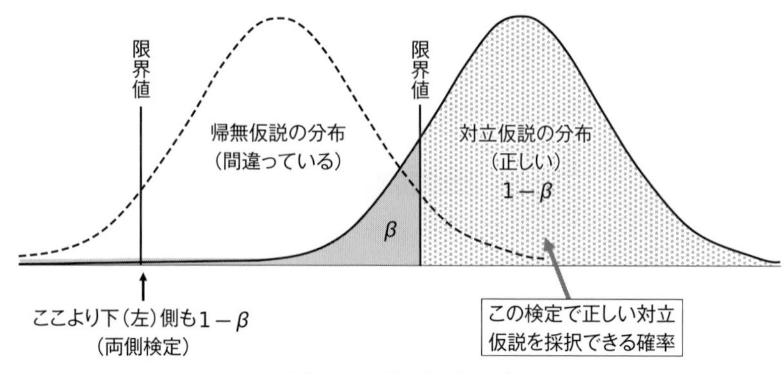

図6.15　検出力（$1-\beta$）

いるので**検出力**（**検定力**；power）と呼ばれます。

検出力を図で表しますと，図6.15のように対立仮説の分布におけるβの残り部分となります。

さて，第二種の過誤を犯さない確率である検出力ですが，一体，どれぐらいが望ましいのでしょうか？　もちろん，強ければ強い方が良いでしょうが，αを大きくせずに検出力を強くするためには標本を大きくしなければならないので，実験をする側にしてみれば負担になってしまいます。

実は，コーエンという統計学者が「検出力は0.8ぐらいで良いだろう」と指針を示してくれています。分野によっても異なるでしょうが，入門者は，この0.8という検出力を目標として逆算した標本サイズを計画すればよいでしょう。検出力が0.8ということは，実験と検定を10回実施した場合，8回は正しい対立仮説をきちんと採択できるということです。また，検出力が0.8ということはβが0.2ということですから，コーエンはα（こちらは0.05とするのが一般的です）とβの比を1：4とするのが妥当であるといっているわけですね。もちろん，先に例を示した，環境保護政策の効果や食品添加物の毒性など，βが重大な過誤と考えられる場合には，強い検出力を得るために，より大きな標本の実験を計画したり，場合によっては大きなαを設定することになります。

ソフトを使った検出力の計算

検出力もβ同様，対立仮説の分布における確率なので，事前に求めることはできません。しかし，事後ならば，観測データを使って，実施した検定の検出力を推定できます。近年では，検出力の記載が求められることが多いので，可能ならば計算しておくと良いでしょう。ただし，対立仮説の分布は極めて複雑

（式は省略）なので，ソフトウェアが必要となります。

いろいろなソフトウェアがありますが，使いにくいものが多く，現在のところ，ドイツの大学の先生方が開発した無料ソフトG*Powerの一択といって良いでしょう。2021年4月現在，ハインリッヒ・ハイネ大学のWebページ（https://www.psychologie.hhu.de/）でバージョン3.1.9が公開されており，WindowsとMacのOSで動作します。正式に公開されているマニュアルは英語だけですが，日本語で使い方を説明しているWebページも数多くあるので，困ることはないと思います。

さて，G*Powerをインストールして起動すると，図6.16のような画面が出てきます。今回は，母平均のt検定の例題（痛風）の検出力を計算してみましょう。（1標本の）母平均の検定は［t tests］の中の［Means: Difference from constant (one sample case)］になります。そして，［Type of power analysis］で［Post hoc］を選べば事後分析，つまり検出力の計算画面になります。

計算といっても，左側の空白になっている3カ所に，検出力を決める3つの要素（パラメータ）を入力するだけです。なお，統計学におけるパラメータと

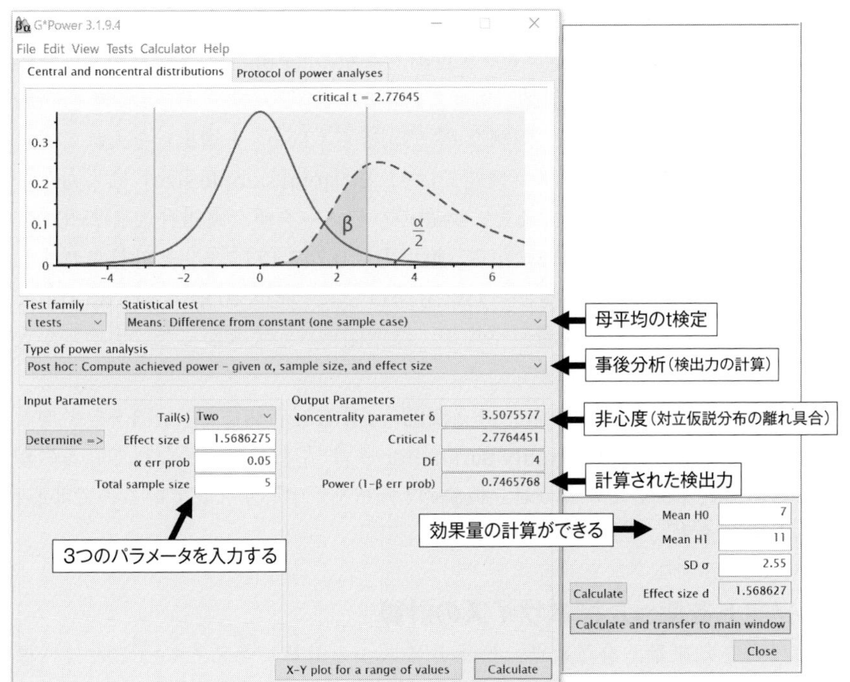

図6.16　G*Powerの起動画面（事後分析）

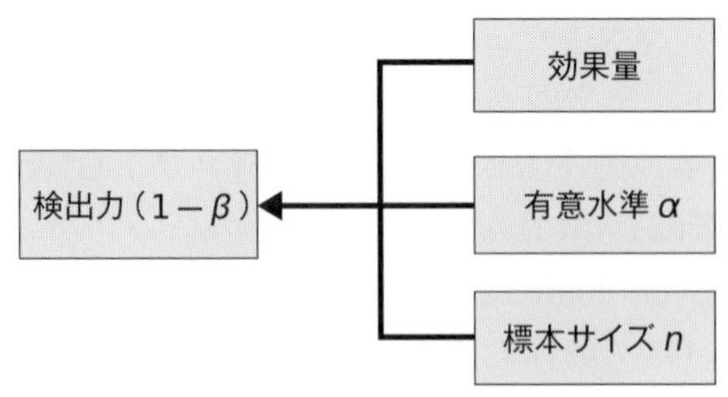

図 6.17　検出力を決める３つの要素

は，母平均など母数を意味するのですが，工学分野では電子機器の動作を設定する値を指すこともあります（ここでは後者の意味で使います）。

検出力を決める3要素とは，βを決める3要素と同じですので，非心度に影響する「効果量」と「標本サイズn」，そしてβとトレードオフの関係にある「有意水準α」ということになります（図6.17）。

まず効果量ですが，［Determine］というボタンを押すと右側に計算するためのウィンドウが出てきますので，比較対象の特定の値（例題では尿酸正常値の7）を［Mean H0］に，標本平均（例題では11）を［Mean H1］に，不偏標準偏差（例題では2.55）を［SD δ］に入力して［Calculate and transfer to main window］を押します。すると自動的に左の［Effect size d］（「d」は数種類ある効果量の1つ）に計算値（例題では1.57）が入ります。有意水準［α err prob］には，一般的な0.05（両側なのでTailsで「Two」を選択）を入れておきましょう。最後に標本サイズ（例題では5）を［total sample size］に入力して［Calculate］を押します。すると，例題のパラメータ値（両側有意水準=0.05，効果量=1.57，標本サイズ=5）から，検出力は0.747（74.7％）と計算されました。この例題で，標本が小さかったにも関わらず，理想（0.8）に近い検出力となったのは，推定した効果量（平均差／標準偏差）が大きかった（平均差が大きいか標準偏差が小さい）からです。

また，G*powerの画面から，対立仮説のt分布（右側破線）が3.5を平均として（＝非心度［Noncentrality parameter δ］）左右非対称となっているのがわかるのも興味深いですね（対立仮説のt分布を，中心がズレているので非心t分布と呼びます）。

ソフトを使った標本サイズの計算

検出力を効果量，有意水準，標本サイズから計算できるということは，標本サイズを検出力，有意水準，効果量の3要素から計算できるということです

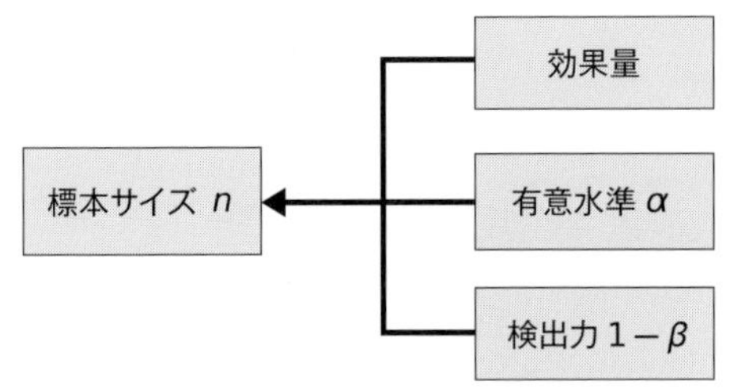

図 6.18　標本サイズを決める３つの要素

(図6.18)。事前に標本サイズを決める作業は，本来，第10章の実験計画法に含まれる内容ですが，せっかくここまで来たので試してみましょう。

ただし，この計算は事前に行うので（事後に標本サイズを計算しても仕方がありません)，効果量を推定できないという問題が発生します。検出力が推定できたのは，事後で観測データが手元にあったからです。そこで，予備実験や類似の既往研究などから，効果量の推定に必要な値を想定することになります。もし，予備実験を実施できず，類似の既往研究もない場合には，仕方がないので適当な効果量を入力するしかありません。ただし，検定ごとに，大きな効果量は○○ぐらい，中程度の効果量は○○ぐらい，小さな効果量は○○ぐらいと，目安となる効果量の値は提案されています。

さて，標本サイズの計算もG*powerを使えば大変簡単にできます。［Type of power analysis］のところで事前分析を意味する［A prior］を選択すると，図6.19のような画面が現れます。あとは，事後分析（検出力）のときのように，3要素（効果量，有意水準，検出力）を入力するだけです。事例では，有意水準と検出力はもっとも一般的な値（$\alpha = 0.05$，検出力$= 0.8$）としておきましょう。効果量は，事後分析のときのように別ウィンドウから計算することもできますが，予備実験や既往研究など，ヒントにできるデータがなにもない場合は，カーソルを［Effect size d］の右の入力部分に近づけると，図6.19左画面のように効果量の目安（小：0.2，中：0.5，大：0.8）が表示されますので，それを参考に入力します（事例では大きな効果量が得られたことを想定して0.8とします)。

これら3つのパラメータ（効果量=0.8，両側有意水準=0.05，検出力=0.8）を入力し，［Calculate］を押すと，［Total sample size］は15と出てきます。つまり，効果量が大きい0.8と想定できるとき，（有意水準が0.05の下で）0.8の検出力を得る検定を成功させる（有意に差があるという結果を得る）ためには，15という標本サイズ（データ数n）を確保する実験を計画すれば良いのです。

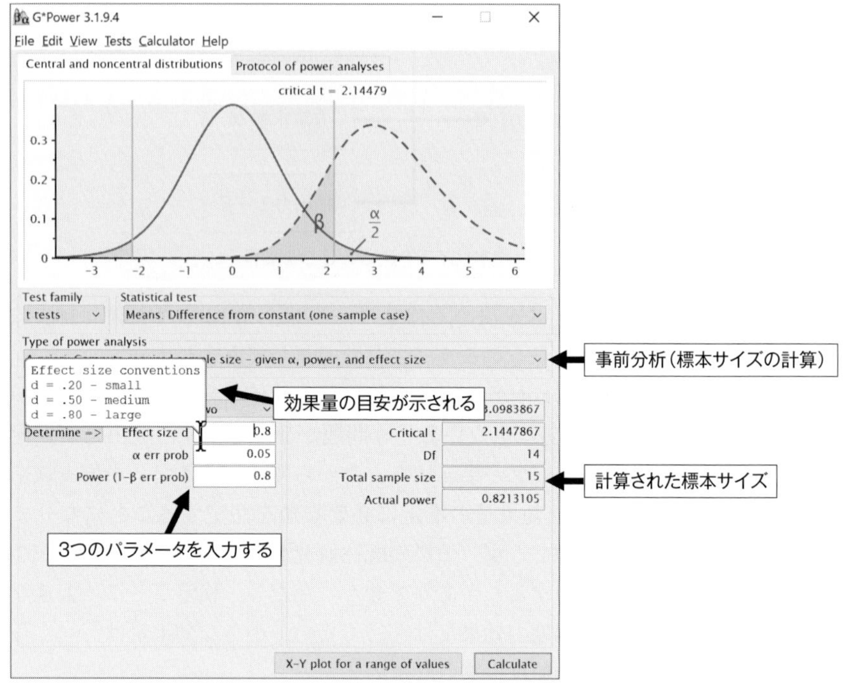

図 6.19　G*Powerによる標本サイズの計算（事前分析）

このソフトウェアを使って，効果量や検出力を変化させると，必要な標本サイズはどれぐらいになるか，いろいろな値を入れてシミュレーションしてみてください。このように，理想的な実験・検定を実施するために事前に標本サイズを求めたり，事後に検出力や効果量を求めて検定の良し悪しを評価したりすることを，総称して**検出力分析**（power analysis）といいます。

トピックス⑤

新種の発見

例題では簡単に「新種（＝学名のない種)」などという言葉を使っていますが，もちろん簡単にみなさんが「新種を発見した！」などということはできません。

例えば，みなさんが見たことのない昆虫を発見したら，まずは，それが属するであろうグループに関する膨大な文献や標本群と比較し，どれにも該当しないことを確認しなければなりません。それはまさに大仕事で，脚や体の形や色，模様，剛毛の並び方を解剖切断しながら比較していきます。次に，「完模式標本（ホロタイプ)」という，それぞれの種を明確に定義するために，世界にたった

1つだけ保存されている標本と比較して，ようやく新種であることを確信できるのです（ただし，この標本は大変貴重なものなので，それに準ずる副標本を使うか，あるいはこのプロセス自体がスキップされることも多いようです）。そして最終的には，『国際動物命名規約』という国際的な学名の用法規範（他にも植物に関する規約や細菌に関する規約があります）に沿って，学名を決め，ようやく論文を書くことができるのです。そして，その論文も，複数の匿名査読者から「これでよし」という評価を受けなければ学会誌に載せてもらえません。
——参考『Web TOKAI 虫を観る 第11回：新種を観る／杉本美華』

章末問題

問1　A君は，卒論研究で地元の販売農家100人に対してアンケート調査を実施しました。その結果，調査した農家の平均年齢は65歳で，標準偏差は18歳でした。なお，全数調査（2005年農林業センサス）によって，日本の販売農家は196万人で，その年齢の平均は63歳，標準偏差は11歳で，正規分布に従うことがわかっています。また，販売農家とは年間の農産物販売金額が50万円以上の農家を指します。
このように，A君の調査した農家の平均年齢は日本全体の農家の平均年齢に比べると2歳ほど高い値となっているが，果たしてA君の調査した農家の年齢は真の値とは異なっているというべきであろうか？　両側5％の有意水準で検定しなさい。

問2　G*powerなどのソフトウェアを使用して，問1の事後分析（検出力と効果量を推定すること）を実施しなさい。また，本来，どのぐらいの標本サイズで検定すれば，（有意水準は5％のままで）検出力0.8の検定が実現できたのか（事前分析）を，やはりG*powerなどを使って計算しなさい。

第7章 2群の平均の差の検定

2群の平均の差の検定：処理の違いによって生じた2群の標本平均を比較することで，それらの母平均にも差があることを検証する。標本間のデータに対応関係がある場合は，個体差を考慮した検定統計量を求めることができる。

7.1 もっともよく使われる検定手法

前章では，統計的検定の基本的な考え方を学ぶため，1つの標本平均（の母平均）と特定の値（定数）との差が統計的に有意であるかどうかを検定しました。しかし，その検定の活躍の場はそう多くはありません。

みなさんが実際に，もっともよく使うのは**2群（標本）の平均の差の検定**（two sample test of means）でしょう。この検定は，例えば肥料を使う（処理）前と使った（処理）後での平均成長速度の差や，農村と都市とでの平均所得の差など，実験や調査で観測したデータを処理の違いで2群（3群以上については次章）に分け，それら2つの標本の平均を比較することで，抽出元の2つの母集団の平均にも差があるといえるかどうかを判定します。

実は，母平均の検定も，2群の平均の差の検定の1種ではあったのです。しかし，図7.1左のように，片方は特定の値として与えられていたので，2群として考える必要がなかっただけです。なお，2群の平均の差の検定にもいろいろな呼び方があり，例えば「2条件の平均値の差の検定」や「2標本の母平均の差の検定」，「2つの母平均の差の検定」などとも呼ばれています。いずれの名称も，標本やその抽出元の母集団が2つであることや，平均の差であることが強調されていますね。また，「t検定を実施しなさい」といわれたら，この2群の平均の差の検定のことを指していると思っていただいて結構です。

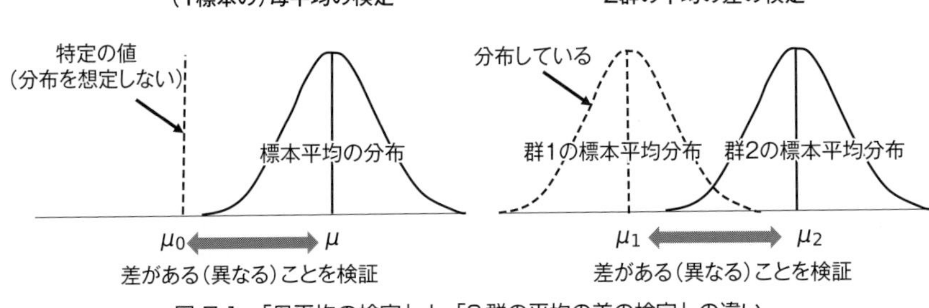

図 7.1 「母平均の検定」と「2群の平均の差の検定」の違い

7.2 対応関係

2群の平均の差の検定といっても，データの取り方によって2種類あります。

なぜならば，観測対象となる個人や個体，ケース（case）が，2群（標本）間で**対応のある**関係（paired, dependent）か，**対応のない**独立した関係（unpaired, independent）かで，検定統計量の算出方法が異なるのです。

例えば，新開発のダイエット薬の効果を検証するために，偽薬（プラセボ）と実薬（本物）をそれぞれ4名の被験者に1週間使用してもらって，その間の体重の変化を測定する場面を想像してみてください。図7.2左が「対応のない」場合で，偽薬を試した4名（Aさん，Bさん，Cさん，Dさん）とは異なる4名（Eさん，Fさん，Gさん，Hさん）に実薬を試して体重変化を測定しています。それに対して図7.2右の「対応のある」場合では，同じ4名（Aさん，Bさん，Cさん，Dさん）に，どちらも（偽・実）試して，体重変化を測定しています（つまり，この4名は2回異なる薬を飲んで2回測定することになります）。

どちらも，両群の体重変化の標本平均を計算し，その差が統計的に有意な大きさかどうかを検定するという目的は同じなのですが，対応のある場合には個体差（人ならば個人差）を考慮した検定統計量を推定できるという大きなメ

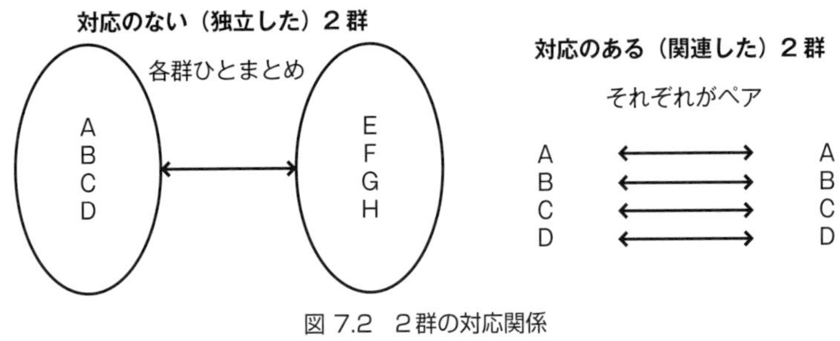

図 7.2 2群の対応関係

リットが生まれます。後ほど詳しく説明しますが，個体差を考慮するとは，分析する側にとっては誤差である個体差が大きいときには帰無仮説を棄却しにくくして，保守的な判定を下すようにすることです。ですから，人間や動植物など，個体差が大きいと考えられる分野では，対応のあるデータを観測できるような調査や実験を計画するのが望ましいといえるでしょう。

とはいえ，異なる2つの土壌での植物の生育差や，農村と都市での世帯所得差，破壊しなければならない検査など，対応のあるデータを観測するのが物理的に不可能な場合も多いでしょう。その場合には，適用する検定の種類だけ間違わないようにしてください。対応ありデータに対応なし用の検定を使うには問題はないのですが，その逆（対応なしのデータに対応あり用の検定を使うの）は“間違い”なので，くれぐれも気をつけなければなりません。

まずは，どちらの対応関係でも使える，対応のない2群の場合から説明していきます。

7.3　仮説の設定と検定統計量　―対応のない2群―

仮説の設定

母平均の検定のときと同様，研究目的からすれば棄却したい帰無仮説と，帰無仮説が棄却されたときに採択される対立仮説を設定します。

処理前に観測した標本の平均を$\bar{x}_1$，その抽出元である母集団の平均をμ_1とし，処理後に観測した標本の平均値を$\bar{x}_2$，その抽出元である母集団の平均をμ_2とすると，帰無仮説は図7.3左のように，$H_0 : \mu_1 = \mu_2$となります。つまり，どちらの標本も1つの同じ母集団から抽出されていたことになり，処理の効果はなかった（＝母平均に差はなかった）という内容です。

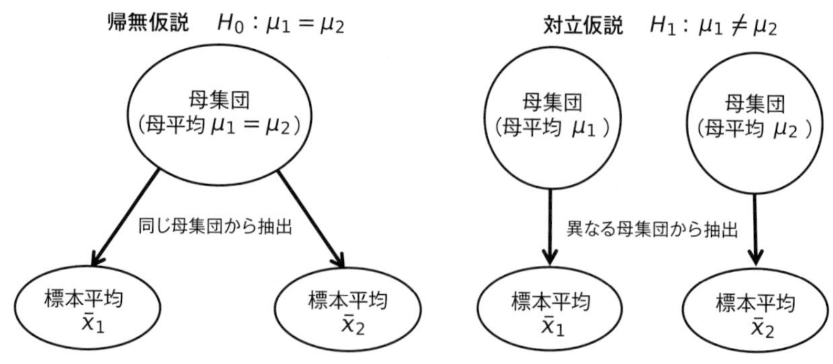

図 7.3 「２群の平均の差の検定」の仮説の考え方

一方，対立仮説は帰無仮説とは逆の内容になるので，$H_1 : \mu_1 \neq \mu_2$ となり，2つの標本はそれぞれ別な母集団から抽出されたことになり，処理の効果はあった（＝母平均に差があった）という内容です。

検定統計量①　―母分散が既知の場合（z 検定）―

仮説を設定したら，帰無仮説が正しいと仮定した下での検定統計量を計算します。まずは，母分散が既知の場合にのみ計算できる z 検定用の統計量を説明し，次に母分散が未知の場合でも計算できる t 検定用の統計量を説明します。

さて，2つの標本平均から統計量の計算をしようとすると，面倒な問題が出てきます。図7.1をもう一度見てください。図左の母平均の検定では，特定の値（定数）が与えられていたため，それと標本平均との離れ具合ははっきりしており，それらの差が誤差の範囲か否かを評価するのは容易でした。しかし，図右の2群の平均の差の検定では，どちらも中心（母平均）のわからない標本分布が2つあるだけなので，その差がはっきりしないのです。つまり，標本平均やその（準）標準化変量のままでは検定統計量として使えません……。

しかし，心配はいりません。ちゃんと，上手な方法が考え出されています。

検定統計量とは，帰無仮説が正しい下での標本分布です。本検定の帰無仮説は，$\mu_1 = \mu_2$ でした。これは，$\mu_1 - \mu_2 = 0$ のことで，0は定数です。つまり，“（2つの標本の）平均の差の分布”として考えれば，母平均の検定のように，0という特定の値からの離れ具合を簡単に計算できるのです。また，都合が良いことに，正規分布に従う母集団から抽出した標本平均同士の差も正規分布に従います。

以上，2群の平均の差の検定では，標本平均そのままではなく，2つの標本平均の差（$\overline{x}_1 - \overline{x}_2$），あるいはそれを標準化した $z_{\overline{x}_1 - \overline{x}_2}$，または準標準化した $t_{\overline{x}_1 - \overline{x}_2}$ を検定統計量として用いれば良いことがわかりました。

ただし，平均の差から検定統計量を導くにあたって，1つだけ注意することがあります。図7.4のように，平均差の分布の中心（母平均）は，両方の母平均の差（$\mu_1 - \mu_2$）でOKなのですが，問題はバラツキです。バラツキの代表として誤差分散（平均の分散）で説明すると，平均差（$\overline{x}_1 - \overline{x}_2$）の誤差分散は差ではなく“和”（$\sigma^2_{\overline{x}_1} + \sigma^2_{\overline{x}_2}$）になるのです。

なぜそうなるのか不思議に思われるかもしれませんが，例えば，ある部品（長さの平均100 mm，分散10 mm^2）に毎回異なるドリル（長さの平均が50 mm，分散が5 mm^2）で穴を空けて製品を完成させるとします。その製品の穴の残りの厚みの平均と分散を考えてみてください。厚みの平均は差（$100 - 50 = 50$）

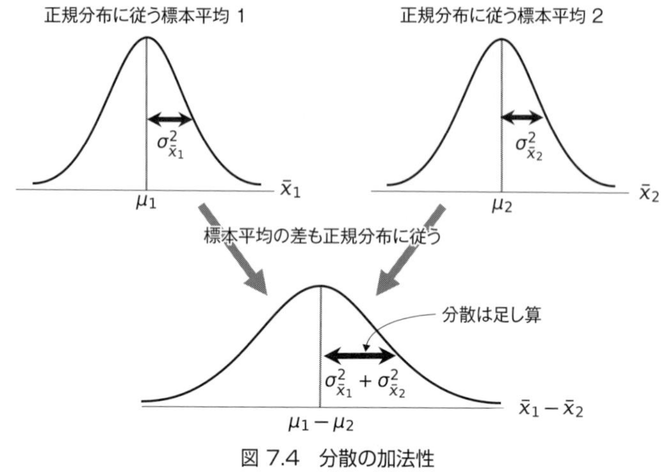

図 7.4　分散の加法性

となるでしょうが，厚みの分散は部品とドリル両方の分散の和（10 + 5 = 15）となることがイメージできるのではないでしょうか？　この事例は個別データの分散ですが，もちろん平均の分散（誤差分散）にも同じ加法性が成り立ちます。これを**分散の加法性**（additivity of variance）と呼び，合わせた分散を**合弁分散**（**併合分散**；pooled variance）と呼びます。

以上，2つの標本平均の差（$\overline{x}_1 - \overline{x}_2$）は，母平均（$\mu_1 - \mu_2$），母誤差分散（$\sigma^2_{\overline{x}_1} + \sigma^2_{\overline{x}_2}$）の正規分布に従うことがわかりました。

さて，ようやく検定統計量の計算に入りますが，前章のように，（準）標準化していない標本平均差（$\overline{x}_1 - \overline{x}_2$）から説明しても，対象が異なる度に（分布の中心やバラツキが変わるため）限界値が変化して使いにくいので，本節では平均差の標準化変量 $z_{\overline{x}_1-\overline{x}_2}$（$z$ 検定の検定統計量）から始めましょう。

復習ですが，標本平均 $\overline{x}$ から標準化変量 $z_{\overline{x}}$ への変換式は次のようでした。なお，$\sigma_{\overline{x}}$ は母標準誤差ですので，母誤差分散の平方根となります。

標本平均の標準化変量　$$z_{\overline{x}} = \frac{\overline{x} - \mu}{\sigma_{\overline{x}}}$$

標本平均の差の標準化変量 $z_{\overline{x}_1-\overline{x}_2}$ は，この式の $\overline{x}$ を $\overline{x}_1 - \overline{x}_2$ に，μ を $\mu_1 - \mu_2$ に，$\sigma_{\overline{x}}$ を $\sigma_{\overline{x}_1-\overline{x}_2}$ に，それぞれ置き換えた次式になります。

標本平均の差の標準化変量　$$z_{\overline{x}_1-\overline{x}_2} = \frac{(\overline{x}_1 - \overline{x}_2) - (\mu_1 - \mu_2)}{\sigma_{\overline{x}_1-\overline{x}_2}}$$

ここで，分母の母標準誤差$\sigma_{\bar{x}_1-\bar{x}_2}$は，先ほど説明した合弁分散（母誤差分散）の平方根ですので，次のようになります。ただし，σ_1^2とσ_2^2はそれぞれの群の母分散，n_1とn_2はそれぞれの群の標本サイズです。

標本平均の差の母標準誤差　$$\sigma_{\bar{x}_1-\bar{x}_2} = \sqrt{\sigma^2_{\bar{x}_1-\bar{x}_2}} = \sqrt{\sigma^2_{\bar{x}_1} + \sigma^2_{\bar{x}_2}} = \sqrt{\frac{\sigma_1^2}{n_1} + \frac{\sigma_2^2}{n_2}}$$

いよいよ，2群の平均の差のz検定の統計量ですが，検定統計量は帰無仮説（$\mu_1 = \mu_2$）が正しいとした下で計算される統計量です。ですから，この式の分子も分母も帰無仮説でどのようになるのかを考えなければなりません。

まず，$\mu_1 = \mu_2$なのですから分子の$\mu_1 - \mu_2$は0になり，$\bar{x}_1 - \bar{x}_2$だけが残りますね。また分母も，同じ母集団から抽出されたのならば，両群ともバラツキは同じ（**等分散**；homoscedasticity）はずなので，σ_1^2とσ_2^2を共通の分散であるσ^2に統一して括弧の外に出すことができます（この等分散の条件は重要なので章末で検討します）。よって，z検定の統計量は下記のように整理することができます（矢印よりも右が検定統計量）。

z検定の統計量（対応なし２群）

帰無仮説の下では0

$$z_{\bar{x}_1-\bar{x}_2} = \frac{(\bar{x}_1 - \bar{x}_2) - (\mu_1 - \mu_2)}{\sqrt{\dfrac{\sigma_1^2}{n_1} + \dfrac{\sigma_2^2}{n_2}}} \quad \longrightarrow \quad \frac{\bar{x}_1 - \bar{x}_2}{\sqrt{\sigma^2\left(\dfrac{1}{n_1} + \dfrac{1}{n_2}\right)}}$$

帰無仮説の下では等分散

検定統計量②　―母分散が未知の場合（t検定）―

①で導いたz検定の統計量は，分母の$\sqrt{\ }$の中にある母分散σ^2が既知の場合にしか計算することができません。しかし，母集団のバラツキがわかっている状況は滅多にありません。ですから，実際には，次式のように母分散σ^2を不偏分散$\hat{\sigma}^2$に置き換えた準標準化変量tを統計量として，t検定を実施します。

t検定の統計量（途中）　$$t_{\bar{x}_1-\bar{x}_2} = \frac{\bar{x}_1 - \bar{x}_2}{\hat{\sigma}_{\bar{x}_1-\bar{x}_2}} = \frac{\bar{x}_1 - \bar{x}_2}{\sqrt{\hat{\sigma}^2\left(\dfrac{1}{n_1} + \dfrac{1}{n_2}\right)}}$$

「これでようやくt検定ができる！」と思ってしまった方もいらっしゃるでしょうが，もう少々お待ちください。このままでは，まだ計算できません。というのも，不偏分散$\hat{\sigma}^2$はどのように求めますか？　2つの標本から不偏分散$\hat{\sigma}_1^2$と$\hat{\sigma}_2^2$は，それぞれ計算できますが，$\hat{\sigma}_1^2$と$\hat{\sigma}_2^2$の値は当然，異なるでしょう。どちらを使えば良いかなど誰にもわかりません。

そこで，次のように，それぞれの自由度（n_1-1，n_2-1）で加重した不偏分散の平均（第1章で学んだ加重平均です）を2群共通の不偏分散$\hat{\sigma}^2$とします。

2群共通の不偏分散　$$\hat{\sigma}^2=\frac{(n_1-1)\hat{\sigma}_1^2+(n_2-1)\hat{\sigma}_2^2}{(n_1-1)+(n_2-1)}$$

これで「対応のない2群の平均の差のt検定」の統計量の式（標本サイズがアンバランスなとき用）が得られました。

t検定の統計量（対応なし２群，アンバランス）

$$t_{\bar{x}_1-\bar{x}_2}=\frac{\bar{x}_1-\bar{x}_2}{\sqrt{\dfrac{(n_1-1)\hat{\sigma}_1^2+(n_2-1)\hat{\sigma}_2^2}{(n_1-1)+(n_2-1)}\left(\dfrac{1}{n_1}+\dfrac{1}{n_2}\right)}}$$

両群の標本がどちらも同じサイズ（$n_1=n_2=n$）でバランスなときは，加重させる必要がないので，次のような単純な形になります。

t検定の統計量（対応なし２群，バランス）　$$t_{\bar{x}_1-\bar{x}_2}=\frac{\bar{x}_1-\bar{x}_2}{\sqrt{\dfrac{\hat{\sigma}_1^2+\hat{\sigma}_2^2}{n}}}$$

以上が，対応のない2群の平均の差のt検定の統計量となりますが，標本分散s_1^2とs_2^2を使って分母を計算する場合には，nではなく自由度（$n-1$）で割ることをお忘れなく。なお，とくにこの検定を**スチューデントのt検定**と呼ぶことがあります。

◉ 仮説の検定

検定統計量を解説するだけで時間がかかってしまいましたが，検定の手続き自体は前章で学んだ母平均の検定と変わりません。検定統計量（tやz）の絶対値が，限界値よりも大きいか小さいかを見るだけです。以下，復習がてら確認しておきましょう。

検定統計量の絶対値が限界値よりも大きな値を取った場合（図7.5のように帰無仮説の分布で両端に位置したとき）には，同じ母集団から抽出された（帰無仮説が正しい）にしては標本平均の差が大きすぎる（偶然には起こりにくい）ことになり，「もともとの母集団の平均（母平均）自体にも差があった」→「処理の効果はあった」と判断します。

逆に検定統計量の絶対値が限界値よりも小さな値を取った場合（帰無仮説の分布で中心付近に位置したとき）には，偶然でも十分発生する程度の小さな差なので，同じ母集団から抽出されたという帰無仮説は否定できないため，「母集団の平均には統計的有意差は検出できなかった」→「今回の実験では，処理効果を統計的に確認できなかった」と判断します（帰無仮説を正しいとは断言しないように）。

検定統計量がzでもtでも，この手続きは変わりませんが，限界値の決まり方が異なります。z検定では限界値の値は有意水準の大きさだけで決まりますが（例えば有意水準αが両側5％ならば限界値は±1.96），t検定では分布形が自由度によって変わるため，限界値の値も有意水準だけでなく自由度の大きさが影響します。**自由度の大きさは，アンバランスの場合で$(n_1-1)+(n_2-1)$，バランスな場合で$2(n-1)$となります。**

なお，ソフトウェアなどでp値を計算できるならば，有意水準と比較してp値の方が小さければ帰無仮説を棄却し，大きければ受容するという判定でも構いません。

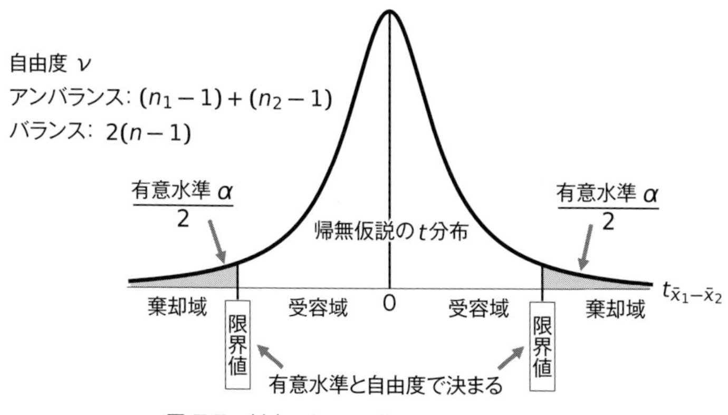

図 7.5　対応のない２群の平均の差のt検定

例題

第1章のキュウリの収量データは，昼間に養液を与える栽培法Aと夜間に養液を与える栽培法Bとの収量を比較したものでした。栽培法Aの平均収量は2443.7g，栽培法Bは3124.4gで，両栽培法の間には680.7gという収量の差があり，一見，栽培法Bの方が良さそうです。果たして本当に両栽培法の収量に差があるといえるでしょうか？

解：

キュウリは2度収穫できないので，2群は対応のない関係です。また，母分散は未知なのでt分布を使ったt検定を実施しましょう。なお，必ず栽培法Bが大きくなるという根拠はないので，両側5％の有意水準を用いましょう。
以下，栽培法Aの収量の標本平均を$\bar{x}_A$，母平均をμ_A，栽培法Bの標本平均を$\bar{x}_B$，母平均をμ_Bとします。

手順①：仮説の設定

本当に2つの栽培法の収量に差があるということは，実験データの抽出元である母集団の収量（母平均で真の値）に差があることです。よって，帰無仮説は，「どちらの標本も同じ母集団から抽出された」という内容になります。帰無仮説はその逆なので，「異なる母集団から抽出された」という内容です。

$$\begin{cases} \textbf{帰無仮説}\,H_0 : \mu_A(\bar{x}_A = 2443.7) = \mu_B(\bar{x}_B = 3124.4) \rightarrow \textbf{どちらの栽培法も同じ収量} \\ \textbf{対立仮説}\,H_1 : \mu_A(\bar{x}_A = 2443.7) \neq \mu_B(\bar{x}_B = 3124.4) \rightarrow \textbf{栽培法によって収量が異なる} \end{cases}$$

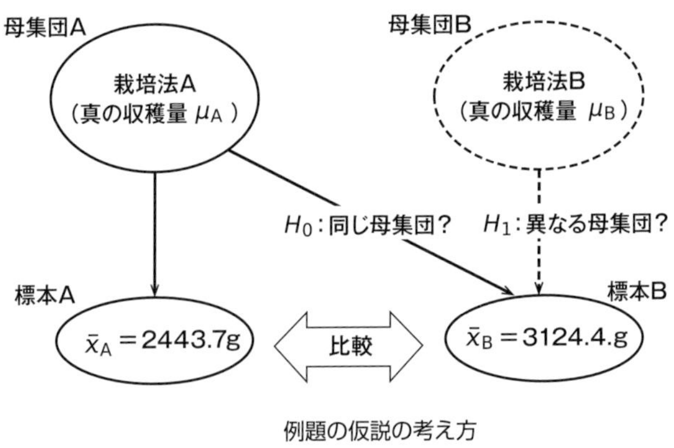

例題の仮説の考え方

手順②：検定統計量の計算

帰無仮説が正しい場合の両平均収量の差を準標準化したt値を算出します。今回はバランスな（両群の標本サイズが同じ）場合の式が使えます。

両群の不偏分散（$\hat{\sigma}_A^2$と$\hat{\sigma}_B^2$）は第3章の例題で計算していますね（栽培法A：183227.0，栽培法B：133515.4）。それらの値を代入すると，検定統計量tは“−4.685”となります。

$$t_{\bar{x}_A-\bar{x}_B}=\frac{\bar{x}_A-\bar{x}_B}{\sqrt{\dfrac{\hat{\sigma}_A^2+\hat{\sigma}_B^2}{n}}}=\frac{2443.7-3124.4}{\sqrt{\dfrac{183227.0+133515.4}{15}}}=-4.685$$

手順③：確率の計算

ソフトウェアを使えば，帰無仮説のt分布における本検定統計量の値（−4.685）より外側の確率（p値）を計算することができます（Excel関数ならば，T.DIST.2T(4.685,28)です）。ただし，限界値と比較する方法ならば，手作業で仮説を判定できるため，本手順はスキップします。

手順④：仮説の判定（と検出力）

あらかじめ決めておいた両側5％の有意水準αに対応するt値が限界値となります。付録Ⅱのt分布表から読み取ると，例題の自由度は$2\times(15-1)$なのでν=28の行と，片側確率p=0.025の列がクロスする“2.048”が限界値となります。もちろん両側で検定しますので，下側（左裾）の“-2.048”も限界値となります。

よって，例題の実験で生じた平均の差のt値（-4.685）は，限界値の-2.048よりも小さいため（分布の外側に位置するため），帰無仮説が正しいにしては，かなり起きにくいことが起きてしまったといえます。ですから，むしろ帰無仮説自体が間違っていると考えた方が合理的です。よって，有意水準5％という判定基準の下で，対立仮説を採択し，「栽培法Aと栽培法Bのキュウリの収量には，統計的に有意な差がある」→「(Bの収量が多いので）夜間に養液を与えた方がキュウリの収量は多い」ことになります。亜熱帯の気候の下では，夜間の栄養利用効率が高いのかもしれませんね。

ここで，G*powerの［Post hoc: Compute achieved power］を使って検出力を計算してみましょう。対応のない2群の差の検定は［Means: Difference between two independent means］です。本検定の効果量は，もっとも簡単な推定式である$t\times\sqrt{(n_A+n_B)/(n_A\times n_B)}$を使って計算すると1.71となります。これに加え，両側有意水準αに0.05，各標本サイズにどちらも15をパラメータとして入力すると，検出力は0.99と推定されます。今回の検定の検出力がとても強かった理由としては，推定された効果量が大きかったからでしょう。

補足　分析ツールを使った検定

① Excelには標準で「分析ツール」という統計解析ソフトが搭載されています。使用するには，最初の１回目だけ，［ファイル］タブから［オプション］を選択して，［アドイン］→［管理から「Excelアドイン」を選択］→［設定］→［「分析ツール」に☑］，で設定する必要があります（Windows版）。すると，［データ］タブに［データ分析］が追加されますので，それをクリックすると分析ツールが現れます。

② いろいろな手法がありますが，［t検定：等分散を仮定した2標本による検定］が今回の「対応のない2群の平均の差のt検定」のことですので，これを選んで［OK］をクリックします。ウィンドウが現れたら，変数1の入力範囲に栽培法Aを，変数2に栽培法Bを設定します。データだけでなく栽培法まで選択した場合には［ラベル］を☑します。有意水準［α（A)：］には最初から0.05（5％）が入っていますので，このままで［OK］を押せば，分析完了です。

③ 出力結果の見方ですが，tが−4.685となっていますので，この絶対値を限界値である［t境界値 両側］の2.048と比較するか，p値である［P（T<=t) 両側］の6.56814E-05（これは“6.56814×10^{-5}”のことです）を有意水準（0.05）と比較すれば良いのです（もちろん有意差ありです）。

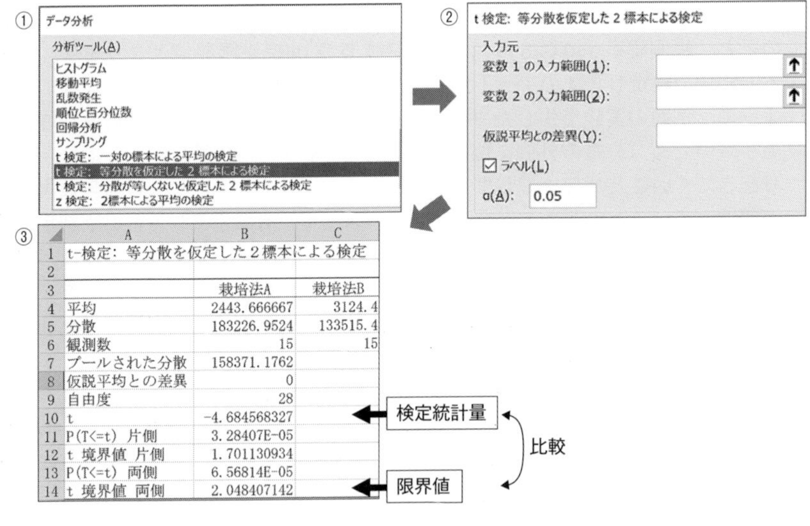

	A	B	C
1	t-検定：等分散を仮定した２標本による検定		
2			
3		栽培法A	栽培法B
4	平均	2443.666667	3124.4
5	分散	183226.9524	133515.4
6	観測数	15	15
7	プールされた分散	158371.1762	
8	仮説平均との差異	0	
9	自由度	28	
10	t	-4.684568327	
11	P(T<=t) 片側	3.28407E-05	
12	t 境界値 片側	1.701130934	
13	P(T<=t) 両側	6.56814E-05	
14	t 境界値 両側	2.048407142	

7.4　対応のある２群の平均の差の検定

個体差とは

肥料を使う前と後での成長速度の差を調べたり（下の事例），農家が技術講習会に参加する前と後の収量の差を調べたりした場合などは，対応のある（2群間で個体をペアとして関連付けた）データを観測することができます。

こうした対応のあるデータからは，**個体差**や**個人差**（individual differences）を考慮した検定ができます。個体差は，研究する側からすれば興味のない誤差の一部ですので，その大きさを仮説判定に反映させられるのは，とても大きなメリットといえるでしょう。

ところで，個体差とは何でしょうか？　理解しやすいように，早速，ここから事例を使って説明しましょう。表7.1は，ある植物を5つ（ポットなどに）用意して，肥料を施す前と後の成長速度を観測した結果です。つまり，この肥料に植物の成長を促進させる効果があるかどうかを検証しようという実験です。また，それを線グラフに描いたのが図7.6です。

表 7.1　ある植物の施肥前後の成長速度比較（cm/日）

個体番号	施肥前（群2）	施肥後（群1）	差 d_i（=群1-群2）
1	0.8	1.1	$d_1 = 0.3$
2	0.7	1.5	$d_2 = 0.8$
3	1.0	1.0	$d_3 = 0.0$
4	0.5	1.6	$d_4 = 1.1$
5	0.6	1.3	$d_5 = 0.7$
平均	$\bar{x}_2 = 0.72$	$\bar{x}_1 = 1.30$	$\bar{d} = 0.58$

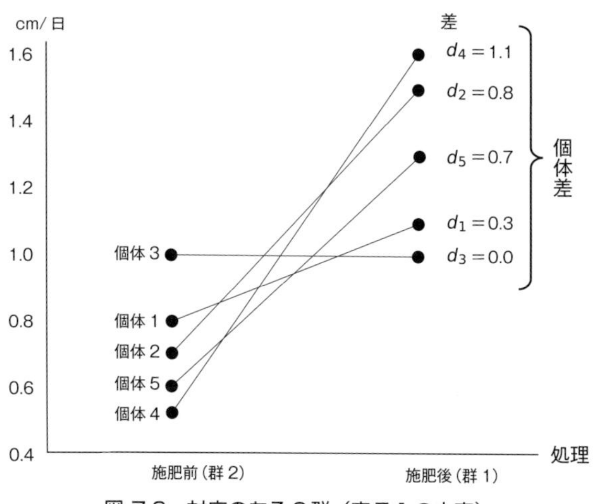

図 7.6　対応のある２群（表7.1の内容）

この図表を眺めて，対応のある場合が持つ“ある特徴”に気がつきましたでしょうか？

施肥前と後の成長速度の変化（2群の差）d_i を個体別に求めることができるのです。例えば，個体1は施肥前に比べて施肥後は0.3 cm（$d_1 = 0.3$），個体2は0.8 cm（$d_2 = 0.8$），……と，それぞれ成長速度が変化した（上がった）ことがわかります。なお，今回は施肥後から施肥前を引いていますが，逆でも問題ございません（統計量の符号が逆になるだけです）。そして，この情報は，同種の植物に同じ肥料を使っても，個体によって成長速度の変化に差がある，つまりバラついていることを意味しています。この個体別の変化（差）d_i のバラツキこそが“個体差”なのです。これは，個体が群間でペアになっていなければ取得できない情報ですね。

検定統計量（対応のある2群）

では，この個体差をどのようにして検定統計量に取り入れるのでしょうか。

もう一度，表7.1をご覧ください。対応のある場合には，せっかく個体ごとの2群の変化（差）d_i が求まるのですから，それを使って検定統計量を計算したいですね。でも個別の d_i のままでは誤差（いいかえれば実験結果の精度）を評価できないので，その平均 $\overline{d}$ の分布を考えることにします（そうすれば標本が大きくなれば誤差が小さくなることなどを生かせます）。

さて，この $\overline{d}$ も正規分布に従うので，$\overline{d}$ のままでも検定できるのですが，どのような対象や単位でも同じ分布表から限界値を読み取るためには，やはり標準化した $z_{\overline{d}}$ や，準標準化した $t_{\overline{d}}$ で検定した方が便利です。

まず，z から式を書きますと，次のようになります。ただし，検定では帰無仮説（対応ありと同じ $H_0 : \mu_1 = \mu_2$）が正しい場合の統計量を考えますので，$\overline{d}$ の真の値 μ（母平均の差 $\mu_1 - \mu_2$）は0と仮定しますから，矢印より右の式が検定統計量となります。また，対応があるデータなので，2群ともバランス（同標本サイズ）な場合のみとなります。n はペアとなっている個体数，つまり d_i の数です。

z 検定の統計量（対応あり2群，バランス）

$$z_{\bar{d}} = \frac{\bar{d} - \mu}{\sigma_{\bar{d}}} = \frac{\bar{d} - \mu}{\sqrt{\dfrac{\sigma^2}{n}}} \xrightarrow[\text{検定統計量}]{\text{帰無仮説の下}} \frac{\bar{d}}{\sigma_{\bar{d}}} = \frac{\bar{d}}{\sqrt{\dfrac{\sigma^2}{n}}}$$

← 個体差（d_i の母分散）

この式を見ていただければわかるように，対応ありの検定は，差の平均$\overline{d}$（対応なしでは「平均の差」でした）と，定数0との離れ具合を統計的に検証しているのです。

この式で注目して欲しいのは，個体差である「d_iの母分散σ^2」が分母（の分子）に入っている点です。これなら，個体差であるσ^2が大きくなるほどz値は小さくなるため，帰無仮説を棄却するのが難しくなります。つまり，誤差の一種である個体差の大きさを考慮して，念のために保守的な判断を下すのです。なお，対応なしの統計量でも分散を使っていましたが，あくまで2群共通の分散として求めたものなので，個体差を正確には把握できていません（2群がまぜこぜです）。

一応，d_iの母分散を示しておきます（μはd_iの母平均なので普通は未知）。

差dの母分散（個体差）　$\sigma^2 = \dfrac{\sum(d_i - \mu)^2}{n}$

t検定のための統計量は，未知の母分散σ^2の代わりに不偏分散$\hat{\sigma}^2$が入った次式になります。普通は，こちらの式で検定統計量を求めたt検定を実施することになるでしょう。

t検定の統計量（対応あり2群，バランスのみ）

$$t_{\bar{d}} = \frac{\bar{d} - \mu}{\hat{\sigma}_{\bar{d}}} = \frac{\bar{d} - \mu}{\sqrt{\dfrac{\hat{\sigma}^2}{n}}} \xrightarrow[\text{検定統計量}]{\text{帰無仮説の下}} \frac{\bar{d}}{\hat{\sigma}_{\bar{d}}} = \frac{\bar{d}}{\sqrt{\dfrac{\hat{\sigma}^2}{n}}}$$

差dの不偏分散（個体差の不偏推定値）　$\hat{\sigma}^2 = \dfrac{\sum(d_i - \overline{d})^2}{n-1}$

この後の検定手順は対応のない場合と同じです。計算した検定統計量の絶対値と，zやtの分布表から読み取った限界値とを比べて，検定統計量の絶対値の方が大きければ帰無仮説を棄却し，対立仮説を採択します。なお，**対応のある場合の自由度νは，ペアとなっている個体数n（dの数と同じ）から1を引いた（$n-1$）値です**。早速，先ほどの事例を例題として検定してみましょう。

例題

表7.1の事例「ある植物の施肥前後の成長速度比較」の結果を見ると，施肥（処理）後の成長速度の方が平均で0.58 cm/日ほど上がっているようです。果たして本当に施肥によって成長速度に変化が生じたといえるでしょうか？　この肥料が成長速度を変化させる効果を有しているかどうかを，５％の有意水準で検定してみましょう。

解：

このデータは個体ごとに施肥前・後の値が計測され，ペアになっていますので，対応のある２群の平均の差の検定を実施できます。ただし，母分散は未知なので t 検定を用います。また，施肥によって成長速度が下がることも否定はできないので両側検定とします。

手順①：仮説の設定

$$\begin{cases}\text{帰無仮説}H_0：\mu_1=\mu_2\rightarrow\text{施肥前後で母集団の平均成長速度に差はない}\rightarrow\text{施肥効果なし}\\\text{対立仮説}H_1：\mu_1\neq\mu_2\rightarrow\text{施肥前後で母集団の平均成長速度に差はある}\rightarrow\text{施肥効果あり}\end{cases}$$

手順②：検定統計量の計算

t 検定の統計量の式に，差の平均 $\overline{d}=0.58$（わかりやすく施肥後から前を引いていますが，逆に引いて -0.58 となっても構いません）と，標本サイズ $n=5$（差 d の数），d の不偏分散 $\hat{\sigma}^2=0.187$ を代入すると，t 値は“2.999”となります。

$$t_{\overline{d}}=\frac{\overline{d}}{\sqrt{\frac{\hat{\sigma}^2}{n}}}\ \frac{0.580}{\sqrt{\frac{0.187}{5}}}=2.999$$

手順③：確率の計算

限界値と比較する方法で仮説を判定するため，本手順はスキップします（Excel関数ならばT.DIST.2T(2.999,4) で両側 p 値が得られます）。

手順④：仮説の判定（と検出力）

あらかじめ決めておいた両側５％の有意水準 α に対応する t 値が限界値となります。付録Ⅱの t 分布表から読み取ると，例題の自由度は $5-1$ で４となるので，$\nu=4$ の行と，片側確率 $p=0.025$ の列がクロスする“2.776”が限界値となります。よって，例題の実験で観測された差の平均の t 値は，限界値よりも大きい（分布の外側に位置する）ため，帰無仮説が正しいにしては，かなり起きにくいことが起きてしまったといえます。ですから，むしろ帰無仮説自体が間違っていると考えた方が合理的です。よって，有意水準5％という判定基準の下で，対立仮説を採択し，「施肥前と施肥後とでは，母集団の平均成長速度に統計的に有意な差がある」→「施肥の効果はあった」ことになります。

ここでも，G*powerの［Post hoc: Compute Achieved Power］を使って例題の検出力を計算してみましょう。対応のある2群の差の検定は［Means: Difference between two dependent means］です。本検定の効果量は，もっとも簡単な推定式である$t \times \sqrt{1/n}$を使って計算すると1.34と推定できます。これに加え，両側有意水準αに0.05，標本サイズに5をパラメータとして入力すると，検出力は0.62と推定されます。このように，本検定では検出力が弱かった（第二種の過誤を犯す確率βが高かった）ことがわかりますが，その理由としては，標本サイズが小さいことが影響しているのでしょう。

補足　分析ツールを使った検定

［t検定：一対の標本による平均の検定］が今回の「対応のある2群の平均の差のt検定」のことですので，これを選んで［OK］をクリックします。ウィンドウが現れたら，変数1の入力範囲に施肥後を，変数2に施肥前を設定します（適宜［ラベル］に☑）。有意水準［α（A)：］は0.05（5％）のままで［OK］を押せば，分析完了です。

出力された検定統計量t=2.9995を，［t境界値 両側］の2.776と比較するか，［P(T<=t) 両側］の0.03998を有意水準（0.05）と比較します（有意差あり）。

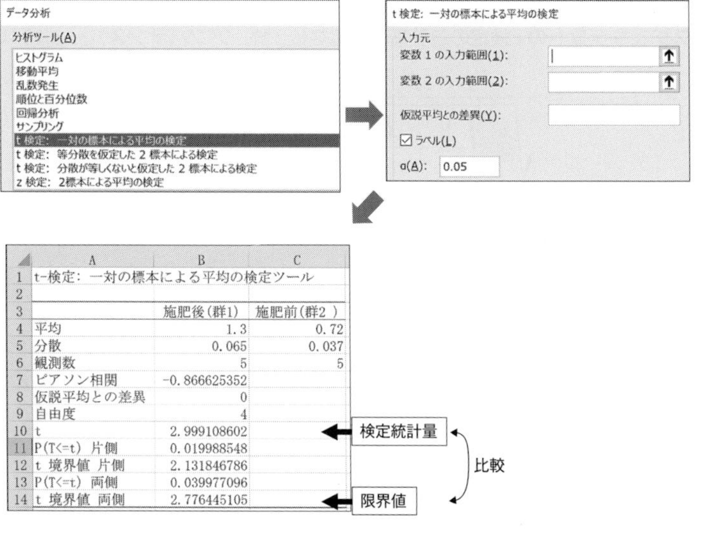

	A	B	C
1	t-検定: 一対の標本による平均の検定ツール		
2			
3		施肥後(群1)	施肥前(群2)
4	平均	1.3	0.72
5	分散	0.065	0.037
6	観測数	5	5
7	ピアソン相関	-0.866625352	
8	仮説平均との差異	0	
9	自由度	4	
10	t	2.999108602	
11	P(T<=t) 片側	0.019988548	
12	t 境界値 片側	2.131846786	
13	P(T<=t) 両側	0.039977096	
14	t 境界値 両側	2.776445105	

ウェルチの t 検定（等分散が仮定できない場合）

本章では2群の平均の差についての検定を解説してきましたが，本来，この検定を実施するためには，母集団において次の2つの性質が満たされている（と仮定できる）必要があります。

① 量的データで，正規分布に従っている（**正規性**）
② 両群の分散が等しい（**等分散性**）

①の正規性が満たされていなければ，違う形をしている分布同士を比較することになってしまいますし，統計量の確率計算もどのような分布で行えば良いのかわからなくなってしまいます。

②の等分散性については，対応のない2群の平均の差の z 検定（アンバランス）で，帰無仮説が正しければ等分散であるとして2群共通の母分散を外に出して式を作り上げたことを思い出してください。母分散が未知の場合に用いる t 検定（スチューデントの t 検定と呼んで区別します）でも当然，等分散である必要があります（下に式を再掲しておきます）。なお，対応のある2群の場合には，同じ個体から観測しているので，分散は同じと考え（また式自体も，差の平均 $\overline{d}$ の分布から導き出されているので），等分散性が満たされているかどうかは気にしなくて良いでしょう。

スチューデントの t 検定の統計量（対応なし2群，アンバランス） ← p.139 の復習

$$t_{\bar{x}_1 - \bar{x}_2} = \frac{\bar{x}_1 - \bar{x}_2}{\sqrt{\hat{\sigma}^2 \left(\frac{1}{n_1} + \frac{1}{n_2} \right)}}$$

等分散として2群の不偏分散を1つにまとめている

対処法ですが，①の正規性については，主に質的データの場合に問題になります。順序尺度や名義尺度で観測したデータは確率変数ではないからです。そのため，官能試験（味覚，嗅覚など）や意識調査のデータに，本章で学んだ z 検定や t 検定を用いるのはお勧めできません。母集団に正規分布などの確率分布を仮定できなくても問題のない手法（**ノンパラメトリック検定**）がありますので，そちらを用いるようにしてください（第11章で詳しく解説します）。なお，「量的データで正規分布に従うと思われる対象だが，標本個別の分布が正

規分布とやや異なるようだ」という程度ならば神経質になる必要はありません。なぜならば，第4章で学んだ中心極限定理により，そこそこの標本サイズがあれば，標本平均やその差は正規分布に従うとみなせるからです。

さて，困るのは②の等分散性です。両群が異分散では検定統計量の式自体が導き出せないからです。そこで，Welch（ウェルチ）という統計学者が，両群の分散をそのまま残して検定する方法を考案しました（**ウェルチの t 検定**；Welch's t-test）。とはいえ，ウェルチの t 検定の統計量の計算は特別なものではなく，共通の不偏分散を求める前の，2群それぞれの不偏分散が残った状態の次式を用います。

ウェルチの t 検定の統計量（対応なし2群，アンバランス）

$$t_{\bar{x}_1-\bar{x}_2} = \frac{\bar{x}_1 - \bar{x}_2}{\sqrt{\frac{\widehat{\sigma}_1^2}{n_1} + \frac{\widehat{\sigma}_2^2}{n_2}}}$$

両群の不偏分散を残している

ウェルチの工夫はここからです。この統計量は，共通の不偏分散を用いていないので，自由度（$n-1$）の t 分布には従わないのですが，次のような複雑な式で計算した自由度の t 分布から限界値を読み取れることを発見したのです。

ウェルチの t 検定の自由度

$$\nu \approx \frac{\left(\frac{\widehat{\sigma}_1^2}{n_1} + \frac{\widehat{\sigma}_2^2}{n_2}\right)^2}{\frac{\widehat{\sigma}_1^4}{n_1^2(n_1-1)} + \frac{\widehat{\sigma}_2^4}{n_2^2(n_2-1)}}$$

つまり，自由度さえ，この式で頑張って求めれば，後は普通に t 分布表から限界値を読み取って検定を実施できるのです。

実際には，面倒な計算なのでソフトウェアを使うことになるでしょう。幸いなことに，Excelの分析ツールにもウェルチの t 検定が搭載されています。[t検定：分散が等しくないと仮定した2標本による検定］です。スチューデントの t 検定を実施した例題（キュウリの収量）に，分析ツールを使ってウェルチの t 検定を実施してみたのが図7.7です。スチューデントの t 検定と比較してみると，28だった自由度が27（分析ツールでは四捨五入して整数にしてしまっていますが，本来は小数点まであります）へと小さくなったことで，限界値（境界値）が2.048から2.052へと厳しくなっていることがわかります（結局，この事例では「有意差あり」という結果は変わりませんでした）。

このように，対応のない場合は，2群の母分散が同じか異なるかで使用すべ

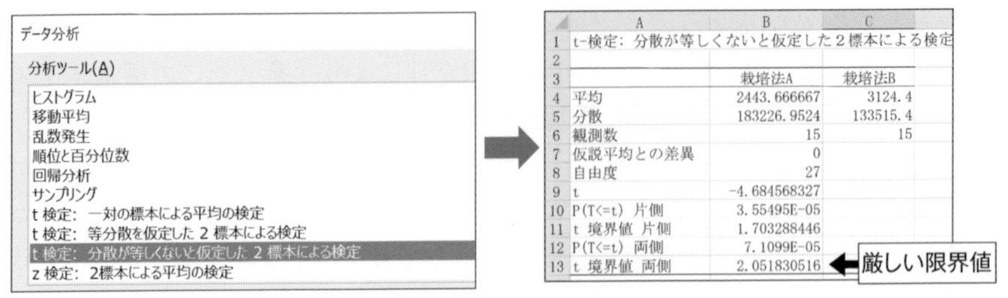

	A	B	C
1	t-検定：分散が等しくないと仮定した２標本による検定		
2			
3		栽培法A	栽培法B
4	平均	2443.666667	3124.4
5	分散	183226.9524	133515.4
6	観測数	15	15
7	仮説平均との差異	0	
8	自由度	27	
9	t	-4.684568327	
10	P(T<=t) 片側	3.55495E-05	
11	t 境界値 片側	1.703288446	
12	P(T<=t) 両側	7.1099E-05	
13	t 境界値 両側	2.051830516	

図 7.7　分析ツールによるウェルチの t 検定

き検定法が違うのですが，どのようなときに異分散と判定してウェルチのt検定を使うのでしょうか。3つほど（A～C）紹介しましょう。

まず，簡単な使い分け方として，A：2標本のサイズや分散が大きく異なる（1.5～2倍以上）場合にはウェルチのt検定を，それ以内ならばスチューデントのt検定を実施するという目安が示されています。また，B：どうせ母分散はわからないのだから，最初からどのようなときでもウェルチのt検定を実施するという考え方もあります（等分散の場合にウェルチのt検定を実施してしまっても，それほど検出力は下がらないといわれています）。

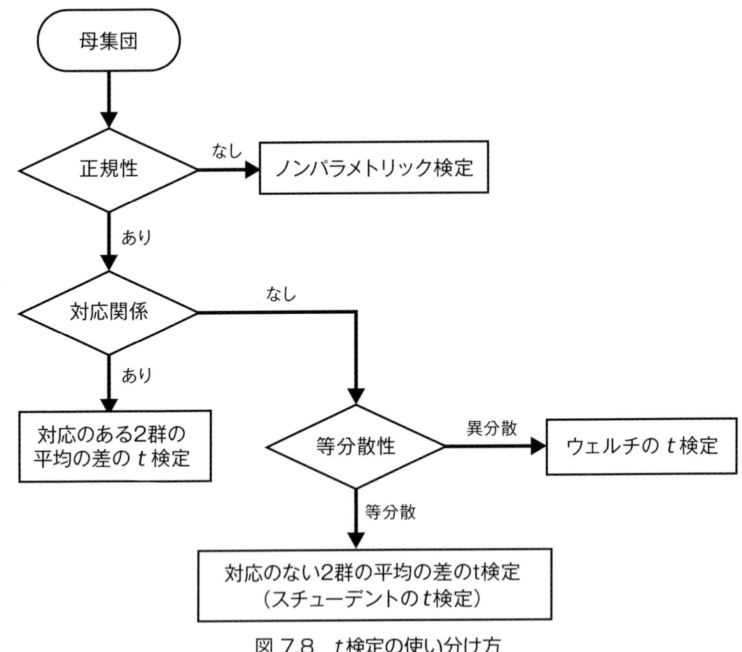

図 7.8　t 検定の使い分け方

しかし，伝統的には，C：予備的に2標本の母分散が同じか異なるかを検定して，その結果をみてから，どちらのt検定を使うかを判断するという方法がとられてきました。次章の予習にもなるので，本章最後の次節ではCの使い分け方に使う検定（等分散の検定）を解説しましょう。

以上，ここまで学んだ2群の平均の差の検定の使い分け方をフローチャートに整理しました（図7.8）。

7.5　等分散の検定

仮説の設定

2標本それぞれの抽出元の母集団の分散が等しい（差はない）か異なる（差はある）かを検証する検定を**等分散の検定**（test for equal variance）と呼びます。まずは，仮説の考え方から説明しましょう。

等分散の検定では，帰無仮説が等分散（H_0：$\sigma_1^2 = \sigma_2^2$）となり，対立仮説が異分散（H_1：$\sigma_1^2 \neq \sigma_2^2$）となります。もう少し正確にいえば，図7.9のように，帰無仮説は「2つの標本の抽出元は同じ正規（分布に従った）母集団」と考え，対立仮説は「2つの標本の抽出元はそれぞれ異なる正規母集団」と考えます。

よって，この検定で帰無仮説が棄却されたときにはウェルチのt検定を使い，帰無仮説が棄却されなかったときには（等分散と断言はできませんが，その可能性が残されたので）スチューデントのt検定を使うようにします。

本章では，2群の平均の差の検定を扱ってきたため，等分散の検定をt検定の前に実施する予備的な検定として説明していますが，2群の真の分散に差があることを検証するのですから，他にも様々な用途が考えられるでしょう。例

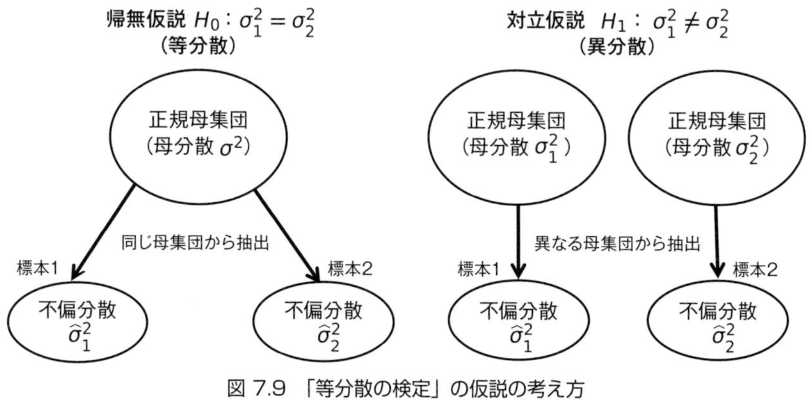

図 7.9 「等分散の検定」の仮説の考え方

えば，教員なら自分の担任しているクラスにおいて，男子と女子で成績のバラツキに差があるかどうかを確認したい場合に使えるでしょう。工場長なら，古いラインと新しいラインで，製品の品質のバラツキに差があるかどうかを確認したい場合があるでしょう。

検定統計量 *F*

さて，この等分散の検定ですが，内容はF分布に従う統計量“F”を使った**F検定**（F-test）です。第5章後半の復習になりますが，Fとは正規分布に従う2つの母集団から抽出したχ^2/νの比でした。それを，それぞれの不偏分散$\hat{\sigma}^2$と母分散σ^2を使った式に変形すると，次のようになりました（103ページ）。

$$F統計量 \quad F_{(\nu_1,\nu_2)} = \frac{\chi^2_{(\nu_1)}/\nu_1}{\chi^2_{(\nu_2)}/\nu_2} = \frac{\cancel{\nu_1}\dfrac{\hat{\sigma}_1^2}{\sigma_1^2}/\cancel{\nu_1}}{\cancel{\nu_2}\dfrac{\hat{\sigma}_2^2}{\sigma_2^2}/\cancel{\nu_2}} = \frac{\hat{\sigma}_1^2/\sigma_1^2}{\hat{\sigma}_2^2/\sigma_2^2}$$

検定統計量は，帰無仮説（$H_0 : \sigma_1^2 = \sigma_2^2$）が正しい下での分布ですので，分子の母分散$\sigma_1^2$と分母の母分散$\sigma_2^2$を同じ$\sigma^2$と考え，最終的には，次式右項のような2群の「不偏分散の比」の形になります。なお，第1自由度ν_1も，第2自由度ν_2も$n-1$です。

$$等分散の検定（F検定）の統計量 \quad F_{(\nu_1,\nu_2)} = \frac{\hat{\sigma}_1^2/\cancel{\sigma^2}}{\hat{\sigma}_2^2/\cancel{\sigma^2}} = \frac{\hat{\sigma}_1^2}{\hat{\sigma}_2^2}$$

仮説の検定

等分散の検定（F検定）の原理はいたって単純です。

抽出元の母集団の分散が同じならば，そこから抽出された2つの標本の分散も似た値になるでしょう。似た値同士を割ると（つまり比は）1前後になりますね。Fも分散（の不偏推定量）の比なのですから，帰無仮説の下のF分布は，図7.10のようになります（ただし，形状は自由度によって変わります）。

ですから，等分散の検定では，検定統計量であるFが限界値よりも1に近い値を取ったときに帰無仮説を受容し，1から離れた大きな値や0に近い値（分散の比ですから負にはなりません）を取ったときに棄却します。

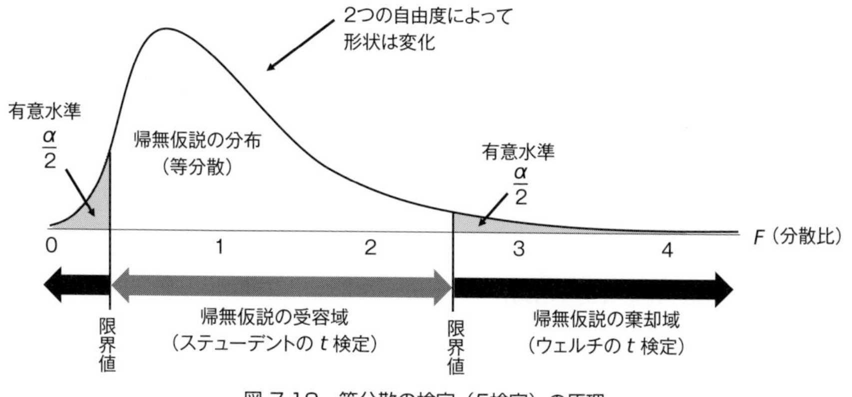

図 7.10　等分散の検定（F検定）の原理

例題

本章の最初の例題（キュウリの収量）では，栽培法AとBの収量の等分散性について確認せずに「対応のない2群の平均の差のt検定」（スチューデントのt検定）を実施していました。本来，t検定の前に行うべきですが，いまから等分散の検定（両側5％）をこのデータで実施してみましょう。

解：

手順①：仮説の設定

$$\begin{cases} \text{帰無仮説} H_0 : \sigma_A^2 = \sigma_B^2 \rightarrow \text{栽培法AとBの収量の母分散は等しい} \\ \text{対立仮説} H_1 : \sigma_A^2 \neq \sigma_B^2 \rightarrow \text{栽培法AとBの収量の母分散は異なる} \end{cases}$$

手順②：検定統計量の計算

2つの不偏分散の比が検定統計量となるF値なので，栽培法Aの不偏分散183227.0を栽培法Bの不偏分散133515.4で割ると1.372となります。よって，検定統計量F=1.372となります。

大きい値を分子にすると便利

$$F_{(14,14)} = \frac{\hat{\sigma}_A^2}{\hat{\sigma}_B^2} = \frac{183227.0}{133515.4} = 1.372$$

なお，等分散の検定も，両側で検定するのが基本なので（※157ページの補足参照），どちらをどちらで割っても良いのですが，F分布表は右側（上側）の確率しか掲載していないため，分子に大きい方の不偏分散の値を持って来るようにすると簡単です（1よりも大きな統計量にしておく）。

手順③：確率の計算

ソフトウェアを使えば，帰無仮説のF分布における本検定統計量の値（1.372）より外側の確率（p値）を計算することができます。Excel関数ならば，F.DIST.RT(1.372,14,14)で上側の確率（0.281）が求まりますので，両側p値はその2倍の0.562となります。よって，$p > 0.05$で帰無仮説は棄却できないことがわかります。ただし，限界値と比較する方法ならば，次の手順でF分布表を使って仮説を判定できます。

手順④：仮説の判定（と検出力）

あらかじめ決めておいた両側5％の有意水準αに対応するF値が限界値となります。付録Ⅴの上側確率2.5％のF分布表から読み取ると，例題の自由度は第1（分子），第2（分母）ともに$15-1$で14なので，本来は$\nu_1 = 14$の行と$\nu_2 = 14$の列がクロスするところが限界値となります。しかし，F分布表の列は粗いため14の列がありません。仕方がないので，14の行と15の列がクロスする2.95よりもやや大きい3.0ぐらいとしておきましょう。
結果，F値（1.372）は，有意水準5％（両側）に対応する限界値（3.0）よりも小さいため，帰無仮説は棄却できませんでした。
つまり，栽培法AとBのキュウリ収量の分散の間には，（今回の実験では）差は統計的に認められなかったため，等分散性が満たされている可能性は残され，最初の例題で使用したスチューデントのt検定で問題はなかったろう，ということになります。
さて，本検定もG*powerの［Post hoc: Compute Achieved Power］を使って検出力を計算してみましょう。等分散の検定は［F tests］の［Variance: Test of equality (two sample case)］です。本検定の効果量は，F値そのもの（Ratio var1/var0）なので1.372を入力します（Determineで計算も可）。これに加え，両側有意水準αに0.05，標本サイズにどちらも15をパラメータとして入力すると，検出力は0.086と推定されます。このように，検出力が極めて弱かったのは，標本が15ずつしかなかったこともありますが，効果量であるFが1に近かった（小さかった）影響が大きいでしょう。検出力が弱いということは第二種の過誤を犯す確率βが大きいということですから，異分散であることを見逃している過誤確率が高いことになり，ウェルチのt検定を使うべきだった可能性も高いことになります。このようなこともあり，近年では等分散性は確認せず，最初からウェルチのt検定が用いられるようになってきています。

補足　分析ツールを使った検定

［F検定：2標本を使った分散の検定］が等分散の検定のことです。出力結果を見てみましょう。検定統計量Fは「観測された分散比」なので1.372です。限界値であるF境界値は，片側（上側）の値（2.484）しか示されていません。従いまして片側検定ではありますが，検定統計量F（1.372）＜上側限界値（2.484）なので，帰無仮説は受容されました。p値（P）は0.281となっていますが，こちらも片側のみの確率なので，論文に記載するときには2倍して両側の確率とした0.562としてください（これを有意水準αの0.05と比較すれば両側検定と同じことになります）。

さて，なぜ分析ツールではp値や限界値（F境界値）が片側しか出力されないのでしょうか。実は，本書も改訂前は片側検定で等分散の検定を解説していました。というのは第5章末で導き出した$t^2 = F$という関係があるため，F検定の片側検定はt検定の両側検定にあたるという考え方があったからです。しかし，これは分散分析（次章）という別の目的のF検定にのみ当てはまることであるため，近年は，等分散の検定はやはり両側で実施すべきだという流れになってきました。従いまして，SPSSやJMPなど，有名なソフトウェアでも両側のp値が出力されるようになっています。

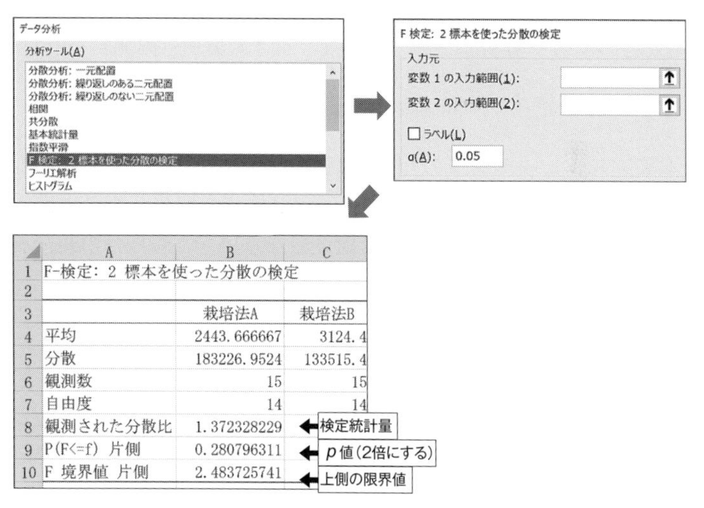

	A	B	C
1	F-検定: 2 標本を使った分散の検定		
2			
3		栽培法A	栽培法B
4	平均	2443.666667	3124.4
5	分散	183226.9524	133515.4
6	観測数	15	15
7	自由度	14	14
8	観測された分散比	1.372328229	
9	P(F<=f) 片側	0.280796311	
10	F 境界値 片側	2.483725741	

章末問題

問１　次の表は，2種類の気温に保った温室で，あるガの幼虫を7匹ずつ使って，マユを形成してから成虫へ羽化するまでの（サナギでいる）日数を観測した仮想データです。この実験結果から，気温の差がサナギでいる日数に影響を与えたといえるだろうか。両側５％の有意水準で「対応のない2群の平均の差のt検定」（スチューデントのt検定）を実施しなさい。

あるガのマユの形成から羽化までの気温別日数

個体番号	15℃	20℃
1	37	28
2	35	26
3	32	25
4	36	22
5	34	23
6	33	24
7	31	27

問２

(1)　Excelの関数や分析ツールを使って，問1のp値（両側）を計算しなさい。

(2)　G*powerを使って，問1の「効果量」と「検出力」を計算しなさい。

(3)　本来，スチューデントのt検定は2群が等分散でなければならない。事後ではあるが，問1でスチューデントのt検定を実施したことが妥当だったかどうかを「等分散の検定」で検証しなさい（こちらの事後分析は不要）。

第8章 分散分析

分散分析：3群以上の平均の差の検定。要因効果の存在を，誤差に対する相対的な大きさから判定する。

交互作用：複数の要因間において，ある特定の水準同士が組み合わさったときだけに現れる相乗効果。

8.1　3群以上の平均の差の検定

本章では，農学をはじめ実験を行う分野に欠かせない**分散分析**（analysis of variance；ANOVA）を扱います。近年は社会科学でも実験が行われるようになったので，あらゆる分野で必須の分析手法といえるでしょう。また，第10章で学ぶ実験計画法では，誤った判定を下さないためにはデータをどのように収集すべきかについて，この分散分析を土台にして考えます。

さて，分散分析を一言でいうと，実験の**要因**（**因子**；factor）の効果があるかないかを判定するための検定手法です。要因というと難しいですが，実験の結果として観測される**特性**（characteristic）に影響を及ぼしていると思われる処理条件（**水準**；level）の違いのことです。いいかえれば，**処理の水準を変えることで生じた複数の群の母平均に差があるかどうかを見る**のが分散分析です。

もちろん，前章で学んだt検定でも要因の効果は検証できます。しかし，2群だけを対象とした検定でした。例えば肥料（要因）が植物の成長（特性）を促す効果を持っていることを確認する場合を考えて見てください。肥料を使った／使わないの2水準の処理だけではなく，施肥量を3段階以上設定したい場合もあるでしょうし，3種類以上の肥料の効果を見てみたい場合もあるでしょう。そのような**3群以上の平均に対しても，差があるかどうかを検証できる**ように考え出されたのが分散分析なのです（2群にも使えますがt検定と同じ結果となります）。

処理水準は，10 g／20 g／30 gのように**単調性**があっても構いませんし，薬

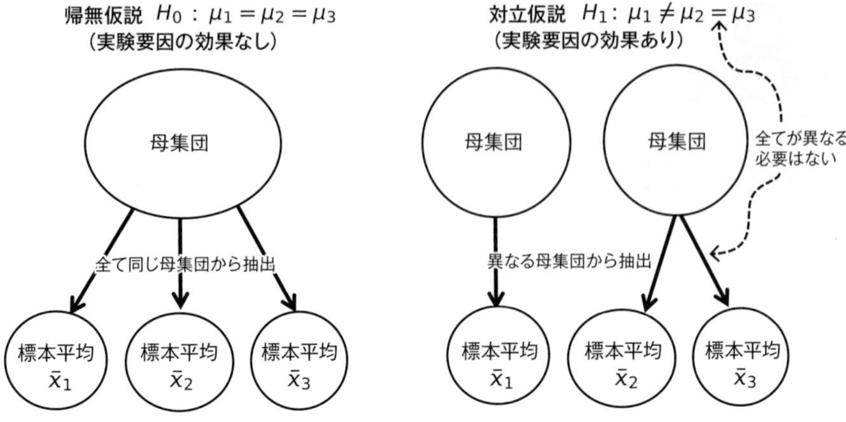

図 8.1　「分散分析」の仮説の考え方

A／薬B／薬Cのようなカテゴリカルなものでも構いません。

分散分析の仮説の考え方は図8.1のようになります（t検定同様，全ての母集団は正規分布に従い，分散は等しいという前提です）。

帰無仮説は，要因効果“なし”で，全ての群の母平均が同じという内容になります（3群ならばH_0：$\mu_1 = \mu_2 = \mu_3$）。一方の対立仮説には注意が必要です。帰無仮説とは逆の内容なので，要因効果“あり”なのですが，必ずしも全ての母平均が異なっているということではありません。いずれかの群間に差があれば効果ありといえるのです（例えば図8.1では水準1と水準2・3の母平均が異なるのでH_1：$\mu_1 \neq \mu_2 = \mu_3$）。

このように，たとえ対立仮説が採択されても，どの群とどの群の間の母平均に差があるのかわからないのが欠点ですが，次章で学ぶ多重比較法を用いることで，差のある群間を特定できます。

8.2　（対応のない）一元配置分散分析

◉ 効果を確かめたい要因が１つの場合

分散分析は，F分布の名前の由来にもなったR・フィッシャー（トピックス⑥）によって考案されました。その名の通り，実験で観測したデータの“分散を分析”するのですが，なぜ分散を使うと複数の平均間の差を検定できるのでしょうか？　そのあたりを本節ではわかりやすく説明していきたいと思います。なお，分散分析といってもいろいろありまして，効果の存在を確認したい要因の数によって「○元配置分散分析」と呼びます。確認したい要因が1つな

表 8.1　肥料と小麦の収量

	肥料なし（水準1）	肥料A（水準2）	肥料B（水準3）	
対照群 → 肥料なし ／ 要因（処理水準） ← 肥料B				
特性（単収, t/ha）	1	8	10	反復（2回/水準）
	3	6	14	
群（標本）平均	$\bar{x}_1=2$	$\bar{x}_2=7$	$\bar{x}_3=12$	$\bar{\bar{x}}=7$ ← 総平均

らば一元配置分散分析，2つならば二元配置分散分析という具合です。

また，t検定同様，データの取り方として，群間で個体に対応関係がある場合とない場合とでは検定統計量の内容が異なります。まずは，要因が1つだけで，群間に対応関係のない，**対応のない一元配置分散分析**（one-way ANOVA）から始めましょう。

理解しやすいように，実際に数値の入った仮想事例で説明しましょう。表8.1は，肥料の種類を変えたことが，小麦の収量を変化させたかどうかを検証するための圃場（農場）実験です。表の値（グレー部分）は，3種類の肥料それぞれにつき独立した（ちゃんと区切った）2区画で小麦を栽培し，その単収（1 haあたり何t収穫できたか）を表したものです。事例では，手計算しやすいように2区画／水準からしかデータを取っていませんが，本来は検出力分析（事前分析）で，適切な反復数を計画しなければいけません（独立した実験を複数回実施することを反復と呼びます）。

なお，今回は「肥料なし」という**対照群**（control group）を設定し，施肥自体の効果量を推定できるようにしています。こうした実験を**対照実験**（control experiment）と呼び，とくに人への薬の効果を見る場合は偽薬（placebo）の対照群を設定することで，偽薬効果も排除できるので大切です（2群の実験でも同様です）。

さて，この事例では，肥料なしの水準（群）の平均$\bar{x}_1$は2 t/ha，肥料Aの平均$\bar{x}_2$は7 t/ha，肥料Bの平均$\bar{x}_3$は12 t/haとなり，肥料を変えたという要因の効果があるように見えますが，本当にそうでしょうか？　母集団においても各群の平均単収に差があるといって良いかどうかを，（対応のない）一元配置分散分析で確かめてみましょう。

要因効果の捉え方

当然ながら，事例で観測されたデータは完璧ではありません。というのも，屋外での実験ですから，気象条件（日の当たり方や風の吹き方など）や土壌条件（肥沃度や水はけの良さなど），全ての環境を圃場全面において完全に統制することは不可能だからです。いいかえれば，観測されたデータには，検証したい（実験の目的となる）要因の効果だけでなく，その他の雑多な要因による効果も含まれてしまっているのです。

そこでフィッシャーは，それら（研究目的以外の雑多な要因による効果）を全て誤差要因による効果として，データから分離すればよいと考えました。そうすれば，その残りが，実験目的である要因効果になるからです。つまり，分散分析では，観測データを目的である要因と目的ではない誤差要因の2つの効果から構成されていると考えるのです。そこで問題になるのが，どのようにこれら2つの要因効果を分離するかということです。

そもそも要因効果とは，どのような形で捉えられるのでしょうか。

フィッシャーは，そうした要因の効果は，データのバラツキで捉えることができると考えました。というのも，観測されたデータは，必ずバラついています。似た値にはなるかもしれませんが，環境が完全に統制された宇宙ステーションで栽培でもしない限り，小数点まで完全に一致することはありません。では，そのバラツキはどうして生じたのでしょうか。もちろん，いろいろな影響を受けてバラついたのでしょうが，その影響こそが2つの要因（実験の目的となる要因と，それ以外の要因をひっくるめた誤差）による効果であることにフィッシャーは気がついたのです。また，都合の良いことに，バラツキの指標の中でも偏差平方和（分散分析では**変動**（variation）と呼びます）ならば足し算や引き算ができるため，データ全体の変動も2つの要因効果による変動に分離できるのです。

ですから，分散分析の基本的な考え方は，図8.2のようになります。最終的に，（実験目的となる）要因効果の有無を，これら2つの変動を比較することで検証します。

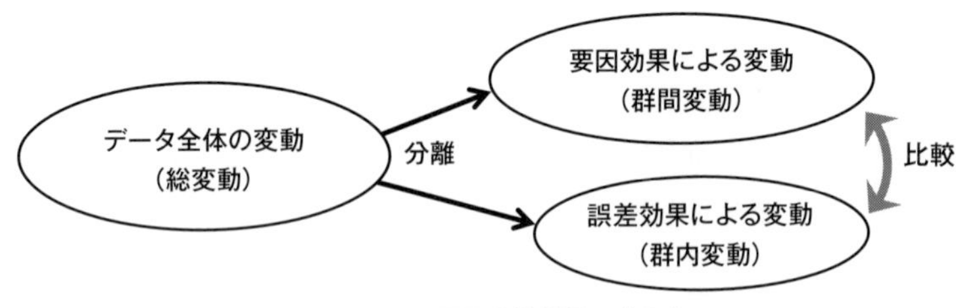

図8.2　一元配置分散分析の考え方

変動の計算

それでは，実際に小麦の事例を使って，それぞれの変動を求めてみましょう（分散分析を理解するには手を動かすのが一番です）。順番ですが，まずはデータ全体の変動（総変動）を求め，次に要因効果によって生じた変動（群間変動）を求め，最後に誤差効果によって生じた変動（群内変動）を求めます。事例でいえば，表8.2のように横のバラツキが群間変動，縦のバラツキが群内変動となります（なお，表の↔は，変動のもとになる偏差を示しています）。

表 8.2　肥料と小麦の収量（再掲）

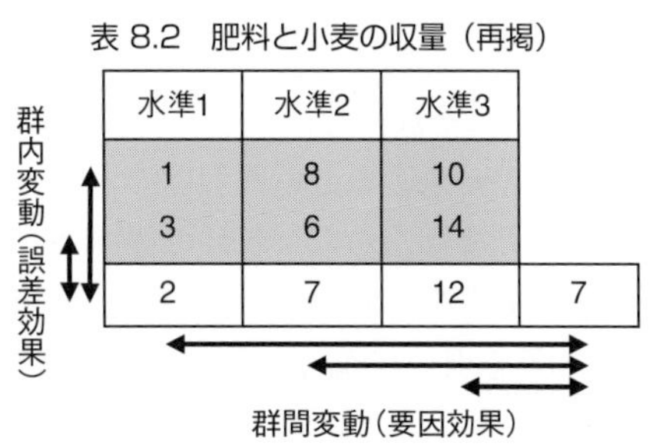

水準1	水準2	水準3	
1	8	10	
3	6	14	
2	7	12	7

①データ全体の変動（総変動）

データ全体のバラツキである**総変動**（total variation）を捉えるには，図8.3のように，まず6つある個別の特性値xから全体の平均（総平均：$\bar{\bar{x}}$）である“7”を引いて偏差（$x-\bar{\bar{x}}$）を計算します。次に，偏差を2乗して負の符号を消した偏差平方$(x-\bar{\bar{x}})^2$を計算します。最後に，全ての偏差平方を足し合わせて変動$\sum\sum(x-\bar{\bar{x}})^2$を計算します（行方向と列方向の総和なので$\sum$が2つ）。すると，小麦の事例の総変動は“112”となるはずです。

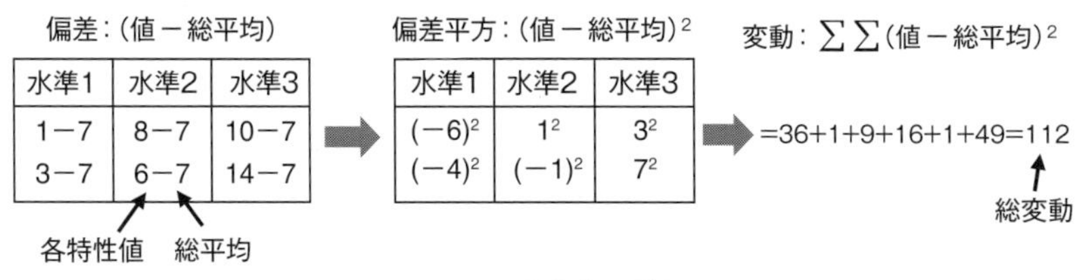

図 8.3　総変動の計算

②要因効果による変動（群間変動）

群間のバラツキである**群間変動**（inter-group variation；群を“級”と呼ぶこともあるので**級間変動** inter-class variationとも）は，要因効果の影響で生まれ

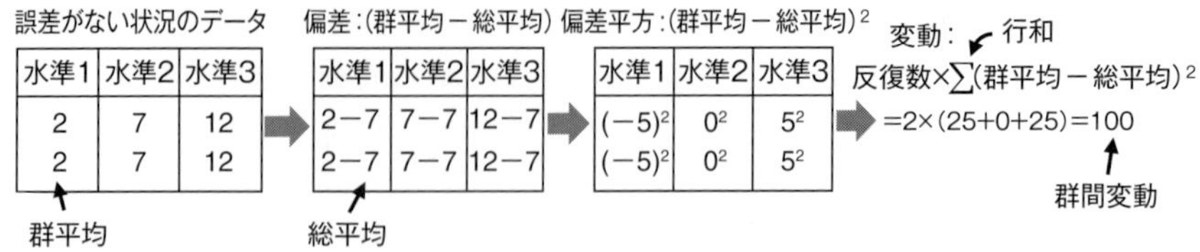

図 8.4　群間変動の計算

ます。この群間変動の捉え方ですが，群内の環境が統制された状況を考えれば明白です。もし，誤差要因が存在しない完璧な環境ならば，それぞれの群内の値は全て同じになるはずです（群内で値がバラついているのは誤差要因の影響だからです）。ですから，それぞれの群内の値を全て同じにして，そこから総平均を引けば群間変動の偏差が求まるというわけです。ただし，各水準の真の値（母平均）は誰にもわかりませんから，各群の標本平均で代用します。

よって図8.4のように，まず群内で誤差のない状況のデータ行列を想定し，群 j の平均 $\overline{x}_j$ から総平均 $\overline{\overline{x}}$ を引いて偏差（$\overline{x}_j - \overline{\overline{x}}$）を計算します。次に，それらを2乗して偏差平方 $(\overline{x}_j - \overline{\overline{x}})^2$ を計算し，全ての偏差平方を足し合わせた $2 \times \sum(\overline{x}_j - \overline{\overline{x}})^2$ が群間変動となります（この $\sum$ は行和なので反復数である2を乗じます）。小麦の事例では，群間変動は“100”となるはずです。

③誤差効果による変動（群内変動）

群内のバラツキである**群内変動**（within-group variation；**級内変動** within-class variation）は，誤差要因の影響で生まれます（誤差がなければ①で想定したように群内は全て同じ値となるでしょう）。ですから，誤差要因の効果は群内に生じた変動を足し合わせれば捉えることができます。

とはいえ変動は引き算ができるので，総変動（①で求めた112）から群間変動（②で求めた100）を引いた，残り“12”が小麦の事例の群内変動となります。実は，ソフトウェアも，この引き算のアルゴリズムで計算しているのですが，それでは勉強にならないので，ちゃんと計算してみましょう。

まず，群ごとに図8.5のように各特性値 x から群平均 $\overline{x}_j$ を引いて偏差 $(x-\overline{x}_j)$ を計算して求めます。次に，その偏差を2乗して負の符号を消した偏差平方 $(x - \overline{x}_j)^2$ を計算します。最後に，全ての群の偏差平方を足し合わせれば，群内変動（偏差平方和）$\sum\sum(x - \overline{x}_j)^2$ が求まります。

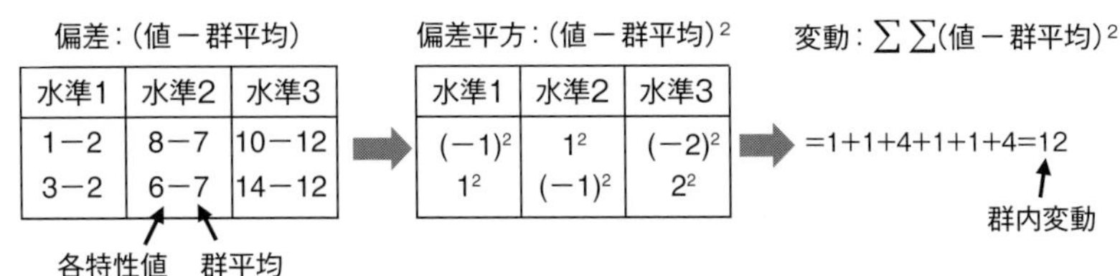

図 8.5　群内変動の計算

8.3　分散分析における F 検定

検定統計量の計算

群間変動（要因効果）と群内変動（誤差効果）が求まりましたが，これら2つの変動をそのまま割り算して比をとっても，検定統計量としては使えません。なぜなら変動と変動の比は何の確率分布にも従わないため，帰無仮説の下での確率を計算できないからです。

そこで，2つの変動をそれぞれの自由度で割って不偏分散にしましょう。不偏分散と不偏分散の比ならば F 分布に従うため，検定に使えるからです。つまり，分散分析は等分散の検定と同様，F 検定の1つなのです。早速，2つの変動を不偏分散にして，検定統計量となるそれらの比（F）を求めてみましょう。

さて，変動を自由度で割れば不偏分散になるのですが，分散分析の場合は自由度が少し面倒です。第3章の復習になりますが，自由度は不偏推定量の計算に不可欠な概念で，データ数から，計算に使った標本平均の数を引いた値です。前章までの統計量では，標本平均は1つしか使わなかったので，自由度はデータ数から1を引いたものばかりでしたが，分散分析の場合はそうはいきません。

それでは，自由度に注意して，要因効果で生じた群間変動の不偏分散（以降，**要因分散**と略します）から求めてみましょう。もう一度，図8.4を見てください。最初に，誤差がない状況のデータを想定しましたが，そこで使用した値は群平均で代用したものでしたので，データ数（値の種類）は水準（群）の数と同じ3となります。一方，偏差を計算するのに用いた標本平均は総平均の1つだけでした。よって，自由度（F の分子になる第1自由度 ν_1）は，水準数（3）から総平均数（1）を引いた“2”となります。先に求めた群間変動は100でしたので，要因分散はそれを2で割った“50”となります。

一方，誤差要因で生じた群内変動の不偏分散（以降，**誤差分散**と略しますが，第3章の標本平均の分散とは区別してください）についても，図8.5を再度見てください。群ごとに変動を求めてそれを足し合わせていたので，全体のデータ数は3水準（群）×2反復（区画）で6，偏差の計算に使った標本平均は群平均でしたので，その数は水準（群）数の3となります。よって，自由度（第2自由度ν_2）は，水準数（3）×反復数（2）－水準数（3）で“3”となります。先に求めた群内変動は12でしたので，誤差分散は，それを3で割った“4”となります。

要因分散と誤差分散が求まったら，それを割り算するだけです。従いまして，小麦の事例の検定統計量Fは，要因分散（50）÷誤差分散（4）で“12.5”となります。式に整理すると次のようになります。νは自由度，nは群あたりの反復数，jは水準（群）です。

（対応のない）分散分析の検定統計量

$$F_{(\nu_1,\nu_2)}=\frac{\text{要因分散}}{\text{誤差分散}}=\frac{\dfrac{\text{群間変動}}{\text{自由度}}}{\dfrac{\text{群内変動}}{\text{自由度}}}=\frac{\dfrac{\text{反復数}\times\sum(\text{群平均}-\text{総平均})^2}{\text{水準数}-1}}{\dfrac{\sum\sum(\text{値}-\text{群平均})^2}{\text{データ総数}-\text{水準数}}}$$

$$=\frac{\dfrac{n\sum(\bar{x}_j-\bar{\bar{x}})^2}{\nu_1}}{\dfrac{\sum\sum(x-\bar{x}_j)^2}{\nu_2}}$$

ここで1つ注意があります。分散分析の検定統計量は，要因分散を（たとえ誤差分散より小さくても）分子に持ってくるようにしてください。なぜならば，分散分析は要因効果の有無を検証するのが目的なので，等分散の検定のように分子と分母を入れ替えOKにしてしまうと（簡便化のために分散の大きい方を分子としました），結果の解釈が難しくなってしまうからです。常に要因分散を分子にしておけば，F値は誤差効果に対する要因効果の大きさと定義できるので，F分布の上側だけで要因効果の有無を判定すれば済むのです。

仮説の検定

いま一度，分散分析の検定統計量Fの内容を確認しておくと「要因効果の誤差効果に対する相対的な大きさ」です。ですので，図8.6の右のように，存在を検証したい要因効果があればFの値は大きくなります（対立仮説）。

逆に，図左のように，要因効果がなければFの値は小さくなります（帰無仮説）。とはいえ，要因効果が全くなくても0に近づくほど小さくなることは滅多にありません。なぜならば，処理水準以外の群間環境を完全に統制すること

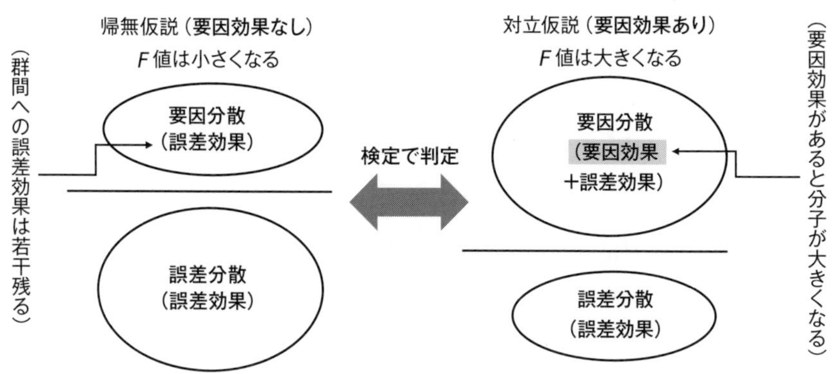

図 8.6 分散分析の検定統計量 F の性質（分数のポンチ絵）

はできないため，分子となる要因分散にも（群間変動を生じさせる様々な）誤差効果が残っているからです。

検定手順は，これまで学んできた検定と同じです。図8.7のように，帰無仮説の分布において，事前に決めておいた有意水準（上側だけで α とします）に対応する限界値（分布表から読み取ります）と，検定統計量 F を比較して，検定統計量の方が大きい場合に帰無仮説を棄却するのです（小さい場合には受容）。

事例における F 検定の限界値を，上側確率が5％の F 分布表（付録Ⅳ）から読み取ると，分子となる要因分散の第1自由度である2の列と，分母となる誤差分散の第2自由度である3の行がクロスする“9.55”であることがわかります。これと，先ほど計算した検定統計量 F の値である“12.5”を比較すると，検定統計量の方が大きいことから，「検定統計量は棄却域に入るので，有意水準5％で有意である」といえます。従って，「肥料の種類によって小麦の単収は変

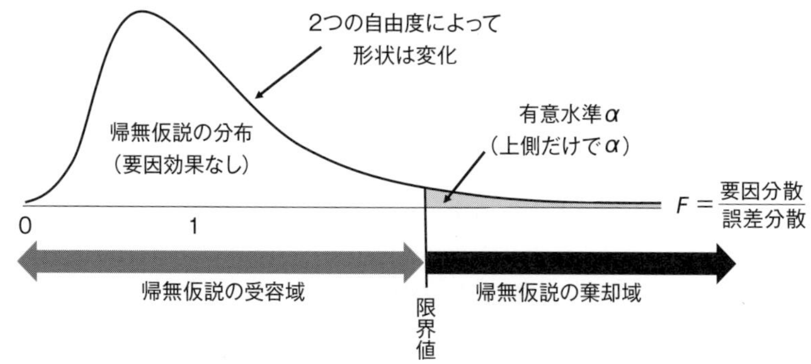

図 8.7 分散分析における F 検定

化した（肥料という要因効果はあった）」ことになります。

「稲は土で穫り，麦は肥料で穫る」といわれるほど，小麦の栽培に肥料は欠かせません。ただし，小麦は冷涼で乾燥した気候を好むため，ヨーロッパの8 t/haに比べて，日本では北海道でさえ4 t/haと半分程度の単収にとどまるようです。

ソフトウェアによる一元配置分散分析と検出力分析

Excelの分析ツールでは［分散分析：一元配置］が，（対応のない）一元配置分散分析になります。事例を分析してみると，次のような分散分析表が出力されると思います。「グループ」とは群のことで，「観測された分散比」が検定統計量F，「F境界値」が限界値のことです。ここまで手計算でやってきた内容と同じになっていることが確認できましたでしょうか。なお，ソフトウェアを用いると，p値“0.035”も計算してくれるのがありがたいですね（有意水準とp値を比較して判定する方法でも構いません）。

分散分析：一元配置

変動要因	変動	自由度	分散	観測された分散比	P-値	F境界値
グループ間	100	2	50	12.5	0.03507	9.552094
グループ内	12	3	4	↑ 検定統計量F		↑ 限界値
合計	112	5				

さらに無料ソフトG*powerの事後（Post hoc）分析を使って，検出力を計算してみましょう（［F tests］→［ANOVA: Fixed effects, omnibus, one-way］）。

分散分析の効果量にもいろいろな計算式があるのですが，ここでは，$\sqrt{F \times (\nu_1 \div \nu_2)}$で推定される効果量“2.89”を用います（Determineのウィンドウに群間変動100と群内変動12を入力してもOK）。［Total sample size］に3群合わせた反復数の6と，［Number of groups］に群数の3を入れて［Calculate］を押せば，検出力（Power）は“0.93”と出力されます。総標本サイズが6と小さいにもかかわらず検出力が高かったのは，推定される効果量が極めて大きかったためです（なにせ著者が演習用に創作したデータですからね……）。

正規性と等分散性（Rコマンダー）

t検定同様，分散分析においても，各群（水準）の母集団は，それぞれ正規性と等分散性を満たしていなければなりません。正規性については，特性が量的尺度で，反復数がそこそこあれば（事例の2は少なすぎますが……）気にする必要はありません。ただし，やはり等分散性については，気にかけた方がよいでしょう。

異分散への対応方法も *t* 検定と同じです。分散分析にも「ウェルチの検定」があるので，群間で反復数や分散が大きく（1.5〜2倍以上）異なっている場合，あるいは等分散性の検定を実施して，その結果をみて（等分散という帰無仮説が棄却されたら）ウェルチの検定を用いるようにすればよいでしょう。もちろん，何も考えずに最初からウェルチの検定を用いるのも“あり”です（むしろ近年はその方向にあります）。

ただし，残念ながら，Excelの分析ツールには，多群用のウェルチの検定も等分散の検定も搭載されていませんので，別途，高機能なソフトウェアを用いる必要があります。例えば無料のRコマンダー（インストールについては本書冒頭の「ソフトウェアについて」をお読みください）ならば，どちらも実施できますので紹介しておきましょう。

まず，R Console上で＞記号の右に「library(Rcmdr)」と入力してRコマンダーを起動します。Rコマンダーのメニューから，［データ］→［データセットのロード］で，オーム社のWebページにアップされているデータファイル「対応のない一元配置分散分析（肥料と小麦）.RData」を読み込みます（小麦の事例が入っています）。もしくは［データ］→［新しいデータセット］でデータエディタを起動し，直接データを入力していただいても結構です（ただし，［アクティブデータセット内の編集の管理］→［数値変数を因子に変換］で適当な水準名を指定するようにしてください）。

ウェルチの検定は，［統計量］→［平均］→［1元配置分散分析］の中に，［Welchの等分散を仮定しないF検定］が選択できるようになっていますので，☑して実施するだけです（下図）。試しに小麦の事例で実施してみると，*p* 値は0.1を超えており，5％水準では有意となりませんでした（ウェルチの検定は普通の分散分析よりも保守的な結果になります）。

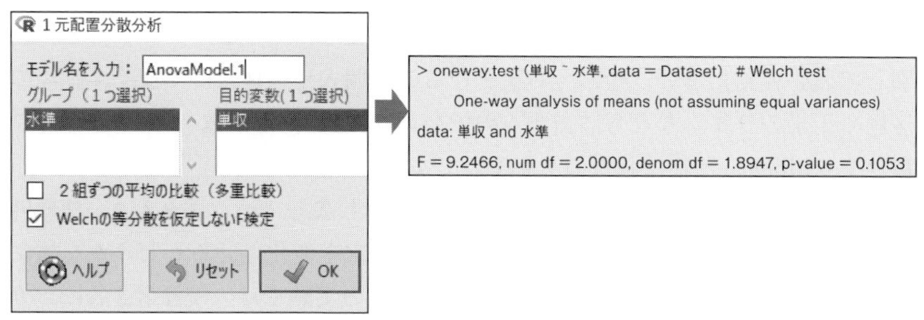

予備的に等分散性を検証したい場合には，［統計量］→［分散］の中に，**バートレットの検定**（Bartlett's test）と**ルビーンの検定**（Levene's test）という2種類の手法があります。このうち基本的なのは，バートレットの検定で，分散の偏り度がχ^2分布に従うことを利用して検定します（偏りが大きければ異分散となります）。ただし，正規性が満たされている必要があるので，それが前提できない場合にはルビーンの検定を用いることになります。

バートレットの検定を小麦の事例で実施してみると（小麦の事例は群内変動の偏差が同じ群があるのでルビーン検定は適していません），下図のようにp値は0.79となり，等分散という帰無仮説は棄却されなかったので，（ウェルチの検定ではなく）普通の分散分析で問題はなさそうです。

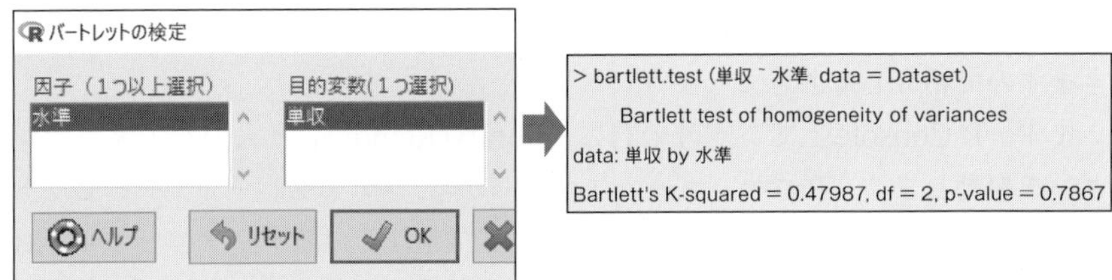

8.4　対応のある一元配置分散分析

個人差や個体差を考慮する

ここまでは，対応のない一元配置分散分析について説明してきましたが，**対応のある一元配置分散分析**（one-way repeated-measures ANOVA）では何が変わるのでしょうか？　対応のある場合とは，対象となる個人や個体が，群間で対応関係にあることです。つまり，同じ人や個体に対して処理水準ごとに**繰り返し測定**（repeated-measures）されている状況です。**反復測定**とも呼ばれますが，あくまで異なる処理水準の実験・測定が同じ人や個体で反復されることですので，同水準内で独立した実験を反復させること（207ページ）とは区別しておいてください。なお，対象となるのは個人や個体だけでなく，圃場の区画や工場のラインなども該当するので，より抽象的に，塊（かたまり）という意味で**ブロック**（block）と呼ばれることも多いです。

こちらも早速，実際に値の入った事例で説明しましょう。表8.3は，禁煙外来における追加的なカウンセリングが，喫煙本数を変化させるかどうかを検証するために実施した実験の仮想データです。この実験では，喫煙者2名に，カ

表 8.3　カウンセリングと喫煙本数（本/日）

	相談前 (水準1)	1回目 (水準2)	2回目 (水準3)	被験者平均
Aさん	22 ⇔	14 ⇔	9	$\bar{x}_A = 15$
Bさん	14 ⇔	8 ⇔	5	$\bar{x}_B = 9$
	$\bar{x}_1 = 18$	$\bar{x}_2 = 11$	$\bar{x}_3 = 7$	$\bar{\bar{x}} = 12$

被験者間変動（個人差）

ウンセリングを受ける前，1回目に受けた後，2回目に受けた後の喫煙本数/日をそれぞれ記録してもらっています。つまり被験者ごとに3回の繰り返し測定をしています。カウンセリング前の群の平均$\bar{x}_1$は18本でしたが，1回目後の群の平均$\bar{x}_2$は11本，2回目後の群平均は$\bar{x}_3$は7本となっており，一見すると減っているようですが，本当にカウンセリング（要因）は禁煙（減煙）に効果があるといっても良いでしょうか？　対応のある一元配置分散分析で，母平均にも差があるかどうかを確かめてみましょう。

さて，この表を対応のない一元配置分散分析の小麦の事例（表8.1）と見比べてください。最右列の被験者平均$\bar{x}_A$と$\bar{x}_B$（グレー部分）が求められていることに気がつきましたでしょうか。これら各被験者平均の値はそれぞれ異なります。つまりバラつくのですが，このバラツキこそが個人差なのです（群間方向にも個人差はあるでしょうが，要因効果と一緒になってしまっているので捉えるのはあきらめます）。

このような個人差という要因によって発生する効果を**被験者間変動**（あるいは**標本間変動**；inter-subject variation）と呼びます。実験する立場から見れば，個人差は誤差の一部です。なぜならば，この実験の目的は「カウンセリングは汎用的に禁煙（減煙）の効果がある」ことを検証したいのであって，「カウンセリングの効果には個人差がある」と結論づけたいわけではないからです。つまり，対応のあるデータを用いるということは，図8.8のように，対応のない場合には誤差として一括して扱っていた群内変動から，個人差による変動を分離できるということなのです。そして，個人差が除去された新しい群内変動を検定統計量Fの分母とすれば（分子は変わりません），個人差が考慮された精度の高い検定となるというわけです。ですから，人間や動植物など，個人差や個体差が大きいと思われる標本を対象とした実験では，できる限り対応関係のあるデータがとれるように計画し，対応のある分散分析を実施するとよいでしょう。

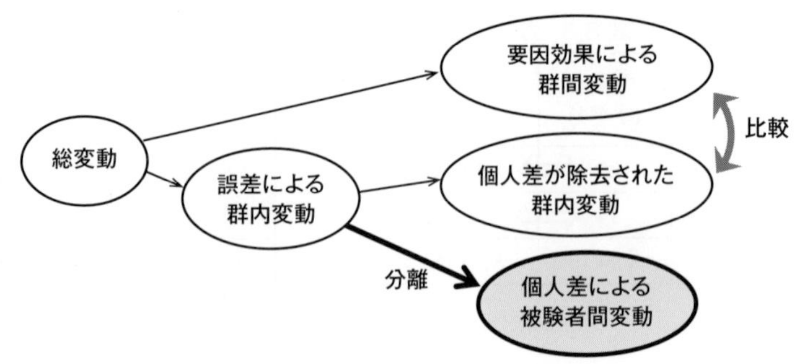

図 8.8　対応のある一元配置分散分析の考え方

個人差による変動の計算

それでは，実際に禁煙の事例を使って，個人差によって生じる被験者間変動を求めてみましょう。なお，図8.8をもう一度見ていただければわかるように，群間変動は対応のない場合と全く同じです（個人差があろうがなかろうが要因効果自体に変化はありません）。あくまで個人差は誤差ですので，群内変動の求め方が変わるだけです。なお，事例の群間変動は“124”，（個人差を分離する前の）群内変動は“58”となるはずです（後で使いますので計算しておいてください）。

被験者間変動は被験者平均のバラツキ（偏差平方和）のことですから，図8.9のように，被験者iの平均$\overline{x}_i$から総平均$\overline{\overline{x}}$を引いた偏差（$\overline{x}_i-\overline{\overline{x}}$）を全ての群に入れます。もちろん，水準によって本当の（母集団の）個人差の大きさは異なるでしょうが，誰にもわからないので平均で代用するのです。次に，それを2乗した偏差平方$(\overline{x}_i-\overline{\overline{x}})^2$を求め，全て足し合わせた偏差平方和$3\times\sum(\overline{x}_i-\overline{\overline{x}})^2$が被験者間変動となります（この$\sum$は列和なので群数3を乗じます）。事例では，被験者間変動は“54”となるはずです。

なお，不偏分散の計算で必要になる自由度は，全ての群で同じ値を使っているので，被験者平均数（2）から総平均数（1）を引いた“1”となります。

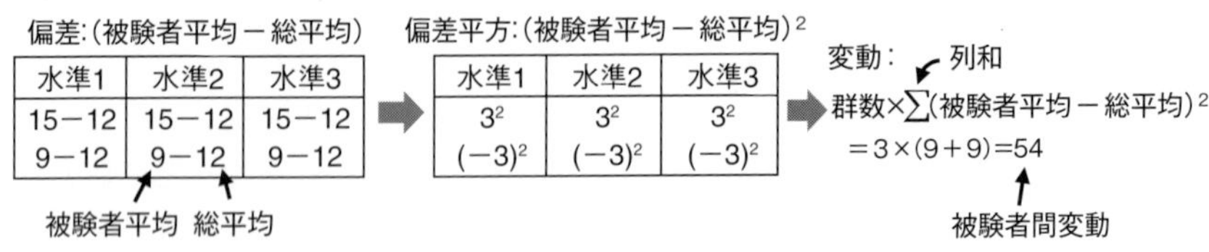

水準1	水準2	水準3
15−12 9−12	15−12 9−12	15−12 9−12

水準1	水準2	水準3
3^2 $(-3)^2$	3^2 $(-3)^2$	3^2 $(-3)^2$

図 8.9　被験者間変動の計算

検定統計量の計算

対応のある場合の検定統計量Fも，対応のない場合と同様，要因分散の誤差分散に対する大きさ（比）です。ただし，分母の誤差分散が，（個人差が分離された）新しい群内変動から求められている点が異なります。

変動は引き算ができるので，個人差を分離する前の群内変動（58）から，先ほど求めた被験者間変動（54）を引いた“4”が，個人差が除去された新しい群内変動になります。この4を自由度で割ればFの分母になるのですが，自由度はどのようになるでしょうか。

実は自由度も引き算になります。個人差を分離する前の群内変動に対する自由度は，水準数（3）×被験者数（2）－水準数（3）なので“3”でした。そこから被験者間変動に対する自由度（1）を引いた“2”が，新しい誤差分散の自由度（第2自由度ν_2）になります。従いまして，個人差が分離された新しい誤差分散（Fの分母）は，4÷2で“2”となります。一方，Fの分子になる要因分散は，対応のない場合と同じ求め方ですので，群間変動（124）を第1自由度ν_1（2）で割った“62”となります。

よって，禁煙の事例の，対応のある一元配置分散分析の検定統計量Fは，要因分散（62）÷新しい誤差分散（2）で“31”となります。式に整理すると次のようになります。νは自由度，nは被験者（反復）数，kは水準（群）数，iは被験者，jは水準（群）です。

対応のある一元配置分散分析の検定統計量

$$F_{(\nu_1,\nu_2)} = \frac{\text{要因分散}}{\text{個人差が除去された誤差分散}} = \frac{\dfrac{\text{群間変動}}{\text{自由度}}}{\dfrac{\text{群内変動}-\text{被験者間変動}}{\text{自由度}-\text{被験者間変動の自由度}}}$$

$$= \frac{\dfrac{\text{被験者数}\times\sum(\text{群平均}-\text{総平均})^2}{\text{水準数}-1}}{\dfrac{\sum\sum(\text{値}-\text{群平均})^2-\text{水準数}\times\sum(\text{被験者平均}-\text{総平均})^2}{(\text{データ総数}-\text{水準数})-(\text{被験者数}-1)}}$$

$$= \frac{\dfrac{n\sum(\overline{x}_j-\overline{\overline{x}})^2}{\nu_1}}{\dfrac{\sum\sum(x-\overline{x}_j)^2-k\times\sum(\overline{x}_i-\overline{\overline{x}})^2}{\nu_2}}$$

早速，事例を検定してみましょう。分散分析は片側検定ですから，上側確率だけで有意水準αとします。ですから5％のF分布表（付録Ⅳ）で第1自由度である2の列と，第2自由度である2の行のクロスする“19”がそのまま限界値となります。検定統計量F（31）は，有意水準5％の限界値（19）よりも大きいので「有意である」，つまりカウンセリングの禁煙（減煙）効果は「あった」といえます。

さて，著者は非喫煙者なので禁煙の難しさはわからないのですが，実際には事例のように徐々に本数を減らしていくよりも，きっぱりと喫煙を止める方が禁煙を継続しやすく，かつ効果的であることが，海外の大学の研究チームによって検証されているようです。

ソフトウェアによる分析と検出力について

Excelの分析ツールには，対応のある一元配置分散分析はありません。しかし，［分散分析：繰り返しのない二元配置］で代用することができます。というのも，個人差も1つの要因と考えれば二元配置となるからです。なお，「繰り返しのない」とは，行要因と列要因の各水準の組合せでデータが1つしかないことを意味しています。事例では，被験者Aの水準1のデータは“22”のみでしたね。このあたりがわかりにくいのですが，この後，二元配置の事例で「繰り返しのある」場合を学べば区別できるようになるでしょう。

禁煙の事例を分析してみると，次のような分散分析表（上表）が出力されると思います。行が個人差，列が要因（カウンセリング）効果となります。このように，二元配置分散分析なので個人差（行）の検定結果も出力されているの

分散分析：繰り返しのない二元配置

変動要因	変動	自由度	分散	観測された分散比	P-値	F境界値
行	54	1	54	27	0.035	18.51
列	124	2	62	31	0.031	19
誤差	4	2	2			
合計	182	5				

個人差を検定すると有意になる

（参考：対応のない一元配置分散分析の結果）

変動要因	変動	自由度	分散	観測された分散比	P-値	F境界値
グループ間	124	2	62	3.21	0.180	9.55
グループ内	58	3	19.33			
合計	182	5				

分母（誤差）に個人差が含まれているので
Fが小さくなり，有意とならない

ですが（ちなみに有意差はあるようですね），そちらは無視して要因効果（列）のみ確認すれば良いでしょう。試しに，対応のない一元配置の分散分析表（174ページの下表）を比較してみると，個人差が誤差に残っているため，検定統計量Fは3.21と小さくなって有意となりませんでした。このことからも，個人差が大きいと思われる場合には，対応のあるデータがとれる実験を心がけた方が良いことがわかります（もちろん個人差が小さい場合には，その限りではありません）。なお，Rコマンダーにも［1元配置反復測定ANOVA/ANCOVA］があるのですが，大変使いにくいので本書では紹介しません。

検出力については，一般に，対応のない一元配置よりも上位の難しいモデルでは計算しません。一応，G*powerですと［ANOVA: Repeated measures, within factors］が“対応のある”○元配置分析に該当する（要因内で反復測定の意味で繰り返しはなし）のですが，効果量・有意水準・標本サイズ以外にも，群間の相関係数や球面性（各群間の差の分散）など，数多くの未知のパラメータを入力する必要があるため，結局，不正確な推定となってしまうからです。

8.5　(対応のない) 二元配置分散分析

交互作用を捉える

最後に本節では，(実験で効果の存在を確認したい) 要因が2つある二元配置を扱います。二元配置でも，それぞれの要因において対応関係がある場合とない場合があるのですが，紙幅も限られているので，本書では**対応のない二元配置分散分析**（two-way ANOVA）で終わりにしたいと思います。なお，二元以上の分散分析をまとめて**多元配置分散分析**と呼ぶことがあります。

みなさん方にしてみれば，要因が2つならば一元配置分散分析を2回実施すれば良いだろうと思われるでしょうが，実は二元配置分散分析でしか得られない大きなメリットがあります。それは**交互作用**（interaction）の有無を検証できるということです。交互作用とは，複数（ここでは2つ）の要因間で，ある特定の水準同士が組み合わさったときにだけに現れる相乗効果（特性値が大きくなること）や相殺効果（小さくなること）のことです。よって，二元配置分散分析で検証できる要因効果は，もともとの2つの要因の効果（**主効果**；main effect）に，交互作用が加わるので合わせて3つになります。

いつもの変動の分解のポンチ絵で示しますと図8.10のようになります。対応のない一元配置分散分析のときと比べると，1つだった要因変動が3つに分解され，それぞれが誤差変動と比較される点が異なります。つまり，3つの検

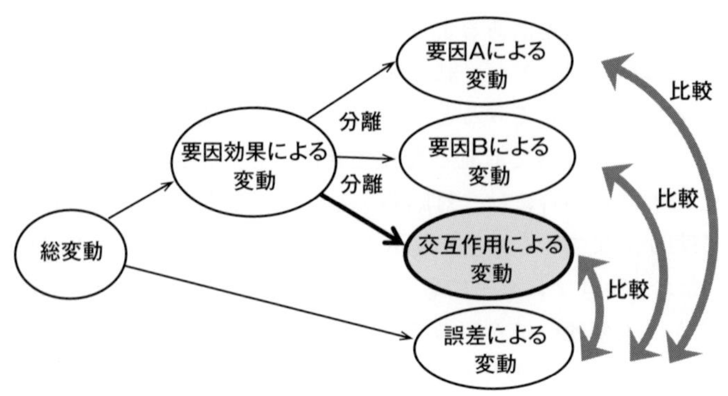

図 8.10　対応のない二元配置分散分析の考え方

定が一度に実施されるわけです。

二元配置分散分析についても，事例を使って説明していきましょう。表8.4は，アミラーゼという，デンプンを分解して糖にする（唾液などに含まれる）酵素を使った仮想実験です。反応速度（特性；グレー部分）に影響を与えると思われるpH（要因A）と温度（要因B）を2水準ずつ設定し，各水準の組合せごとに独立した実験を2回繰り返しています。もし，水準の組合せ内で実験を繰り返さない場合は，「繰り返しのない二元配置分散分析」となりますので，前節と同じ対応のある一元配置と同じ状態になります（個人差も要因と考えれば二元配置）。その場合，交互作用があっても，誤差に含まれたまま分離できなくなるため検証できません。つまり，前節の対応のある一元配置分析では，存在を検証したい要因と個人差との間に交互作用はないと仮定していたのです。なお，前節まではxや$\overline{x}_1$，$\overline{x}_A$，$\overline{\overline{x}}$などの記号を使いましたが，二元配置分散では式が複雑になりすぎるので止めておきます。

表 8.4　アミラーゼの反応速度

		温度（要因B）		
		10℃（水準1）	40℃（水準2）	行平均
pH（要因A）	4.0（水準1）	0	8	5
		2	10	
	7.0（水準2）	6	22	15
		8	24	
	列平均	4	16	10

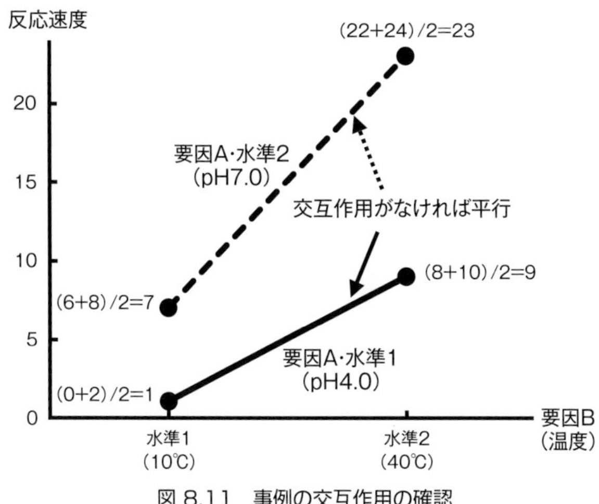

図 8.11 事例の交互作用の確認

この事例を線グラフにしたのが図8.11です。特性（反応速度）を縦軸，要因B（温度）の水準を横軸にして，要因Aの水準1（以降A1と表現します）を実線，A2を破線で表しています（4つの線端●の値は水準組合せの平均）。

これを見ると，要因A，Bともに水準1よりも水準2の（平均）反応速度が速くなっているため，どちらの主効果も存在していそうです。

また，B1のときのA1とA2の間隔よりも，B2のときのA1とA2の間隔の方が広くなっているため，交互作用（以降A×Bと表現します）の存在も十分予想できます。なぜならば，交互作用がなければ2本の線は平行になるはずだからです。

変動の計算

さて，変動の計算に入りますが，基本的な考え方としては，図8.10を再度見ていただければわかるように，まずは3つの要因変動が全て含まれる群間変動と，誤差による群内変動に分離し，その後，群間変動をそれぞれの要因変動に分離します。

しかし，変動は引き算ができるので，実際には（ソフトウェアなどでは）図8.12のように，まず総変動を計算して，次に要因Aによる変動を計算します。そして総変動から要因Aによる変動を引いて，残った変動が要因Bと交互作用，そして誤差による変動と考えます。これを次々に繰り返し，最後に残るのが誤差による変動とします。第10章で出てくる「直交配列表」を理解するのにも役立つので，本節では後者（引き算）の方法で計算しましょう。

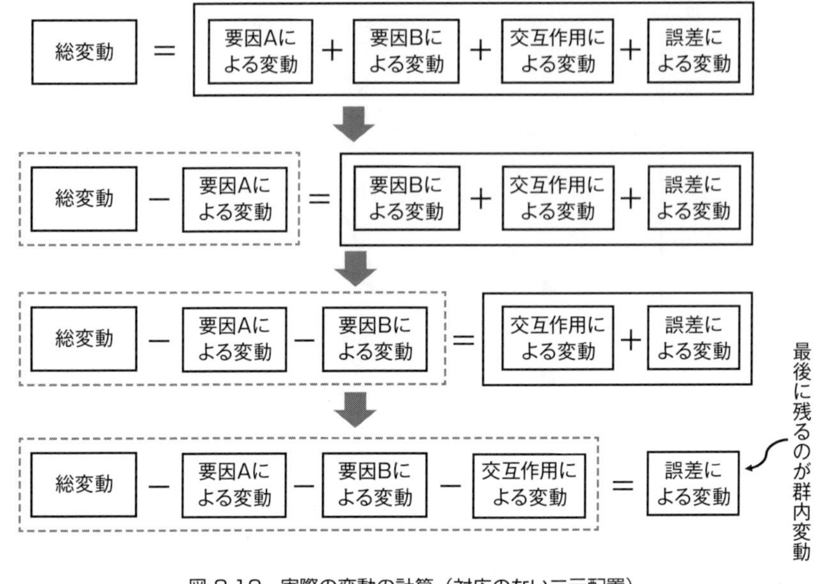

図 8.12　実際の変動の計算（対応のない二元配置）

①総変動

酵素の事例で総変動から計算してみましょう。総変動は，ここまでの分散分析と同じようにするだけです。具体的には次ページの図8.13の左の表①のように，8個のデータ（特性値；反応速度）それぞれにおいて総平均（10）を引いて偏差を計算し，それを2乗した偏差平方を，全て足し合わせるだけです。そうすると，事例の総変動は“528”となるはずです。

なお，総変動の不偏分散は検定に使いませんが，自由度も要因間で引き算するので計算しておきましょう。総変動の自由度は，データ数（8）から変動の計算に使った標本平均（総平均）の数（1）を引いた“7”となります。

②要因Aによる変動

もし，値がバラつく原因が要因Aの主効果によるものだけならば，要因Aの各水準（行）内の4つの値は全て同じになるはずです。ですから，図8.13の真ん中の表②のように，要因Aの各水準（行）内において，行平均（水準1が5，水準2が15）から総平均（10）を引いた偏差を2乗して全て足し合わせた“200”が，要因Aの効果によって生じた変動となります。自由度は，水準数（2）から総平均数（1）を引いた“1”です。

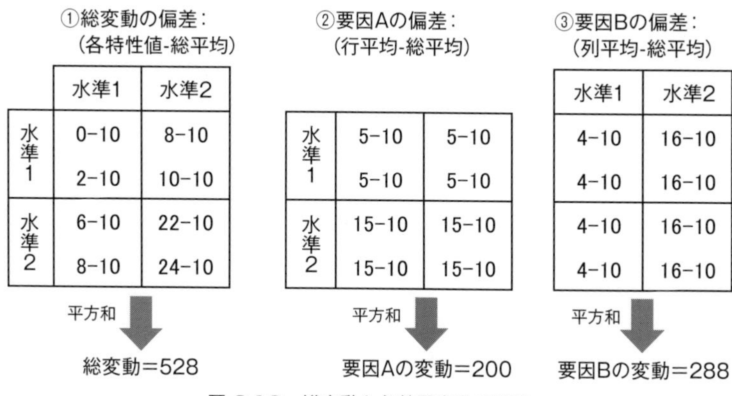

図 8.13　総変動と主効果変動の計算

③要因Ｂによる変動

こちらも，値がバラつく原因が要因Ｂの主効果によるものだけならば，要因Ｂの各水準（列）内の4つの値は全て同じになるはずです。ですから，図8.13の右の表③のように，要因Ｂの各水準（列）内において，列平均（水準1が4，水準2が16）から総平均（10）を引いた偏差を2乗して全て足し合わせた"288"が，要因Ａの効果によって生じた変動となります。こちらの自由度も，水準数（2）から総平均数（1）を引いた"1"です。

④交互作用Ａ×Ｂによる変動

要因Ａと要因Ｂの交互作用Ａ×Ｂによって生じた変動の計算は少し面倒です。図8.11のところで触れたように，もし交互作用がなかったら2本線は平行になるはずです。つまり，この2本線の平行からのズレが交互作用の大きさということになります。ということは，どちらかの要因の各水準を基準として，もう一方の要因水準の特性値の離れ具合を捉えれば良いのです。

次ページの図8.14は，Ｂの各水準を基準とした場合の交互作用の変動の計算手順を示したものです。左上のA1・B1のセルでは，(A1・B1の平均－A1の平均)－(B1の平均－総平均)で，B1におけるA1の作用の偏差を計算しています。同様に，右上でB2におけるA1の作用を，左下でB1におけるA2の作用を，右下でB2におけるA2の作用を捉えます。4セル全てにおいて，これら偏差を2乗して足し合わせれば変動ですので，事例では"32"が交互作用の大きさ（変動）となります。なお，交互作用Ａ×Ｂの自由度は，要因Ａの自由度（1）と要因Ｂの自由度（1）を乗じた"1"になります。

	B1	B2
A1	B1におけるA1の作用	B2におけるA1の作用
A2	B1におけるA2の作用	B2におけるA2の作用

↓

	B1	B2
A1	(A1·B1の平均−A1の平均)−(B1の平均−総平均) (A1·B1の平均−A1の平均)−(B1の平均−総平均)	(A1·B2の平均−A1の平均)−(B2の平均−総平均) (A1·B2の平均−A1の平均)−(B2の平均−総平均)
A2	(A2·B1の平均−A2の平均)−(B1の平均−総平均) (A2·B1の平均−A2の平均)−(B1の平均−総平均)	(A2·B2の平均−A2の平均)−(B2の平均−総平均) (A2·B2の平均−A2の平均)−(B2の平均−総平均)

↓

	B1	B2
A1	(1−5)−(4−10) (1−5)−(4−10)	(9−5)−(16−10) (9−5)−(16−10)
A2	(7−15)−(4−10) (7−15)−(4−10)	(23−15)−(16−10) (23−15)−(16−10)

平方和 ↓

交互作用A×Bの変動＝32

図 8.14　交互作用による変動の計算

⑤誤差による変動

誤差による変動は，図8.12の一番下のように，総変動からここまで求めてきた3つの要因（要因A，要因B，交互作用）の変動を引くだけです。事例では，「総変動（528）」−「要因A：pHの変動（200）」−「要因B：温度の変動（288）」−「交互作用：pH×温度の変動（32）」で“8”が誤差変動となります。自由度も引き算で求めますので，総変動（7）−要因A（1）−要因B（1）−交互作用（1）で“4”となります。

検定統計量の計算と判定

二元配置分散分析では，要因Aと要因Bと交互作用という3つの効果を検定します。

再度，図8.10を見ていただければわかりますように，検定統計量Fの分母となる誤差分散は全て同じで，誤差による変動（8）÷自由度（4）で“2”となります。

一方，分子の不偏分散は，3つの要因それぞれを計算します。

まず，要因A（pH）は，変動（200）÷自由度（1）で“200”となるので，検定統計量Fは200÷2で“100”となります。

次に，要因B（温度）は，変動（288）÷自由度（1）で“288”となるので，検定統計量Fは288÷2で“144”となります。

最後に，交互作用A×B（pH×温度）は，変動（32）÷自由度（1）で“32”となるので，検定統計量Fは32÷2で“16”となります。

これら3つの検定統計量が求まったら，それぞれ限界値と比較して，帰無仮説が棄却できるか否かを判定します。ただし，事例では，どちらの要因とも2水準だったので分子の第1自由度は（交互作用も含め）全て1となるため（分母は誤差分散なので第2自由度は全て4），限界値をF分布表から読み取るのは1度で済みます。

今回も有意水準αは5％で検定してみましょう。つまり，上側確率5％のF分布表（付録Ⅳ）で，1の列と4の行がクロスする“7.71”が限界値となります。

その結果，いずれの検定統計量Fも限界値より大きいため，要因Aの主効果も要因Bの主効果も，それらの交互作用A×Bの効果も有意であるといえます。

ソフトウェアによる分析

Excelの分析ツールでは，［分散分析：繰り返しのある二元配置］が，対応のない二元配置分散分析になります。本事例で分析ツールを実施すると，次のような結果になります。表の「標本」は要因A（pH）のことを，「列」は要因B（温度）のことを指しています。2つの主効果と交互作用が，いずれも有意となっていることが確認できます。なお，Rコマンダーでは［多元配置分散分析］で二元以上の配置を扱うことができます。

分散分析：繰り返しのある二元配置

変動要因	変動	自由度	分散	観測された分散比	P-値	F境界値
標本	200	1	200	100	0.0006	7.71
列	288	1	288	144	0.0003	7.71
交互作用	32	1	32	16	0.0161	7.71
繰り返し誤差	8	4	2			
合計	528	7				

ところで，事例では，各組合せとも繰り返し数は2でそろっていましたが，これが異なっていると，2つの要因は直交している（相関なし）という，二元配置分散分析の前提条件が崩れてしまいます。高度なソフトウェアですと，「平方和のタイプ」というオプションがあり，繰り返し数が異なっていても相関を修正してくれます。これ以上の解説は止めておきますが，Type Ⅰ以外を選んでおけば問題ありません（分析ツールには，このオプションはありませんが，Rコマンダーは Type Ⅱで固定されています）。

トピックス⑥

実験計画法と分散分析の歴史
―フィッシャー―

R.A. Fisher
(1890～1962)

実験計画法は，推測統計学の父と呼ばれるロナルド・フィッシャーによって初めて提案されました。フィッシャーは1919年にイギリスの農事試験場に就職しましたが，彼がそこで目のあたりにしたのは，90年間にわたって観測されたままの試験データの山でした。その頃，農学分野では，実験をすること自体が目的となっており，しかも実験の内容は問題のあるものばかりでした。そこでフィッシャーは，分析に適したデータを得るためにはどのような実験を実施すべきかというルール集を一冊の本（『実験計画法』）にまとめ上げ，現在の科学的実験の礎（いしずえ）を築いたのです。

そして分散分析もその頃フィッシャーによって考え出されました。試験場で蓄積されていたデータの内容は，異なる肥料と麦類の収量の関係，そして気象に関するものでした。フィッシャーは，そうしたデータを前に試行錯誤を繰り返し，収量のバラツキ（変動）を施肥などの要因に起因するものと誤差に起因するものに分解し，F検定を用いることで施肥効果の有無を判定できることを思いついたのです。この手法は，開発されてから100年以上経った現代においても，農学をはじめとした自然科学分野における分析ツールの主役となっています。このことからも，いかに優れた発想であったのかがわかります。

章末問題

問1　次のデータは，ある年の営農類型別農業所得です。具体的には，水田作経営，果樹作経営，施設野菜作経営，それぞれにおいて経営体（農家）2件の農業所得（農業粗収益－農業経営費）を整理したものです（仮想データ）。
このデータから，営農類型によって農業所得が異なることを検定しなさい（有意水準αは5％とします）。

営農類型別農業所得（万円/経営体）

水田	果樹	施設野菜
80 40	200 300	600 400

問2　次のデータは，人種と血圧との関係を見るため実施した実験結果です（仮想データ）。アジア人，黒人，白人12名ずつを対象に，半数（6名）の人には1週間，塩分控えめの食事をとってもらい，もう半数には塩をふんだんに使った食事をとってもらいました。このデータから血圧に影響を与えていると統計的（有意水準5％）にいえる要因を探し出しなさい。

人種と血圧の関係（収縮期血圧，mmHG）

	アジア人	黒人	白人
塩負荷なし	128	110	127
	132	131	119
	118	130	140
	142	106	121
	130	100	106
	122	127	118
塩負荷あり	133	159	120
	140	160	141
	100	148	135
	150	178	109
	104	150	98
	111	138	129

問3　以下の図は，図8.11と同じように描いた二元配置実験の結果です。このうち，A1・B1に対してA2・B2が相乗効果があるものと相殺効果があるものをそれぞれ挙げなさい。また，要因Aの主効果のみあるものはどれか。

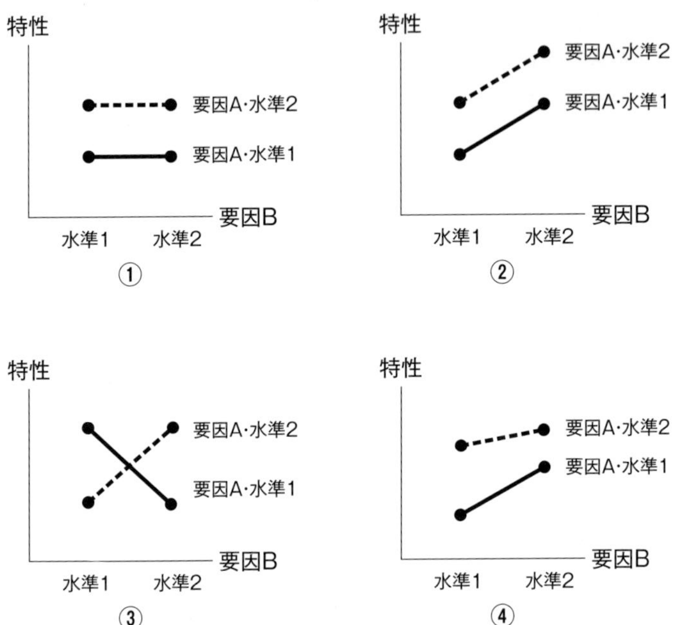

第9章 多重比較法

検定の多重性：何度も検定を実施して有意差を見つけようとすることで，全体で見れば，どれかは第一種の過誤を犯しやすい（甘い）検定になってしまっていること。

多重比較法：多重性が発生しないように調整した検定手法の総称。分散分析で見つけられない有意差のある群間（対）を特定するのに用いる。

9.1 検定の多重性

分散分析の欠点を補う多重比較

分散分析で，要因効果の存在が確認できたら，その後はどうしましょう？

分散分析では，いずれかの群間において1つでも有意な差があれば帰無仮説は棄却されてしまうため，必ずしも全ての群間（水準間）において差が検出されたわけではありません（図9.1）。もちろん，要因効果を確認した時点で「実験は成功」ですから，そこで分析を終了しても問題はありません。しかし，やはりどの群間に有意な差があったのかを知りたいのではないでしょうか。

そこで，分散分析で帰無仮説が棄却されたら，今度はそれぞれの2群を対として比較し，有意差のある群間を特定することになります。3群の場合ならば，例えば群1と群2，群2と群3，群1と群3という組み合わせで3対あるため，2群の平均の差の検定を3回実施することになります。この作業を**多重比**

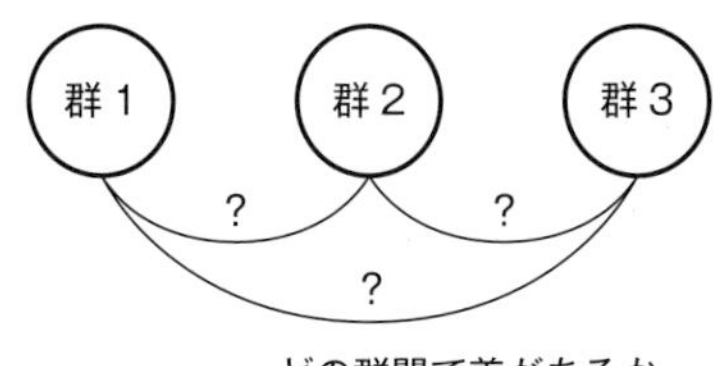

図 9.1　分散分析法の欠点

較（multiple comparison）と呼びます。なお，分散分析を実施せずに，いきなり多重比較しても問題ありません（節9.4末を参照してください）。

しかし，多重比較で有意差のある対を見つけようとすると，**多重性**（multiplicity）という，やっかいな問題が発生してしまいます。この問題は，何度も検定を実施すると（多重比較はその一例です），1つひとつは厳格な検定を実施したつもりでも，論文全体で見れば，少なくとも1つ以上の検定では簡単に有意差が出て第一種の過誤を犯しやすくなってしまうというものです。なお，区間推定でも，複数の信頼区間を推定すると，なかには本来設定したものよりも低い信頼係数の区間がいくつか推定されてしまうという多重性が発生するのですが，あまりそうした事例（区間推定を繰り返す研究）はないので，本章では検定における多重性の問題のみを取り上げます。

有意差探しが多重性を生む

検定の多重性が発生する理由ですが，一言でいえば「有意差探し」をしているためです。第6章の節6.5で，第一種の過誤をできるだけ犯さないように，その検定で許容できる危険率を（有意水準αとして）低く設定するという話をしました。復習しますと，第一種の過誤とは，本当は帰無仮説が正しいにも関わらず，帰無仮説は間違いであると判断をしてしまうことでした。効き目のない薬を効くといって販売してしまうことを想像すればわかるように，この過ちは社会や会社に対するインパクトが大きいため，できる限り抑えなければなりません。ですからαを低く設定し，第一種の過誤を犯さない確率（$1-\alpha$）が高くなるような検定を目指すのです。

しかし，1つひとつは厳しい目標を掲げた（αを低く設定した）検定でも，多重比較などで何度も実施するとなると話は違ってきます。

例えば有意水準αが0.05の検定が同じ論文の中で3回実施されるということは，論文全体では3つの帰無仮説が同時に棄却されることが求められていることになります。同時というのは確率論的にはかけ算を意味するため，検定で基準としていた第一種の過誤を犯さない確率（$1-\alpha$）がもともと$(1-0.05)$でも，それが3回実施されると$(1-0.05)^3$で$0.95 \rightarrow 0.86$となってしまいます。そのため，その補数である有意水準αも論文全体で見れば$1-(1-0.05)^3$となり$0.05 \rightarrow 0.14$と増大してしまうのです。これは図9.2のように，本来は差がないのに「ある」と誤る危険率が3倍近くになってしまっていることを意味しています。

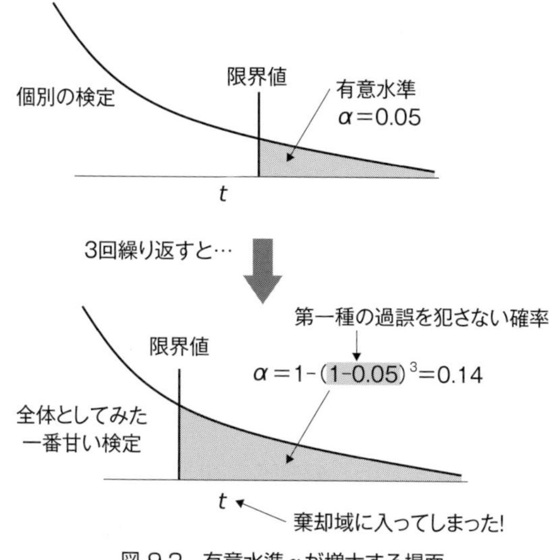

図 9.2　有意水準αが増大する場面

キツネにつままれたような話だと感じる方は，宝くじの例ならば理解できるでしょう。宝くじを買う場合，大抵の人は，1枚だけではなく複数枚購入します。なぜ複数買うのでしょうか？

そうです，当たる確率を高くしたいからです。

そんなの当たり前だと誰もが思うでしょうが，これこそが多重性なのです。1枚1枚は当たる確率の低い宝くじですが，何枚も買いそろえることで，全体ではどれかは当たる確率は高くなります。検定も同じで，1つひとつは有意差が出にくくても，何度も行うことで，論文全体でみれば，どれかは偶然に有意差が出る可能性が高くなるのです。

もちろん，多重性が問題となるのは，いくつも実施した検定のなかから有意となったものを都合良く取り出して論文を書く（有意差探しをした）場合だけです。全ての検定で有意になることを示すことが目的の場合や，それぞれの検定が独立していて個別の結論しか出さない場合は問題にはなりません。しかし，宝くじの場合でいえば，当たるのは1枚目だろうが2枚目だろうが構わないのと同じで，いずれかの検定で有意差が出れば，その結果を論文で取り上げたくなりますよね。つまり，（多重比較に限らず）複数の検定を実施している論文では，ほぼ間違いなく多重性が発生しているのです。

本節では，ずっと検定を3回実施した状況で説明してきましたが，図9.3のように検定を繰り返すほど，全体として一番甘い検定の有意水準は高くなります。

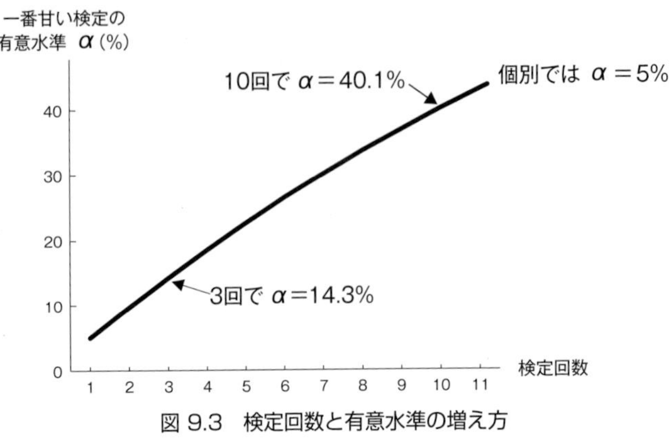

図 9.3　検定回数と有意水準の増え方

例えば5％の有意水準（$\alpha = 0.05$）の検定を10回実施すると，$1-(1-0.05)^{10}$ で40％まで増大してしまうのです。これは論文で実施した検定のいずれかで，差がないのに差があるという第一種の過誤を犯す確率が40％にもなっているということです。こんな甘い検定ならば，帰無仮説も簡単に棄却できていまいます。これはなんとかしなければいけませんね。

多重性の調整

帰無仮説が簡単に棄却されやすくなってしまうことが問題ならば，棄却されにくく調整すればよいのです。つまり，検定回数などに応じて厳しくするのです。現在では，そうした多重性を調整した検定法が数多く考え出され，それらをまとめて**多重比較法**（multiple comparison method）と呼びます。

さて，検定を繰り返しても第一種の過誤の確率が大きくならないように調整する方法は大きく分けて3つあります。それは図9.4のように，①有意水準を調整する方法（有意水準調整型），②限界値に使う分布を調整する方法（分布調整型），③検定統計量を調整する方法（統計量調整型）です。

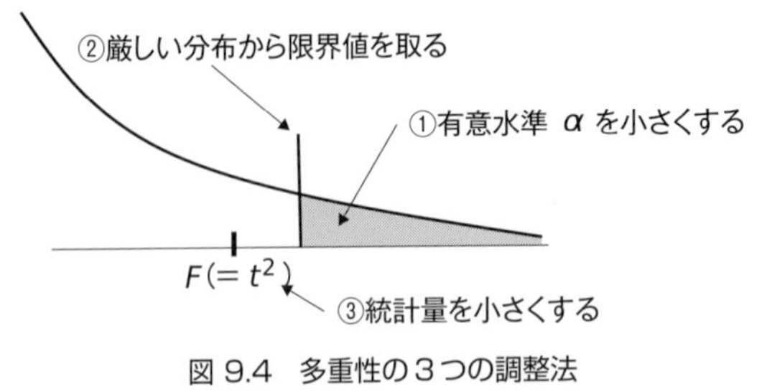

図 9.4　多重性の３つの調整法

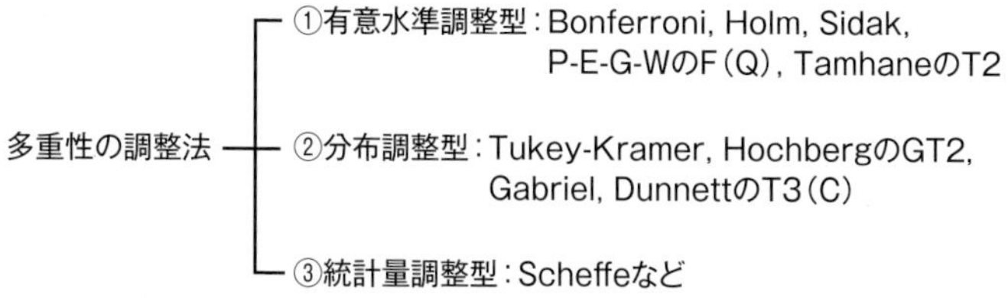

多重性の調整法
- ①有意水準調整型：Bonferroni, Holm, Sidak, P-E-G-WのF（Q），TamhaneのT2
- ②分布調整型：Tukey-Kramer, HochbergのGT2, Gabriel, DunnettのT3（C）
- ③統計量調整型：Scheffeなど

図 9.5 調整型別代表的な多重比較法

そして，これらの調整法それぞれに，図9.5のような，いくつもの検定が考案されています。本書では，そのなかから代表的な手法として，有意水準調整型からはBonferroni法，分布調整型からはTukey（-Kramer）法，統計量調整型からはScheffe法を紹介します（そのほかの手法の使い分け方は，本章最後に簡単に紹介します）。

9.2 Bonferroni法（有意水準調整型）

有意水準を検定回数で割るだけ

まずは，有意水準調整型の代表格である**Bonferroni法**（ボンフェローニ）（Bonferroni correction）を説明しましょう。この方法は，とても単純な多重性の調整法なので，高機能なソフトウェアがなくても実施できるため，もっとも汎用的に使われています。

結論からいってしまうと，個別検定において検定回数で割った小さな有意水準を用いるだけです。それによって，最終的に有意水準が大きくなったとしても，事前に設定した水準には収まるという考えです。

わかりやすくするため，検定を3回実施する状況を考えましょう。個別には有意水準が5％（$\alpha = 0.05$）という厳しい検定も，3回繰り返せば，そのうちどれかは14％（$\alpha = 0.14$）と3倍近くになってしまうことは前節で指摘しました。それならば，図9.6のように，最初からαを検定回数3で割った，より厳しい有意水準α（$0.05 \div 3 = 0.0167$）で実施しておけば，3回繰り返して有意水準が増大したとしても，αは$1-(1-0.0167)^3$で0.049となり，事前に設定していた5％に収まるというわけです。もしくは，p値が計算できる状況ならば，得られたp値を3倍にして，事前に設定していた有意水準と比較するという簡便な方法をとっても構いません。

このように，Bonferroni法は有意水準αを検定回数で割るだけという，単純な調整法なので，多重比較にかかわらず，あらゆる検定（第11章のノンパラメ

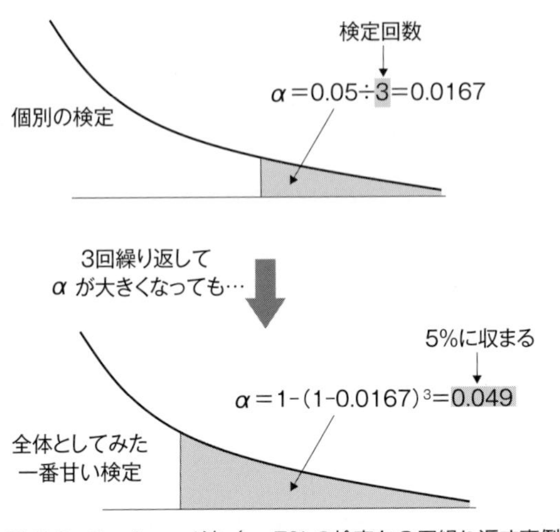

図 9.6　Bonferroni 法（α=5％の検定を３回繰り返す事例）

トリック検定など）に用いることができます。

しかし，欠点もあります。例えば，5群の平均の差を多重比較する場合を考えてください。もし，全ての群間で有意差を検証するならば，10対あるので検定を10回実施しなければなりません。つまり，全体の危険率を5％に収めるならば，$\alpha = 0.05 \div 10 = 0.005$という極めて厳しい有意水準で検定しなければならないため，滅多に帰無仮説を棄却できなくなります。いいかえると，検出力の弱い（第二種の過誤の大きな）検定となってしまい，本当は帰無仮説が間違っていても棄却できなくなってしまう可能性が出てきます。

そこで，Bonferroni法を多重比較に用いる場合には，4群まで（全ての対比較でも6回）としたり，対照群との比較のみ（5群でも4回で済みますね）にして，検定の数を多くしないのが一般的な使い方です。なお，検出力を弱めないようにした改良版として，Holm（ホルム）法やSidak（シダック）法などが考え出されていますが，入門書の範囲を超えますので本書では扱いません。

多重比較の事例

それでは，事例を使って，多重比較における検定の多重性を，Bonferroni法で調整してみましょう。表9.1は，肉牛用の新しい飼料開発を目的に，成長促進効果のありそうな3種類の添加物を加えた飼料を，それぞれ別な牛3頭に与えて体重の増加量を観測したデータです（仮想）。

表 9.1 飼料添加物と肉牛成長速度（g/日）

	添加物なしN	添加物A	添加物B	添加物C
	470	520	510	530
	480	510	530	570
	490			550
平均	480	515	520	550

対応のない一元配置分散分析
（Excel分析ツール，$\alpha=0.05$）

分散分析：一元配置

変動要因	変動	自由度	分散	観測された分散比	P-値	F境界値
グループ間	7390	3	2463.33	11.82	0.006	4.76
グループ内	1250	6	208.33			
合計	8640	9				

要因効果あり

まず，このデータに，（対応のない）一元配置分散分析を実施してみましょう。下の方の表はExcelの分析ツールで$\alpha = 0.05$で実施した結果です。要因効果があることが確認できますが，どの添加物の間の母平均に差があるのかはわからないため，このままでは新商品を売り出せません。

そこで，差のある群間を特定するために，全ての群間（計6対）にt検定（分析ツールの名称は「t検定：等分散を仮定した2標本による検定」）を6回実施してみましょう。すると，表9.2の上表のように，対照群である添加物なしの群Nと，添加物A・B・Cの群間全てにおいて有意差が出ました。もし，添加物Aが一番低コストで生産できるならば，この飼料会社は添加物Aを加えた飼料を新商品として売り出すことになりますが，はたして大丈夫でしょうか？

大丈夫ではありませんね。検定の多重性が調整されていないため，このままでは全体で見れば第一種の過誤を犯しやすい，甘い検定になってしまっています。

そこで，Bonferroni法で有意水準αを厳しく調整してt検定を再度実施しましょう。全部で6対あるので，全体の第一種の過誤を犯す確率を5％に収めたいならば，αを0.05÷6の“0.0083”に調整した検定を実施します。残念ながら，上側確率が0.83％（片側検定）や0.42％（両側検定）のt分布表は本書には掲載しておりませんので，この事例ではソフトウェアが必要になります。ソフトウェアでαのところに0.00833を入力すると，調整前よりも大きくなった限界値（例えばN-A間の限界値は6.23）が示されるので，それを検定統計量tの値と比較して，帰無仮説を棄却できるかどうかを判定します。あるいは，p値が

表 9.2　t 検定を繰り返した場合（多重性の調整前）

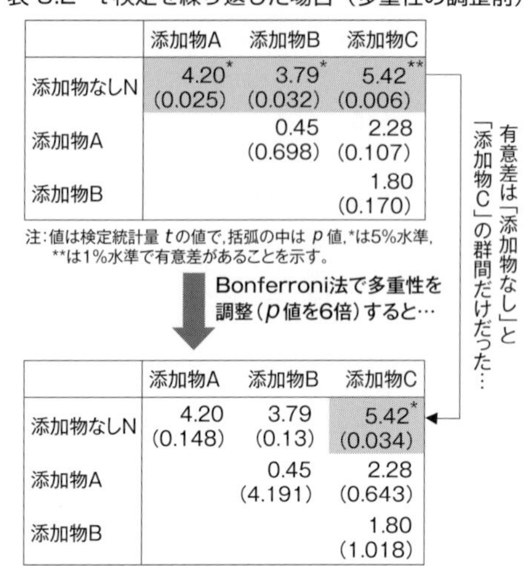

	添加物A	添加物B	添加物C
添加物なしN	4.20* (0.025)	3.79* (0.032)	5.42** (0.006)
添加物A		0.45 (0.698)	2.28 (0.107)
添加物B			1.80 (0.170)

注：値は検定統計量 t の値で，括弧の中は p 値，*は5%水準，**は1%水準で有意差があることを示す。

	添加物A	添加物B	添加物C
添加物なしN	4.20 (0.148)	3.79 (0.13)	5.42* (0.034)
添加物A		0.45 (4.191)	2.28 (0.643)
添加物B			1.80 (1.018)

計算されるので，それを6倍して，有意水準と比較しても結構です（表9.2の p 値は6倍した値ですので1を超えてしまった対もあります）。

すると，有意差があるといってもよいのは，添加物なし（対照群N）と添加物Cの間の母平均だけであることがわかります。つまり，新商品として売り出せるのは，添加物Cを加えた飼料だけだったのです。

なお，この事例では，普通の t 検定の統計量を使って説明しましたが，Bonferroni法が搭載されているソフトウェアを用いて多重比較を実施しますと，次節のTukey法で紹介する多重 t 検定の統計量（同じ t ですが式が少し変わります）が計算されますので，表9.2の下表の値とは異なります。

◉ 他の処理群をなかったことにすれば？

授業で，飼料の事例を使って多重比較法の説明をすると，学生から「それならば，最初から添加物Bや添加物Cをなかったことにすれば，低コストの添加物Aを加えた飼料を発売できる（対象群との間に有意差が出る）のでは？」という質問をよく受けます。

いいたいことはわかります。しかし，それならば，なぜ添加物Bや添加物Cを加えた飼料で実験をしたのでしょうか？　いろいろと試して，どの対に有意差があるのかを探したかったからですよね？

実験とは，行き当たりばったりで行うものではなく，事前に○○の内容でデータを観測し，××という検定を使って，有意水準は△△で判定します，と計画をたて，その通りに実施しなければなりません。実験や検定を終えた後に，その結果を見て，内容や検定手法，有意水準を都合良く変更するのは，やってはいけない“ごまかし行為”なのです。だから，消えないペンで，差し替えられないタイプのノートを使って，実験の計画と記録を取るように先生から指導されるのです。

9.3　Tukey法（分布調整型）

多重t検定の統計量

次は，分布調整型の代表格である**Tukey**（テューキー）**法**（Tukey's test）を説明しましょう。Bonferroni法と違って，この方法は多重比較専用で（ノンパラメトリック検定など，他の検定には応用できません），しかも全ての対を比較することになります（対象群との比較だけに絞りたい場合にはDunnett（ダネット）法という多重比較法がありますが，本書では扱いません）。そして，比較する対が増えて検定回数が多くなっても，それほど検出力は低下しないという大きな利点があるので，もっとも一般的な多重比較法といってよいでしょう（ですからRコマンダーではTukey法だけしか搭載していません）。

なお，本来は，比較する2群の標本サイズが同じ場合にしか使えなかったのですが，Kramer（クレイマー）という人が，アンバランスな場合にも使えるように改良を加えました（**Tukey-Kramer法**と呼んで区別することもあります）。現在は，この改良版の方が主流となっていますので，本書でもこちらを説明します。

Tukey法は，判定に用いる限界値を一番保守的な結果となるような分布から取ってくるのですが，計算する検定統計量も普通のt検定とは少し異なるので，そこから説明しましょう。

まず，第7章で学んだ普通のt検定（対応のない2群の平均の差の検定）の統計量の式を思い出してください（139-140ページ）。

t検定の統計量（スチューデントのt検定）

$$t_{\overline{x}_1-\overline{x}_2} = \frac{\overline{x}_1 - \overline{x}_2}{\sqrt{\hat{\sigma}^2\left(\frac{1}{n_1} + \frac{1}{n_2}\right)}} \quad \text{ただし,} \sigma^2 = 2\text{群の不偏分散}$$

これに対して，Tukey法では次のような検定統計量を使います。

多重 t 検定の統計量

$$t_{\overline{x}_1-\overline{x}_2}=\frac{\overline{x}_1-\overline{x}_2}{\sqrt{\hat{\sigma}_e^2\left(\frac{1}{n_1}+\frac{1}{n_2}\right)}}$$ ただし，σ_e^2 = 全群の不偏分散(誤差分散)

これは多重t検定の統計量などと呼ばれ，多重比較用にフィッシャーが考えた検定統計量なので，Tukey法専用というわけではありません。

両者を比べてみると，分母の$\sqrt{\ }$の中の不偏分散が$\hat{\sigma}^2\rightarrow\hat{\sigma}_e^2$へと変化しています。普通の$t$検定では2群しかないため，検定統計量で用いる不偏分散$\hat{\sigma}^2$を2群だけから加重平均で計算しているのに対して，多重t検定は3群以上（比較対象はそのなかの2群）あるため，それら全ての群から不偏分散$\hat{\sigma}_e^2$を計算しているのです。つまり，この$\hat{\sigma}_e^2$は，分散分析の検定統計量Fの分母である“誤差分散”そのものです（群内変動÷自由度）。

これによって，群数や比較対象となる2群以外のデータの内容も検定結果に影響を与えることになります。具体的には，群数が多くなったり，ほかの群の変動が大きくなったり，ほかの群の反復数が少なくなった場合には，保守的な検定結果になるように統計量が小さくなります（実験全体の1部として対比較しようという考えなのでしょう）。

実は，昔の統計学では，この多重t検定の統計量を，そのt分布から取ってきた限界値と比較する方法で多重比較を行っていたのですが（**最小有意差法**；least squared distance，略してLSD），多重性が問題視されるようになった現在は行われません。

さて，表9.1の肉牛飼料の事例で多重t検定の統計量を計算してみましょう。分母の不偏分散$\hat{\sigma}_e^2$（208.33）は分散分析のF統計量の分母ですので，表9.1の下の分散分析表（グループ内の分散）から読み取ればOKです。すると，例えば添加物なし（群N）と添加物A（群A）の対ですと，検定統計量は次のように“−2.66”となります。同じように，ほかの5対においても計算しておいてください。

肉牛飼料のN-Aの検定統計量

$$t_{\overline{x}_N-\overline{x}_A}=\frac{\overline{x}_N-\overline{x}_A}{\sqrt{\hat{\sigma}_e^2\left(\frac{1}{n_N}+\frac{1}{n_A}\right)}}=\frac{480-515}{208.33\left(\frac{1}{3}+\frac{1}{2}\right)}=-2.66$$

スチューデント化された範囲の分布

Tukey法の特徴は，限界値を取ってくる“分布”にあります。普通のt検定やLSDの場合，自身のt分布から，事前に設定した有意水準の大きさに対応するt値を取ってきて限界値とします。しかし，その方法を繰り返すと多重性が発生してしまうため，Tukey法ではもっとも保守的な分布を考え，そこから限界値を取ってくるのです。

その分布が**スチューデント化された範囲の分布**（Studentized range distribution）です。難しそうな名前ですが，スチューデント化（準標準化）された範囲とは，全ての対のなかで，最大となる平均の差（範囲）を，不偏標準誤差で割った統計量qのことです。

多重比較では，いくつもの対を比較しますが，検定統計量がもっとも大きくなるのは「平均が一番大きい群」と「平均が一番小さい群」を比較するときですね（飼料の事例だとN-Cの対）。つまり，平均の差が最大になる対の統計量の分布から取ってきた値を，ほかの対でも限界値として用いれば，（ほかの対にとっては）一番厳しい検定となるというわけです。いいかえれば，群数が増えれば増えるほど範囲の大きな2群の対が現れやすくなる（これこそが多重性です）のを，逆に利用して多重性を調整するのです。

スチューデント化された範囲qは，次のように表されます。なお，$\overline{x}_{max}$は最大の群平均，$\overline{x}_{min}$は最小の群平均，$\hat{\sigma}_e^2$は誤差分散，nは1群あたりの標本サイズです。

スチューデント化された範囲
$$q = \frac{\overline{x}_{max} - \overline{x}_{min}}{\sqrt{\hat{\sigma}_e^2 \frac{1}{n}}}$$

この式を見ればわかるように，分子において大きい値から小さい値を引いているため，qは必ず正の値をとります。よって，スチューデント化された範囲の分布（以降，q分布）はt分布の負の部分を正の方へ折り返した，図9.7のようなF分布と似た形になります。q分布の確率密度式は複雑すぎるので掲載しませんが，t分布同様，**自由度νが唯一の母数**です（自由度で形状が変化します）。qの自由度は，分母の誤差分散の自由度ですので，データ総数（水準数×反復数）から群数（水準数）jを引いた値となります。

確率密度関数が定義されているということは，ほかの確率分布のように，q分布表も作成できるということです。表9.3は，そのq分布表（付録Ⅵ，上側5％）の一部で，表側のνは自由度（データ総数－群数），表頭のjは群数です。

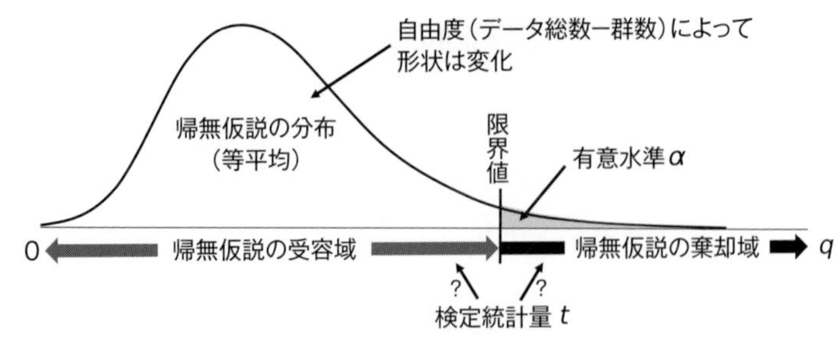

図 9.7　スチューデント化された範囲（q）の分布

表 9.3　スチューデント化された範囲（q）の分布表（上側 5%）の一部

ν \ j	2	3	4	5	6	7	8	9
2	6.085	8.331	9.798	10.881	11.734	12.434	13.027	13.538
3	4.501	5.910	6.825	7.502	8.037	8.478	8.852	9.177
4	3.927	5.040	5.757	6.287	6.706	7.053	7.347	7.602
5	3.635	4.602	5.218	5.673	6.033	6.330	6.582	6.801
6	3.460	4.339	4.896	5.305	5.629	5.895	6.122	6.319
7	3.344	4.165	4.681	5.060	5.359	5.605	5.814	5.995
8	3.261	4.041	4.529	4.886	5.167	5.399	5.596	5.766

仮説の判定

検定の手順は，ほかの検定と同じです。つまり，q分布表から限界値を読み取り，検定統計量と比較して，後者が大きければ帰無仮説（t検定と同じように，「2群の母平均に差はない」となります）を棄却することになります。なお，比較するq分布は非負なので，検定統計量も絶対値をとっておきます。

ここで，1つだけ注意点があります。何度も述べたように，アンバランスな場合でも検定できるようにKramerが改良を加えたため，q分布表の値をそのまま限界値として使用することができなくなってしまいました（多重t検定の統計量の式とqの式とでは分母がちょっと異なっていますね）。そのため，qの式をtの式に合わせるように，q分布表から読み取った値を$\sqrt{2}$で割ってから，検定統計量を比較します（最初からq分布表の全ての値を$\sqrt{2}$で割っておいて欲しいところですが，あくまで統計量と確率の対応を示したのが分布表ですのでお許しください）。

Tukey法の有意判定　$|\text{多重}\ t\ \text{検定の統計量}| > \dfrac{q}{\sqrt{2}}$ ← 限界値（q分布表から取ってきた値を$\sqrt{2}$で割る）

さて，飼料の事例をTukey法で多重比較していきましょう。この事例は，自由度$\nu = 10 - 4 = 6$，群数$j = 4$ですので，有意水準5％の限界値は，表9.3のq分布表の6の行と4の列のクロスしたところ（表中グレー部分）の値（4.896）を$\sqrt{2}$で割った“3.462”となります。例えばN-Aの対の統計量の絶対値は2.66でしたので，帰無仮説は棄却できません（この標本からは母平均に有意差があるとはいえません）。

ほかの5対についても検定すると表9.4のようになりました。Bonferroni法と同様，有意差があるといって良いのはN-Cの対（表中グレー部分）のみでした。

表 9.4　Tukey法による検定統計量tとp値

	添加物A	添加物B	添加物C
添加物なしN	2.66 (0.129)	3.04 (0.082)	5.94** (0.004)
添加物A		0.35 (0.984)	2.66 (0.129)
添加物B			2.28 (0.204)

注：値は検定統計量tの値で，括弧の中はp値，** は1％水準で有意差があることを示す。

以上のように，Tukey法はやや面倒なので，実際にはソフトウェアを使うことになるでしょう。

Rコマンダーでは，［統計量］→［平均］→［1元配置分散分析］のなかにある［2組ずつの平均の比較（多重比較）］がTukey法になりますので，左に☑をして実行してください（下がその結果です）。データはオーム社Webページからも入手できます（多重比較法（肉牛飼料）.RData）。

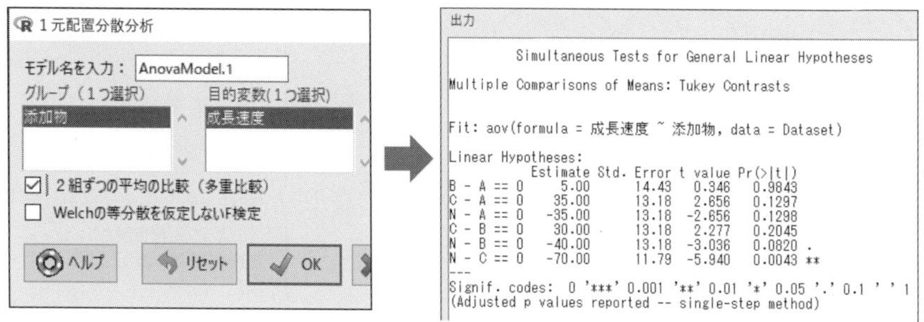

9.4　Scheffe法（検定統計量調整型）

対比の設定

検定統計量調整型の代表格は**Scheffe法**（Scheffé's method）です。この手法は，検定統計量を"群数－1"で割って厳しく（小さく）調整するだけですので，Bonferroni法と同様，多重比較以外（ノンパラメトリック検定など）にも汎用的に使用できます。しかし，最大の特徴は，なんといっても興味のある**対比**（contrast）をいつでも自在に設定して，探索的な検定ができることです。

Scheffe法では，Tukey法のような2群間の対比較ではなく，複数群を2グループにまとめて，それらの母平均に「対比」を設定して検定します。対比（記号はCが使われます）とは，群jの母平均μ_jに**対比係数**c_jを乗じたものを全群足し合わせたものです（ただし，対比係数の総和は0）。

$$\text{対比}\quad C = \sum c_j\mu_j \quad \text{ただし，} \sum c_j = 0$$

3群の場合ならば，2グループの作り方の一例として図9.8に示したようなパターンなどが考えられるでしょう。一番上は，「群1（の母平均）」と「群2&群3（の母平均）の平均」との比較です。これは，何か理由があって群2と群3とをまとめたいとき，例えば偽薬が群1で真薬が群2と群3の場合などや，事後的にデータを見て群2と群3の差が小さい場合などです。

この場合の帰無仮説は$\mu_1 - (\mu_2 + \mu_3)/2 = 0$ですが，対比係数を$c_1 = 1, c_2 = c_3 = -1/2$とすれば，対比$C = \sum c_j\mu_j = c_1\mu_1 + c_2\mu_2 + c_3\mu_3 = \mu_1 - \mu_2/2 - \mu_3/2 = 0$と表記することができます。

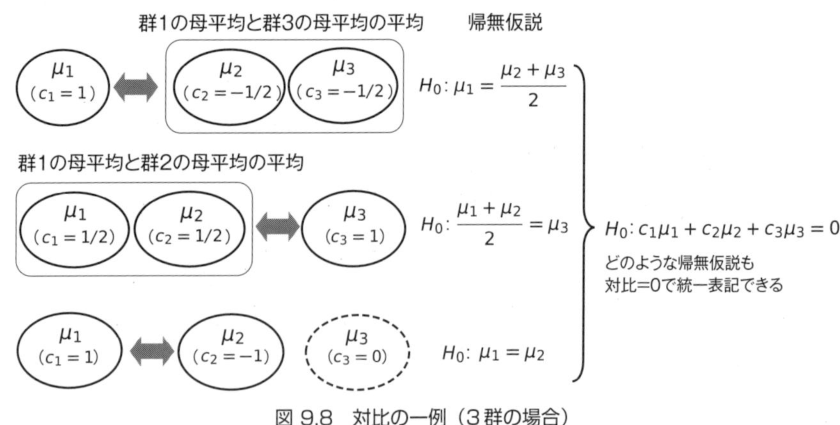

図9.8　対比の一例（3群の場合）

対比係数c_jには（総和が0ならば）どのような値でも設定できるため，図の一番下のように群3の母平均μ_3に対比係数$c_3 = 0$を乗ずれば，2群（群1と群2）の母平均の差の比較となります。そして，この帰無仮説（$H_0 : \mu_1 = \mu_2$）も，対比$C = 0$と表記できます。

このように，対比の考え方を導入したことで，Scheffe法では興味のある比較内容をいくらでも設定でき，しかもそれらの帰無仮説を同じ$C = 0$で表現できるので，全てを同時に検定できるのです。しかし，残念ながらScheffe法を搭載した多くのソフトウェアでは，2群の対比較しかできない仕様となっているため，本手法のメリットを生かし切れていないのが現状です。

検定統計量と多重性の調整

Scheffe法の検定統計量は，対比の不偏推定量$\hat{C} = \sum c_j \bar{x}_j$を用いた$F$です。分母の$\hat{\sigma}_e^2$は，分散分析の統計量$F$の分母（誤差分散）と同じです。

Scheffe法の検定統計量　$$F = \frac{\left(\sum c_j \bar{x}_j\right)^2 / (j-1)}{\hat{\sigma}_e^2 \sum (c_j^2 / n_j)}$$　ただし，$\hat{\sigma}_e^2 =$ 誤差分散

一見，難しそうな式ですが，2群しかない場合で考えればとてもわかりやすくなります。図9.8の一番下のように，群1と群2の対比較の場合，対比係数は$c_1 = 1$，$c_2 = -1$となります。また，2群の分散分析のFはtの2乗なので（節5.4），分子を$j-1$で割る前のFは，多重t検定の統計量と次のような関係にあることがわかります。

2群の統計量Fとtの関係　$$F = \frac{\left(\sum c_j \bar{x}_j\right)^2}{\hat{\sigma}_e^2 \sum \left(c_j^2 / n_j\right)} = \frac{\left(\bar{x}_1 - \bar{x}_2\right)^2}{\hat{\sigma}_e^2 \left(\frac{1}{n_1} + \frac{1}{n_2}\right)} = t_{\bar{x}_1 - \bar{x}_2}^2$$

このように，Scheffe法は検定統計量を群数$j-1$で割ることで，群数が増えるほど帰無仮説を棄却しにくくなるように調整しているのです。

なぜ，わざわざ2乗して統計量Fで考えるのか，そして割る値が$j-1$なのかというと，詳細は略しますが，シュワルツの不等式という公式を使うと，対比の最大値が$(j-1) \times F$になることがわかるためです。つまり，この（対比が最大となる統計量の）分布から取ってきた限界値で，ほかの対比も検定しておけば一番厳しい検定となるという，Tukey法と似た考え方なのです。

そして，検定時に限界値を取ってくる先は$(j-1) \times F$の分布よりも普通のF

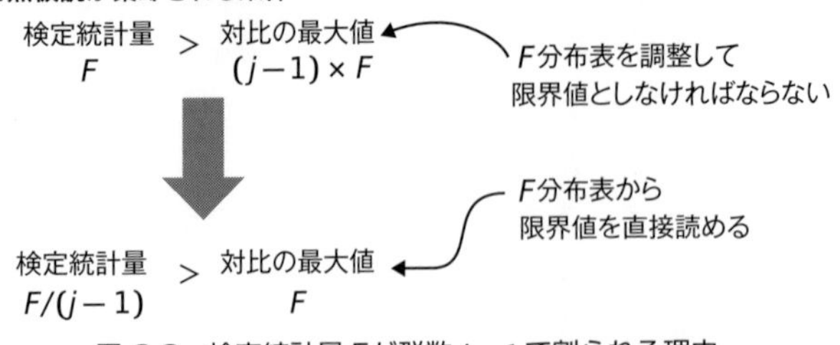

図 9.9　検定統計量Fが群数$j-1$で割られる理由

分布の方がF分布表をそのまま使えて便利ですので，図9.9のように検定統計量の方を$j-1$で割っているのです。よって，本来は分布調整型に分類されるべきなのですが，結果として検定統計量を調整しているので，統計量調整型としております。

仮説の判定

帰無仮説は，設定した対比が0という内容になります（$H_0: \sum c_j \mu_j = 0$）。

Scheffeの検定統計量F（$j-1$で割ってある方）を，F分布表から取ってきた限界値を比較して，前者が大きければ帰無仮説を棄却します（図9.9の下）。なお，自由度は分散分析のFと同じです。つまり，分子の第1自由度ν_1は「群数$j-1$」，第2自由度ν_2（分母の方）は「データ総数－群数j」となります。

肉牛飼料の事例で多重比較を実施してみましょう。例えば，N（添加物なし）-A（添加物A）という2群の場合，対比係数は，$c_N = 1, c_A = -1, c_B = 0, c_C = 0$となります。これを使ってScheffe法の検定統計量を計算すると，次のように“2.35”となります（Tukeyで計算した多重t検定の統計量2.66を2乗して3で割った値と同じことが確認できます）。

$$F = \frac{\left(\sum c_j \overline{x}_j\right)^2 / (j-1)}{\hat{\sigma}_e^2 \sum \left(c_j^2 / n_j\right)} = \frac{\left(1 \times \overline{x}_N - 1 \times \overline{x}_A\right)^2 / (j-1)}{\hat{\sigma}_e^2 \left(\dfrac{1^2}{n_N} + \dfrac{(-1)^2}{n_A}\right)}$$

$$= \frac{(480 - 515)^2 / (4-1)}{208.33 \left(\dfrac{1}{3} + \dfrac{1}{2}\right)} = 2.35$$

限界値は，有意水準5％のF分布表のなかの第1自由度$\nu_1 = 4 - 1 = 3$の列と，第2自由度$\nu_2 = 10 - 4 = 6$の行のクロスする“4.76”となります。従いまして，N-Aの間の母平均に差はあるとはいえないことになります。

ほかの5対についても検定すると表9.5のようになりました。Bonferroni法やTukey法と同様，有意差あるといっても良いのはN-Cの対のみでした。表中のp値（ソフトウェアがないと計算できません）をほかの2手法と比較すると，いずれの対もBonferroni法（ただし6倍した値）＞Scheffe法＞Tukey法となっていることからも，2群の対のみの多重比較には（3つの手法のなかでは）Tukey法がもっとも有意差が出やすい（検出力が高い）ことがわかりますね。Tukey法が対比較だけなのに対して，Scheffe法は多様な対比の全てを対象としているのですから当たり前といえば当たり前です。というわけで，多重比較にはTukey法をお勧めします。

表 9.5　Scheffe法による検定統計量Fとp値

	添加物A	添加物B	添加物C
添加物なしN	2.35 (0.171)	3.04 (0.112)	11.76** (0.006)
添加物A		0.04 (0.988)	2.35 (0.171)
添加物B			1.73 (0.260)

注：値は検定統計量 t の値で，括弧の中は p 値，**は1%水準で有意差があることを示す。

さて，このような2群の多重比較では，せっかくのScheffeの醍醐味は味わえませんので，Scheffeでしか検定できない対比を設定してみましょう。

対照群とその他の群ということで，添加物を加えていない処理群（N）と，添加物を加えた処理群（A & B & C）の母平均を比較してみましょう。この場合の対比係数は$c_N = 1, c_A = -1/3, c_B = -1/3, c_C = -1/3$となります。この対比係数を使って検定統計量を計算すると，次のように“7.76”となります。有意水準が5％の限界値は先ほどと同じ（4.76）ですので，N-A&B&Cの母平均には有意差がある（対比は0ではない）という判定になります。

$$F = \frac{\left(\sum c_j \bar{x}_j\right)^2 / (j-1)}{\hat{\sigma}_e^2 \sum \left(c_j^2 / n_j\right)}$$

$$= \frac{\left(1 \times 480 - \frac{1}{3} \times 515 - \frac{1}{3} \times 520 - \frac{1}{3} \times 550\right)^2 / (4-1)}{208.33\left(\frac{1^2}{3} + \frac{\left(-\frac{1}{3}\right)^2}{2} + \frac{\left(-\frac{1}{3}\right)^2}{2} + \frac{\left(-\frac{1}{3}\right)^2}{3}\right)} = 7.76$$

分散分析との関係

Scheffe法は，検定統計量が分散分析の一部であるため，両者の検定結果は必ず整合します。つまり，Scheffe法で有意な対比がないのに分散分析で有意となることや，その逆もありません。しかし，Tukey法などF統計量を用いない多重比較法だと，検定結果が整合しない場合（分散分析で有意とならなかったのにTukey法で有意な対が出てくるなど）がたまに出てきます。その場合，論文でどちらの結果も掲載してしまうと，都合の良い方を主張したくなるため，多重性の問題が発生してしまいます（Bonferroni法の事例で分散分析を実施していましたが，あれは悪い例です）。

Rコマンダーを含め，ソフトウェアでは，分散分析のメニューの中にTukey法などの多重比較法が入っているのでどちらも示したくなりますが，本来はScheffe法を除いて両方（分散分析と多重比較法）の結果を併記しない方が良いでしょう（計画段階でどちらかを選んでおいて，そちらの結果だけを掲載すべきです）。

9.5　いろいろな多重性

多重比較法の多重性

本章では，主に多重比較における検定の多重性に焦点を絞って解説しました。しかし，学生が書いた論文を読むと，新たな検定の多重性が発生していることに気付かされるようになってきました。

Tukey法などの**多重比較法を繰り返すことによる多重性の発生**です。

近年はソフトウェアの普及などもあり，多群においてどの対に差があるのかを見つけるのに，わざわざ普通のt検定を繰り返す学生は減ってきました（むしろ大変ですからね）。しかし，残念ながら，何のためにTukey法を実施するのかという，多重性の意味をしっかり理解していないために，結局，多重性を発生させてしまっているのです。

表9.6は，その典型的な事例です。これは，ある学生が卒論（仮想）で，旅行回数が年齢水準や所得水準，職業内容によって差があることを検証したくて，同じデータにTukey法を項目（属性）別に実施してしまった例です（多項目検定と呼ばれます）。

この分析を実施した学生は，この結果を見て，年齢では若年層と高齢者層との間に差があり，所得では……などと，（多重性も調整したつもりで）鼻高々と書くつもりでしょう。しかし，全体で見れば，3回もTukey法を実施してい

表 9.6 多重比較法の繰り返しの例（多項目検定）

項目	水準		旅行回数／月	Tukey法
年齢	30歳未満	a	0.5	ac*, ad**
	30歳代	b	1.0	
	40歳代	c	1.5	
	50歳以上	d	2.0	
所得	300万未満	a	0.3	ad**, bd*, cd*
	～600万未満	b	1.0	
	～900万未満	c	1.0	
	900万以上	d	4.0	
職業	会社員	a	2.0	bc**
	主婦	b	3.0	
	学生	c	0.2	

多重性の発生

注：**は1%,*は5%水準で有意であることを示す。

るのですから，どれかは有意差が出やすい状況となっている（別の多重性が発生している）のです。ですから，どうしても項目ごとにTukey法を実施したいのならば，例えばTukey法における有意水準αを検定回数で割る（つまりBonferroni法）などの調整をしなければなりません。

ほかにも，分散分析を繰り返したり，相関行列表のなかにたくさんの無相関の検定結果を掲載したり，時系列データにおいて多時点で検定を繰り返して有意差のある時点を探し出したり，異なる検定をいろいろ試したり，有意差が出ないからといって予定になかった項目を作り出したり，水準を分割したり統合したり，データを追加して再度検定したり……と，多重性を発生させる誘惑は，研究過程の至る所に転がっています。

自分の論文の中に*やp値が複数ある場合には，多重性が発生してしまっていることを疑ってかかるべきでしょう。

目的に沿った使い分け方

本書では，Bonferroni法とTukey法，Scheffe法の3種類しか解説しませんでしたが，ソフトウェアを使うと実に様々な多重比較法が搭載されており，どれを使えば良いのか迷ってしまいます（Rコマンダーには Tukey法しかありません）。例えば図9.10は，SPSS（バージョン25）のメニュー画面ですが18種類もの多重比較法が搭載されています。

基本的には，多重比較ならばTukey法で問題ありませんが，分散分析同様，正規分布に従っていて（量的データ），各群が等分散であることが仮定できなければなりません。ですから，それらが仮定できない場合や，対応関係がある場合，対照群との比較のみで良い場合には，それ専用に開発された手法を用い

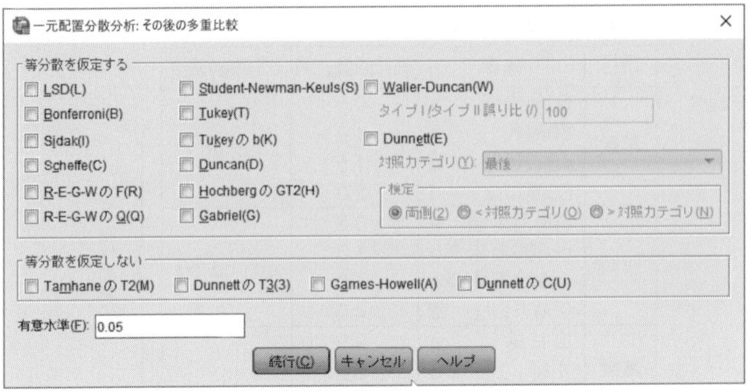

図 9.10　SPSSに搭載されている多重比較法

ることをお勧めします（検出力が強くなるなどのメリットがあります）。

全てではありませんが，Tukey法以外の手法を表9.7に整理しておきますので，それらが搭載されたソフトウェアをお持ちの場合には参考にしてください。なお，Dunncan（ダンカン），Waller（ウォラー）-Dunncan（ダンカン）は，SPSSに搭載されていますが，多重性が調整されていませんので使わないようにしてください（同様にStudent（スチューデント）-Newman（ニューマン）-Keuls（コイルス）も4群以上では使ってはいけません）。

最後に，多重比較法が適さない場合も紹介しておきましょう。それは節6.5でも紹介したような第二種の過誤が致命的な問題となる場合です。例えば，「薬も過ぎれば毒となる」ということわざがあるように，本来は無毒な薬が毒性を発揮し始めるかもしれない投与量を数段階設定して，どこまでが無毒か（無毒性量）を見つけようとする実験が行われることがあります。この場合に多重比較法を用いると，（個別の検出力は弱くなっているため）毒性が発揮される最低投与量を見逃してしまう可能性が高くなってしまいますので，普通の t 検定や多重 t 検定（LSD）を繰り返すようにします。

表 9.7　いろいろな多重比較法

	高検出力 ⟵				⟶ 弱検出力
対象群とのみの比較	Williams	Dunnett	Holm	Scheffe	Bonferroni
異分散	TamhaneのT2	Games-Howell	DunnettのT3(C)		
対応あり	Sidak	Holm	Bonferroni		
順位データ(ノンパラ)	Shirley-Williams	Steel(-Dwass)	Holm	Scheffe	Bonferroni

章末問題

問1　第8章で用いた下記の「肥料と小麦の収量」の事例に対して，多重比較法（Bonferroni法とTukey法の両方）を実施し，母平均に5％水準で有意差のある対を見つけなさい。ただし，Bonferroni法は，普通のt検定（対応のない2群の平均の差の検定）の統計量を用いること（Excel分析ツールなどのソフトウェアを使って構いません）。

注：実際には，いろいろな多重比較法を試すようなことをしてはいけませんし，Scheffe法以外は分散分析の結果と併記してもいけません。いずれも多重性が発生します。

肥料と小麦の収量（表 8.1 の再掲）（単位：t /ha）

肥料なし（水準 1）	肥料 A（水準 2）	肥料 B（水準 3）
1	8	10
3	6	14

問2　問1と同じデータ（肥料と小麦の収量）を使って，水準1と水準2＆3の「対比」を検定しなさい（同じく有意水準は5％とします）。

第10章 実験計画法

実験計画法：あるべき要因効果を効率よく，誤らずに検出するためには，どのように実験を計画すべきかをまとめた工夫集。

フィッシャーの三原則：誤りのない解析結果を得るためには，どのように実験の場を配置すべきかについて整理した3つの原則。

直交計画法：効果の有無を検証したい要因候補が多数ある場合に，直交表を用いて実験の数を減らす効率化手法。

10.1 フィッシャーの三原則

第8章で学んだ分散分析は，誰にとってもわかりやすい，大変洗練された手法でした。しかし，それに用いる肝心のデータそのものが不良品では，いくら優れた手法を使ってもそこからは誤った結果しか得られません。つまり，分散分析にかけるデータは，適切に計画された実験に従って収集された，良品でなければならないのです。

一方で，効果の有無を検証したい要因の候補が多数あると，実施すべき実験の組合せは膨大になってしまいます。このような場合，何らかの方法で実験数を減らす必要が出てきます。

そうした，良いデータを効率的に収集し，正しい解析結果を得るための工夫集が**実験計画法**（experimental design）です。つまり，成功する実験を考える統計学の一分野といえるでしょう。

ですので，「実験計画法」という分析手法があるわけではありません（基本的に，実験計画法では分散分析を中心に考えます）。

実験数を減らす効率化の工夫については後半（直交計画法）で扱うことにして，まず本節では，実験を成功させるために従うべき原則から解説させていただきます。

さて，そもそも実験における「成功」とは何でしょうか？

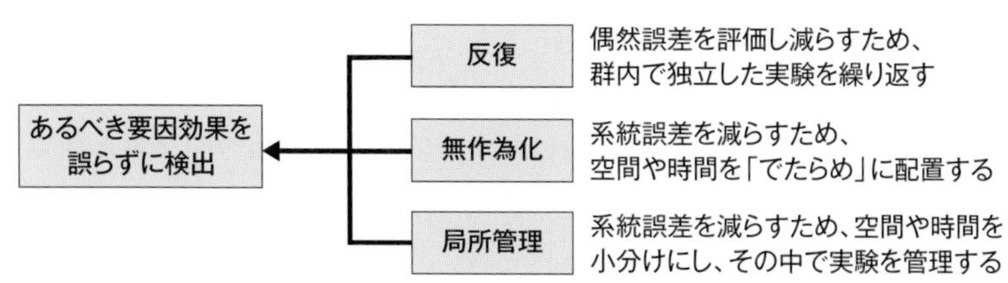

図 10.1 フィッシャーの三原則

それは失敗しないこと，つまり効果がないのにあると誤ったり，あるべき要因効果を見逃したりしないことです。これは，第一種の過誤と第二種の過誤を，どちらも極力犯さないようにすることにほかなりません。実験計画法の生みの親であるフィッシャーは，そのためには，どのように実験の場（空間や時間，検査員など）を配置すればよいのかを3つの原則として整理しました（**フィッシャーの三原則**；Fisher's three principles）。

それは，図10.1の反復の原則，無作為化の原則，局所管理の原則です。

反復とは群（水準）内で実験を繰り返すこと，無作為化とは何かの順番で実験しないこと，局所管理とは実験の場を小分けにしてその中で実験を管理することです。これらの原則に従った実験を計画・実施することではじめて精度の高い，誤差からの偏った影響を軽減させたデータを収集できるのです。

それでは1つずつ解説していきましょう。

10.2 原則その1：反復

反復（replication）とは，要因の水準（処理条件）ごとに形成される群の中で，独立した実験を繰り返し，データを複数個収集することです。

まず，第8章で学んだ，対応のない一元配置分散分析の検定統計量Fを思い出してください。それは，下記のように，分子は群間変動を自由度（群数 − 1）で割ったもの，分母は群内変動を自由度（データ総数 − 群数）で割ったものでした。この統計量の式を使って反復の重要性を説明しましょう。

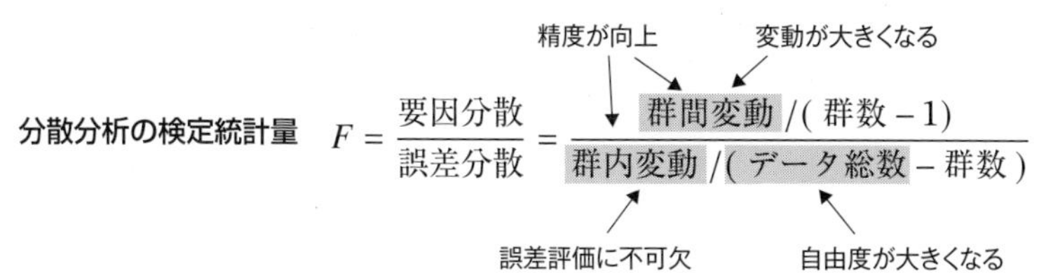

群内で実験を反復させず1回だけだと，この統計量はどうなるでしょうか？　群内のデータが1つでは，分母の群内変動が計算できませんね。分散分析は，要因効果の有無を，誤差分散に対する要因分散の相対的な大きさで判断するので，誤差分散がわからなければ検定できません。つまり，実験結果から仮説を統計的に検証したいならば反復は欠かせないのです。

また，反復の回数を増やすと良いことがあります。まず，群間変動が大きくなるためF値が大きくなり，帰無仮説の棄却域に入りやすくなります。また，群内のデータ数が多くなるため，（群内・群間変動の計算に使う）群平均の**誤差が小さくなり，統計量の“精度”が向上**します。それを反映して，分母の自由度が大きくなり，判定に用いる限界値が小さくて済みます（検出されやすくなります）。

いかがでしたか？　反復がとても大切なことをご理解いただけましたでしょうか？

反復は原理的に難しいわけではないですが，ほかの2原則とそろえて圃場実験の図で説明しておきましょう。図10.2は，施肥量を3段階（無肥・少肥・多肥）設定して，穀物の収量に対する効果を検証する実験圃場を上空から見たものです。先ほどの復習になりますが，左の反復させていない実験では，いくら観測された収量が水準1＜水準2＜水準3となっても，処理内のバラツキ（誤差）が計算できないため分散分析を実施できません。いいかえれば，水準による収量の違いがあっても，それが誤差（偶然）の範囲のうちなのか，誤差とはいえないぐらいの大きな違いなのかが区別できないのです。ですから，右のように，それぞれの水準で実験を繰り返すのです。なお，この事例では群あたり3回ずつ反復させていますが，どのぐらい反復させるべきかについては，次に解説する検出力分析で計算できます。

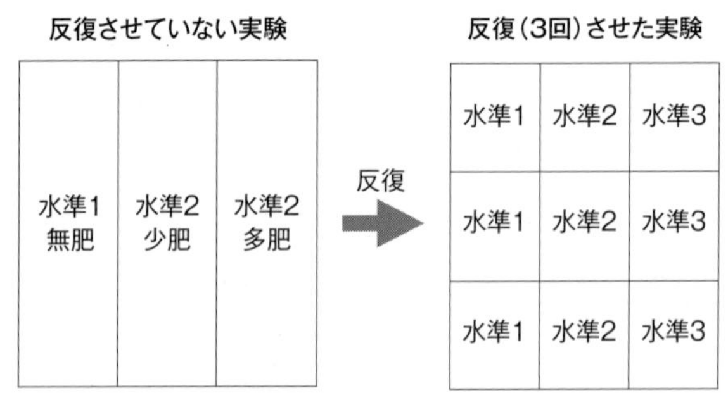

図 10.2　反復の原則（圃場の例，処理数=3）

反復数の計算（検出力分析）

群あたりどのくらい反復させれば良いのかは，総標本サイズ（反復数×群数）の決め方ですので，検出力分析（事前分析）の出番です。節6.5で学んだように，必要な標本サイズは，効果量と有意水準と検出力の3要素から逆算できます。ただし，分散分析の場合には，群数も非心度に影響を与えるため，図10.3のように，それを加えた4要素から反復数を求めることになります。

有意水準αは0.05とするのが一般的で，検出力はコーエンという統計学者が0.8ぐらいは欲しいといっています。群数は処理水準数ですので，どのような実験をしたいのかが決まっていれば，自明でしょう。

となると，やはり問題は効果量です。分散分析の効果量の推定式（真の効果量は未知です）にもいろいろあるのですが，検出力分析用の無料ソフトG*powerでは，次式で求める$\hat{f}$が使われます。この式をよく見ると，分散分析の検定統計量Fから自由度の影響を取り除いた内容になっています。

分散分析の効果量
$$\hat{f} = \sqrt{F\text{値} \times \frac{\text{群数} - 1}{\text{データ総数} - \text{群数}}} = \sqrt{\frac{\text{群間変動}}{\text{群内変動}}}$$

類似の既往研究があるならば中辺のF値と自由度を使った式で，予備実験を行えたならば右辺の2つの変動を使った式で推定することになるでしょう。しかし，なんの手がかりもない場合には，仕方がないので適当な効果量を入力するしかありません。効果量fには，大きな効果量として0.4，中程度の効果量として0.25，小さな効果量として0.1が提案されています。

それでは，G*powerを使って反復数を求めてみましょう。対応のない一元配置分散分析は，［F tests］の中の［ANOVA: Fixed effects, omnibus, one-way］になります。事前分析を意味する［A prior：—］を選択すると，図10.4のような画面が現れますので，［Input Parameters］に4要素（パラメータ）の値を入

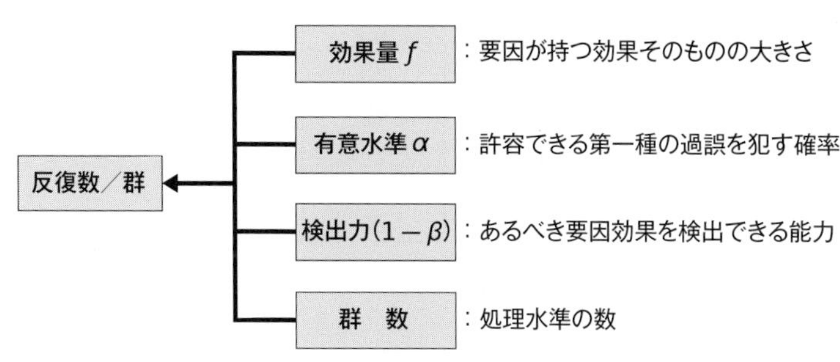

図 10.3　反復数を決める４つの要素

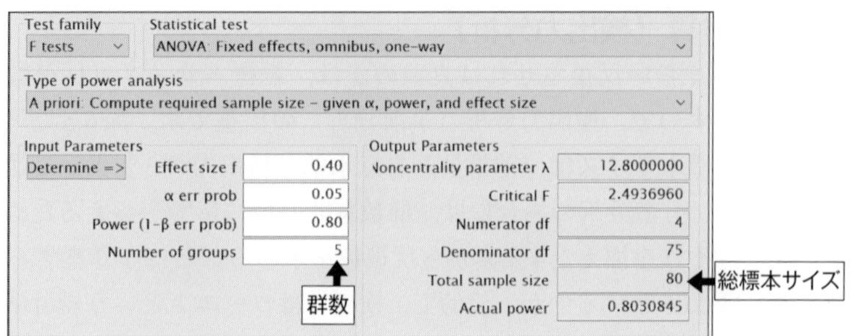

図 10.4 G*powerによる反復数の計算（一元配置分散分析）

力します。有意水準［α err prob］には0.05，検出力［Power（1-β err prob)］には0.8を入力して，効果量［Effect size f］には大きな効果量が得られると想定して0.4を入力しておきましょう。また，群数［Number of groups］は，5の場合を計算してみましょう。最後に，［Calculate］を押すと，［Total sample size］は“80”と出てきます。つまり，大きい効果量が想定できるとき，有意水準αが0.05の下で，0.8の検出力を得るためには，5群合わせた総標本サイズとして80程度必要だということです。これは，群あたりでは，独立した実験を16回反復させなければならないことを意味しています。

いかがだったでしょうか？　みなさんが想像していた数よりも意外と多かったのではないでしょうか？　推定される効果量が小さければ，もっと反復させる必要が出てきます。この計算を毎回するのも大変でしょうから，有意水準が5％の下で検出力80％を得るための反復数について，表10.1に示しておきます。

表 10.1 必要な反復数/群の目安（対応のない一元配置分散分析）

	効果量の大きさ（有意水準α= 0.05, 検出力= 0.80の場合）		
	小（f= 0.10）	中（f= 0.25）	大（f= 0.40）
2群	393	63	26
3群	323	53	22
4群	274	45	19
5群	240	40	16
6群	215	36	15
7群	196	33	14

疑似反復

ここまで扱ってきた反復とは，同じ処理水準内で独立した実験を繰り返し，異なる個体から観測することです。処理を1度しか行わず，同じ個体から繰り返し観測することではありません。もし，後者を反復として扱ってしまうと（**疑似反復**，pseudoreplication），本来よりも検定統計量の値が大きくなり，限界値も大きい自由度用の小さな値を使ってしまうため，本当は有意でない要因効果を有意と判定してしまう第一種の過誤確率が高くなります。

例えば図10.5は，植物の成長に関する実験を行う事例です。左は同じ区画内で4本の植物を観測して反復数を4としようとしていますが，植物の成長にもっとも影響のある土壌が同じでは独立しているとはいえませんね。ある植物の成長が良い場合には，土が肥えているでしょうから，ほかの植物の成長も良くなっている可能性があります。ですから，右のように，屋外ならばコンクリートで仕切ったり，屋内ならば別々のポットを使ったりして栽培しなければなりません。研究分野によって，疑似反復が発生してしまう状況は様々ですが，群内のデータ同士の関連性を考えれば判定できるでしょう。

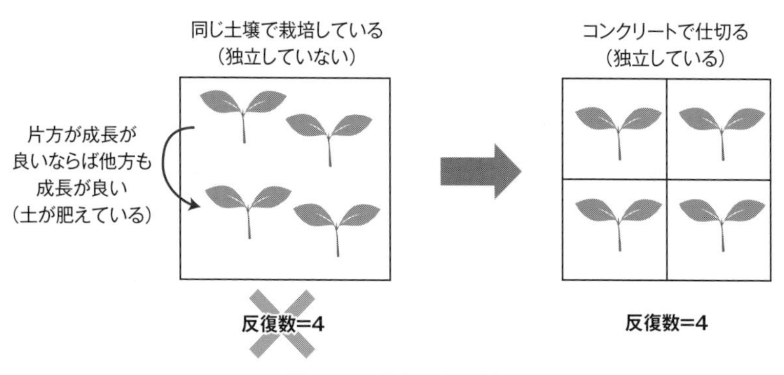

図 10.5　疑似反復の例

10.3　原則その2：無作為化

分散分析において検定結果を誤るとしたら，それは，実験結果に誤差の効果が“方向性を持って”（系統立つとか，偏るともいいます）入り込み，検定統計量が本来よりも大きく（あるいは小さく）なってしまう場合です。

本来，分散分析における誤差は，測定誤差のように，効果に方向性を持たない**偶然誤差**（節3.3）でなければなりません。実験の場（空間や時間など）の順番に伴って効果に方向性を持つような**系統誤差**は，統計量を歪めて誤った検定結果を導いてしまうのです。わかりやすいように，反復の原則のところでも使った圃場図で解説しましょう。

図10.6左は，施肥量を水準1＜水準2＜水準3と設定し，穀物収量に対する効果を検証しようという実験です。一見すると反復の原則に従っていて問題なさそうですが，このままでは施肥効果がなくても“ある”と誤判定してしまう可能性が高いです（第一種の過誤確率の増大）。というのも，南側に林があるため，日照量が北側に行くに従って多くなってしまっているからです。つまり，実験目的からすれば，日照量は誤差であるにも関わらず，施肥量の効果と同じ方向性を持って結果に入り込んでしまっているのです。このような実験を実施してしまうと，観測された穀物収量データには施肥効果と日照効果が交じってしまい，後からどちらがどのぐらいの効果だったのかを分離することはできません。こうした状況を**交絡**（confounding）と呼びます。

それを検定統計量の式で表したのが図10.6右です。分母にあるべき日照量が方向性を持ったために分子に来てしまったことで，本来よりも検定統計量Fが大きくなっていることを示しています。もし，施肥量が（図とは逆で）北から南に行くに従って増えるように配置した場合，今度は施肥効果（要因）と日照効果（誤差）の方向が反対になるため，検定統計量が本来よりも小さくなり，あるべき施肥効果を見逃す可能性が高くなります（第二種の過誤確率の増大）。

さて対処法としては，系統誤差を発生させている原因である林を全て伐採するのがもっとも良いでしょうが，そうもいかないでしょう。そこで，交絡している日照量と施肥量のうち，どちらかの区画の配置（並び方）をでたらめにするのです。「でたらめに」というと，ちょっと聞こえが悪いので，作為性を無

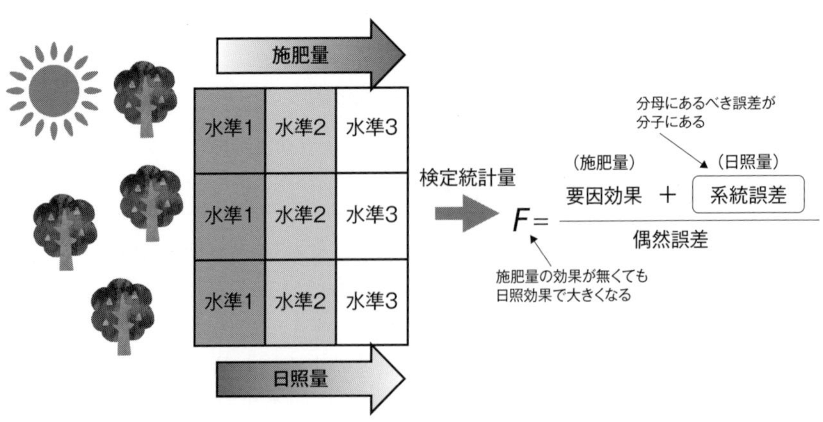

図 10.6　無作為化していない圃場実験（施肥水準数=3）

くすという意味で**無作為化**（randomization）と呼びましょう。日陰の入り方を無作為に並び替えることはできないので，この事例では施肥水準がその対象となります。図10.7左のように，施肥水準の区画の配置を無作為化すれば，日照効果は各施肥水準に対して方向性を持たず，均一に入り込むため，交絡は生じません。

図10.7右の検定統計量で説明すると，無作為化は，F値が歪んだ原因である分子の系統誤差を，本来あるべき分母の偶然誤差に**転化**しているのです。F値の歪みが修正されれば，分散分析で結果を誤ることはなくなり，**正確さが向上する**というわけです。

さて，事例では圃場の実験区画という「空間」を使って説明しましたが，時間や人（作業者・検査官など）の順番も対象になります。例えば，冬ならば暖房を使うため，時間が経つごとに実験室の温度も徐々に上がっていくでしょう。その中で，pH（要因）と酵素反応速度（特性）を一元配置実験する場合，時間とともに変化する室温は誤差なのにもかかわらず反応速度に影響してしまいます。そこで，（室温を並べ替えるのは難しいため）pHの順番を無作為化すれば，室温の反応速度への影響が平均化（系統誤差から偶然誤差へ転化）され，pHと反応速度との関係のみを正しく検証することができるのです。

このように，順番を入れ替えられる要因については，常に無作為化することを心がけるようにしてください。

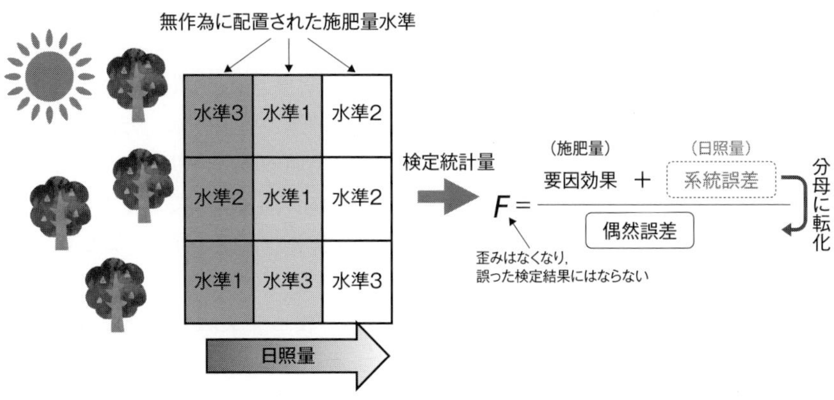

図 10.7 無作為化した圃場実験

10.4　原則その3：局所管理

局所管理（local control）は，無作為化と同様，系統誤差の対策ですが，より積極的にその影響を取り除きます（偶然誤差の軽減にも役立ちます）。

無作為化は，系統誤差を偶然誤差に転化することで，検定統計量の歪みを正す方法でしたが，次の2つの場面では，上手な系統誤差の対処法とはいえません。

1つは，（当たり前ですが）交絡している要因水準のどれもが無作為化の難しい場合です。工場ならば製造ライン，農業ならば収穫日など，系統誤差を生むとわかっていても，順番を入れ替えるのが困難な要因は意外と多いものです。たとえ無作為化が可能な要因でも，反復数が多くなると，水準の取っ替え引っ替えを繰り返すのは容易なことではなくなるでしょう。

もう1つは，系統誤差の効果がとても大きい場合です。系統誤差が大きいと，たとえ偶然誤差へ転化できても，検定統計量の分母に来る誤差が大きくなりすぎて，要因効果を検出できなくなってしまいます（F値が小さくなってしまうため）。農業ならば圃場区画，聞き取り調査ならば調査員や訪問地域などがその典型でしょう。また，反復数の多い実験を計画すると，大きな実験の場（空間や時間）が必要になりますが，それに伴い様々な系統誤差が出てきてやはり無作為化では対応し切れなくなってしまいます。人の感覚を用いる官能検査でいえば，何度も実験すると，疲労や慣れが徐々に大きくなって，系統誤差となることは容易に想像できますね。

局所管理は，そのような（無作為化が難しいときや系統誤差がとても大きい）ときに導入することで，系統誤差を検定統計量から取り除く方法です。

局所管理の説明をする前に，いろいろと導入場面の話ばかりしてしまいましたが，一言でいえば「実験の場を小分けに（ブロック化）して，その小分けにした局所の中で実験を一通り管理する（全ての水準の実験を行う）こと」です。こちらも圃場実験の事例で解説しましょう。

図10.8の左を見てください。広い圃場全体を使って実験を管理しようとするから，場所によって日照量が違う（林による系統誤差が発生する）のです。しかし，例えば南の3区画を1つのブロック，同じように真ん中の3区画と北側の3区画をそれぞれ1つのブロックと，圃場を小分けすれば，同一ブロックの中の日照量はそれほど変わりませんよね。つまり，各ブロックの中で一通りの実験をこなせば，系統誤差の発生を抑えられる（**正確さが向上**する）というわけです。また，環境が均一になるということは，ブロックに付随した様々な

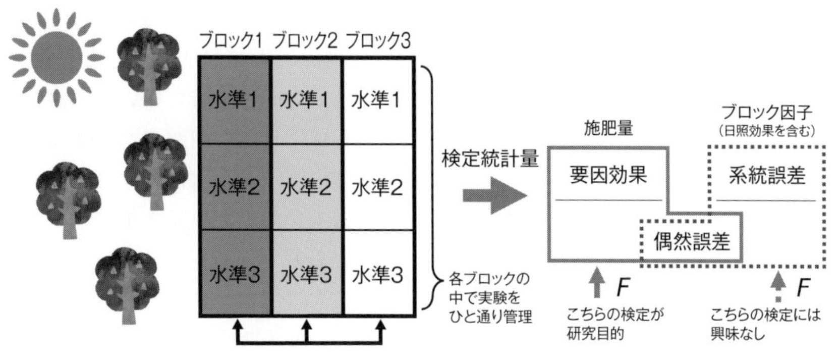

図 10.8　局所管理した圃場実験

偶然誤差の削減にもつながるため**精度も向上**します。

それでは局所管理を取り入れた実験データは，どのような分散分析にかければよいのでしょうか？　実は，第8章で学んだ「対応のある一元配置分散分析」（Excel分析ツールだと「繰り返しのない二元配置分散分析」）です。というのも局所管理とは，図10.8の右のように，ブロック差という系統誤差を1つの要因（**ブロック因子**）として捉えているからです。171ページの表8.3でいえば，AさんとBさん，それぞれがブロックということになります（個人差を1つの要因と考えます）。ですから，図8.8と図10.8右も同じことを意味しています。具体的には，図8.8の（自由度で割った）被験者間変動が図10.8右の系統誤差，同様に個人差が除去された群内変動が偶然誤差になります。

なお，ブロック因子の効果も検定することもできますが，あくまで系統誤差の影響を取り除くのが局所管理の目的で，それを検出することには興味はないので，実際には不要でしょう（分析ツールで繰り返しのない二元配置分散分析を使うと，自動的に検定されてしまいますが……）。また，ブロック因子には，要因（事例でいえば施肥量）との間に交互作用のないものを設定します。もし，交互作用がありそうな場合には，もはやブロック因子ではなく普通の要因として設定し，繰り返しのある二元配置分散分析で検定する必要があります（もちろん反復させなければなりません）。

ブロック化の対象

以上のように局所管理は，無作為化のように系統誤差の影響を平均化してちびちびと減らそうとするのではなく，ブロック因子として積極的に実験に取り込むことで要因効果から分離させようという，強力な系統誤差の対処法です。

ここまでは，局所管理を系統誤差の対処法の1つとして説明してきましたが，実験の場を小分けに（ブロック化）することは，方向性を持たない偶然誤差を減らすことにも役立ちます。圃場の事例でいえば，日陰の問題（系統誤差）以外にも，圃場全体で実験しようとすると，土壌の肥沃度や水はけの良さ，農道からの距離の違いなど，統制するのが困難な様々な誤差が出てきます。そしてそれらは方向性がある場合もあればない場合もあるでしょう。しかし，小分けにすることで，それらの影響は全て軽減されます（ブロック内ではそれほど条件が違わないため）。ですから，方向性はなくてもブロック因子として効果が大きそうならば，空間や時間に限らずブロック化の対象としてください（ブロック因子が複数となっても構いません←後述の「ラテン方格法」）。

このように局所管理はとても優れた考えなのですが，なんでもかんでもブロック化の対象とすると実験や分析が複雑になってしまうので，影響の大きい順に2つ程度にして，残りは無作為化にまかせるべきでしょう。

また，ブロック因子を減らすテクニックとして，1つのブロック因子に複数の誤差要因をかぶせる方法があります。例えば圃場で，日照量のほかに担当作業者の違いによる影響が大きいと考えられるならば，ブロックごとに担当作業者を割り振れば，日照量の違いと担当作業者の違いを合わせて1つのブロック因子として扱えますね（これらは誤差なので交絡していても構いません）。

最後に，ブロック化の対象として，どのようなものが考えられるかを挙げておきましょう。

- **官能検査：**検査員
- **工場実験：**製造ライン，原料ロット，日，作業者，出荷ロット，作業時間帯
- **農場実験：**圃場の区画，植物工場の棚，果樹の個体，播種日，収穫日
- **アンケート（聞き取り調査）：**調査員，訪問地域，回答日

10.5　いろいろな実験配置

完全無作為化法と乱塊法

ここまでフィッシャーの三原則を解説してきましたが，実験の場を配置するときは必ず3つの原則全てに従わなければならないわけではありません。

もちろん，反復は誤差分散の計算に不可欠なので，データを分散分析にかけるならば実施しなければなりません。しかし，無作為化は，実験の順番が

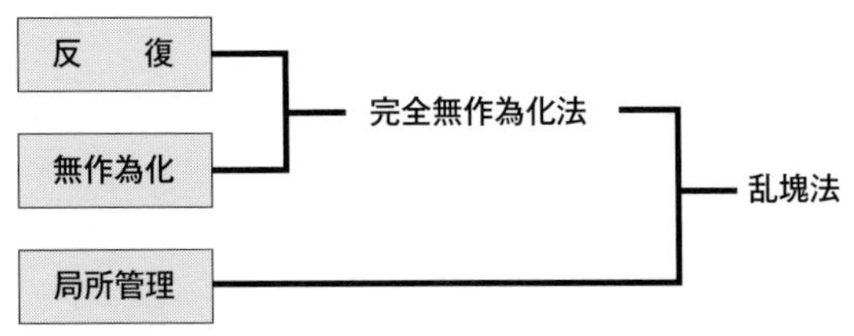

図 10.9　フィッシャーの三原則と実験配置法

（要因効果と同じ／反対の）方向性を持っていないと断言できるならば不要です。ただし，空間にしろ，時間にしろ，そのままの順番で実験すると，少なからず系統誤差を生じる恐れをはらんでいるものです。ですから無作為化が可能ならば，系統誤差予防という意味でも実施しておいた方が良いでしょう。このように，反復と無作為化の2つの原則に従った実験管理を**完全無作為化法**（completely randomized design）と呼び，もっとも基本的な実験計画としてよく用いられています（図 10.9）。

圃場実験の例だと図 10.10 左のように，圃場全体で実験を管理するのが完全無作為化法です。この完全無作為化法に，局所管理を取り入れた（つまり三原則全てに従う）実験計画を**乱塊法**（randomized block design）と呼びます。図 10.10 の右のように，ブロック単位で実験を管理しています（反復は圃場全体，無作為化はブロック単位）。乱塊法は，無作為化だけでは対処できない規模の大きい（反復の多い）実験や，個人差・実験日など大きな系統誤差が生じる可能性のあるときに向いています。注意しなければならないのは，大した系統誤差でないのに小分けにすると，誤差分散の自由度が小さくなってしまうため，むしろ検出力が弱まってしまうことです。

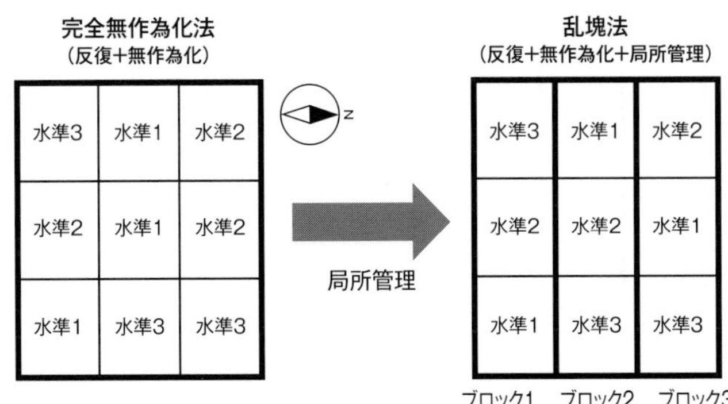

図 10.10　完全無作為化法と乱塊法

ラテン方格法

乱塊法を発展させ，2種類のブロック因子を導入した実験配置を**ラテン方格法**（Latin square design）と呼びます。ラテン方格とは，n行×n列の表の各行列に，n個の異なる数字や記号が1回だけ現れるようにした表のことです。少し前に「数独」という鉛筆パズルが流行しましたが，あれこそラテン方格の応用例です。また，次節で解説する直交表もラテン方格を発展させたものです。

このラテン方格を使うと，2種類のブロック因子を導入できます。

図10.11の左は，圃場の南北（行）方向に系統誤差（例えば日照量）が入る状況において，東西（列）方向のブロック因子を1つ導入した乱塊法の圃場実験（図10.10右と同じ）です。図の右は，南北に加えて東西（列）方向にも系統誤差が入る状況において，南北（行）方向のブロック因子を導入したラテン方格法です。列のブロック内だけでなく，行のブロック内でも無作為に施肥水準が並び替えられているのがわかりますでしょうか（どの行と列を見ても同じ施肥水準の数字はありませんね）？　なお，事例ではどちらのブロック因子も区画という空間を対象としていますが，片方だけ時間（作業日など）とすることなどもできます。また，ラテン方格は行列の数が同じでなければならないので，水準数と同じ数だけのブロックが必要となる点には注意してください。

ラテン方格法による実験で収集されたデータは，1つの要因に加えてブロック因子が2つですので三元配置分散分析となります（ただし，検定結果に興味があるのは要因効果のみです）。ですから，Excel分析ツールでは扱えませんが，Rコマンダーならば多元配置分散分析というメニューで分析可能です。

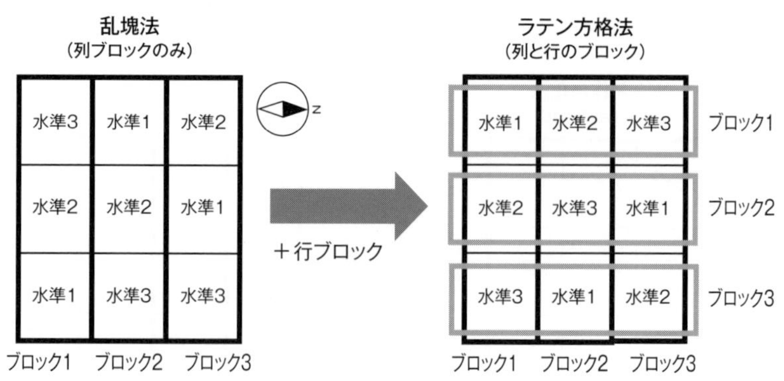

図 10.11　ラテン方格法

分割法

実験で検証したい要因が複数ある場合，全要因を同時に無作為化して配置するのは難しい場合があります。そのようなとき，水準を入れ替えるのが面倒な要因（**1次因子**）から配置して，次に1次因子の各水準内で，水準入れ替えが容易なほかの要因（**2次因子**）を配置すると効率的です。このように，実験配置を一度にではなく，段階的に分割して行う方法を**分割法**（あるいは分割区法；split-plot design）と呼びます。

図10.12は，屋外の圃場で，灌水（水管理）と施肥という2つの要因が収量という特性に与える効果を検証する実験です。施肥量の水準を狭いブロックの中で変化させるのは大した手間ではないですが，灌水はそうはいきません（大変な労力・時間・費用がかかります）。そこで，最初に灌水（1次因子）の水準配置を圃場全体で行ってしまいます。この図では，2水準を無作為に2反復させて完全無作為化法となっていますが，乱塊法やラテン方格法を採用することもあります。

次に水準変更が容易な施肥要因（2次因子）を，1次因子の各水準内で無作為に配置します。このように，2次因子の配置は単なる無作為化が多いのですが，1次因子の水準がブロックとなるので，実質的には乱塊法になります（この段階でブロック因子をもう1つ導入してラテン方格とすることもあります）。図10.12を見ていただければわかる通り，2要因同時に無作為化する場合には灌水水準を何度も変更しなければならなかったのに対して，分割法を使ったことで2回で済みました（a1→a2とa2→a1）。なお，この事例では2次までですが，必要ならば3次因子や4次因子……と設定します。

乱塊法と何が異なるのかわかり難かったかもしれませんが，基本的に乱塊法は実験要因と系統誤差を生じるブロック因子とを同時に配置する方法なのに対して，分割法は複数の実験要因を段階的に配置する（1次の実験要因の水準を

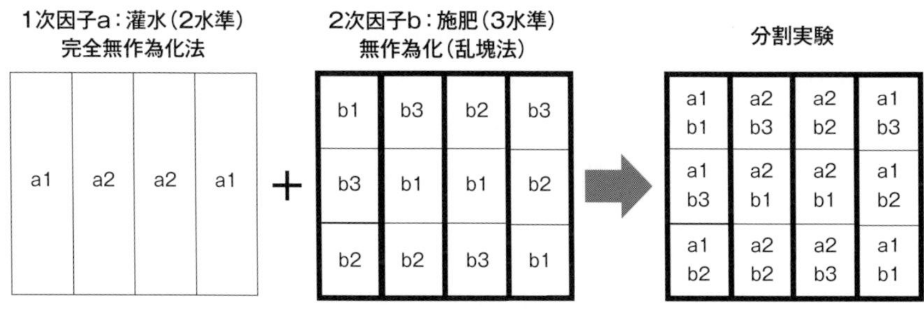

図 10.12　分割法

2次ではブロックと見なし，検定も行う）方法であるということです。

さて，分割法で計画された実験（**分割実験**）で観測されたデータの分析ですが，1次と2次で工程が全く異なる実験であることを考えれば，1次因子の配置で発生する誤差と2次因子の配置において発生する誤差とでは異なるため，本来は1次と2次を分けて分散分析にかけなければなりません。ただし，計算が複雑になるので（本書でも扱いません），図10.12の一番右のデータに対する簡易的な分析として，単なる「繰り返しのある二元配置分散分析」を実施してもよいでしょう（水準組合せあたりの繰り返し数は2回）。

10.6　直交計画法　―実験の効率化―

直交（配列）表

ここまでは，あるべき要因効果を誤らずに検出するためには，どのように実験の場を配置すべきかを学んできました。しかし，実験計画法にはもう1つ目的があります。実験の効率化（実験を小さくすること）です。

例えば，いちから手探りの初期実験の場合，主効果の存在を分散分析で検証したい要因候補がたくさんあるでしょう。しかし，たとえ2水準しかない要因でも7つあれば，組合せ数は2^7ですから，全部で128回（種類）の実験を実施しなければなりません。手軽に実施できる実験なら問題ないでしょうが，1回の実験に結構な時間や費用，労力，スペースを必要とする場合，全てを実施するのは極めて困難です。

そこで，**直交表**（orthogonal array）という魔法の表を使って，一部の必要な実験だけを実施するようにするのが**直交計画法**（orthogonal design）です。つまり，実験をスクリーニング（選別）して効率化を図るのです。

直交表（直交配列表ともいいます）にもいろいろあるのですが，例えば表10.2を使うと，2水準の要因が7つある場合でも，なんと8種類の実験で済んでしまうのです。なぜ，このようなことが可能なのでしょうか？

表10.2は，正式には$L_8(2^7)$直交表といいます（以降，L_8表と略します）。名称の読み方から説明すると，Lはラテン方格の頭文字で，添字の8は水準の組合せ（実験の種類）の数，括弧の中の2は水準数，指数の7は直交表に割り付けられる要因（誤差も含みます）の数です。つまり直交表の列は要因，表中の数字は水準，行は水準の組合せ（実験の内容）を表しています。例えば実験番号1の（行の）内容は，7つの要因の水準が全て1となります。

表 10.2 $L_8(2^7)$ 直交表

実験番号＼列番号	[1]	[2]	[3]	[4]	[5]	[6]	[7]
1	1	1	1	1	1	1	1
2	1	1	1	2	2	2	2
3	1	2	2	1	1	2	2
4	1	2	2	2	2	1	1
5	2	1	2	1	2	1	2
6	2	1	2	2	1	2	1
7	2	2	1	1	2	2	1
8	2	2	1	2	1	1	2

水準の組合せ（実験の種類）の数

列（要因）の数

$L_8(2^7)$

ラテン方格

水準の数

列[1]や[2]を（縦に）見てみると，いずれも水準1の実験が4回，水準2の実験が4回反復されているため，各列に割り付けられた要因の変動を，実験で観測されたデータから計算できるというわけです（反復数が異なると，水準間の分散が異なったり，後述の直交を保てなくなったりしてしまいます）。

直交表という名前の由来ですが，どの2列をとっても1-1，1-2，2-1，2-2という水準の組合せが2回ずつ現れるように作られていることから来ています。というのも，このように数字を配列すると，各列（要因）が全て直交するのです。**直交**（orthogonal）とは，2列のベクトルの内積が0，つまり独立して相関がないことで，分散分析にかける各要因は独立していなければならないため大切な条件です（逆にいえば，直交しているから，列に要因を割り付けて実験を計画できるのです）。

さて，肝心の直交表を使うと実験数を間引ける理由ですが，それは「大半（あるいは全部）の交互作用の検証をあきらめている」からです。

例えば，L_8表は，もともと2水準の要因が3つの三元配置が基本です。要因をa，b，cとすると，交互作用は全部で$a \times b$，$a \times c$，$b \times c$，$a \times b \times c$の4つです。もし，主効果に加えて交互作用の存在を全て検証したいならば，3要因2水準の全組合せ，つまり2^3で8種類の実験を実施しなければなりません。しかし，そもそも交互作用は，実験の目的からすると全てが重要というわけではないですし，むしろあると困る場合が多いでしょう。また$a \times b \times c$などという高次の交互作用は，あったとしても極めて小さくなります。そこで，それほど重要ではない交互作用や高次の交互作用の検証は潔くあきらめる（存在しないと仮定する）のです。そうすれば，水準の組合せのうちのいくつかは不要となり，実験が間引けるというわけです（実際には，あきらめた交互作用の代わりに第4，第5の要因を割り付けます）。

いろいろな直交表

本書では，2水準の要因だけを配列させた**2水準系直交表**の代表格であるL_8表しか扱いませんが，ほかにも，もっと多くの要因を割り付けられるようにした大きな表や，3水準の要因だけを配列させた**3水準系直交表**，2水準と3水準の要因を混ぜて配列させた**混合系直交表**があります。

4水準や5水準の表はないの？　と思われるかもしれませんが，大抵の主効果は，水準1から水準2になるに従って特性値が上がるとか下がるとかの単純な傾向であることが多いため，2水準だけでも十分役に立つのです。さらに3水準ならば，上がって下がる，あるいは下がって上がるなどの複雑な効果まで捉えることができます。ただし，どうしても4水準の要因を導入したいという場合には，2水準系の2列を統合して1つの列として割り付ける方法（**多水準法**）もあります。

さて，こうした直交表は自作することもできますが，大きな表になると，直交するように数字を配列するのはなかなか難しいので，よく使われる直交表は公開されています。本書でも次に挙げる代表的な直交表を付録Ⅷ～Ⅹに掲載していますので，検証したい要因数や交互作用の有無に合わせて選ぶことができます。ただし，2水準系や3水準系では一部の交互作用を検証できますが，混合系では全くできない点に注意が必要です。

- **2水準系直交表**：$L_4(2^3)$，$L_8(2^7)$，$L_{16}(2^{15})$
- **3水準系直交表**：$L_9(3^4)$，$L_{27}(3^{13})$
- **混合系直交表**：$L_{18}(2^1 \times 3^7)$，$L_{36}(2^{11} \times 3^{12})$

要因の割付

直交表によって交互作用を検証できるものとできないものがあるのは不思議に思われるかもしれませんが，それは交互作用が現れる列を配列できるかどうかという，単に技術的な問題です。つまり，2水準系や3水準系の場合には，特定の列に交互作用が現れるように配列できるのですが，混合系の場合にはそれができないのです（交互作用は各列に均等に配分されます）。

ですから，直交表に要因を割り付けて実験を計画する際，混合系は自由に割り付けられるのですが，2水準系や3水準系の場合は交互作用が現れる列を避けなければなりません。L_8表を事例に，どのように要因を割り付ければよいのかを解説しましょう。

既述したように，L_8表は2水準の要因が3つの三元配置から出発しています。図10.13の一番上がその基本形です。なお，要因が複数ある場合，「この主効果の存在は必ず検証したい」というものから「割り付けられるならば，とりあえず検証しておくか」というものまでいろいろでしょう。ですから，ここではaを一番重要な要因として，b，cと行くに従ってその順位は下がるものとします。

普通はもっとも検証したい重要な要因を最初に（左の列から）割り付けるでしょうから，列[1]にaを，列[2]にbを割り付けることになります。次に列[3]ですが，要因cよりも，まずはaとbの交互作用が見たいだろうということで，列[1]と列[2]の交互作用が現れるように配列されています。表10.2で，水準1を−1，水準2を1に置き換えてみれば，列[3]が列[1]と列[2]を乗じた列であることがわかると思います。よって，列[3]には要因は割り付けず（$a \times b$用に残しておきます），列[4]に要因cを割り付けます。同様に，列[5]には列[1]と列[4]の交互作用（$a \times c$），列[6]には列[2]と列[4]の交互作用（$b \times c$），列[7]には列[1]と列[2]と列[4]の交互作用（$a \times b \times c$）が現れるように配列されています。

ただし，このままでは要因は3つしか割り付けられていないので，実験はスクリーニングされていません。そこで，検証不要な交互作用を決めて，その列に第4の要因，第5の要因……を割り付けて行くのです。また，分散分析を実

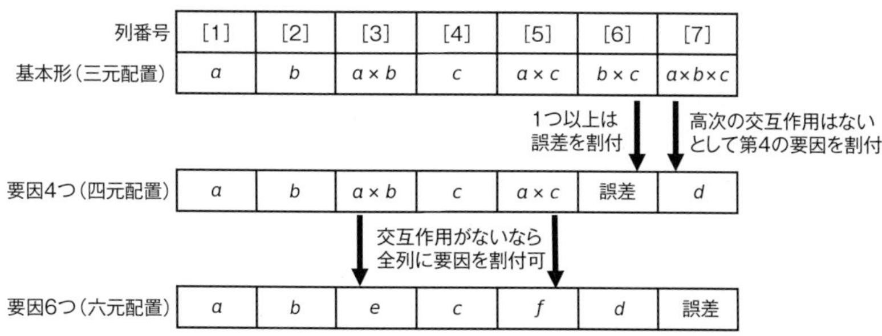

図 10.13　$L_8(2^7)$ 直交表への割付事例

施するには誤差（検定統計量Fの分母）が必要なので，最低1列を誤差（群内変動）の計算用に残しておく必要があります（2列以上を誤差としても問題ありません）。もちろん，予備実験や類似の既往実験から誤差を計算できる場合には，7列全てに要因や交互作用を割り付けられます。

さて，図10.13の真ん中が，第4の要因dを導入するとき（四元配置）の典型的な割付パターンです。列[7]の$a \times b \times c$という高次の交互作用は存在しても極めて小さいでしょうし，あっても使いものになりませんので，代わりに要因dを割り付けるのです。残るは列[5]と[6]なので，どちらかを誤差とします。普通は$b \times c$よりも$a \times c$の方に興味があるでしょうから，列[5]を$a \times c$として，列[6]を誤差とするのが一般的でしょう。

なお，どのような交互作用も存在しないと仮定できるならば，図10.13の一番下のように，誤差用に1列を残しておけば，そのほかの6列を全て要因に割り付けることができます。ただし，交互作用があったら，割り付けた要因の主効果と交絡する危険はあります。

直交計画と分散分析

図10.13真ん中の典型的な四元配置の割付パターンで実験を計画してみましょう。表10.3は，L_8表から列[1][2][4][7]を取り出し，それぞれに要因aからdを割り付けたものです。列[3][5][6]は交互作用と誤差の列ですので，検定統計量の計算には使いますが実験の計画には使いません。また，最右列のx_1～x_8は，8種類の実験を実施して観測したデータで，$\bar{\bar{x}}$は総平均です（どちらにも具体的な値が入ります）。

表10.3　L_8表を使った四元配置実験

実験番号＼列番号	[1] a	[2] b	[4] c	[7] d	データ
1	1	1	1	1	x_1
2	1	1	2	2	x_2
3	1	2	1	2	x_3
4	1	2	2	1	x_4
5	2	1	1	2	x_5
6	2	1	2	1	x_6
7	2	2	1	1	x_7
8	2	2	2	2	x_8
					$\bar{\bar{x}}$

復習：群間変動は，
反復数 × $\sum$(群平均－総平均)^2

[群平均 $\bar{x}_1$－総平均 $\bar{\bar{x}}$]^2

これらの和に4（反復数）を乗ずれば群間変動

[群平均 $\bar{x}_2$－総平均 $\bar{\bar{x}}$]^2

水準ごとにまとまっている列[1]を事例として，割り付けた要因aの主効果の“群間変動”を計算してみましょう。第8章の復習になりますが，群間変動は，反復数×$\sum$(群平均－総平均$)^2$です。ですので，水準1の群平均$\overline{x}_1$から総平均$\overline{\overline{x}}$を引いた偏差の2乗と，水準2の群平均$\overline{x}_2$から総平均$\overline{\overline{x}}$を引いた偏差の2乗を足し合わせたものに，反復数の4をかければ群間変動となります。自由度は水準数－1ですから“1”となり，（2水準系の場合は）群間変動がそのまま要因分散（検定統計量Fの分子）となります。

一方，検定統計量Fの分母となる誤差分散も，誤差を割り付けた列[6]を使って，全く同じように計算できます（列[1]と違って水準1と水準2が飛び飛びなので面倒です）。後は，それらの比であるF値を限界値（第1，第2自由度とも1なので，5％有意水準で161.45となります）と比較して，効果がないという帰無仮説を判定します。以上，この作業を誤差以外の全ての列（主効果と交互作用）で繰り返します。

このように，直交表を使って計画した実験データを分散分析にかけるのは手間がかかります。ですので，実際には直交表の分散分析がそのままできるソフトウェアを使うことになるでしょう。ソフトウェアでは，海外のJMPやSPSS Conjointなどが有名ですが，日本製（社会情報サービス）のエクセル統計でもL_8表のみ分散分析できます。ただし，2水準系ならば，Excel分析ツールでも要因の効果を検定できます（3水準系や混合系もダミー変数という技を用いれば可能ですが，ちょっと面倒です）。分析ツールの「回帰分析」を選択し，[入力Y範囲]にデータ列を，[入力X範囲]に直交表の誤差以外の列（交互作用を含む）を指定すれば，出力される各変数（列）のp値から，各主効果や交互作用が有意かどうかを判定できます（回帰分析は，第12章で学びます）。

10.7 直交計画法の応用分野

品質工学

直交表は，近年，品質工学（パラメータ設計）とマーケティング（コンジョイント分析）の2分野で発展的に利用されています。それぞれが1冊のテキストになる内容ですので，概要と直交表の利用場面だけ紹介させていただきます。

品質工学（quality engineering）は，技術開発や新製品開発を効率的に行う技法体系のことで，田口玄一（トピックス⑦）が独りで築き上げました。品質工学は，図10.14のように3つの分野から構成されています。

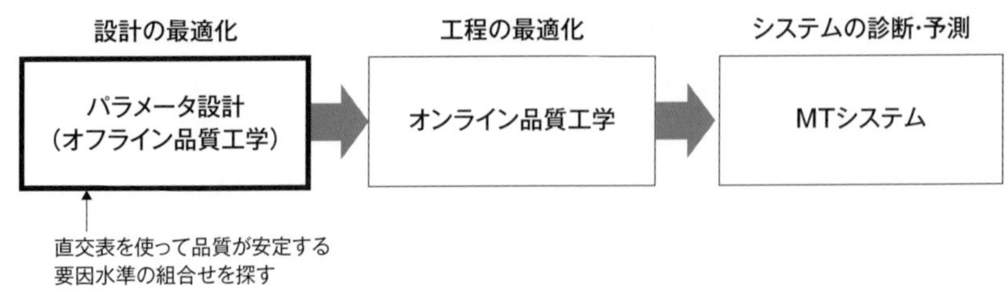

図 10.14　品質工学

① パラメータ設計（オフライン品質工学）：製造品質のバラツキを抑えるためのパラメータ（制御因子）を求める。
② オンライン品質工学：調整や管理のタイミングなど，製造段階の工程条件を費用とのかねあいで最適化する。
③ MTシステム：多変量解析を発展させたマハラノビス距離によって，システム異常や不良品の発生を予測する。

このうち，①の**パラメータ設計**（parameter design）において直交表が用いられます。

実験計画法や分散分析の目的は，特性（結果）が最大になる要因水準の組合せを見つけることでした。いいかえると，高い性能を発揮するパラメータをひたすら追い求めていたのです（穀物収量を上げるためには施肥量や給水量をどうすればよいかなど）。しかし，消費者（ユーザー）にとっての「品質の良さ」とは，実際に製品を使用する様々な環境の下でも安定して性能を発揮することであることに田口博士は気付いたのです。

例えば，ある特定の気候の下でしか収量が高くならない施肥量や給水量の組合せを発見しても，ほとんどの農家にとって使い物になりません。やはり，どのような気候の下でも収量を高くできる組合せこそ，全ての農家にとってありがたい栽培法（パラメータ）ですよね。

そこで，たくさんの要因（制御できなければなりません）を直交表に割り付けて，多様な環境（気候などの制御できない要因，つまり誤差）の下で実験を観測し，特性のバラツキがもっとも小さくなる水準の組合せを見つけるのがパラメータ設計です（**SN比**という安定性指標を用います）。なお，パラメータ設計では，$L_{18}(2^1 \times 3^7)$直交表など，交互作用が各列に分散された混合系が用いられます。市場で未知の交互作用があっても負けない，実用性の高い製品を開発するためです。

トピックス⑦

直交計画と品質工学

実は，直交配列表を作成するのは大変難しいのです（というよりも一貫した論理がありません）。そのため，直交計画という考えは昔からありましたが，なかなか普及しませんでした。そうしたなか，線点図という考え方によって直交配列表を使いやすく改良し，この世に普及するきっかけを作った日本人がいます。現代の技術開発や新製品開発には欠かせない品質工学（海外では，タグチメソッドと呼ばれています）という分野を構築した田口玄一（1929〜2012）です。田口先生は若い頃からデミング賞（日本ではもっとも権威のある賞の1つです）を受賞するなど活躍されていましたが，意外にも世界的に注目されたのは1980年代に入ってからでした。その後，自動車会社フォードがタグチメソッドを取り入れて復活したのを皮切りに，他のアメリカの主力産業も次々と取り入れ，現在では，「アメリカを蘇らせた男」として認知されています。最近になって実験計画法の復刻版が出版されましたので，興味のある方は読んでみてください（ただしちょっと難しいです）。『実験計画法上・下 第3版 復刻版』（各8,800円，丸善）

コンジョイント分析

コンジョイント分析（conjoint analysis）は，消費者がどのような製品やサービスを好むのかを調べる「マーケティング・リサーチ（市場調査）」のための手法です。

例えば，みなさんがスマートフォン・メーカーに就職し，主婦をターゲットとした新製品開発をまかされたとしましょう。スマホの製品属性には，画面サイズ（6インチ／5インチ），ストレージ容量（512 GB／256 GB），非接触型ICカード（有／無），OS（Android／iOS）の4つがあるとします。みなさんは開発に先立ち，どのような属性水準を組み合わせた製品（**プロファイル**）を主婦が好むのかを知るため，アンケートなどで市場調査を実施することになるでしょう。

そこでみなさんは，各属性について1つずつ，どの水準が好きかを聞いていけばよいだろうと思うかもしれません。しかし，消費者は，スマホ売り場で「1番重要なのはOSで，Androidがいいな」，「2番目に重要なのは画面サイズで，コンパクトな5インチがいいな」，などと製品属性と水準を1つずつ部分評価して購入するわけではありません（開発者としてはその情報が欲しいのですが……）。実際には，直感的に「製品Aが1番欲しいな」とか「製品Bは全然欲しくないな」というように，製品を属性と水準のかたまりとして総合評価しているのです（conjointとは結合という意味です）。

そこで，アンケートにおいても，実際の売り場のように，いくつかの仮想製品を並べて，順位付けさせたり1つだけ選択させたりするのです。そして，回帰分析などを使って総合評価を部分評価に分解し，新製品の開発に生かすというわけです（図10.15）。

そのとき消費者に提示する仮想製品のプロファイルを作成するのに，直交表を利用するのです。スマホの例ですと，2水準の属性が4つですから，全て組み合わせると32種類のプロファイルができてしまい，とてもアンケートで聞ける数ではなくなってしまいます。しかし，L_8表を使えば8種類で済むため，回答者への負担を大幅に軽減できるというわけです。

ただし，ほかの属性と関連性が高い「価格」などを属性にすると，直交性が崩れてしまったり，不合理なプロファイル（安いのに性能が高い製品など）ができたりしてしまうため，注意が必要です。

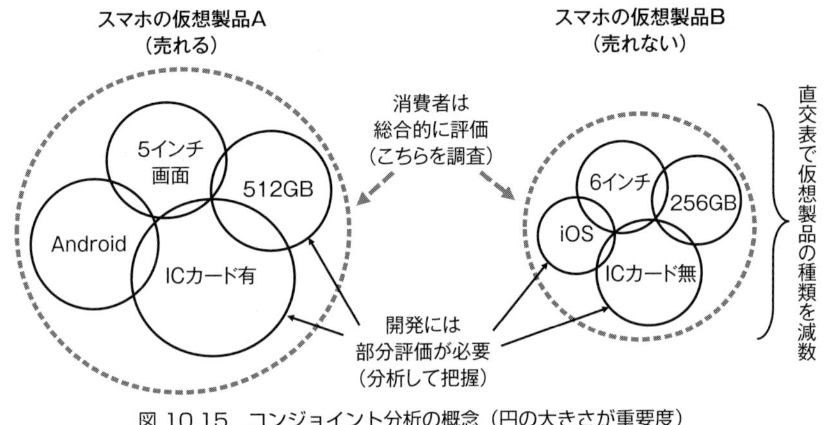

図 10.15　コンジョイント分析の概念（円の大きさが重要度）

章末問題

問1　下の図は，フィッシャーの三原則とその役割について整理したものである。①～③に入る原則の名称を答えなさい。

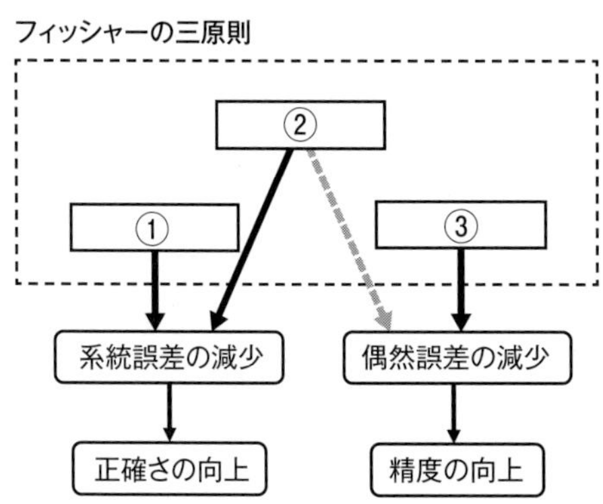

問2　次は，フィッシャーの著書『実験計画法』で紹介された「紅茶の実験」を要約したものである。a～dについて答えなさい。

- **目的：**ある婦人が，ミルクティーを味わえば，ミルクと紅茶のどちらを先にカップに注いだかを識別することができると主張した。そこでフィッシャーは，本当に婦人が識別能力を有しているのかどうかを検証する実験を計画した。
- **実験：**合計8杯のミルクティーのうち，4杯はミルクを先に，残りの4杯は紅茶を先に注いで，それを無作為の順序で婦人に供する（婦人はどちらも4杯ずつであることを知っている）。
- **判定：**婦人が8杯のミルクティーを，それが受けた処理と一致するように，4個ずつの2組に分けることができれば，婦人の主張は正しいといえる。

a.　帰無仮説と対立仮説はどのような内容になるか？

b.　なぜ同じ処理の紅茶を1杯ずつではなく4杯ずつ入れたのか？　それぞれの識別能力がなくても偶然に当たる確率を比較して答えなさい。
※ヒント：4杯ずつのときの偶然当たる確率は，異なる8杯の中から4杯を（順序を考えずに）取り出す「組合せの数」を使って計算します。

c.　なぜ無作為の順番で，紅茶を婦人に供したのか？

d.　このような実験計画（実験の場の配置）を何と呼ぶか？　また，婦人のお腹が膨れないように，味見を1日に各処理1杯ずつにして（供する順番は日によって無作為に変える），実験を4日に分けるとしたら，どのような実験計画になるだろうか？

問3　次はL_8表に（図10.13真ん中と同じ）典型的な四元配置の割付パターンを用いて計画して実験した結果である。4つの主効果と2つの交互作用を検定しなさい（有意水準$\alpha = 0.05$）。できれば手計算が望ましいが，Excel分析ツールの［回帰分析］を用いても良い。

	a	b	$a \times b$	c	$a \times c$	誤差	d	データ
1	1	1	1	1	1	1	1	3
2	1	1	1	2	2	2	2	8
3	1	2	2	1	1	2	2	4
4	1	2	2	2	2	1	1	9
5	2	1	2	1	2	1	2	1
6	2	1	2	2	1	2	1	4
7	2	2	1	1	2	2	1	1
8	2	2	1	2	1	1	2	5
							総平均	4.375

第11章 ノンパラメトリック検定

ノンパラメトリック検定： 母集団について特定の確率分布を仮定しない検定手法。
独立性の検定： クロス集計表の表側と表頭の2変数の関連性を検証する。カテゴリデータの分析に適している。
マン・ホイットニーの*U*検定： t 検定のノンパラ版で，対応のない2群の分布位置のズレを検証する。順位データや外れ値のあるデータに適している。

11.1 ノンパラの活躍場面

その1：質的データの場合

本章では，母集団に特定の確率分布を仮定しない**ノンパラメトリック検定**（nonparametric test；母数によらない検定，**ノンパラ**と略す）を解説します。

まずは，ノンパラが有効な2つの場面から紹介しましょう。

ここまで学んできた仮説検定（t 検定や分散分析など）は，母集団が特定の確率分布に従っていることが前提でした。例えば t 検定の場合，図11.1のように，2つの標本分布とも，正規分布に従った母集団（正規母集団）から抽出されたと仮定しているから，観測データを使って母平均の差を推測できたのです。このような母集団に特定の確率分布を仮定する検定を**パラメトリック検定**（parametric test）と呼びます。なお，パラメトリックとは，「母数による」とか「母数を持つ」という意味ですので，「母集団が母数（正規分布ならば平均と分散）を持っている場合の検定」ということになります。

しかし，みなさんが扱うデータは，母集団に確率分布を仮定できるものばかりではありません。人の感覚を用いて製品の品質を評価する官能検査や，アンケート調査で観測されるデータを考えてみてください。例えば甘味検査で観測されるのは，甘くない (1)，やや甘い (2)，……，とても甘い (5)，のような順位データ（順序尺度）ですし，職業に関する質問で観測されるのは，会社員 (1)，自営業 (2)，……，無職 (5)，のようなカテゴリデータ（名義尺度）で

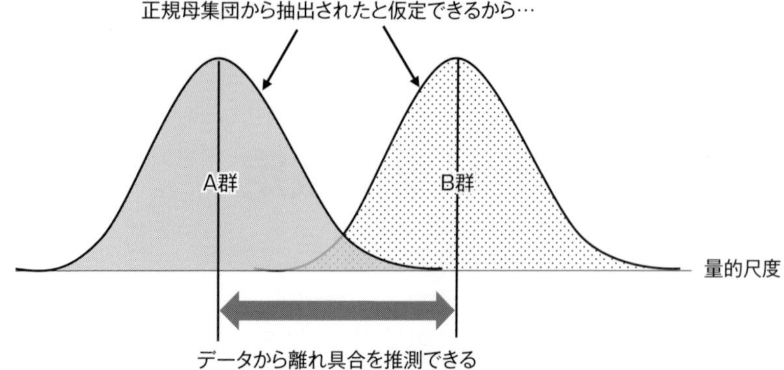

図 11.1　パラメトリック検定（2群の平均の差）

す。こうした質的データは，確率変数ではない（1や2の確率が決まっていない）ため，特定の確率分布を仮定できません。なぜならば，甘くない（1）とやや甘い（2）の間と，やや甘い（2）と結構甘い（3）の間の感覚的距離は同じではないでしょうし，名義尺度ならば1と2が逆になっても構わないからです（自営業（2）が会社員（1）の2倍というわけではありませんね）。

つまり，図11.2のように，母集団の分布形が不明な質的尺度の場合，観測データを使って直接母集団の離れ具合を推測することはできないのです。そこで，観測データの持つ「度数」や「順位」の情報から，帰無仮説の下での確率を間接的に求めるノンパラが活躍します。

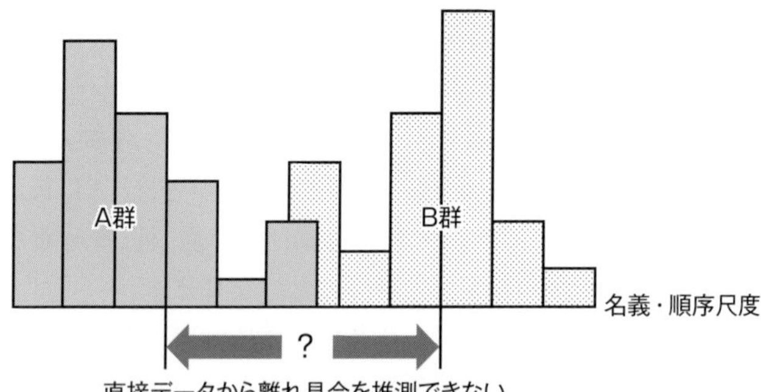

図 11.2　パラメトリック検定が使えない場面

その2：外れ値のある場合

それならば，量的データならば，いつでもパラメトリック検定で大丈夫かというと，そうでもないのです。

試しに，表11.1のデータに，t検定（対応のない2群の平均の差の検定）を実施してみましょう。すると，母平均に差のありそうな2群であるにもかかわらず，両側5％水準では有意差を検出することができません。これは，A群とB群に1つずつある**外れ値**が検定統計量を小さく歪めてしまっているためです。つまり，パラメトリック検定は，少数の極端に大きな（あるいは小さな）値に弱いのです。これら外れ値が測定機器の誤作動や入力ミスによる異常値ならば削除すればよいですが，ちゃんとした実験結果ならばそうもいきません。しかし，ノンパラを用いれば，外れ値も含めても検出力をほとんど落とさずに検定できます。

表 11.1　外れ値のあるデータにパラメトリック検定は弱い

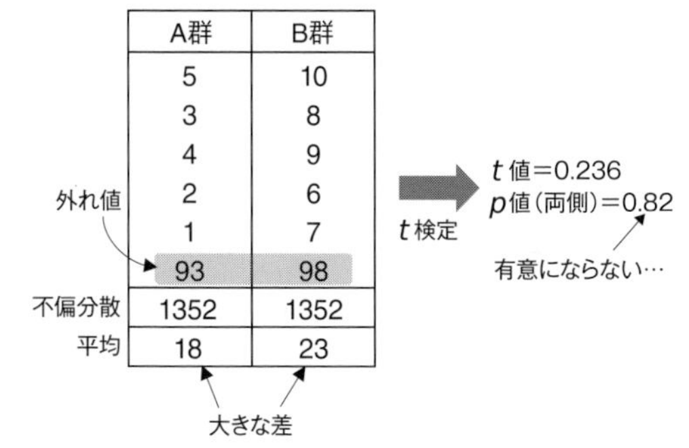

	A群	B群
	5	10
	3	8
	4	9
	2	6
	1	7
外れ値	93	98
不偏分散	1352	1352
平均	18	23

いろいろなノンパラ

以上のように，質的データでも量的データでも活躍するノンパラですが，あくまで検定の総称ですから，具体的には様々な手法が開発されています。そのなかから主だった手法を表11.2に整理しました。

これらの中から目的に合わせて，分析対象となる測定尺度や群（水準）数，対応関係に従ってデータに適した手法を選ぶことで，検出力を落とさずに検定することができます。なお，実際にノンパラを使用する場合，計算が結構面倒なので，ソフトウェアを使用することになります。残念ながらExcel分析ツールにはノンパラは搭載されていませんが，Rコマンダーならば表で○が付いた検定を実施することができます（△は実質的に同じ検定手法あり）。

このように，ノンパラは大きく分けると，名義尺度によるカテゴリデータ用

表 11.2　いろいろなノンパラメトリック検定

名称	対応関係	群数	測定尺度	同等のパラメトリック手法,目的	Rコマンダー
独立性の検定	なし	多群	名義	対応のない多群の比率の差の検定	○
フィッシャーの正確確率検定	なし	2群	名義	対応のない2群の比率の差の検定	○
マクネマー検定	あり	2群	名義	対応のある2群の比率の差の検定	×
コクランのQ検定	あり	多群	名義	対応のある多群の比率の差の検定	×
マン・ホイットニーのU検定	なし	2群	順位	対応のない2群の平均の差の検定	△
ブルンナー・ムンツェル検定					×
符号検定	あり	2群	順位	対応のある2群の平均の差の検定	×
ウィルコクソンの符号付順位検定	あり	2群	量的	対応のある2群の平均の差の検定	○
クラスカル・ウォリス検定	なし	多群	順位	対応のない一元配置分散分析	○
フリードマン検定	あり	多群	順位	対応のある一元配置分散分析	○
スティール・ドゥワス法	なし	多群	順位	多重比較法(全対比較)	×
スティール法	なし	多群	順位	多重比較法(対照群比較)	×
シャーリー・ウィリアムズ法	なし	多群	順位	多重比較法(対照群比較,単調性有)	×

の手法（表の上から4つまでが該当）と，順序尺度による順位データ用の手法になります（表の5つめから下が該当）。また，外れ値のある量的データには順位データ用の手法を用います。

本章では，これらのなかから，それぞれもっとも基本的で，かつ使用する場面が多いと思われる「独立性の検定」と「マン・ホイットニーのU検定」を中心に解説し，「フィッシャーの正確確率検定」と「適合度検定（表にはありません)」，そして「ブルンナー・ムンツェル検定」についても簡単に触れたいと思います。なお，ノンパラは検定だけでなく，中央値の信頼区間など，各種の推定なども行えるのですが，本書では検定用途に限定させていただきます。

11.2　独立性の検定　—カテゴリデータの検定—

クロス集計表の検定

まずは，名義尺度によるカテゴリデータの検定のなかでも，もっともよく使われる**独立性の検定**（test of independence）を解説しましょう。この検定は，K・ピアソン（トピックス⑧）が，この後説明する統計量がχ^2分布に近似的に従うことを検定に初めて利用したので，**ピアソンのχ^2検定**（Pearson's chi-square test）とも呼ばれます。ただし，ピアソンのχ^2検定には，この検定のほかにも適合度検定（節11.4）というものがあるので，それと区別するために独立性の検定と呼んでおきます（両手法は目的が異なるだけで理論は同じです)。また，わざわざピアソンという発案者の名称をχ^2検定に付けているのは，ほかにもいろいろなχ^2検定があるからです。とはいえ，単にχ^2検定といったら，この独立性の検定のことを指していると考えて結構です。

さて，何の独立性を検定するのかというと，クロス集計表（分割表）の表側と表頭の変数（項目，属性）です。第1章で学んだように，カテゴリデータは一切の計算を許されませんが，数のカウントはできるので，（2変数を軸とした）クロス集計表を作成して，表の度数（頻度）を使って分析するのが効率的なのです。ですから，名義尺度による（群間で対応関係のない）カテゴリデータの検定全般を**クロス集計表の検定**とか**分割表の検定**と呼びます。さらっと触れましたが，これは集計表だけあれば，オリジナルのデータがなくても2変数の因果関係などを分析できるという大きなメリットです。

言葉だけではわかりにくいので，実際の事例を使って解説しましょう。表11.3は著者の同僚の宍戸雅宏先生からいただいたナスの半身萎凋（いちょう）病に関する実験データのクロス集計表です（一部修正）。表中の値は，ポットの度数（頻度）です。

半身萎凋病は，ナス科に多く発生するカビによる土壌病害の1つで，葉や株の片側だけがしおれる病気です。この実験の目的は，エン麦（オートミールという朝食用シリアルの原料）を前作することで，半身萎凋病の発生を抑制できるかどうかを検証することにあります。具体的には，「表側（エン麦前作）と表頭（半身萎凋病）とは独立している（無関係である）」という帰無仮説が棄却できれば，エン麦前作による半身萎凋病の抑制効果が認められたということになります。

実験内容を確認しますと，宍戸先生は，エン麦を前作したポットと前作しなかったポットを25ポットずつ用意し，合計50ポットにナスを栽培しました。その結果，ナスに半身萎凋病が発生したのは，前作なしでは15ポット（発症率60％），前作ありでは5ポット（発症率20％）でした。このように，2×2の4セルのクロス集計表の場合，独立性の検定は（後ほど示す図11.3のように）

表 11.3　ナス半身萎凋病に関する実験のクロス集計表

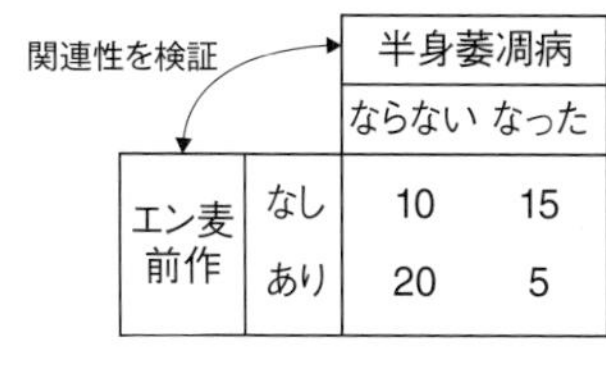

		半身萎凋病	
		ならない	なった
エン麦前作	なし	10	15
	あり	20	5

実質的に2群の比率の差の検定となります（原因が3水準で3×2の表ならば3群の比率の差の検定）。

独立性の検定は，もっとセルの数が多くても（大きな分割表でも）可能ですが，両変数（表側と表頭）のどちらも3群以上の場合は比率の検定ではなくなります（表側と表頭の変数が関連しているかどうかを検証するだけ）。とりあえず今回は，計算が容易な小さな集計表を事例として使わせていただきます。

検定統計量（ピアソンのχ^2）

集計表の表側と表頭の変数が，独立しているか否（関連している）かを判定するには，どのような検定統計量を考えれば良いでしょうか？

検定統計量は帰無仮説が正しい下での統計量ですので，まずは表側と表頭の変数が独立している場合に，表の4つのセルにどのような度数が入る（配置される）のかを考えます。表11.4の右が，帰無仮説が正しい（表側と表頭の変数が独立している）場合に配置されると期待される度数です（左表は観測度数の配置で表11.3と同じ）。

表 11.4　観測度数と期待度数

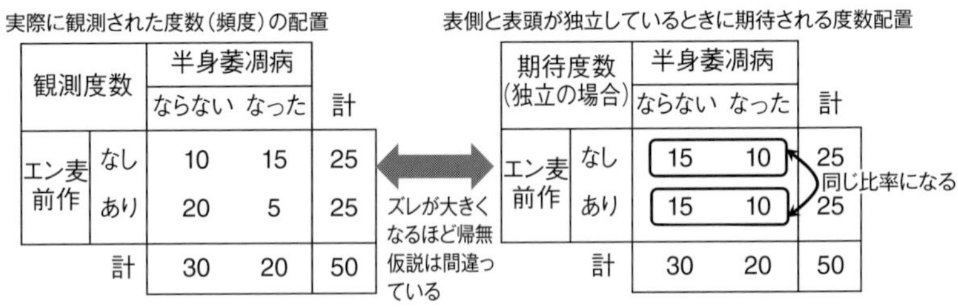

実際に観測された度数（頻度）の配置

観測度数		半身萎凋病 ならない	半身萎凋病 なった	計
エン麦前作	なし	10	15	25
	あり	20	5	25
	計	30	20	50

表側と表頭が独立しているときに期待される度数配置

期待度数（独立の場合）		半身萎凋病 ならない	半身萎凋病 なった	計
エン麦前作	なし	15	10	25
	あり	15	10	25
	計	30	20	50

もし，両変数が独立している（エン麦前作の効果がない）ならば，エン麦前作「なし」と「あり」とのそれぞれの行において，半身萎凋病にならなかった度数となった度数が同じ比率になるはずです。つまり，エン麦前作なし・ありに関わらず同じ発症率になるいうことです。ただし，行や列の合計（**周辺度数**と呼びます）が変わってしまっては実験自体が異なってしまうので，それを変化させずに考えると，その度数比率は15：10（発症率40％）となります。各セルの期待度数の計算式は，周辺度数の積を総度数で割った値です（右表左上のセルならば$25 \times 30 \div 50 = 15$）。

よって，実際に観測された度数の配置（左表）と，帰無仮説が正しい場合に期待される度数の配置（右表）が食い違うほど，帰無仮説は間違っているとい

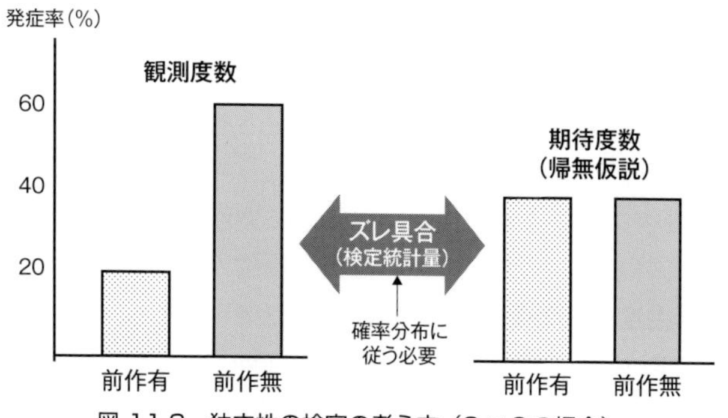

図 11.3　独立性の検定の考え方（2×2の場合）

えます。つまり，観測度数表と期待度数表のズレ具合を検定統計量にするのです。棒グラフで表すと図11.3のようになります（2×2以上だとグラフにするのは難しいです）。

では，どのようにすれば両表のズレ具合を把握できるでしょうか？　最初に思いつくのは，各セルの度数を引き算して，その差を足し合わせることですね。しかし，それではプラスとマイナスになるセルが出てきた場合に相殺されてしまいますし，何の確率分布にも従いませんので検定統計量としては使い物になりません。というのも，客観的な判定のためには，帰無仮説が正しい下での検定統計量が，どの程度生じにくいのかを確率で評価できなければならないからです。ですから，母集団が特定の確率分布に従う必要はないノンパラとはいえども，検定統計量は特定の確率分布に従うか，あるいは何らかの方法で正確な生起確率を計算できなければならないのです。

ピアソンは，データの平方和がχ^2分布（節5.1）に従う性質を利用することを思いつきました。具体的には，観測度数と期待度数の差（**残差**と呼びますが，第12章で出てくる残差とは内容が異なります）の2乗を足し合わせるのです。ただし，そのままだと実験内容によって値が大きく変わってしまいますので，残差の2乗を期待度数で割って正規化し，いつでも同じ分布表を使えるようにしました。式にすると次のようになります（$\sum$が2つあるのは行方向と列方向に足し合わせるため）。

独立性の検定統計量（ピアソンのχ^2）　$$\sum\sum\frac{(\text{観測度数}-\text{期待度数})^2}{\text{期待度数}}$$

仮説の検定

ナスの事例で帰無仮説を判定してみましょう。まず，検定統計量χ^2を計算すると，各セルは表11.5のようになるので，足し合わせて“8.33”となります。

次に，付録Ⅲのχ^2分布表から限界値を読み取って検定統計量の値と比較します。クロス集計表における自由度νは，自由に決められるセルの数です。周辺度数が決まっているということは，行も列も制約が1つかかっているということですので，**自由度は，(行数$-$1)×(列数$-$1)**となります（事例では“1”）。χ^2分布の5％水準の限界値は，分布表の自由度$\nu = 1$の行と，上側確率$p = 0.05$の列がクロスする“3.841”となります。**Excelの関数ならば，CHISQ.INV.RT(0.05, 1)で求めることができます。**

すると，検定統計量（8.33）＞限界値（3.841）となり，表側と表頭の変数は独立しているという帰無仮説は（5％有意水準で）棄却され，関連しているという対立仮説が採択されます。よって，事例では，エン麦を前作することにより，ナスの半身萎凋病の発生を抑えることが統計的に確認されたことになります。なお，期待度数からのズレ具合は一方向なので，分布の右側だけで検定します。

表 11.5　ピアソンのχ^2の計算（事例の統計量）

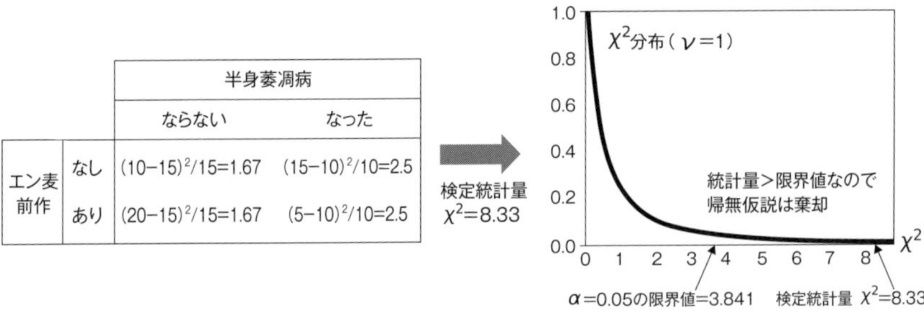

		半身萎凋病 ならない	半身萎凋病 なった
エン麦前作	なし	$(10-15)^2/15=1.67$	$(15-10)^2/10=2.5$
エン麦前作	あり	$(20-15)^2/15=1.67$	$(5-10)^2/10=2.5$

ソフトウェアによる分析

ナスの事例はセルが4つだけの小さな表だったので，簡単に検定統計量を計算できましたが，大きな表になるとソフトウェアが必要でしょう。

Rコマンダーには独立性の検定が搭載されています。

Rコマンダーのメニューから，［統計量］→［分割表］→［2元表の入力と分析］で次のような画面が出てきますので，ここで直接データを入力して，［OK］を押せば検定統計量とp値が出力されます（dfは自由度）。

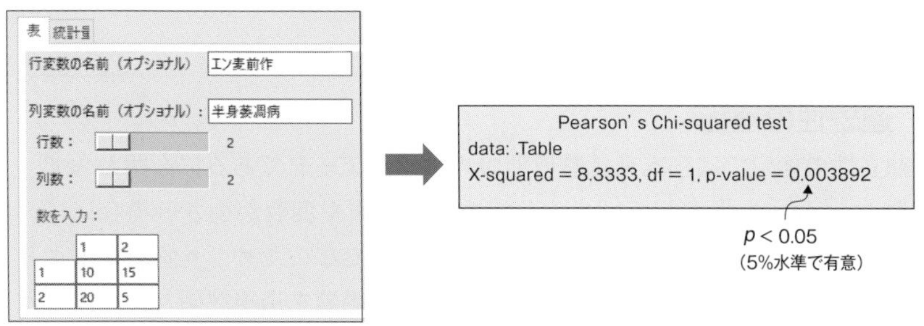

また，Excelの関数CHISQ.TEST（実測値範囲，期待値範囲）を使えば，χ^2検定のp値を求めることができます。ただし，この関数は引数を見ればわかるように期待度数の表を自分で作成しておかなければなりません。

連関係数　―関連性の強さ―

独立性の検定は，クロス集計表の表側と表頭の2つの変数が関連していることを確認する内容でした。しかし，その検定統計量χ^2は，標本サイズ（総度数）や表の大きさ（自由度）の影響を受けるため，関連性の強さそのものを示しているわけではありません。

そこで，表側と表頭の関連性の実質的な強さを示す指標（つまり効果量）である**連関係数**（coefficient of association）を求めてみましょう（帰無仮説側に立って**独立係数**ともいいます）。

連関係数にもいろいろあるのですが，もっともよく使われるのが，次の**クラメールのV**（Cramer's V）です。分母に，検定統計量の理論上の最大値（総度数×(行列数の少ない方－1)）を置くことで，標本サイズや表の大きさの影響を取り除いています。Vは0～1の値をとり，1に近いほど実質的な関連性が強いことを示します。

クラメールの連関係数　$$V = \sqrt{\frac{\chi^2}{\text{総度数} \times (\text{行列数の少ない方} - 1)}}$$

ナスの事例で計算してみると，理論上のχ^2の最大値は，$50 \times (2-1) = 50$ですので，$8.33 \div 50$の平方根で“0.41”になります。ただし，相関係数同様，「○○以上の値ならば関連性が強い」などと判断するための基準はありません。

11.3　2×2集計表の検定

連続性の補正

独立性の検定では，本来は離散型のカウントデータであるにも関わらず，連続型のχ^2分布を仮定しています。ですから，表や度数が小さい場合には，図11.4のように1本1本の柱の幅が広く，滑らかでないため，p値が本来よりも小さく歪んでしまいます。このため，第一種の過誤を過小評価して，本来は関連性がないのにあると誤る可能性が高くなってしまうのです。

そこで，**2×2の集計表で，総度数が20未満，あるいは期待度数が5未満となるようなセルがある場合**には，Yatesの補正を施すか，フィッシャーの正確確率検定を用いるようにします。順番に説明しましょう。

Yatesの補正（Yates's correction）は，次のように，観測度数と期待度数の差（の絶対値）から0.5を引いておくだけです。こうすれば，検定統計量が少し小さくなるため，帰無仮説が棄却されにくくなります（これを**連続性の補正**といいます）。

小さく補正

$$\text{Yatesの補正を施した}\chi^2 = \sum\sum \frac{(|\,\text{観測度数} - \text{期待度数}\,| - 0.5)^2}{\text{期待度数}}$$

表11.6は，ナスの事例において，わざと小標本（総度数=14）でしか実験しなかった場合を想定したデータです。まず，連続性を補正しない状態で（0.5を引かずに）検定統計量χ^2を計算してみると“4.67”で，5％有意水準の限界値（3.841）よりも大きくなります（帰無仮説は棄却されます）。次に，Yatesの補正を施した検定統計量を計算してみると“2.63”で，限界値よりも小さくなり，

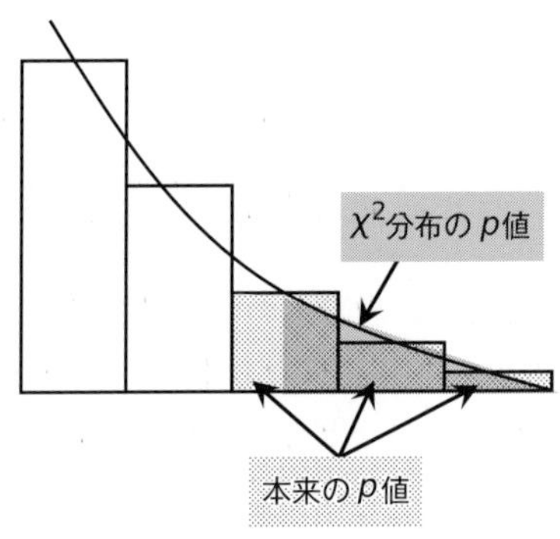

図11.4　小標本だとp値が小さく歪む

表 11.6　ナスの実験で小標本の場合

観測度数		半身萎凋病 ならない	半身萎凋病 なった
エン麦前作	なし	1	6
	あり	5	2

期待度数		半身萎凋病 ならない	半身萎凋病 なった
エン麦前作	なし	3	4
	あり	3	4

ピアソンの χ^2		半身萎凋病 ならない	半身萎凋病 なった
エン麦前作	なし	1.33	1.00
	あり	1.33	1.00

検定統計量＝　4.67（5%水準で有意）

連続性を補正 →

Yatesの補正		半身萎凋病 ならない	半身萎凋病 なった
エン麦前作	なし	0.75	0.56
	あり	0.75	0.56

検定統計量＝　2.63（5%水準で有意でない）

帰無仮説は棄却できなくなりました。連続性が補正されたことにより，本来の厳しさの検定になったのです。

正確確率検定

このように，Yatesの補正は単純で使いやすいのですが，一方で，補正し過ぎて検定における第二種の過誤が増大し，関連性があるのに検出できなくなってしまう（検出力が弱くなってしまう）欠点があります。みなさんがソフトウェアを使える環境ならば，今から解説する**フィッシャーの正確確率検定**（Fisher's exact test）を実施すると良いでしょう。

（フィッシャーの）正確確率検定は，観測された度数配置よりも（対立仮説の方へ）偏りが極端になる全ての度数配置の確率を計算し，有意水準と比較する方法です。つまり，検定統計量を補正するのではなく，観測された度数配置の起こる正確な確率を“直接”求めるのです（ですから**直接確率検定**とも呼ばれます）。図11.4でいえば，1本1本の柱の確率を計算して，「本来のp値」の3本分（ドットグラデーション部分）を足し合わせることになります。

Yatesの補正で使ったナス実験の小標本事例で説明しましょう。

表11.7のように，周辺度数（行と列の和）を固定した中で，考えられる度数配置は4パターンあります（ただし，エン麦前作が発病を抑制する方向のみ）。一番左が帰無仮説の下で期待される度数配置で（表11.6の右上と同じ），一番右が対立仮説の下で期待される度数配置，右から2番目が実際に観測された度

表 11.7　周辺度数を固定した場合に考えられる度数配置と観測される確率

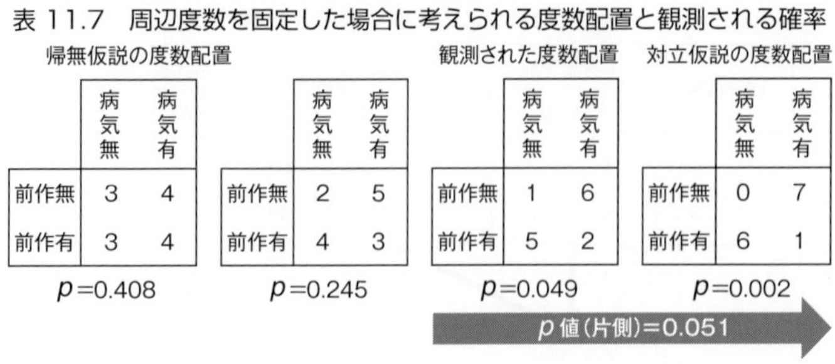

帰無仮説の度数配置

	病気無	病気有
前作無	3	4
前作有	3	4

$p=0.408$

	病気無	病気有
前作無	2	5
前作有	4	3

$p=0.245$

観測された度数配置

	病気無	病気有
前作無	1	6
前作有	5	2

$p=0.049$

対立仮説の度数配置

	病気無	病気有
前作無	0	7
前作有	6	1

$p=0.002$

数配置です。ここで，列和は固定しなくてもよさそうな気がしますが，それだと配置パターンがあまりにも多くなってしまうので，行だけでなく列和も固定して大幅に減数しているのです。このうち，実際に観測された度数配置よりも対立仮説側（右方向）の確率 p を計算し，足し合わせれば，正確な p 値が求まるというわけです。

それぞれの度数配置が観測される確率 p は，次のように計算できます。

仮に a, b, c, d という度数配置があり，総度数が n（$= a + b + c + d$）だとしたら，全体 n から1行目（$a + b$）を取り出す組み合わせは ${}_nC_{(a+b)}$ 通りあります。そのうち，1列目 $(a + c)$ から a を取り出し，かつ2列目 $(b + d)$ から b を取り出す組み合わせ ${}_{(a+c)}C_a \times {}_{(b+d)}C_b$ が，この配列の確率となります（右辺は階乗！を使って変形した式です）。複雑な式に見えますが，実際に配置ごとに値を変えなければいけないのは分母の $a!\,b!\,c!\,d!$（グレー部分）のみで，ほかはどの配置でも同じです。

	病気無	病気有
前作無	a	b
前作有	c	d

$$\rightarrow \text{確率}\quad p = \frac{{}_{(a+c)}C_a \times {}_{(b+d)}C_b}{{}_nC_{(a+b)}}$$

$$= \frac{(a+b)!\,(c+d)!\,(a+c)!\,(b+d)!}{n!\,a!\,b!\,c!\,d!}$$

この部分だけ配置によって異なる

表11.7に戻って，右から2番目の実際に観測された度数配置の確率 p を計算すると，7! 7! 6! 8! ÷ 14! 1! 6! 5! 2! で“0.049”，一番右の度数配置は 7! 7! 6! 8! ÷ 14! 0! 7! 6! 1! で“0.002”となります。よって，p 値は，それら2つを足し合わせた“0.051”ということになり，有意水準 α を0.05と設定した場合，Yatesの

補正と同じく帰無仮説は棄却できません。

なお，表11.7では，エン麦を前作したときに病気にならない方向の配置のみを対立仮説としています（片側検定）。しかし，前作しないときの方が病気にならない可能性もある場合（それも立派な関連性です）には，そちらの方向への配置も想定することになります（両側検定）。ただし，行あるいは列の和が各群で同じ場合は，片側 p 値の2倍が両側の値になるので計算は簡単です。事例の場合，行和が1行目も2行目も“7”なので，両側 p 値は片側の2倍の“0.102”となります（正確には0.1026）。

このように，確率を直接求めるのは計算が大変なので，多くのソフトウェアでは2×2の集計表しか対象としていません。Rコマンダーでは最大10×10の集計表まで扱えるようになっていますが，表や度数が大きいと負荷がかかりすぎて計算が途中で止まってしまいますので注意してください。使い方は，独立性の検定と同じで，[2元表の入力と分析]の[統計量]タブの中で，[フィッシャーの正確検定]に☑しておくだけです。

11.4 適合度検定

もう1つのピアソンのχ^2検定

冒頭で，ピアソンのχ^2検定には2種類あるといいましたが，そのもう1つが**適合度検定**（goodness of fit test）です。この検定は，「観測された度数分布」が「特定の理論の下で期待される度数分布」に適合（フィット）しているかどうかを検証します（「適合している」が帰無仮説になります）。

事例として，メンデルの法則（分離の法則）を使って説明しましょう。

グレゴール・メンデルは，エンドウマメの種子にしわのあるものとないものを交配すると，翌年（F_1 世代）はしわのないもののみが収穫され，この種子をさらに翌年（F_2 世代）育てると，しわのあるものが1に対して，ないものが3の比になることを発見しました。

そこでみなさんが，この法則を検証する交配実験をした結果，F_2 世代で穫れた40の種子のうち，しわのあるものが15に対して，ないものが25となり（1：1.7），理論上の1：3から少し離れてしまったとします。この実験結果をどのように判定すればよいのでしょうか（図11.5）？

このような場合に適合度の検定を用います。メンデルの法則が正しく，実験も完璧に行われていたら，F_2 世代のエンドウマメのしわの形質の度数の比は，（種子の数が同じ40とすると）表11.8右表のように，劣性形質の「しわ有」10

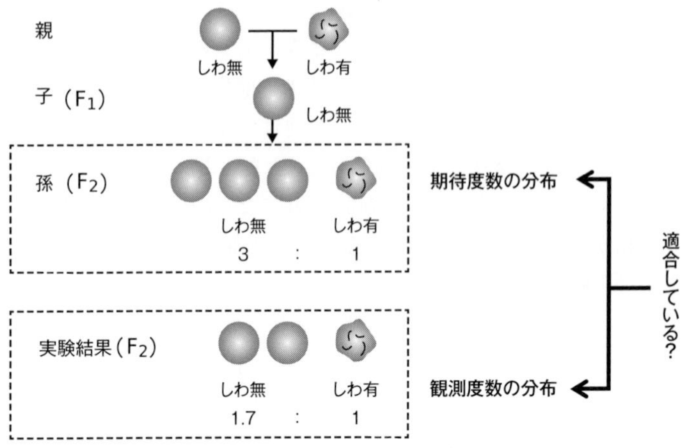

図 11.5　メンデルの法則と検証実験

に対して，優性形質の「しわ無」は30になると期待されます。ここで，観測度数分布（15：25）と期待度数分布（10：30）とがどれぐらいズレているかを考えれば，それらの適合度を評価できますね（ズレが大きければ「適合度は低い」といえるので，帰無仮説を棄却できます）。

表 11.8　適合度検定の統計量

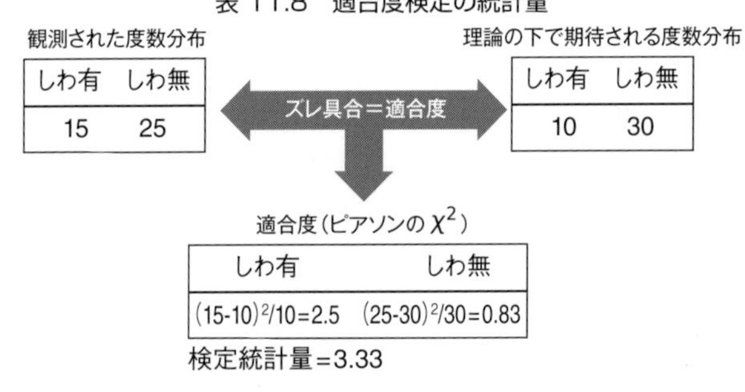

度数分布といっても，1行×○列（あるいは○行×1列）の表で表せることに気付けば（表11.8では1行×2列の表），独立性の検定で用いたピアソンのχ^2を，ここでも検定統計量として使えることがわかると思います。式も，次のように独立性の検定と同じですが，唯一異なるのは，足し合わさなければならない値は1行（あるいは1列）だけなので，$\sum$が1つであることだけです。

適合度の検定統計量（ピアソンのχ^2）　$$\sum \frac{(\text{観測度数} - \text{期待度数})^2}{\text{期待度数}}$$

事例におけるピアソンのχ^2を計算してみると，しわ有のセルが“2.50”，しわ無のセルが“0.83”ですので，それらを足し合わせた“3.33”となります。このように，事例では1×2の2セルの表ですが，1×3でも1×4の表でも計算可能なことがわかりますね（セルの数が増えると分布っぽくなります）。

仮説の検定

検定手順も，独立性の検定と同じです。χ^2分布表から，あらかじめ設定した有意水準αと自由度（セルの数－1）に対応する値を読み取って限界値とし，検定統計量の値と比較するだけです。

事例では，自由度は“1”なので，5％有意水準の限界値は“3.841”となります。よって，検定統計量（3.33）は限界値（3.841）よりも小さいため，「適合している」という帰無仮説は棄却できません。従いまして，今回の実験結果は，メンデルの法則に沿った結果となった可能性が高いといえます（帰無仮説が受容されたパターンなので積極的な判定はできません）。

もし観測度数が，しわ有：しわ無＝20：20だったら，検定統計量は“13.33”となります。その場合，限界値よりも大きいため，帰無仮説は棄却され，実験結果はメンデルの法則に適合していないという結論になります。

いかがですか？　これが適合度の検定です。他にも使えそうな場面としては，例えば対象地域の人口構成比と比較することでアンケート調査のサンプリング（抽出）が偏っていないかどうか（サンプリングバイアスの有無）を検証したり，一様分布と比較することで一週間の家計支出額が曜日によって異なっていないかを検証したりすることなどが考えられますね。

ソフトウェアによる分析

Rコマンダーには適合度検定も搭載されております。ただし，要約データではなく，オリジナルのデータが必要になります（自分でデータを入力した場合には，[アクティブデータセット内の変数の管理]から[数値変数を因子に変換]を実施しておいてください）。

オーム社のWebページにアップされているデータファイル「適合度検定（メンデルの法則）.RData」を読み込み，メニューの[統計量]→[要約]→[頻度分布]を選択し，「カイ2乗適合度検定」に☑をして，OKボタンを押します。すると，次ページのように[Hypothesized probabilities:]と出てきますので，ここにメンデルの法則の確率（しわ無：3/4，しわ有：1/4）を入力してOKボタンを押すと，検定統計量とp値が出力されます（dfは自由度）。

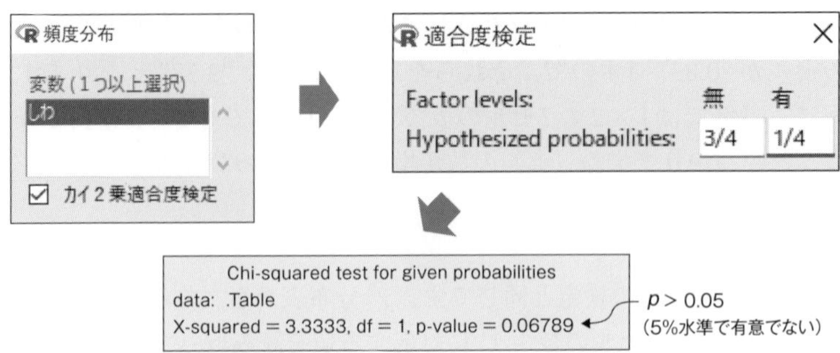

トピックス⑧

記述統計学の父　―ピアソン―

K.Pearson
(1857～1936)

弁護士の子としてロンドンに生まれたカール・ピアソンは，19世紀後半から20世紀前半にかけて記述統計学を大成させました（例えばヒストグラムという言葉も彼が考案しました）。彼の最大の業績は，ゴールトンの発見した相関係数を定式化したこと，そして独立性検定や適合度検定など，いわゆるクロス集計表の検定（ピアソンのχ^2検定）を考案したことでしょう。なにせ，初めてこのχ^2検定において，現代の統計分析の柱である仮説検定という概念が使われたのです。ちなみに，帰無仮説と対立仮説を使う現在の仮説検定をJ・ネイマンと共に確立したのは，彼の息子のエゴン・ピアソンです。晩年はR・フィッシャーが確立した推測統計学の台頭によって影が薄れてしまいましたが，近年ではピアソン流のアプローチが再評価されています。

11.5　マン・ホイットニーの*U*検定

順位データの検定

マン・ホイットニーの*U*検定（Mann-Whitney *U* test，以下“*U*検定”と略）は，いわゆるt検定のノンパラ版で，図11.6のように，対応のない2群の標本の**分布全体の位置**が重なっているかズレているかを検証します。重なっていれば，2群の標本は同じ母集団から抽出された（帰無仮説H_0）といえますし，ズレていれば異なる母集団から抽出された（対立仮説H_1）といえます。なお，この図は量的データ（連続値）を想定していますが，順位データの場合はヒストグラムになります。

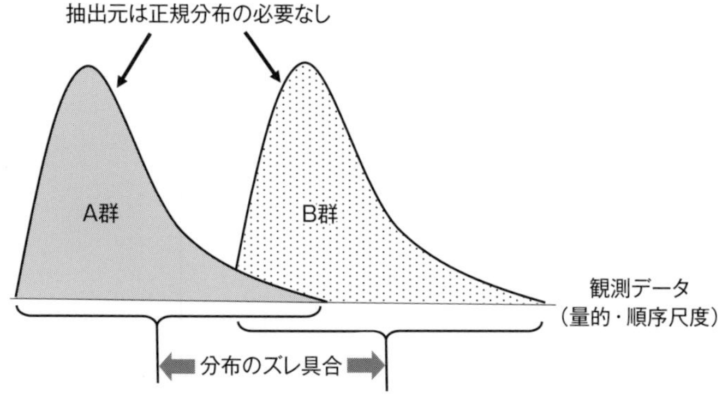

図 11.6　マン・ホイットニーの U 検定の考え方

U 検定では，観測データを一旦，順位データに変換してから，分布のズレ具合を表す検定統計量 U を計算し，その確率から仮説を判定します。順位データに変換する過程で，極端な値（～以上，～以下といったデータも含みます）もただの順位になるため，t 検定が苦手とする外れ値のある量的データでも問題なく扱うことができるというわけです。もちろん，もともと順序尺度で観測されている官能検査や満足度調査などの順位データにも適しています。

検定統計量の計算

それでは早速，分布位置のズレ具合を示す検定統計量 U を計算してみましょう。

表11.9の一番左のような量的データが観測されたとします。2群は対応なしですから，事例のように標本サイズはアンバランスでも構いません（できればバランスがとれている方が良いのは t 検定と同じです）。そして，データをよく見てみると，両群に極端に大きな値が1つずつ（100と110）含まれているの

表 11.9　検定統計量 U の計算手順（A 群を基準とした場合）

観測データ（対応なし）

A群	B群
3	4
5	6
10	7
100	10
	110

（A群の10とB群の10：同値）

両群合わせて小さい順

A群	B群
1位	2位
3位	4位
6.5位	5位
8位	6.5位
	9位

Aより小さいBをカウント

A群	B群
1位	0個
3位	1個
6.5位	3.5個
8位	4個
合計個数＝8.5	

アンバランスでもOK

極端な値でなくなる

検定統計量 U_A

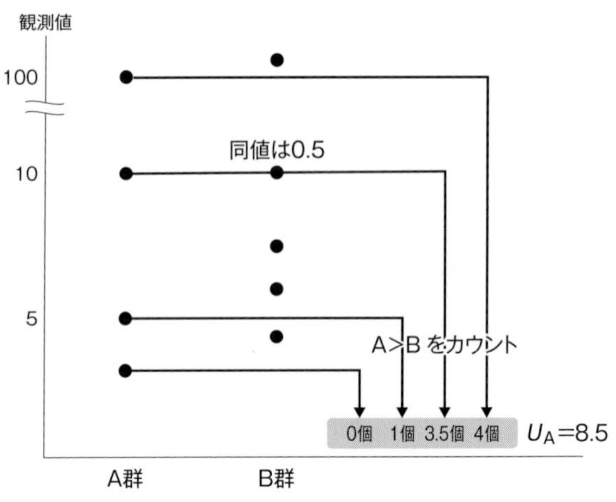

図 11.7　検定統計量Uの考え方（A群基準）

で，t検定よりもU検定が適しています。

この事例データをプロットしたのが，図11.7です。この図を見ればわかるように，2群の分布位置のズレ具合を捉えることは，片方の群（図ではA群）の点の配置を基準として，もう片方の群の点の配置がどれだけ偏っているのかを評価することなのです。

表11.9に戻って，まず，真ん中の表のように，両群合わせて小さい順（大きい順でも構いません）に並び替えて，順位を付けます。この過程で，極端な値も単なる順位となって，極端ではなくなっていることがわかります（100→8, 110→9）。なお，同値があって同順位（252ページ参照）となる場合には，順位の平均値を付けます（10が2つなので6位と7位の平均である6.5位）。

次に，表の一番右のように，A群の順位よりも小さいB群の順位のデータ個数を数えます（同順位は0.5個とカウント）。例えば，A群の6.5位よりも小さいB群は，2位と4位と5位と同順位の6.5位ですので"3.5個"ですね。この作業を残りの1位と3位と8位でも実施すると，0個，1個，4個となります。

最後に，その個数を足し合わせれば，それが検定統計量Uとなります。事例では$U_A = 8.5$となりました。

ここではA群を基準としてそれよりも小さいB群の順位のデータ個数を数えましたが，B群を基準としたU_Bを検定統計量としても構いません。試しに，U_Bも計算してみてください（$1 + 2 + 2 + 2.5 + 4 = 11.5$となりましたか？）。後でわかるように，どちらの$U$を使っても同じ結果となるのですが，一般には小さい方（事例だとU_A）が使われます。

このように，検定統計量Uの計算は意外と単純なのですが，標本サイズが大きくなると，データを手作業で並び替えたり，順位を数えたりするのは大変な作業となります（コンピュータでさえ何度も読み込まなければならないので結構負荷がかかります）。ですから，U検定の理論は随分前から存在していたのにもかかわらず，誰もが使えるようになったのは，安価なパソコンの性能が急激に向上した最近になってからなのです。

検定統計量の性質

検定統計量Uを使って，帰無仮説を検証するのですが，どのようなときにどのような値を取るのかがわからなければ判定に使えませんので，その性質を調べてみましょう。

まず，帰無仮説が間違いなく棄却されるとき，つまり分布位置が大きくズレている状況から見てみましょう。表11.10の①のパターンは，B群のデータ全てがA群より大きい場合です（表11.9と同じ標本サイズ）。この場合，A群よ

表 11.10 いろいろな状況下での検定統計量U（A群基準）

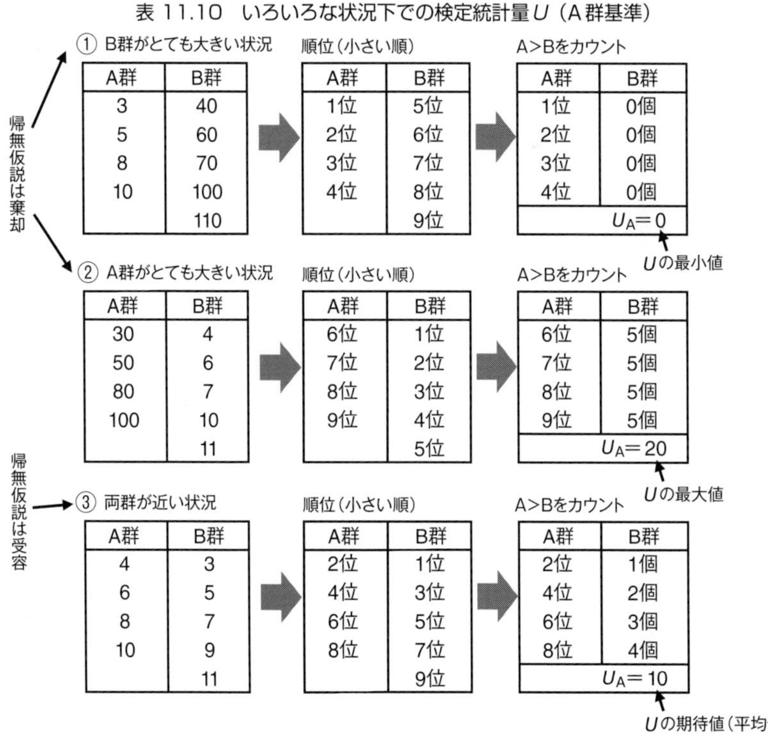

① B群がとても大きい状況

A群	B群
3	40
5	60
8	70
10	100
	110

順位（小さい順）

A群	B群
1位	5位
2位	6位
3位	7位
4位	8位
	9位

A>Bをカウント

A群	B群
1位	0個
2位	0個
3位	0個
4位	0個
	$U_A = 0$

② A群がとても大きい状況

A群	B群
30	4
50	6
80	7
100	10
	11

順位（小さい順）

A群	B群
6位	1位
7位	2位
8位	3位
9位	4位
	5位

A>Bをカウント

A群	B群
6位	5個
7位	5個
8位	5個
9位	5個
	$U_A = 20$

③ 両群が近い状況

A群	B群
4	3
6	5
8	7
10	9
	11

順位（小さい順）

A群	B群
2位	1位
4位	3位
6位	5位
8位	7位
	9位

A>Bをカウント

A群	B群
2位	1個
4位	2個
6位	3個
8位	4個
	$U_A = 10$

り小さな順位のデータはB群にありませんので，（A群を基準とした）検定統計量U_Aは“0”となり，これがUの最小値であることがわかります（データ個数ですのでマイナスにはなりません）。

逆に，A群のデータ全てがB群より大きい，②のパターンの検定統計量U_Aはどうなるでしょうか。A群より小さい順位のB群は全て5個ずつですので，4×5で“20”となり，これ以上大きな値を取ることはありません。つまりUの最大値は，A群とB群の標本サイズを乗じた値（$n_A \times n_B$）となります。これで，Uの取り得る範囲は0から$n_A \times n_B$までであることがわかりました。

それでは，帰無仮説が正しいとき，つまり両群が同じような値で分布位置が重なる状況だと，Uはどのような値を取るでしょうか？　そうした状況である③のパターンで検定統計量U_Aを計算すると“10”となり，最大値の半分である“$(n_A \times n_B) \div 2$”となることがわかります。

以上の観察から，検定統計量Uは，図11.8のような分布に従うことがわかりました（柱の本数はUの取り得る値の数である$n_A \times n_B$です）。

もう一度，事例で整理すると，帰無仮説が正しい（両群の分布位置が重なっている）場合には，Uは中央の平均値（事例では10前後）に近い値を取り，帰無仮説が間違っている（両群の分布位置がズレている）場合には，両端の値（事例では0か20）に近い値を取るのです。

また，このようにUは左右対称に分布するために，Aを基準としたU_AでもBを基準としたU_Bでも検定できることがわかっていただけたと思います（事例では最大値20からU_Bの11.5を引けばU_Aの8.5となります）。

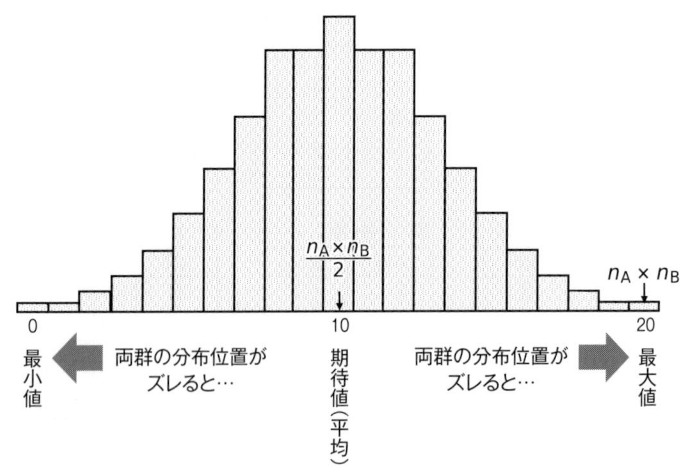

図 11.8　Uの分布（$n_A \times n_B = 20$の場合）

仮説の検定　―小標本（両群とも20未満）の場合―

ここまでわかれば，あとは検定統計量Uの値と，事前に設定した有意水準αに対応する限界値を比較して，帰無仮説の是非を判定するだけです。

標本サイズが大きければ柱の数も多くなってU分布も滑らかになるのですが，小標本（両群とも20未満）の場合には，連続型の分布で近似するには無理があります。そこで，図11.9の左表のように，あらかじめ1本1本の柱（1つ1つのU値）の正確な確率を計算して，有意水準と対応させた限界値を表にした**検定表**（全体表は付録のⅧに掲載してあります）を利用します。独立性の検定で小標本のときに正確確率検定を用いるのと同じ理屈です。

U検定表の表側は小さい方，表頭は大きい方の群の標本サイズですので，事例の場合，両側5％になるU値（限界値）は“4”の行と“5”の列のクロスする“1”となります。検定統計量Uは“8.5”でしたので，棄却域には入らず，両側有意水準5％では帰無仮説は棄却できないことがわかります（棄却するためにはU値が0か1である必要がありました）。

なお，この検定表の“—”は標本が小さすぎて検定できないことを意味しています。つまり，U検定では最低でも両群4つずつのデータは必要ということになります。

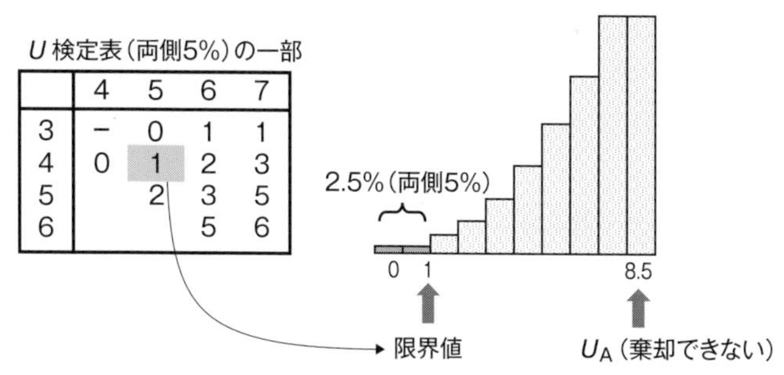

	4	5	6	7
3	–	0	1	1
4	0	1	2	3
5		2	3	5
6			5	6

図 11.9　U検定の限界値（下側，$n_A \times n_B = 20$）

仮説の検定　―大標本（片群が20以上）の場合―

どちらかの群の標本サイズが20以上ならば，図11.10のようにUの柱の本数が多くなって滑らかになり，連続型の確率分布で近似させることができます。証明は難しいので省略させていただきますが，Uは$n_A \times n_B$個の二項分布に従う確率変数ですので，平均が$n_A n_B / 2$，分散が$n_A n_B (n_A + n_B + 1)/12$の正規分布に近似的に従います。

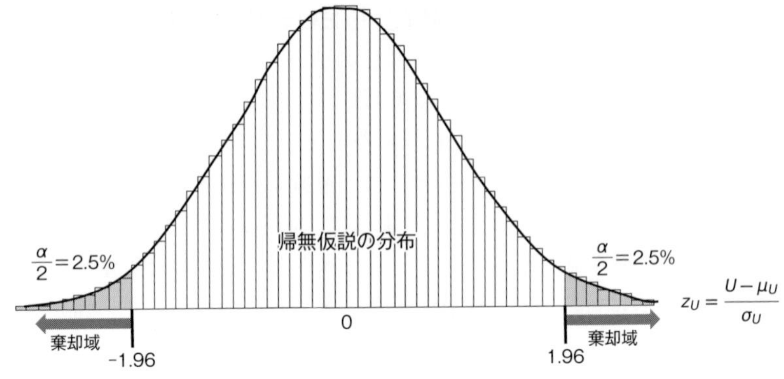

図 11.10　U検定（大標本の場合）

ですから，Uを次のように標準化すれば，z検定（標準正規分布を使った検定）を実施することができます。

Uの標準化統計量

$$z_U = \frac{U-\mu_U}{\sigma_U} = \frac{U - \dfrac{n_A \times n_B}{2}}{\sqrt{\dfrac{n_A \times n_B(n_A + n_B + 1)}{12}}}$$

標準化さえ終えれば，あとは図11.10のように，普通のz検定と同様に，有意水準（両側）αを5％とするならば，z_Uの絶対値が限界値1.96よりも大きければ帰無仮説を棄却し，小さければ受容するだけです。

◉ 同順位（タイ）の問題

U検定は同値がないことを前提に考えられていますので，Uの取る値は本来，自然数のみです。しかし，順序尺度や粗い単位までしか測定されていない量的尺度の場合には，同値が含まれてしまうために**同順位**（タイ，連，結び）が発生して，Uが小数点以下の値となってしまうことがあります。

同順位があると，検出力が落ちてしまう（有意な差を検出できなくなる）のですが，実は同じ群にしかない場合や，両群にあってもよほど多くなければ，それほど大きな影響はないので気にする必要はありません。

しかし，同順位の割合が高い場合には，次のように少し小さく補正した標準偏差を使って標準化した上で（z_Uの絶対値は少し大きくなります），z検定を実施するようにしてください。Nは両群合わせた標本サイズ（$n_A + n_B$），wは同順位のあるデータの種類の数，tはある順位で同値のデータ数です。なお，同順位を補正したU検定表はないので，小標本の場合は検定統計量のU値を切り上げてU検定表を近似的に使うか，小標本でも補正したz検定を実施するようにしてください。

同順位があるときのUの標準偏差 $$\sigma'_U = \sqrt{\frac{n_A \times n_B}{N(N-1)}\left(\frac{N^3 - N - \sum_{i=1}^{w}(t_i^3 - t_i)}{12}\right)}$$

また，独立性の検定同様，U検定にも「連続性の補正」（Uから0.5を引いて少し小さくすること）はあるのですが，Uの分布は広いので補正効果はあまりありません（ソフトウェアでは勝手にやってしまうようです）。

ソフトウェアによる分析

U検定はExcel分析ツールには搭載されていませんが，Rコマンダーには実質的に同内容の**ウィルコクソンの順位和検定**（Wilcoxon rank sum test）が搭載されていますので，そちらを使ってください（似た名称で「ウィルコクソンの符号順位検定」がありますが，こちらは対応のある2群の量的データの差の検定です）。

表11.9のデータで実施してみましょう。自分で新しいデータセットを入力（観測値と群を列にしたデータベース形式）するか，オーム社Webページからダウンロードしたファイル「ウィルコクソンの順位和検定（U検定）.RData」をロードし，メニューの［統計量］→［ノンパラメトリック検定］→［2標本ウィルコクソン検定］を選択します。［データ］の［グループ］に“群”を，［目的変数］に“観測値”を選択してOKを押せば，下のような結果が出力欄に表示されます。

これを見ると統計量W=8.5で，Uと全く同じ値になっています。本来，Wは「順位和」なので，表11.9の真ん中の表の標本サイズの小さい方の順位を足し合わせた値（W=18.5）なのですが，RコマンダーはU検定の統計量を出力してしまっているようです。なお，p値の0.8057は連続性が補正された値です。

```
> wilcox.test(観測値 ~ 群, alternative = "two.sided", data = Dataset)

        Wilcoxon rank sum test with continuity correction

data:  観測値 by 群
W = 8.5, p-value = 0.8057
alternative hypothesis: true location shift is not equal to 0
```

11.6　ブルンナー・ムンツェル検定

U 検定はノンパラですので，母集団が特定の確率分布に従っている必要はありませんが，母集団についての仮定が何もないというわけではありません。

検定統計量 U は，「2群の標本は同じ母集団から抽出された」という帰無仮説が正しい下で計算されています。ということは，量的データならば等分散性が仮定できなければいけません（同じ母集団から抽出されたのならば分散も同じはずですよね）。順位データでは分散は計算できませんので，「分布の形が同じ」という仮定になるでしょう。

そこで，t 検定に等分散の仮定が不要なウェルチの t 検定があったように，U 検定にも等分散（同じ分布の形）の仮定が不要な**ブルンナー・ムンツェル検定**（Brunner-Munzel test；以下BM検定と略します）という手法が近年開発されました。

BM検定は「両群から無作為に1つずつデータを取り出したとき，どちらかが大きい確率 p は同じ0.5である」という帰無仮説の下で計算される検定統計量 w を t 検定（片方の群が20以上ならば z 検定でもOK）します。帰無仮説が棄却されれば，どちらかの群が全体的に大きな値を持つことになります。

BM検定の統計量　$$w = \frac{n_A n_B(\overline{R}_B - \overline{R}_A)}{(n_A + n_B)\sqrt{n_A S_A^2 + n_B S_B^2}}$$

ここで，$\overline{R}_A$ はA群の平均順位で，分散 S_A^2 は次の通りです（B群も載せておきます）。

$$S_A^2 = \frac{1}{n_A - 1}\sum_{i=1}^{n_A}\left(R_{Ai} - \overline{R}_A - H_{Ai} + \frac{n_A + 1}{2}\right)^2$$

$$S_B^2 = \frac{1}{n_B - 1}\sum_{i=1}^{n_B}\left(R_{Bi} - \overline{R}_B - H_{Bi} + \frac{n_B + 1}{2}\right)^2$$

ここで，R_{Ai} はA群の i 番目のデータの両群合わせた順位（小さい順），H_{Ai} はA群の i 番目のデータの群内順位（小さい順）です（B群も同様）。

なお，t 検定するときの自由度は，ウェルチの t 検定同様，次のように面倒です。

$$\text{BM 検定の自由度} \quad \nu = \frac{(n_A S_A^2 + n_B S_B^2)^2}{\dfrac{(n_A S_A^2)^2}{n_A - 1} + \dfrac{(n_B S_B^2)^2}{n_B - 1}}$$

表11.9の事例を使ってBM検定を実施してみましょう。ただし，標本サイズが両群とも10未満の場合には適していないと開発者自身が述べていますので，あまり良い事例ではないです（あくまで演習ということで……）。

頑張って計算してみると，$\overline{R}_A = 4.63$，$S_A^2 = 3.73$，$\overline{R}_B = 5.30$，$S_B^2 = 1.20$ となり，検定統計量 w は“0.328”となるはずです。

一番面倒な，$S_{A/B}^2$ の $\sum$ の右の部分の計算過程は表11.11に示しておきます。

表 11.11　BM検定の統計量の計算過程

両群合わせて小さい順（R）

A群	B群
1	2
3	4
6.5	5
8	6.5
	9
$\overline{R}_A$=4.625	$\overline{R}_B$=5.3

群内での順位（H）

A群	B群
1	1
2	2
3	3
4	4
	5

S^2 の $\sum$ の右側の計算

A群	B群
$(1-4.625-1+2.5)^2=4.51563$	$(2-5.3-1+3)^2=1.69$
$(3-4.625-2+2.5)^2=1.26563$	$(4-5.3-3+3)^2=0.09$
$(6.5-4.625-3+2.5)^2=1.89063$	$(5-5.3-3+3)^2=0.09$
$(8-4.625-4+2.5)^2=3.51563$	$(6.5-5.3-4+3)^2=0.04$
	$(9-5.3-5+3)^2=2.89$
11.1875	4.8

また，t 検定用の自由度は“5.26”となるはずです。t 分布表を出すまでもありませんが，$\alpha/2 = 0.025$ から限界値を読みますと“2.5”程度になりますので，「検定統計量の絶対値＜限界値」となり，帰無仮説は棄却できません（U 検定と同じ結果）。

BM検定は2000年に論文が発表されたばかりの手法なので，Rコマンダーなどに搭載されていないのが欠点です。ただし，R自体には“lawstat”というパッケージに搭載されていますので，このパッケージをインストール後，次のようにコマンドを入力していただければBM検定を実施できます（事例のデータ）。

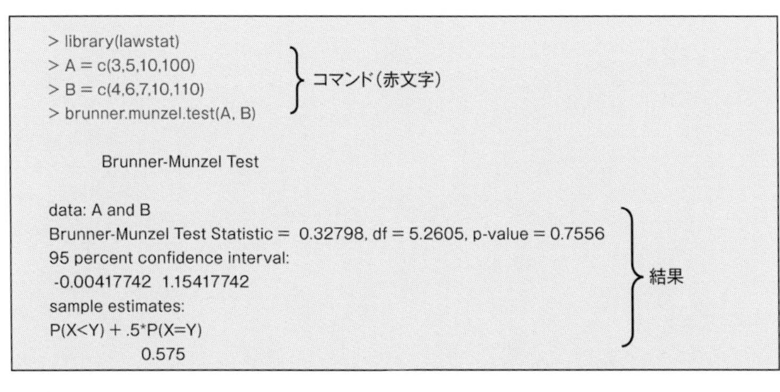


```
> library(lawstat)
> A = c(3,5,10,100)
> B = c(4,6,7,10,110)
> brunner.munzel.test(A, B)

        Brunner-Munzel Test

data: A and B
Brunner-Munzel Test Statistic =  0.32798, df = 5.2605, p-value = 0.7556
95 percent confidence interval:
 -0.00417742  1.15417742
sample estimates:
P(X<Y) + .5*P(X=Y)
            0.575
```

トピックス⑨

ノンパラメトリック手法の誕生 ―ウィルコクソン―

F.Wilcoxon
(1892 ~ 1965)

アメリカの薬品会社で働いていた化学者フランク・ウィルコクソンは，1940年代にt検定や分散分析を使って薬品の効果を分析していました。しかし，実験器具がまだ今ほど発達していなかった当時，得られたデータの値が極端に大きくなったり小さくなったりすることがしばしばありました。もちろん，そのデータが計測や入力のミスなどによる異常値ならば，それを取り除けばよいのでしょうが，外れた原因がわからない場合も多かったのです。そして，そうした外れ値はt値に大きな影響を与えるため，明らかに差があるような実験を行っても帰無仮説を棄却できないこともありました。そこで，ウィルコクソンはそうした極端な値の影響をなくすため，値そのものでなく，値の大小関係から得られる「順位（順序）」を検定に使う方法を開発したのです。興味深いことにウィルコクソンは当初，こうした単純な手法はとうの昔に他の優秀な統計学者が開発しているだろうと考えました。しかし，いくら調べても過去にこうした発想がなかったことがわかり，ようやく自分が大きな発見をしたことに気がついたのです。ちょうどその頃，H・B・マンとD・R・ホイットニーも同じような方法を思いつき，ノンパラメトリックによる統計分析の時代が幕を開けたのです。

章末問題

問1　次の表は，農林水産省が平成22年に消費者や林業者，流通加工業者を対象に実施した調査を集計したものです。この表から，地域によって森林の手入れの状況に差があるかどうかを検定しなさい。

森林の手入れの状況（人数）

	手入れが行われていると思う	手入れが行われていないと思う
北海道	19	17
東北	18	51
関東	89	336
北陸	9	31
東海	16	64
近畿	44	147
中国四国	20	88
九州沖縄	26	106

問2　次の単純集計表は，ある直売所の曜日別平均売り上げです。この直売所は曜日によって売り上げに差があるといってよいかどうかを検定しなさい。

ある直売所の曜日別売り上げ（万円）

曜日	平均売上げ
日曜	121
月曜	87
火曜	81
水曜	86
木曜	83
金曜	98
土曜	144
計	700

問3　次の表は，飼料中のリジン濃度が豚の筋肉内脂肪含有率に与える影響を調べたデータです。リジン濃度が脂肪含有率に影響を与えてたといってもよいかどうかを検定しなさい。

飼料中リジン濃度と豚の筋肉内脂肪含有率(%)

個体番号	リジン0.6%	リジン0.4%
1	5	10
2	3	8
3	4	9
4	2	6
5	1	7
6	93	98
不偏分散	1352	1352
平均	18	23

11 ● ノンパラメトリック検定

第12章 回帰分析 ―多変量解析①―

多変量解析：複数の変数を同時に扱う分析手法の総称。因果関係の解明や予測，分類，変数の削減などを行う。

重回帰分析：複数の原因で1つの結果を説明するモデル（数式）を推定し，予測を可能にする。モデルの推定には最小2乗法が用いられることが多い。

12.1 多変量解析

多変量解析（multivariate analysis）というと，なにやら掴みどころがなくて，難しそうな気がしますが，それは多様な手法が開発されているからです。なにせ複数の変数を扱う分析手法ならば，なんでも多変量解析といえますので，切りがありません（ときには名称が違っているだけで内容は同じだった……なんていう場合もあります）。

そこで，本書では，本当に基礎的かつ重要な5つの手法のみを取り上げ，できるだけわかりやすく説明します。なお，変量と変数は（42ページでも述べたように）大した違いはありませんので，本章でも引き続き変数という言葉を使わせていただきます。

多変量解析の目的は，大きく分けると，①変数間の因果関係の解明と予測，②個体の分類，③変数の削減の3つです。図12.1では，目的別に本書で解説す

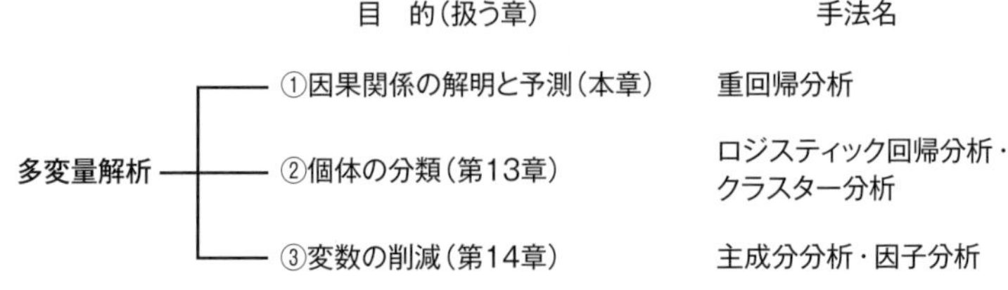

図 12.1　多変量解析の目的と手法

る手法名をあげていますが，各手法はいずれか1つの目的を達成するために用いられるわけではありません。例えばロジスティック回帰分析（次章）は因果関係を捉えることも目的といえますし，主成分分析（第14章）の結果を分類に使うこともできます。このように，複数の手法を組み合わせて使うことができることや，同じ手法でも異なる目的のために使うことができることも，多変量解析をわかりにくくしている原因なのでしょう……。

本章では，そのなかでもっとも基本的な回帰分析を解説いたします。

12.2　回帰分析

回帰モデルの推定

回帰分析（regression analysis）は，図12.2のように，原因となる変数で結果となる変数を説明する数式（**回帰モデル**）を推定し，それぞれの影響の強さを捉えて因果関係を明らかにします。そして，その推定したモデルで結果を予測します。原因となる変数は1つの場合もあれば，図のように複数の場合もありますが，結果となる変数は1つだけです。

なお，回帰分析など，因果関係のある多変量解析の場合，原因となる変数と結果となる変数とがこんがらがらないように，それぞれ別の名称で呼んで区別します。本書では，原因となる方を（説明する側なので）**説明変数**，結果となる方を（説明される側なので）**被説明変数**と呼ばせていただきますが，ほかにも表12.1のようにいろいろな呼び方があります。とはいえ，手法や分野によって大体決まっていますので，みなさんの先輩が書いた論文を見ていただくのが一番良いでしょう（記号は結果の変数にy，原因にxをあてます）。

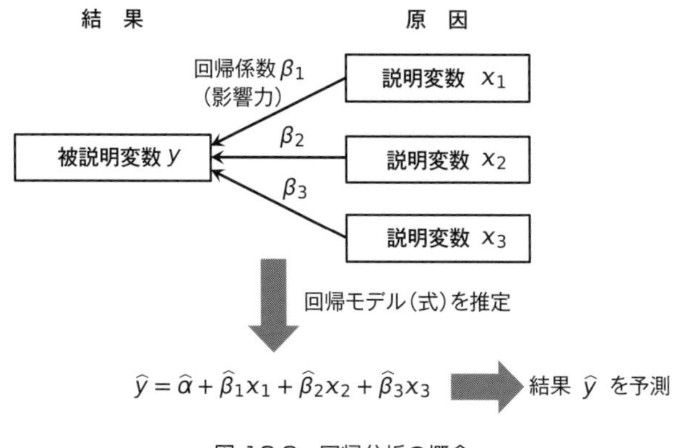

図 12.2　回帰分析の概念

表 12.1　因果関係がある場合の変数の呼び方

結　　果	原　　因
従属変数　(dependent variable)	独立変数 (independent variable)
目的変数　(objective variable)	説明変数 (explanatory variable)
被説明変数 (explained variable)	予測変数 (predictor variable)
応答変数　(response variable)	
結果変数　(outcome variable)	
基準変数　(criterion variable)	

まずは，説明変数が1つの**単回帰分析**（simple regression analysis）で，モデル推定の考え方を学びましょう。

図12.3を見てください。単回帰ですので，唯一の原因となる説明変数xを横軸に，そして結果となる被説明変数yを縦軸としています。まず，左図のように観測されたデータがあるとします。モデルの推定とは，これらデータに対して右図のように「もっともあてはまりの良い直線（**回帰線**）」を引くことです。ただし，説明変数が2つの重回帰の場合には，直線ではなく平面（**回帰平面**）になりますし，3つ以上は回帰超平面といって図に描くのは困難です。

回帰線を引くというと何やら難しそうですが，中学2年で習った直線の式$y = ax + b$のa（傾き）とb（切片）という未知の定数の値を求めることです。なお，これら定数は母集団における真の値ですので母数ということになりますが，統計モデルでは**パラメータ**という言葉の方が，より一般的に使われますので，本書でも以降ではそう呼ばせていただきます。

さて，回帰式の書き方の作法ですが，節12.5以降で扱う重回帰モデルになる

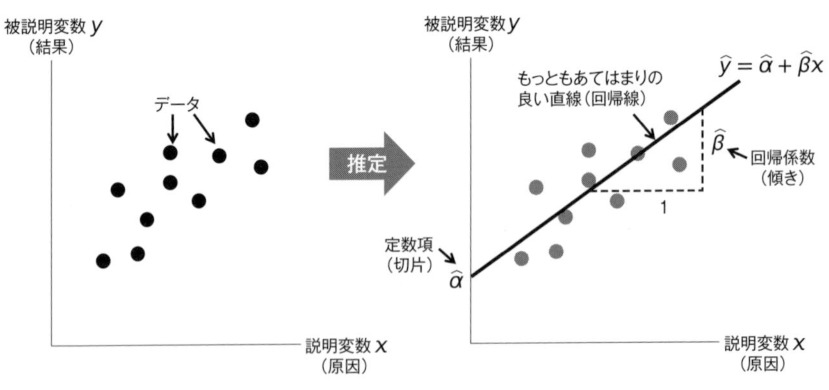

図 12.3　回帰線の推定

と説明変数がたくさん出てきて（$x_1, x_2, \cdots$）都合が悪いので，切片をαとして最初に書き，傾きβと変数xを後に書くようにします（パラメータをギリシャ文字，変数をアルファベットにして区別します）。

中学校で習った直線の式 $y = ax + b$

重回帰モデルの式（誤差項がない場合） $y = \alpha + \beta_1 x_1 + \beta_2 x_2 + \beta_3 x_3$

また，切片αを**定数項**（constant term），傾きβを**回帰係数**（regression coefficient）と，より汎用的な呼び方をします。これらパラメータの値を推定して数式を特定することが回帰分析の目的です。とくに回帰係数βの大きさが，すなわち影響力の大きさ（因果関係の強さ）ですので，これがいくつになるのかが興味の対象になります（定数項αはyの予測以外には使いません）。

ただし，現実には，全てのデータ（観測値）が，理論上の（真の）回帰直線や回帰平面に乗っているわけではありません（様々な理由でバラついています）。ですので，式右辺には，そうした現実yと理論とのズレ（差）を**誤差項**（error term）として右辺に加えておきます（記号はu）。項というとわかりにくいですが，誤差の変数だと思っていただければ結構です。

重回帰モデルの式 $y = \alpha + \beta_1 x_1 + \beta_2 x_2 + \beta_3 x_3 + u$ ← 誤差項

そして，推定された回帰モデルを，次のように表します。パラメータ（α, β）の推定値に^（ハット）を付けて，推定された（計算された）ことを示すのです。現実のデータから推定した回帰直線や回帰（超）平面を表しているので，誤差項は付けません。yの予測値（$\hat{y}$）を計算するときに使用します。

推定された重回帰式（理論式） $\hat{y} = \hat{\alpha} + \hat{\beta}_1 x_1 + \hat{\beta}_2 x_2 + \hat{\beta}_3 x_3$

^が付いていない重回帰モデルの式と何が違うんだと思われるかもしれませんが，^が付いていないということは，αやβの真の値（母集団の値）がわかっている場合の式なので，この世で唯一の回帰式（真の回帰線や回帰平面）です。一方，$\hat{\alpha}$や$\hat{\beta}$を使った理論式は標本から推定した式なので，たくさんある回帰式のうちの1つです。ですから，αやβは真値なので分布しませんが，$\hat{\alpha}$や$\hat{\beta}$は分布します。

最大の長所：予測

回帰モデルの推定法の前に，回帰分析の何が優れているかについて確認しておきましょう。例えば，単回帰分析の場合，1つの原因と1つの結果の因果関係を明らかにするのですが，2変数ならば相関係数（第1章）や一元配置分散分析（第8章）でも同じことができると思いませんか？

回帰分析の最大の長所は「予測」ができることにあります（ただし，必ず予測しなければならないというわけではありません。因果関係の把握だけが目的の場合もあります）。

相関係数では，2つの変数の間に直線的な関係がどのぐらいの強さであるのかがわかりますし，分散分析では，処理水準を変化させたことが，結果に影響を与えるかという因果関係を検証できます。しかし，どちらも結果を予測することは容易ではありません。

一方，回帰分析は数式を求めるのですから，図12.4のように，推定された式の説明変数に任意の値を入れれば，結果がいくつになるのかを簡単に予測できます。図では，xが観測データの範囲外の“6”という値を取るとき，yは“11”になるだろうと予測（点推定）しています。

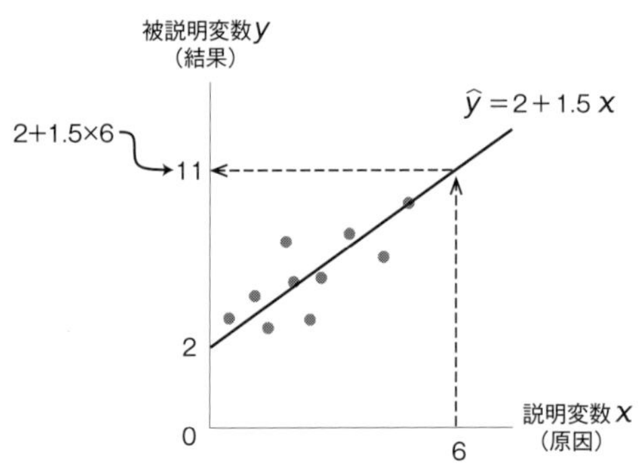

図 12.4　回帰線を使った予測

12.3　パラメータの推定

最小2乗法

データに対してもっともあてはまりの良い回帰線を引く方法，つまり回帰モデルのパラメータ（αやβ）を推定する方法は1つではありません。主なところでは，K・ピアソンによるモーメント法，フィッシャーによる最尤（さいゆう）法，ガウスによる最小2乗法などがあります。

このなかでも，もっとも基本的でよく使われる手法が，これから説明する（普通の）**最小2乗法**（ordinary least square method；OLS）です。なぜよく使われるかというと，いくつかの標準的仮定（本章最後に示します）が成立するとき，もっとも適切な推定量が得られることがわかっているからです。

さて，OLSの考え方ですが，まず図12.5のように，観測されたi個のデータ●（x_i, y_i）に対してもっともあてはまりの良い回帰線を想定します（変数であることを強調するため，xやyには添字iを付けるようにします）。

ここで，各データ●の縦軸の値y_iが**観測値**（実績値）です。一方，横軸x_iに対応した回帰線上の各値■は，推定された直線式によって理論的に予測できるので**理論値**（予測値）と呼び，$\hat{y}_i$で表します。

そして，それら観測値と理論値との差（$y_i - \hat{y}_i$）を**残差**（residual）と呼び，$\hat{u}_i$で表します。残差という言葉は，聞き慣れないかもしれませんが，真の値との差である誤差u_iの実現値だと思っていただければ結構です。

OLSの目的は，これら残差達がもっとも小さくなるようなパラメータ（定数項αや回帰係数β）の値を見つけることです。なぜならば，残差達がもっとも小さい直線が，データにもっともフィットしているといえるからです。

ただし，残差（$y_i - \hat{y}_i$）には正の値もあれば負の値もありますので，それらが相殺しないように2乗して，足し合わせた**残差平方和**（residual sum of squares；RSS）が最小になることを考えます。残差の絶対値や4乗の総和でも良いのではないかと思われるかもしれませんが，平方和だとパラメータを連立方程式で簡単に求められるというメリットが生まれるのです。

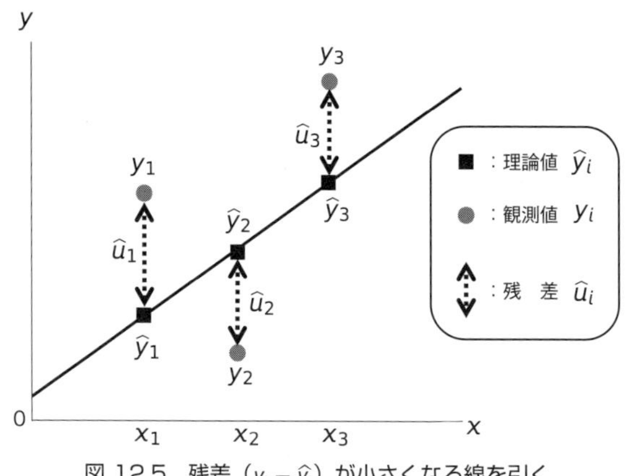

図 12.5 残差（$y_i - \hat{y}_i$）が小さくなる線を引く

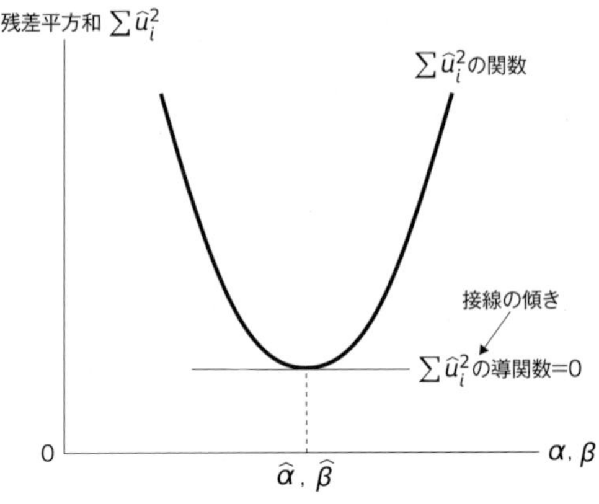

図 12.6　残差平方和の最小点

残差平方和$\sum \hat{u}_i^2$が最小になるようなパラメータの見つけ方ですが，高校数学で習った「関数（曲線）を微分した導関数は，接線の傾きである」ことを使います。残差平方和の関数は，図12.6のような放物線になることがわかっているので，残差平方和の関数を$\hat{\alpha}$と$\hat{\beta}$でそれぞれ偏微分し，それをゼロとおいた式を立てて解けばよいのです。なお，αとβは，本来は定数ですが，この段階では未知なので変数として扱う点に注意してください。

正規方程式

ここまでのことを数式で整理しておきましょう。

①残差 = 観測値 − 理論値 → $\hat{u}_i = y_i - \hat{y}_i = y_i - (\hat{\alpha} + \hat{\beta}x_i)$

②残差平方和：$\sum \hat{u}_i^2 = \sum (y_i - \hat{y}_i)^2 = \sum \left[y_i - (\hat{\alpha} + \hat{\beta}x_i) \right]^2$

③残差平方和$\sum \hat{u}_i^2$を$\hat{\alpha}$で偏微分します（$\hat{\alpha}$以外は定数と見なして微分）。

積の導関数の公式$(y^2)' = 2y'y$を用いれば2次関数も微分できます。

偏微分記号（ラウンド・ディー）　−1になる

$$\frac{\partial \sum \hat{u}_i^2}{\partial \hat{\alpha}} = \sum \left[2(y_i - \hat{\alpha} - \hat{\beta}x_i)'(y_i - \hat{\alpha} - \hat{\beta}x_i) \right] = -2\sum (y_i - \hat{\alpha} - \hat{\beta}x_i)$$

同様に，残差平方和$\sum \hat{u}_i^2$を$\hat{\beta}$で偏微分します。

$-x_i$になる

$$\frac{\partial \sum \hat{u}_i^2}{\partial \hat{\beta}} = \sum \left[2(y_i - \hat{\alpha} - \hat{\beta}x_i)(y_i - \hat{\alpha} - \hat{\beta}x_i)' \right] = -2\sum x_i(y_i - \hat{\alpha} - \hat{\beta}x_i)$$

④$\widehat{\alpha}$と$\widehat{\beta}$で偏微分した残差平方和の導関数を0とおきます（$\sum$の左にある-2は消えます）。$\sum\widehat{\alpha}$は，$\widehat{\alpha}$をn個足し合わせるので，$n\widehat{\alpha}$になります。

$$\begin{cases} \sum(y_i - \widehat{\alpha} - \widehat{\beta}x_i) = \sum y_i - n\widehat{\alpha} - \sum \widehat{\beta}x_i = 0 \\ x_i \sum(y_i - \widehat{\alpha} - \widehat{\beta}x_i) = \sum x_i y_i - \widehat{\alpha}\sum x_i - \widehat{\beta}\sum x_i^2 = 0 \end{cases}$$

⑤両式を整理すると，次の連立方程式（正規方程式）が得られます。

正規方程式
(normal equations)

$$\begin{cases} n\widehat{\alpha} + \widehat{\beta}\sum x_i = \sum y_i \\ \widehat{\alpha}\sum x_i + \widehat{\beta}\sum x_i^2 = \sum x_i y_i \end{cases}$$

n，$\sum x_i$，$\sum y_i$，$\sum x_i^2$，$\sum x_i y_i$はデータより求めることができるので，この正規方程式に代入して解けば，$\widehat{\alpha}$と$\widehat{\beta}$を求められます。なお，重回帰モデルの場合も，説明変数が増えて，連立させる方程式の本数が増えるだけで，基本的には全く同じです。

12.4　モデルの評価

決定係数

直線的な傾向が全くない観測値でも，データさえあれば回帰線を引くことは可能です。つまり，ほとんど意味のない回帰モデルが推定されてしまうこともあるのです。

それをチェックするため，「決定係数」と「回帰係数のt検定」で，推定した回帰モデルの良し悪しを判断することが大切です。

まず，**決定係数**（coefficient of determination；R^2）は，推定された回帰モデルが観測データをどのぐらい説明しているのかを表す指標です。いいかえれば，回帰線と観測値の**適合度**（あてはまりの良さ；goodness of fit）です。

決定係数の内容は，**全変動**に対する**回帰変動**です。全変動とは，図12.7の$(y_i - \overline{y})$を2乗して足し合わせたもので，観測されたデータy_iの平均まわりの動きです。一方，回帰変動とは，図の$(\widehat{y}_i - \overline{y})$を2乗して足し合わせたもので，理論値$\widehat{y}_i$の平均値まわりの動きです。つまり，決定係数とは，観測値の動きのうち，どのぐらいの部分が理論値の動き（推定された回帰モデル）で説明できているのかを表しているのです（その意味で**寄与率**と呼ぶこともあります）。

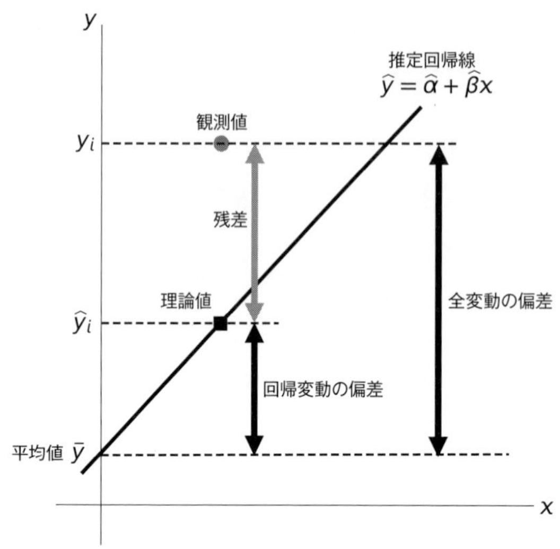

図 12.7　決定係数の考え方

決定係数は，平方和の比ですので，負の値は取りません。そして，回帰線が観測値を完全に説明できた場合（回帰線上に全てのデータが乗っている状況）で1となります。よって，決定係数は0～1の間を取り，1に近ければ“あてはまりが良い（説明力が高い）”ということになり，0に近ければ“あてはまりが悪い（説明力が低い）”ということになります。

回帰モデルで説明できた部分

決定係数　$R^2=\dfrac{\text{回帰変動}}{\text{全変動}}=\dfrac{\sum(\hat{y}_i-\bar{y})^2}{\sum(y_i-\bar{y})^2}$　　ただし，$0\le R^2\le 1$

観測値の動き

なお，相関係数と同じで，「いくつ以上ならば，あてはまりが良い」という基準はありません。例えば，著者の専門である経済学の分野では，**時系列**（**タイムシリーズ**）データならば0.8～0.9以上，**横断面**（**クロスセクション**）データ（←後掲の表12.2のような，ある時点において異なる場所で集めたデータ）ならばその半分程度（0.4～0.5）が，あてはまりの良い目安とされています。ただし，因果関係の把握が主な目的で，予測に興味がないのならば，それほど高い決定係数にこだわる必要はないでしょう（理由は重回帰分析のところで述べます）。

回帰係数のt検定

決定係数は，推定された回帰モデルの説明力を数値化しただけで，良し悪しを判定する基準もありませんし，検定もできません。そこで，t検定を使って，OLSで推定した回帰係数（傾き）$\hat{\beta}$が統計的に有意かどうかを検証することが大切になってきます。なお，定数項$\hat{\alpha}$も検定できますが，定数項が理論的に重要な意味を持つ場合（滅多にありません）を除けば，有意かどうかは気にしなくて結構です。

ここまで学んできたほかの仮説検定同様，有意とは，回帰係数に関する帰無仮説が棄却できたということですが，ここで帰無仮説の内容は$\beta = 0$となります（帰無仮説はパラメータという真の値に対するものなのでβに^はつきません）。単回帰ならばβは直線の傾きなので，それがゼロになるということは，図12.8の左のように，傾きのない水平線になるということです。yはαだけで説明できるため，xは全く関係なくなりますので，とくに理由がなければ回帰モデルに入れる必要はありませんね。

さて，推定された回帰係数$\hat{\beta}$の検定ですが，第6章で学んだ「母平均の検定」と同じように考えることができます。母平均の検定では，観測データから推定された標本平均$\overline{x}$が，特定の値μ_0と有意な差があるかないかを検証しました。ただし，$\overline{x}$の母標準誤差が不明の場合は，正規分布の代わりにt分布を使って，$\overline{x}$の準標準化変量tが，μ_0を準標準化した“0”と差があることを検定しました。

今回の推定された回帰係数$\hat{\beta}$も，観測データから計算された標本値ですから，理論上は何度もデータを抽出して推定することを繰り返せるため分布します。一般的に，回帰モデルの誤差は正規分布に従っていると仮定しますので（誤差は観測値に含まれますので，データが正規分布すると考えていただいて

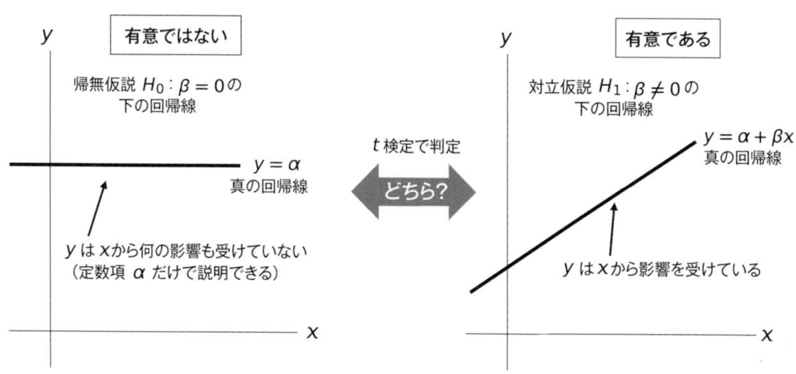

図 12.8　回帰係数のt検定の考え方

結構です)，$\widehat{\beta}$も正規分布に従います。ただし，$\widehat{\beta}$の母標準誤差は不明ですので，検定にはやはりt分布を使います。

あとは，図12.9のように，$\widehat{\beta}$の準標準化変量tが，帰無仮説の下ではβの真の値である“0”と差があることを検証するだけです。なお，推定されるパラメータの数が制約数になりますから，自由度は説明変数の数をkとすると“$n-k-1$”となります（単回帰の自由度は“$n-2$”)。

推定された回帰係数をt検定するための統計量$t_{\widehat{\beta}}$は，$\beta=0$という帰無仮説の下では，次のように「回帰係数の推定値$\widehat{\beta}\div\widehat{\beta}$の不偏標準誤差$\widehat{\sigma}_{\widehat{\beta}}$」になります。

回帰係数の検定統計量t

$$t_{\widehat{\beta}}=\frac{\widehat{\beta}-\beta}{\widehat{\sigma}_{\widehat{\beta}}}\xrightarrow{H_0:\beta=0}\frac{\widehat{\beta}}{\widehat{\sigma}_{\widehat{\beta}}}=\frac{\widehat{\beta}}{\sqrt{\dfrac{\sum\widehat{u}_i^2/(n-k-1)}{\sum(x_i-\bar{x})^2}}}$$

（$\widehat{\sigma}_{\widehat{\beta}}$：$\widehat{\beta}$の不偏標準誤差）

ただし，分母の「$\widehat{\beta}$の不偏標準誤差」は，「残差の不偏分散÷説明変数x_iの変動」の平方根になります。なぜ，こんな難しい式になるのかというと，正規方程式を見直していただければわかるように，$\widehat{\beta}$にはxだけでなくyも関係しているからです。

検定統計量さえ計算すれば，あとは普通のt検定と同じように，あらかじめ設定しておいた有意水準（両側$\alpha=0.05$など）に対応する限界値をt分布表から読み取り，検定統計量tと比較するだけです。

なお，第6章でも注意喚起しましたが，有意にならなかったからといって，

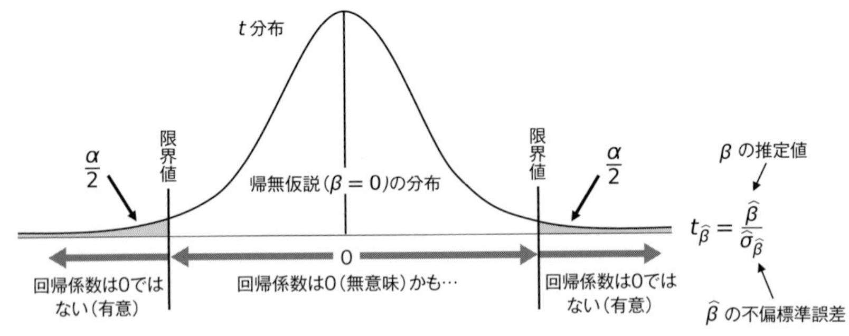

図12.9　回帰係数のt検定

その説明変数xが無意味というわけではありません。あくまで，手元のデータ（標本）から推定した係数$\hat{\beta}$と帰無仮説（$\beta = 0$）との乖離の程度が，偶然の範囲内といってもよさそうさだというだけで，標本サイズを大きくしたり，異なるデータを観測すれば有意となるかもしれません。ソフトウェアを使うと，$\hat{\beta}$の信頼区間を推定してくれますから，論文や報告書にはそちらも載せておくと（所与の信頼性の下の推定誤差の大きさがわかるため）より親切でしょう。

最後になりましたが，**回帰係数の推定値は，xが１単位増加するとyは何単位増加するのかという因果関係**を表しています。例えば，$\hat{\beta} = -1.5$ならば，「xが１単位増加するとyは1.5単位減少する」という負の因果関係を表します。

トピックス⑩

最小２乗法は誰が発見した？ ―ガウスとルジャンドル―

J.C.F.Gauss
(1777～1855)

最小２乗法は，ドイツの天才数学者であるガウスが小惑星セレスの軌道の計算に使ったことが始まりであると現在では知られています（1801年）。しかしガウスは自分の業績を公表することに無頓着でした。そのため，ルジャンドルというフランスの数学者が，ガウスよりも先（1805年）に論文として同様の理論を発表してしまい，他の数学者などを巻き込んでの大論争になってしまいました。

それはともかく，ガウスはこの最小２乗法を18歳（1795年）のときには考え出していたそうです。その他にも15歳で素数定理（証明されたのは101年後！）を予想したり，子供の頃に独自に積分と同じ概念に到達したり……と，天才と呼ばれる人は本当にすごいですね。

例題

次のようなデータ（n=4）が観測されました。

x_i	3	1	4	2
y_i	3	-2	5	-1

①最小2乗法を使って，単回帰モデル（回帰線）を推定してみましょう。
②決定係数を計算して，推定モデルの説明力（適合度）を見てみましょう。
③推定された回帰係数に t 検定（両側5％有意水準）を実施してみましょう。
④説明変数 x が5のとき，$\hat{y}$ はいくつになるか予測（点推定）してみましょう。

解：

①Excelなどを使って，正規方程式を解くのに必要な $\sum x_i$，$\sum y_i$，$\sum x_i^2$，$\sum x_i y_i$ について，次のようなワークシートを作って計算しておきます。

あとは正規方程式にそれらの値を代入して，連立方程式を解けばOKです。

	x_i	y_i	x_i^2	$x_i y_i$
	3	3	9	9
	1	-2	1	-2
	4	5	16	20
	2	-1	4	-2
総和$\sum$	10	5	30	25

$$\begin{cases} 4\hat{\alpha} + 10\hat{\beta} = 5 \\ 10\hat{\alpha} + 30\hat{\beta} = 25 \end{cases}$$

$$\hat{\alpha} = -5.0,\ \hat{\beta} = 2.5$$

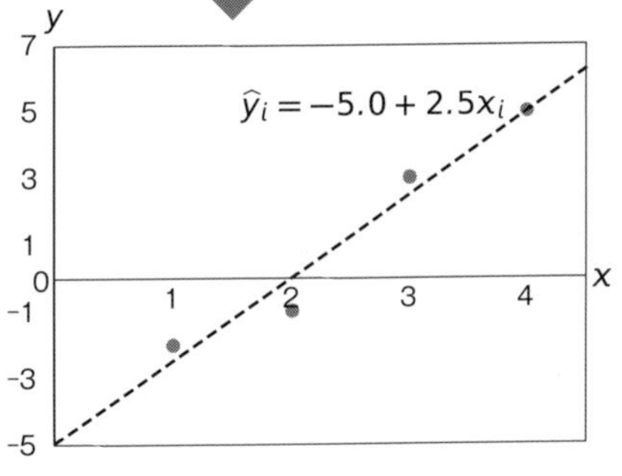

②決定係数の計算に必要な，回帰変動 $\sum(\hat{y}_i - \overline{y})^2$ と全変動 $\sum(y_i - \overline{y})^2$ について，次のようなワークシートを作って計算しておきます。あとは回帰変動を全変動で割るだけです。

x_i	y_i	$\hat{y}_i$	$\bar{y}$	$(\hat{y}_i-\bar{y})^2$	$(y_i-\bar{y})^2$
3	3	2.50	1.25	1.56	3.06
1	-2	-2.50	1.25	14.06	10.56
4	5	5.00	1.25	14.06	14.06
2	-1	0.00	1.25	1.56	5.06
			総和$\sum$	31.25	32.75

$$R^2=\frac{\textbf{回帰変動}}{\textbf{全変動}}=\frac{\sum(\hat{y}_i-\bar{y})^2}{\sum(y_i-\bar{y})^2}=\frac{31.25}{32.75}=0.95$$

← 高い説明力（良くあてはまっている）

③$\hat{\beta}$の準標準化変量tの計算に必要な，残差平方和と説明変数x_iの変動について，次のようなワークシートを作って計算しておきます。あとは，tの式に代入して計算し（$\hat{\beta}$の値は①で求めた“2.5”です），その値と限界値とを比較します。

（$\hat{u}_i^2$ ← $(y_i-\hat{y}_i)^2$）

x_i	y_i	$\hat{y}_i$	$\hat{u}_i^2$	$(x_i-\bar{x})^2$
3	3	2.50	0.25	0.25
1	-2	-2.50	0.25	2.25
4	5	5.00	0.00	2.25
2	-1	0.00	1.00	0.25
		総和$\sum$	1.50	5.00

$$t_\beta=\frac{\hat{\beta}}{\sqrt{\dfrac{\sum\hat{u}_i^2/(n-k-1)}{\sum(x_i-\bar{x})^2}}}=\frac{2.50}{\sqrt{\dfrac{1.50/(4-1-1)}{5.00}}}=\frac{2.50}{0.387}=6.46$$

検定：

両側5％の有意水準αに対応する限界値をt分布表から読み取ると，自由度$\nu=2$の行と，上側確率$\alpha/2=0.025$の列がクロスする“4.303”となります。検定統計量$t=6.46$はそれよりも大きいため，$\beta=0$という帰無仮説は棄却され，「推定された回帰係数は，5％有意水準で，統計的に有意にゼロから離れた値である」といえます。

なお，論文や報告書では，下記のようにパラメータ推定値の右肩に*（1％有意ならば**）を付けて有意であることを示すことがあります。また，括弧内はt値ですが，不偏標準誤差を掲載することもあります（どちらを掲載したのかは書いておきましょう）。

$$\hat{y}=-5.0^*+2.5^*x_i \quad n=4,\ R^2=0.95$$
$$(-4.71)\quad(6.46)$$

④推定された単回帰モデルの式のxに5を代入しますと，$-5.0+2.5\times5$ですので，$\hat{y}$は“7.5”と予測されます。

12.5　重回帰分析

自由度修正済み決定係数（ソフトウェアによる分析）

ここからは，説明変数xが複数になる**重回帰分析**（multiple regression analysis）を学びます。とはいえ，基本的な考え方は単回帰分析と変わりませんので，本節では，とくに重回帰分析の特徴や気をつけなければならない点を中心に解説させていただきます。

表12.2の観測データから重回帰モデルを推定することを考えましょう。

表 12.2　ある駅周辺のアパート（1K）の賃料と条件

物件番号	y：賃料（万円/月）	x_1：駅徒歩（分）	x_2：築年数（年）	x_3：駐車場（有=1）
1	4	3	4	0
2	2	4	10	0
3	7	3	4	1
4	6	5	6	1
5	8	1	4	1
6	3	3	9	0

この表は，ある駅周辺の6件のアパート（1K）の賃料（万円/月）と3つの条件（駅からの徒歩所要時間，築年数，駐車場の有無）の仮想データです。標本サイズ$n=6$は，かなり少ないと思われるかもしれませんが，理論上は説明変数の数よりも1件でも多ければ計算できます。とはいえ，OLSで良いモデルを推定するためには，データにもよりますが最低20～30は欲しいです。

さて，推定すべきモデルですが，因果関係は，明らかに図12.10のように賃料

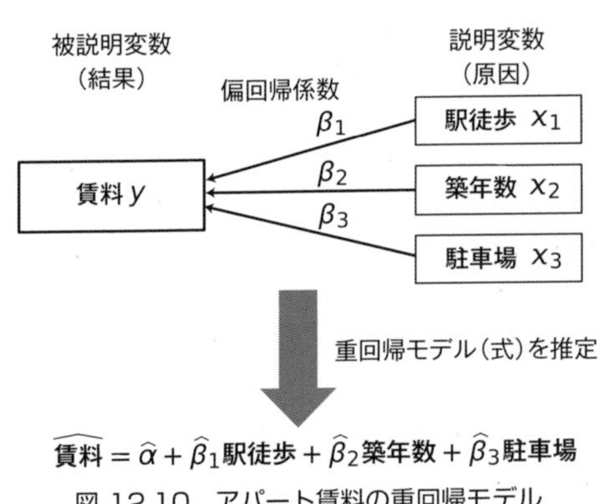

図 12.10　アパート賃料の重回帰モデル

が結果（被説明変数y）で，3つの条件が原因（説明変数x_1〜x_3）ですね。よって，3条件の回帰係数β_1〜β_3を推定すれば，賃料と3条件の因果関係が明らかになりますし，推定したモデルの3条件（説明変数x_1〜x_3）に任意の値を入れれば，賃料yを予測することができるようになります。なお，x_1は1つ目の説明変数という意味で，正規方程式などで使ってきたデータの1個目という意味ではありません。

それではこの重回帰モデルを推定してみましょう。ただし，単回帰の例題のようにExcelでワークシートを作っても，推定するパラメータの数だけ方程式が連立するため，それを解くのはかなり面倒です。幸いなことに，重回帰分析はExcelの分析ツールに備わっていますので，それを使いましょう。

分析ツールの［回帰分析］を選ぶと，回帰分析のウィンドウが現れます。あとは，入力元の［入力Y範囲］に賃料yの列を，［入力X範囲］に駅徒歩x_1と築年数x_2，駐車場x_3の3列を設定し（適宜［ラベル］に☑），［OK］を押せば，表12.3のような推定結果（残りは表12.4）が出力されます。なお，分析ツールのX範囲は，隣り合わせの列になっている必要がありますので注意してください。

出力された内容を見ていくと，まず，決定係数（分析ツールでは［重決定R2］）は“$R^2 = 0.996$”で1に近いことから，推定されたモデルが観測データにとても良くあてはまっており，説明力（適合度）が極めて高いことがわかります。しかし，**決定係数には，説明変数が増えるだけで自動的に値が大きくなってしまう**という大きな欠点があります。

表 12.3　分析ツール［回帰分析］の出力①

概要

回帰統計	
重相関 R	0.998
重決定 R2	0.996
補正 R2	0.991 ← 自由度修正済み決定係数
標準誤差	0.230 ← 回帰の標準誤差
観測数	6

分散分析表

	自由度	変動	分散	観測された分散比	有意F
回帰	3	27.894	9.298	176.182	0.006
残差	2	0.106	0.053		
合計	5	28.000			

理由は，決定係数の式を次のように書き換えるとよくわかります（回帰変動＝(全変動－残差平方和)，という関係を使っています）。つまり，無意味な説明力のない説明変数でも増えると，残差（$y-\hat{y}$）の$\hat{y}$が大きくなり，1から引く項の分子が小さくなってしまうのです。

決定係数　全変動 − 残差平方和　残差平方和　どんどん小さくなる

$$R^2=\frac{\sum(\hat{y}_i-\bar{y})^2}{\sum(y_i-\bar{y})^2}=1-\frac{\sum(y_i-\hat{y}_i)^2}{\sum(y_i-\bar{y})^2}=1-\frac{\sum(y_i-\hat{\alpha}-\hat{\beta}_1x_{1i}-\hat{\beta}_2x_{2i}-\hat{\beta}_3x_{3i})^2}{\sum(y_i-\bar{y})^2}$$

そのため重回帰分析の場合は，次のような，説明変数の数kが増えた分だけ小さくなるように，全変動の自由度“$n-1$”と残差平方和の自由度“$n-k-1$”の比で修正した**自由度修正済み決定係数**（adjusted R-square；$\overline{R}^2$）を用いる必要があります。なお，取り得る値に下限はありません（$-\infty\leq\overline{R}^2\leq1$）ので，(滅多にないですが）負の値になっても驚かないでください。

自由度修正済み決定係数　説明変数の数 k が増えるほど小さくなる

$$\overline{R}^2=1-\frac{\sum(y_i-\hat{y}_i)^2/(n-k-1)}{\sum(y_i-\bar{y})^2/(n-1)}=1-\frac{n-1}{n-k-1}(1-R^2)$$

事例の0.996（小数点第4位までだと0.9962）という決定係数を，この式を使って修正してみると，次のように“$\overline{R}^2=0.991$”とやや小さくなりますが，説明力は依然として十分高いモデルといえます（分析ツールでは［補正R2］)。

$$\overline{R}^2=1-\frac{6-1}{6-3-1}(1-0.9962)=0.991$$

なお，表12.3において，補正R2の下に標準誤差という項目があります。これは**回帰の標準誤差**（standard error of regression；SER）と呼ばれ，残差平方和を自由度で割った“残差の不偏分散”（268ページの回帰係数の不偏標準誤差で出てきました）の平方根で，回帰線の周りの観測値y_iのバラつきを表しています。ですから，小さい方があてはまりの良いモデルということになりますが，決定係数に比べるとわかりにくいため，あてはまりの指標としてはあまり使われません。

分散分析（全ての係数が0のF検定）

先ほどの分析ツールの結果（表12.3）に「分散分析表」という項目があるのが気になりますね。これは，回帰係数（定数項は除きます）が全て0であるという帰無仮説（H_0：$\beta_1 = \beta_2 = \beta_3 = 0$）の検定結果なのです（対立仮説$H_1$：$H_0$でない）。回帰係数が0ではないことを“1つずつ”確認しているt検定に対して，分散分析では“まとめて”確認します。つまり，**推定した重回帰モデル全体が，統計的に見て意味があるかどうかを検定**しているといってよいでしょう。ですから，よほど下手なモデルでない限り，帰無仮説は棄却されます（回帰係数が1つでも0でなければ棄却されます）。

検定統計量Fは，次のように“残差平方和÷自由度”に対する“回帰変動÷自由度”で，kは説明変数の数です。残差や回帰変動が何かを忘れてしまった方は図12.7をもう一度ご覧ください。

分散分析の検定統計量
$$F = \frac{\text{回帰変動/自由度}}{\text{残差平方和/自由度}} = \frac{\sum(\hat{y}_i - \bar{y})^2/k}{\sum(y_i - \hat{y}_i)^2/(n-k-1)}$$

分析ツールでは［観測された分散比］がF値ですが，事例では“176.182”とかなり大きく，p値を表す［有意F］も“0.006”と5％よりも小さいので，推定した重回帰モデルは統計的に有意であるといえます。

決定係数と分散分析が混乱しやすいので，図12.7を式に表したもので整理しておきますと，次のように，それぞれ比較する項が違っているだけなのです。

$$\sum(y_i - \bar{y})^2 = \sum(\hat{y}_i - \bar{y})^2 + \sum(y_i - \hat{y}_i)^2$$

決定係数：$\sum(y_i - \bar{y})^2$ と $\sum(\hat{y}_i - \bar{y})^2$
分散分析：$\sum(\hat{y}_i - \bar{y})^2$ と $\sum(y_i - \hat{y}_i)^2$

t検定と変数選択

推定した重回帰モデルのあてはまりが良く（決定係数），モデル全体が統計的に有意である（分散分析）ことが確認できたら，次はいよいよ回帰係数を見て行きます。

ただし，真の値がゼロかもしれない回帰係数を一生懸命に解釈しても無駄なので，まずはt検定の結果を確認しておきましょう。分析ツールの出力の続きである表12.4を見てみると，p値（分析ツールでは［P-値］）がいずれも0.05を切っているので，「推定された回帰係数は，いずれも5％有意水準で統計的に有意にゼロから離れた値である」ことがわかります。

表 12.4　分析ツール［回帰分析］の出力②

	係数	標準誤差	t	P-値	下限95%	上限95%
切片	6.138	0.403	15.230	0.004	4.404	7.873
x_1：駅徒歩（分）	-0.407	0.087	-4.671	0.043	-0.782	-0.032
x_2：築年数（年）	-0.232	0.053	-4.374	0.048	-0.461	-0.004
x_3：駐車場（有=1）	3.167	0.239	13.232	0.006	2.137	4.197

偏回帰係数（ほかの変数を一定とした影響力）　　*t* 検定　　係数の区間推定

今回の事例では全てのパラメータが有意となりましたが，もし有意とならない変数があったら，その変数が当該モデルに入っていなければおかしいというわけでもない限り，取り除いた方が無難でしょう。ただし，**必要な変数が入っていないよりは不要な変数が入っていた方が害は少ない**（不要な変数が入っていても真の係数の期待値となります）ので，迷うようでしたら残しておいて結構です。

また，ソフトウェアによっては，*F* 値（*t* 値の2乗）や *p* 値を用いて，あらかじめ設定した基準を満たす変数だけを自動的に選んでくれる機能が備わっているものもありますので，説明変数の候補がたくさんあって，いちいち検定するのが大変な場合などは活用してもよいでしょう（選び方によって**増減法**，**減増法**，**増加法**，**減少法**があります）。

偏回帰係数

3つの回帰係数とも有意であることが確認できたので，推定値を見て行きましょう。推定結果をまとめると，図12.11のようになります。

まず，駅徒歩 x_1 の係数の推定値は，符号が負ですから，駅から遠くなるほど賃料が安くなる（マイナスの影響を与えている）ことがわかります。具体的に解釈すると，“−0.407”という推定値は，説明変数が1単位増加すると，被説明変数が0.407単位減少するという意味ですので，事例の場合は駅から徒歩で

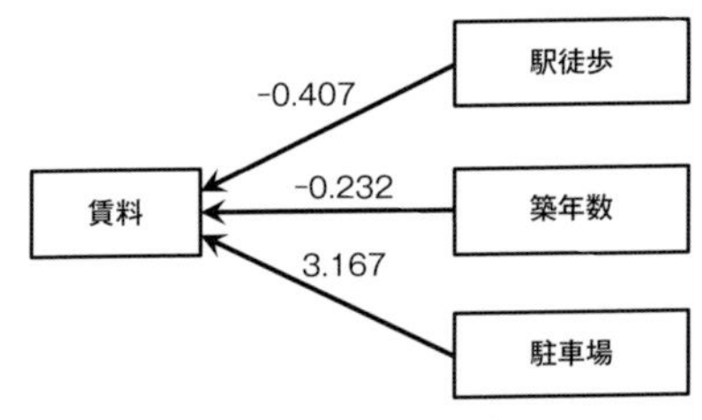

図 12.11　推定された重回帰モデル

1分遠くなると賃料が4,070円安くなることになります。

ここで，重要なのは，この推定値は**ほかの変数の影響を取り除いた後の影響の大きさ**を表しているということです。つまり，築年数と駐車場の有無を一定とした場合の，駅からの距離が賃料に与える影響なのです。駅からの距離の影響だけを見たいのに，築年数の影響も含まれていては（駅が遠くなるほど古い物件が多くなる場合など），ややこしいことになってしまいますので，この性質はとてもありがたいですね。ですから，t検定で有意とならない変数でも，あえてその変数からの影響を取り除く（コントロールする）ために残す場合があります。

なぜこのような性質を持っているのかというと，OLSで推定値を求めるときに，正規方程式を偏微分して，ほかの変数を定数として解いているからです。そのため，重回帰モデルの回帰係数をとくに**偏回帰係数**（partial regression coefficient）と呼びます。

なお，駐車場変数x_3（有＝1，無＝0）ですが，このように2種類の値しか取らない変数を**ダミー変数**（dummy variable）と呼びます。ダミー変数の係数推定値は，0を基準として，1になった場合のyの変化です。よって，事例の場合は，駅からの距離と築年数が一定の場合，駐車場がないアパートの賃料に比べて，駐車場があるアルパートの賃料は3万1670円高いということになります。

推定された重回帰モデルを式に表すと次のようになります。括弧内はt値（標準誤差でもOKです），係数右肩の*は5％，**は1％有意水準で統計的に有意に0から離れていることを表しています。

$$\widehat{\text{賃料}} = \underset{(15.23)}{6.183^{**}} - \underset{(-4.671)}{0.407^{*}}\text{駅徒歩} - \underset{(-4.374)}{0.232^{*}}\text{築年数} + \underset{(13.232)}{3.167^{**}}\text{駐車場} \quad n=6, \quad \bar{R}^2 = 0.991$$

予測

さて，重回帰モデルが推定できたら，その式の説明変数に任意の値を代入するだけで，結果の値を予測できます。例えば，駅から徒歩3分（$x_1 = 3$）で，築年数が5年（$x_2 = 5$）で，駐車場がない（$x_3 = 0$）という条件の1Kアパート（そうした物件は観測データにはありませんね）の賃料は，

$$6.138 - 0.407 \times 3 - 0.232 \times 5 + 3.167 \times 0 = 3.757$$

となり，3万7570円（数字を丸めずに計算すれば3万7553円）と予測されます。

単回帰の例題でも触れましたが，この理論値は点推定なので誤差を考慮していません。できれば予測の誤差がわかるように（理論値の）区間推定をすべきですが，その計算は難しいので本書では扱いません。ただし，区間推定における予測誤差の計算には，既述の「回帰の標準誤差」を使うので，この統計量か，この統計量を用いる（自由度修正済み）決定係数が，予測精度の大まかな指標になると考えていただいて結構です。

ですから，予測を重視する場合には，高い（自由度修正済み）決定係数であることが求められることになります。いいかえれば，分析の目的が予測ではなく因果関係を捉えることならば，決定係数が低くてもそれほど気にする必要はなく，むしろ各係数がt検定で有意となっていることが重要になります。

なお，先ほどの予測は，説明変数x_iの値を観測されたデータの範囲内からとってきましたが（**内挿予測**），データにない範囲からとってきた値（例えば徒歩30分で築年数40年とか……）で予測することもできます（**外挿予測**）。ただし，モデルの推定に使っていない範囲の値なので，当然ながら外挿予測の精度は低下します。

標準偏回帰係数

分析の目的が因果関係を捉えることである場合，複数ある説明変数のうち，被説明変数に対する影響がもっとも強いのは（あるいは弱いのは）どれなのかを知りたいことがあります。しかし，説明変数によって，単位や平均，バラツキが異なるため，偏回帰係数の大小を比較するわけにはいきません。

そこで，一旦，観測データを変数ごとに標準化し，改めて重回帰分析を実施することで，相互に比較可能な回帰係数（**標準偏回帰係数**；standardized partial regression coefficient，推定値をβ^*で表記）を得ることができます。

アパート賃料の事例で標準回帰係数を求めてみましょう。ソフトウェアによっては，標準偏回帰係数を自動的に計算してくれるものもあるのですが，残念ながらExcel分析ツールやRコマンダーでは計算してくれません。そこで，まずは変数ごとに標準化します。表12.5は標本標準偏差を使って標準化していますが，各変数のバラツキを整えることが目的なので，不偏標準偏差でも構いません（ただし，まぜこぜにしてはいけません）。

標準化したデータに，分析ツールなどで回帰分析を実施しますと，駅徒歩x_1の標準偏回帰係数$\beta_1^* = -0.229$，築年数x_2の$\beta_2^* = -0.266$，駐車場x_3の$\beta_3^* = 0.733$と推定されます。

この結果から，駐車場の有無がもっとも賃料に影響を与えることがわかりま

表 12.5　アパート賃料の標準化データ

物件番号	y：賃料	x_1：駅徒歩	x_2：築年数	x_3：駐車場
1	-0.46	-0.14	-0.87	-1.00
2	-1.39	0.69	1.55	-1.00
3	0.93	-0.14	-0.87	1.00
4	0.46	1.51	-0.07	1.00
5	1.39	-1.79	-0.87	1.00
6	-0.93	-0.14	1.14	-1.00
平均	0.00	0.00	0.00	0.00
標準偏差	1.00	1.00	1.00	1.00

す。式で表すなら，平均が0の説明変数の回帰線や平面は原点を通るようになりますので，定数項は0とします（ソフトウェアでは数字が丸められていますので，極めて小さい値として計算されてしまいますが記載不要です）。

なお，今回は理解を深めるために，変数ごとに標準化したデータから推定し直しましたが，実は，$\widehat{\beta}_1 \times (x_1$の標準偏差$\div y$の標準偏差$)$でも$\beta_1^*$を得られます。被説明変数のバラツキを基準とした当該説明変数のバラツキの大きさを乗ずることで，偏回帰係数を標準化しているのです。

12.6　モデル推定における問題

多重共線性

以上で回帰分析の基本的な解説は終わりですが，どのような変数や関数型を使って回帰モデルを作るのかは，とても難しい問題です。そのため経済学には，**計量経済学**（econometrics）という，複雑な経済現象を説明する回帰モデルを作成することに特化した学問分野があるぐらいです。

そこで，本章の最後として，初級者から上級者までを悩ます問題，「多重共線性」と「不均一分散」について解説し，簡易的な回避法についてもお教えしたいと思います。

まずは前者の**多重共線性**（multi-collinearity；マルチコと略す）からです。

重回帰モデルにおける複数の説明変数は，独立変数（表12.1参照）とも呼ばれるように，本来，それぞれが**互いに独立して無相関でなければなりません**。もし，説明変数間で強い相関が発生している状況でモデルを推定すると，①決定係数が高いのにt値は低かったり（係数の標準誤差が大きくなる），②標本サイズを少し増減しただけで推定値が大きく変化したり（不安定になる），③パラメータ推定値の符号が理論と逆になったり，といった現象が生じます（③は多重共線性だけが原因ではありません）。そして，相関係数が1になる完全（厳

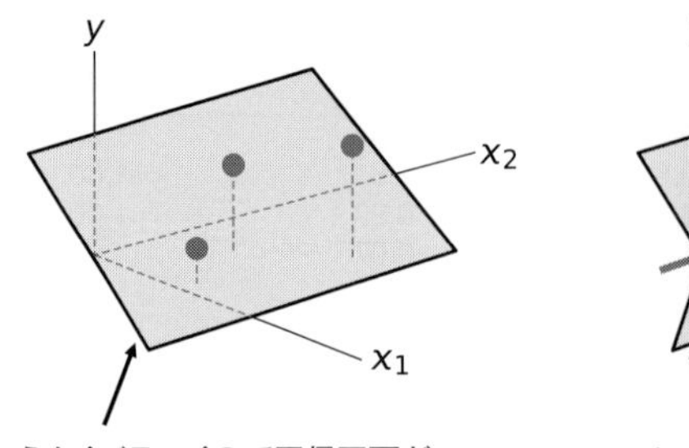

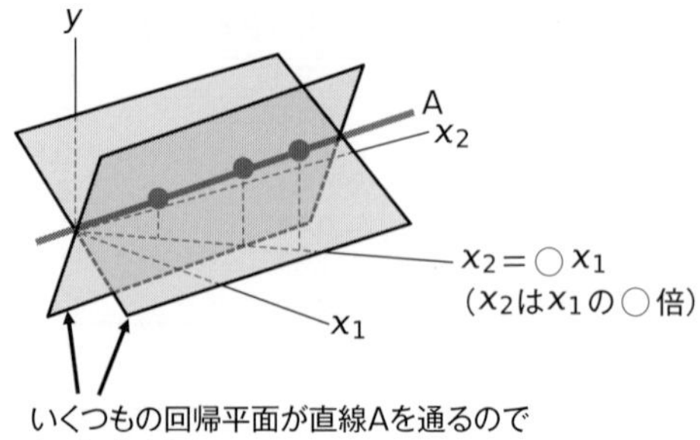

図 12.12 (完全な) 多重共線性がある場合

密な）な相関の場合は，パラメータの推定自体ができません（図12.12)。

こうした状況を「多重共線性がある」といいます。

しかし，現実には，完全に独立した説明変数のみを使ってモデルを作ることは，ほとんど不可能です（とくに社会科学分野の場合)。ですから，説明変数間の相関係数を確認して，高い相関がある変数が見つかったら，そのうち重要度の低い変数（例えば標準偏回帰係数の小さい方）を外して，再び推定しましょう。

また，**分散拡大要因**（variance inflation factor；*VIF*）という，変数ごとの多重共線性の深刻さを表す指標を使ってもよいでしょう。*VIF*とは，多重共線性があると回帰係数の分散が大きくなる性質を利用した指標で，次の式で計算します。

($\hat{\beta}_i$の) 分散拡大要因 $$VIF_i = \frac{1}{1 - R_i^2}$$

ただし，分母のR_i^2は，x_iをx_i以外の説明変数に回帰させたときの決定係数です。例えば，説明変数が3つならば，$x_1 = \alpha + \beta_2 x_2 + \beta_3 x_3$という回帰モデルの決定係数が$\beta_1$の*VIF*の計算に用いられます。このように，説明変数の数だけ回帰分析にかけなければならないので，かなり面倒です。

Rコマンダーの場合，[統計量]→[モデルへの適合]→[線形回帰]で一度，回帰分析を実行した後，Rスクリプトの中で[vif(RegModel.1)]（RegModel.の後ろの番号は推定したモデルの順番なので適宜異なります）と入力して実行すれば，全ての*VIF*を出力してくれます。

明確な基準はありませんが，*VIF*の値が概ね10を超えた説明変数（ダミー変数には使えません）は，多重共線性が発生していると判断し，モデルから外すと良いでしょう（理想は2以下です）。

アパート賃料の事例でVIFを計算してみると，$VIF_1 = 1.27$，$VIF_2 = 1.969$，$VIF_3 = 1.629$となり，（x_3はダミー変数なので判定できませんが）深刻な多重共線性は発生していないといってよさそうです（データはオーム社Webページにアップしてあります：「重回帰（アパート賃料）.RData」）。

なお，回避法としては，ほかにも標本サイズを大きくする方法や，第14章で紹介する主成分分析で互いに無相関な変数を合成する方法などがあります。

標準的仮定と不均一分散

2つ目の問題は不均一分散です。先ほどの多重共線性は重回帰分析に特有の問題であったのに対して，こちらは単回帰分析でも発生します。

節12.3で，パラメータの推定にOLSがよく使われる理由として，「標準的仮定が成立するとき，もっとも適切な推定量が得られることがわかっているから」と述べました。もっとも適切な推定量とは，真の値を反映していて（**不偏性**；unbiased），分散がもっとも小さく（**効率性**；efficiency），データを増やせば真の値に近づく（**一致性**；consistency）という，3つの性質を兼ね備えていることです。そのような推定量を**最良線型不偏推定量**（best linear unbiased estimator；BLUE）と呼びます。

標準的仮定（古典的仮定，基本的仮定）とは，次の4つです。

回帰モデルの標準的仮定

① 説明変数は非確率変数である。
② 誤差の平均はゼロである。
③ 誤差の分散は均一である。
④ 誤差は互いに独立である。

仮定①は，説明変数xとして駅徒歩があるとすると，$x_1 = 3$分，$x_2 = 4$分のように，既に決まった固定値が入っているということです（xの添字は水準）。値が決まっていない個人差や場所差などは確率変数なので仮定を満たしませんが，誤差と無関係ならば大きな問題にはなりません。

それ以外の仮定②から④は，誤差に関する仮定です（誤差とは残差の母集団における概念で，真の値と観測値との差でした）。なかでも，仮定③が満たされない場合を**不均一分散**（heteroscedasticity）と呼び，横断面データで頻発する頭の痛い問題です。

図12.13の左は標準的仮定が満たされた状況，右が仮定③が満たされていない（不均一分散の）状況で，回帰線をOLSで推定した場合を表しています。

例えば，支出（y）を所得（x）に回帰させるモデルは，不均一分散の問題が発生する典型的な事例です。所得の低い人は誰もが支出も少ないでしょうが，所得が高い人は支出の多い気前の良い人もいるでしょうし，支出の少ない節約家もいるでしょう。つまり，xが大きくなるにつれてyの分散も大きくなってしまうのです。このようなデータを対象にOLSでパラメータを推定しても，推定量の分散は最小ではなくなるため，効率性を失ってBLUEとは（適切な推定量とは）いえなくなります。具体的な問題点としては，**t検定の結果が信頼できない**ものとなってしまいます。

回避法としては，被説明変数yを何かの比の形にしたり，対数を取るなどしてデータを変換するか，本書では扱いませんが，**一般化最小２乗法**や**加重最小２乗法**というOLSを発展させた推定法を使ったり，不均一分散を考慮した**頑健（ロバスト）な標準誤差**を推定して検定することが考えられます。

なお，仮定④は，たとえば経済学で時系列データを扱う場合に，前期の経済活動が習慣性をもって翌期に影響を与えることが原因で満たされなくなります（**自己相関，系列相関**）。専用の推定方法も考案されていますので，興味のある方は巻末384ページで紹介している計量経済学のテキストに挑戦してみてください。

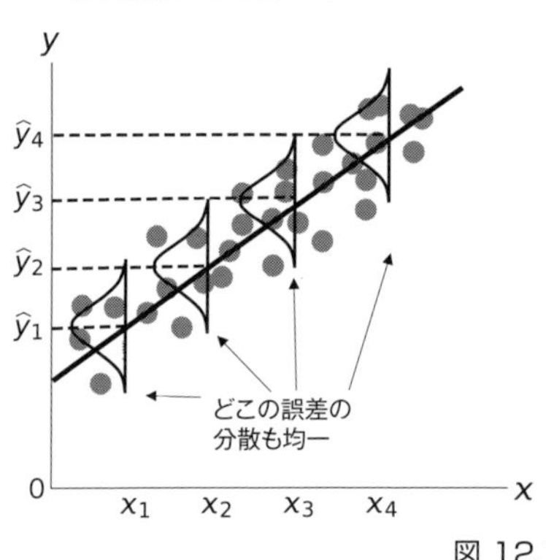

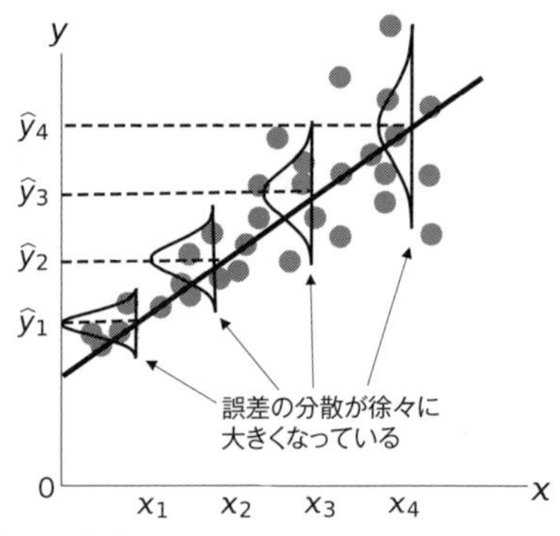

図 12.13　不均一分散

章末問題

問1　紅葉の最盛期は9月の平均気温と因果関係があることがわかっています。次の関東地方における10地点の観測データ（仮想）から紅葉の最盛期を説明する単回帰モデルを推定し，それを使って，「9月の平均気温が21℃」の地点の最盛期を予測しなさい。

関東地方の9月の平均気温と紅葉の最盛期

観測所番号	紅葉の最盛期（10月1日からの日数）	9月平均気温
1	79	27
2	44	20
3	51	22
4	28	17
5	69	26
6	46	20
7	36	18
8	48	22
9	41	19
10	59	23

問2　次の表は，ある地域にある8つの農産物直売所の売上金額と関連データです（仮想）。このデータから直売所の売上げにもっとも強い影響を及ぼしている要因は何かを明らかにしなさい。また，フリーマーケットの存在は，どの程度売上げに影響を及ぼすのかを具体的に金額で答えなさい。

ある地域の直売所の売上げと関連データ

直売所	売上（千万円／年）	店舗面積（m^2）	駐車可能台数	フリーマーケット（有＝1）
A	8.0	100	250	1
B	10.0	180	600	1
C	0.5	60	100	0
D	1.5	80	50	0
E	9.0	190	120	1
F	13.0	210	1000	1
G	0.1	50	50	0
H	13.0	250	800	1

第13章 ロジスティック回帰分析とクラスター分析 ―多変量解析②―

ロジスティック回帰分析：離散選択モデルの1つで，結果が2値変数の回帰分析。個体がどちらの群に分類されるかを確率で予測する。

最　尤　法：誤差が正規分布とは限らない場合のパラメータ推定法。データがもっとも得られやすくなるパラメータを探し出す。

クラスター分析：分類結果のような基準となる変数がない場合の分類手法。結果がわかりやすい階層型と，ビッグデータも扱える非階層型がある。

13.1 ロジスティック回帰分析

離散選択モデル

本章では，分類を目的とした多変量解析として「ロジスティック回帰分析」と「クラスター分析」を紹介します。まずは，前者から解説しましょう。

ロジスティック回帰分析（logistic regression analysis）は，名称からもわかるように回帰分析の仲間です。

前章で学んだ回帰分析は，変数間の因果関係を明らかにして“結果の値”を予測するのが目的でした。しかし，現実社会では，結果の値そのものよりも「この消費者は商品を買うのか/買わないのか」や「この製品は壊れるのか/壊れないのか」，「この患者は病気なのか/病気ではないのか」……を予測したり，その原因を探ったりしたい場合がとても多いのです。これは，いいかえれば個人や個体が，ある事象が起きる/起きないという2群のうち，どちらに分類されるのかを予測し，その要因を把握することにほかなりません。

このように，結果（**従属変数**と呼ばれることが多いです）が2値変数（普通は1と0のダミー変数とします）で，どちらに分類されるのかを予測するのがロジスティック回帰分析です（回帰分析の仲間ですので要因も明らかにでき

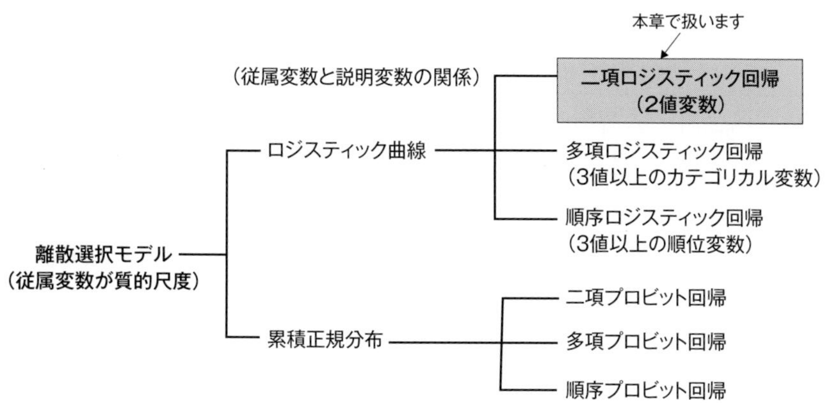

図 13.1　離散選択モデルの種類（従属変数の尺度別）

ます）。

なお，ロジスティック回帰分析が結果として扱えるのは2値変数だけではありません（図13.1）。「ブランドA/ブランドB/ブランドC」のように3値以上のカテゴリカルデータを扱うこともできますし（**多項ロジスティック回帰分析**），「満足/やや満足/どちらでもない/やや不満/不満」のような順位データを扱うこともできます（**順序ロジスティック回帰分析**）。ただし，本書では，それらの基本である2値の従属変数の**二項ロジスティック回帰分析**のみを解説します（一般に，単にロジスティック回帰分析といったら二項を指します）。

また，こうした従属変数が質的変数で離散した値を取る回帰モデル全般のことを**離散選択モデル**（discrete choice model）と呼び，ほかにはプロビット回帰分析があります。

2値データに線形回帰が適さない理由

結果が2値だと，なぜ前章で学んだ回帰分析ではいけないのでしょうか？

具体的な事例を使いながら説明しましょう。表13.1は，10人の消費者の所得xと車の購買行動y（1：購入，0：非購入）に関する仮想データです。このデータに，前章で学んだ最小2乗法（OLS）で単回帰モデルを推定すると，図13.2のような回帰線を引くことができます。所得xの回帰係数のt検定のp値は0.016で，決定係数R^2も0.735であり，横断面データとしては良好です。

しかしながら，図表をよく見ると大きな問題があることに気がつきます。

本来，yは1（買う）か0（買わない）しか取らないのに，この推定モデルを使って予測すると，xの値次第では**予測値$\hat{y}$が1を超えたり，0よりも小さい**

表 13.1　車の購買行動

	x：所得（万円/年）	y：購買行動（購入=1）	$\hat{y}$：予測値
Aさん	300	0	-0.07
Bさん	400	0	0.09
Cさん	450	0	0.18
Dさん	550	0	0.35
Eさん	700	0	0.60
Fさん	500	1	0.26
Gさん	800	1	0.77
Hさん	850	1	0.85
Iさん	900	1	0.94
Jさん	950	1	1.02

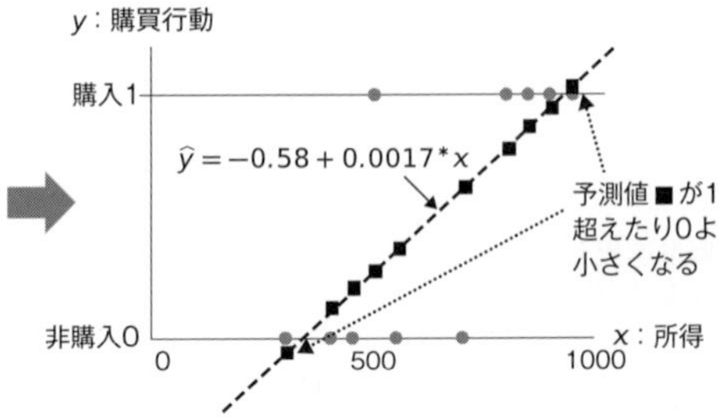

図 13.2　2値データに回帰線をあてはめた場合

値を取ったりしてしまうことです。例えば所得xが2,000万円の人の購買行動yを外挿予測しようとすると，$-0.58 + 0.0017 \times 2000$で“2.8”になってしまいます（車を2.8台購入するというわけではありませんね）。

このように，前章で学んだ回帰線（線形モデル）をOLSで推定する**線形回帰**は，結果が2値のデータの分析には適さないのです。

ロジスティック関数

そこで，2つの工夫を施します。1つ目は，1か0かをそのまま予測するのではなく，表13.2最右列のように，一旦，***y*が1を選択する確率*p***（選択確率；事例ならば車を購入する確率）を予測し，その確率から，個体が1か0のどちらに分類されるのかを判定するようにするのです。確率ならば値は0〜1の範囲しか取らないので，予測値が1を超えたり0を下回ったりすることはありませんし，その間ならばどんな値となってもおかしくありませんね。

工夫の2つ目は，説明変数xと選択確率pとの間に線形（直線）の関係ではなく，**S字曲線を想定**します。なぜならば，いくら予測対象を確率としても，推定するのが直線のままでは，xの値次第では予測値が1を超えたり0を下回ったりと，確率としてはありえない値となる可能性があります。しかし，S字曲線ならば，図13.3のように最大・最小の値は頭（底）打ちになるので，そのようなこともありませんね。

関数になっていて扱いやすいS字曲線としては，「ロジスティック関数の曲線（**ロジスティック曲線**）」と「正規分布の累積分布関数の曲線」の2つがあります。前者を想定する場合をロジスティック回帰分析，後者を想定する場合を**プロビット回帰分析**（probit regression analysis）と呼びます。第2章で学ん

表 13.2 車を購入する確率を予測する

	x: 所得（万円/年）	y: 購買行動（購入=1）	$\hat{y}$: 購入確率 p
Aさん	300	0	0.03
Bさん	400	0	0.08
Cさん	450	0	0.12
Dさん	550	0	0.28
Eさん	700	0	0.65
Fさん	500	1	0.19
Gさん	800	1	0.84
Hさん	850	1	0.90
I さん	900	1	0.94
Jさん	950	1	0.96

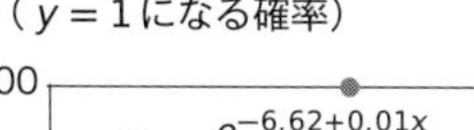
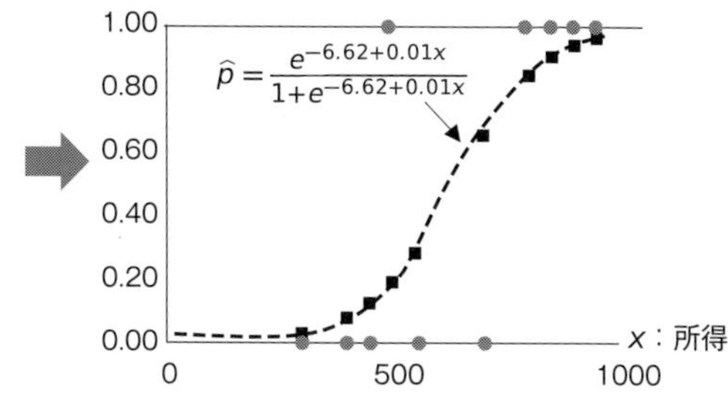

図 13.3 $y=1$になる確率にロジスティック曲線をあてはめた場合

だように，正規分布は複雑な式ですので，本書では式が簡便なロジスティック曲線を想定したロジスティック回帰分析を解説します（標本サイズがそこそこ大きければ，どちらを想定しても結果は変わりません）。

それでは，選択確率を予測するためのロジスティック関数を紹介しましょう（「ロジスティック」という名称の由来は残念ながら不明です）。i番目のデータy_iが，x_iのときに1を選択する確率p_iのロジスティック関数は，次のような式になります（説明変数xが1つの場合で，eは自然対数の底）です。

ロジスティック関数 $$P(y_i = 1) = p_i = \frac{e^{\alpha+\beta x_i}}{1+e^{\alpha+\beta x_i}}$$

このパラメータαとβを推定すれば，選択確率p_iを予測できるようになります（推定方法は次節で解説します）。ですから，この式が**ロジスティック回帰モデル**です。よって，もし推定した$\hat{\beta}$の符号がプラスならば，その説明変数xは選択確率を押し上げる効果があるといえます。

推定値の解釈とロジット変換

パラメータβが推定されても，ロジスティック関数のままで$\hat{\beta}$を解釈するのは至難の業です。そこで，もし解釈したいのならば，次のような選択確率pと非選択確率（$1-p$）の比の形にします。このように，ある事象の起こりやすさを確率の比で表したものを**オッズ**（odds）と呼びます。すると，右辺が$e^{\alpha+\beta x}$の式になるので解釈しやすくなります。

オッズ

$$\frac{y_i=1\text{を選択する確率}}{y_i=1\text{を選択しない確率}}=\frac{p_i}{1-p_i}$$

$$=\frac{\dfrac{e^{\alpha+\beta x_i}}{1+e^{\alpha+\beta x_i}}}{\dfrac{1+e^{\alpha+\beta x_i}}{1+e^{\alpha+\beta x_i}}-\dfrac{e^{\alpha+\beta x_i}}{1+e^{\alpha+\beta x_i}}}=\frac{\dfrac{e^{\alpha+\beta x_i}}{\cancel{1+e^{\alpha+\beta x_i}}}}{\dfrac{1}{\cancel{1+e^{\alpha+\beta x_i}}}}=e^{\alpha+\beta x_i}$$

$\widehat{\beta}$の解釈とは，xが1単位増加した“$x+1$”のオッズに対する効果を考えることです。ただし，$\widehat{\alpha}$は解釈する必要はないので0として省略（$e^0=1$）します。すると，次のように$e^{\widehat{\beta}(x+1)}=e^{\widehat{\beta}x}\times e^{\widehat{\beta}}$となりますから，結局，**$e^{\widehat{\beta}}$を計算すればオッズに対する乗法効果**として解釈できます（後ほど事例で解釈の練習をしてみましょう）。この$e^{\widehat{\beta}}$は，xの確率オッズと比べた$x+1$の確率オッズですので**オッズ比**（odds ratio）といいます。

オッズ比

$$\frac{\widehat{p}_i}{1-\widehat{p}_i}=e^{\widehat{\alpha}+\widehat{\beta}(x_i+1)}=e^{\widehat{\alpha}}\times e^{\widehat{\beta}(x_i+1)}\longrightarrow 1\times e^{\widehat{\beta}(x_i+1)}=e^{\widehat{\beta}x_i}\times e^{\widehat{\beta}}$$

（$e^{\widehat{\alpha}}$ → 0）

さらに，1つ前のオッズの式から，eの指数部分（$\alpha+\beta x$）が右辺になる，見慣れた線形の式に変形してみましょう。線形とは，従属変数と説明変数（あるいはパラメータ）とが直線関係にあり，足し算（一次結合）の形になっていることです。オッズの対数をとって**対数オッズ（ロジット）**にすれば，次のような線形モデルになります。

ロジット関数

ロジットモデル　$$\log\frac{p_i}{1-p_i}=\alpha+\beta x_i$$

このように，オッズの対数をとることを**ロジット変換**と呼び，対数オッズを確率pの関数と見なしたものを**ロジット関数**と呼びます（ロジット関数はロジスティック関数の逆関数）。

そのため，このモデルを**ロジットモデル**（logit model）と呼び，ロジスティック回帰分析を**ロジット分析**ともいいます。なお，ロジット関数のように，カテゴリカルな従属変数の各水準の確率を連続尺度に橋渡しする関数を**リンク関数**と

表 13.3 車の購入確率のロジット変換

	x：所得（万円/年）	y：購買行動（購入=1）	$\hat{p}$：購入確率	$\log \frac{\hat{p}}{1-\hat{p}}$
Aさん	300	0	0.03	-3.51
Bさん	400	0	0.08	-2.47
Cさん	450	0	0.12	-1.96
Dさん	550	0	0.28	-0.92
Eさん	700	0	0.65	0.63
Fさん	500	1	0.19	-1.44
Gさん	800	1	0.84	1.67
Hさん	850	1	0.90	2.19
Iさん	900	1	0.94	2.71
Jさん	950	1	0.96	3.22

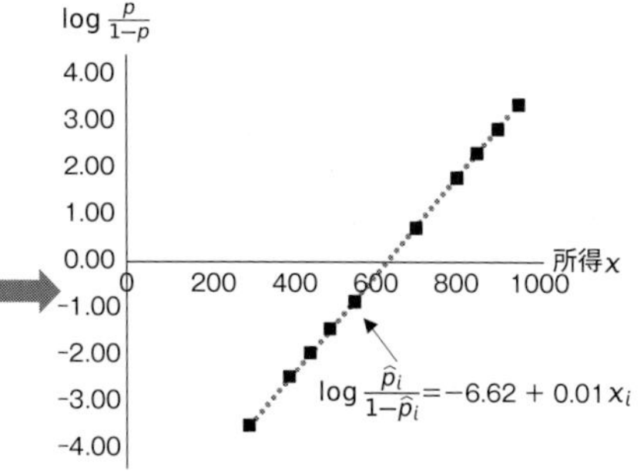

図 13.4 購入確率のロジットモデル

呼び，リンク関数で線形に変換されたモデルを**一般化線形モデル**（generalized linear model；GLM）といいます。

表13.3と図13.4は，車の購買行動の事例で，ロジット変換によって対数オッズとxとが線形関係になった（線形モデルに一般化された）ことを示しています。

13.2 パラメータの推定

最尤法

ロジスティック関数のパラメータの推定方法として最小2乗法（OLS）は適していません。なぜならば，OLSは結果（誤差を含む）が連続値で，正規分布に従う場合に適した線形モデル用の推定法だからです。

一方，ロジスティック関数で対象とする結果は，1か0かという2値の離散値で，予測するのはその選択確率です。車の購買行動の事例ならば，1人1人が車を購入するか購入しないかの確率となりますので，1人1人別々の二項分布（離散確率分布）に従います。つまり，ロジスティック回帰分析で対象とする結果は，正規分布ではなく，ベルヌーイ試行が1回だけの二項分布である**ベルヌーイ分布**に従うのです。

このように，データが正規分布でない確率分布（ほかにもポアソン分布などがあります）に従う場合，パラメータ推定に適した手法として，R・フィッシャーが考案した**最尤法**（さいゆうほう）（maximum likelihood estimation）があります。なお，図13.5のように，最尤法は正規分布の場合にも使えます。

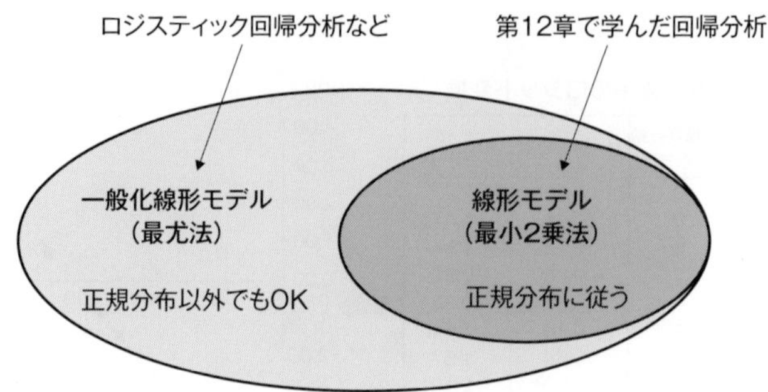

図 13.5　回帰モデルと推定法

さて，最尤法は，手元にある観測データから，それが従う確率分布のパラメータを点推定する方法です。ちょっとわかりにくいですが，「このデータが観測されたということは，パラメータは○○であることがもっとも尤（もっと）もらしい」と考えるのです。いいかえれば，「一番もっともらしくデータを説明できるパラメータ」を見つける方法です。そのため，データ自体（正確にはその母集団）は正規分布でなくても構わないのです。

具体的には，図13.6左のように，データ全体の得られやすさである**尤度**（likelihood）という確率のようなものを考え，それが最大となるパラメータ（αやβ）を求めます。そして，この**尤度は，個別データの生起確率を全てかけ合わせる**ことで求めます。

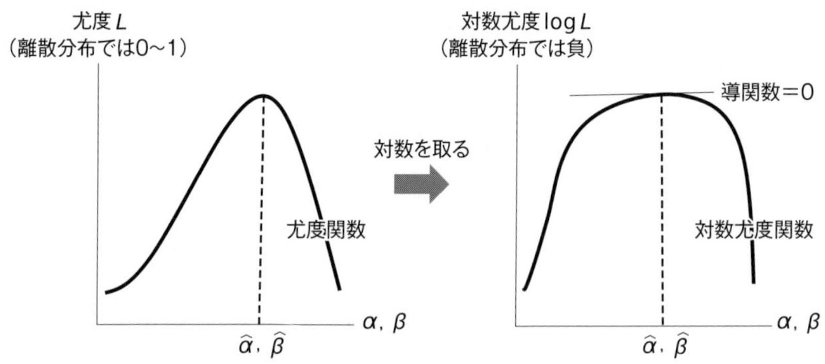

図 13.6　尤度の最大点（データが離散確率分布の例）
注：関数の形はα，βによって変わります。

2値変数の場合，i番目のデータy_i（従属変数の値）は1になるか（確率：p_i），0になるか（確率：$1-p_i$）のどちらかです。よって，y_iは第2章で学んだ二項分布において$n=1$としたベルヌーイ分布に従いますので，その確率質量関数$P(y_i)$は次のように表せます（2章の二項分布式では確率変数としてxを使っていましたが，ここでは結果変数であることを示すためにyとしております）。

ベルヌーイ分布の確率質量関数　$P(y_i) = p_i^{y_i}(1-p_i)^{1-y_i}$　ただし$y_i = 0$または1

先ほど述べた通り，尤度は生起確率の積なので，ベルヌーイ分布に従うデータの尤度は，次のようなpを変数とした関数Lで表すことができます（$\prod$は総乗）。

尤度関数

$$L(p) = \prod_{i=1}^{n} P(y_i) = p_1^{y_1}(1-p_1)^{1-y_1} \cdot p_2^{y_2}(1-p_2)^{1-y_2} \cdots p_n^{y_n}(1-p_n)^{1-y_n}$$

例えば，3つのデータがあり，1番目のデータy_1が1で，2番目のデータy_2が0，3番目のデータy_3が1だとすると，尤度は次のようになります。

$$L(p) = p_1^1(1-p_1)^0 \cdot p_2^0(1-p_2)^1 \cdot p_3^1(1-p_3)^0 = p_1 \cdot (1-p_2) \cdot p_3$$

p_iはロジスティック関数で予測される確率ですので，実際の尤度は次のようにパラメータ（αやβ）が入った複雑な式になります（x_iには説明変数の具体的な値が入ります）。

$$\begin{aligned} L(p) &= \frac{e^{\alpha+\beta x_1}}{1+e^{\alpha+\beta x_1}} \cdot \left(1 - \frac{e^{\alpha+\beta x_2}}{1+e^{\alpha+\beta x_2}}\right) \cdot \frac{e^{\alpha+\beta x_3}}{1+e^{\alpha+\beta x_3}} \\ &= \frac{e^{\alpha+\beta x_1}}{1+e^{\alpha+\beta x_1}} \cdot \frac{1}{1+e^{\alpha+\beta x_2}} \cdot \frac{e^{\alpha+\beta x_3}}{1+e^{\alpha+\beta x_3}} \end{aligned}$$

尤度関数が定義できれば，それが最大となる点のパラメータを見つけるだけですが，かけ算のままだと扱いにくいので，図13.6の右のように対数をとって足し算の形にします（**対数尤度**）。

対数尤度関数（ベルヌーイ分布で $y_1 = 1$，$y_2 = 0$，$y_3 = 1$ の場合）：

$$\begin{aligned}\log(L(p)) &= \log\left(\frac{e^{\alpha+\beta x_1}}{1+e^{\alpha+\beta x_1}}\right) + \log\left(\frac{1}{1+e^{\alpha+\beta x_2}}\right) + \log\left(\frac{e^{\alpha+\beta x_3}}{1+e^{\alpha+\beta x_3}}\right) \\ &= \{\log(e^{\alpha+\beta x_1}) - \log(1+e^{\alpha+\beta x_1})\} - \log(1+e^{\alpha+\beta x_2}) + \\ &\qquad \{\log(e^{\alpha+\beta x_3} - \log(1+e^{\alpha+\beta x_3})\} \\ &= (\alpha+\beta x_1) - \log(1+e^{\alpha+\beta x_1}) - \log(1+e^{\alpha+\beta x_2}) + (\alpha+\beta x_3) \\ &\qquad - \log(1+e^{\alpha+\beta x_3}) \\ &= -\log(1+e^{\alpha+\beta x_1}) - \log(1+e^{\alpha+\beta x_2}) - \log(1+e^{\alpha+\beta x_3}) + \\ &\qquad 2\alpha + \beta(x_1 + x_3)\end{aligned}$$

この対数尤度関数を α と β で偏微分して0と置けば，次のように前章で学んだOLSの正規方程式のような**尤度方程式**が得られますので，それを解けばもっとも尤もらしいパラメータ推定値（**最尤推定値**）が得られます。

ただし，合成関数の微分（$dy/dx = dy/du \cdot du/dx$）と対数関数の微分（$(\log x)' = 1/x$）とネイピア数の指数関数の微分（$(e^{ax})' = ae^x$）の知識が必要なので，難しいと感じられる方は読み飛ばしていただいて結構です。

対数尤度関数の偏導関数（ベルヌーイ分布で $y_1 = 1$，$y_2 = 0$，$y_3 = 1$ の場合）：

$$\frac{\partial \log L}{\partial \alpha} = \frac{e^{\alpha+\beta x_1}}{1+e^{\alpha+\beta x_1}} - \frac{e^{\alpha+\beta x_2}}{1+e^{\alpha+\beta x_2}} - \frac{e^{\alpha+\beta x_3}}{1+e^{\alpha+\beta x_3}} + 2$$

$$\frac{\partial \log L}{\partial \beta} = \frac{x_1 e^{\alpha+\beta x_1}}{1+e^{\alpha+\beta x_1}} - \frac{x_2 e^{\alpha+\beta x_2}}{1+e^{\alpha+\beta x_2}} - \frac{x_3 e^{\alpha+\beta x_3}}{1+e^{\alpha+\beta x_3}} + (x_1 + x_3)$$

尤度方程式（ベルヌーイ分布で $y_1 = 1$，$y_2 = 0$，$y_3 = 1$ の場合）：

$$\begin{cases} -\dfrac{e^{\hat{\alpha}+\hat{\beta}x_1}}{1+e^{\hat{\alpha}+\hat{\beta}x_1}} - \dfrac{e^{\hat{\alpha}+\hat{\beta}x_2}}{1+e^{\hat{\alpha}+\hat{\beta}x_2}} - \dfrac{e^{\hat{\alpha}+\hat{\beta}x_3}}{1+e^{\hat{\alpha}+\hat{\beta}x_3}} + 2 = 0 \\ -\dfrac{x_1 e^{\hat{\alpha}+\hat{\beta}x_1}}{1+e^{\hat{\alpha}+\hat{\beta}x_1}} - \dfrac{x_2 e^{\hat{\alpha}+\hat{\beta}x_2}}{1+e^{\hat{\alpha}+\hat{\beta}x_2}} - \dfrac{x_3 e^{\hat{\alpha}+\hat{\beta}x_3}}{1+e^{\hat{\alpha}+\hat{\beta}x_3}} + (x_1 + x_3) = 0 \end{cases}$$

しかし，正規方程式のように代数的に解けることは滅多にないため，実際にはソフトウェアを使ってパラメータを推定することになります。ソフトウェアがどうやっているのかというと，まずパラメータとして適当な初期値を与え，そこから少しずつ値を変えて計算を何度も反復し，対数尤度が最大になりそうな近似点を探し出しているのです（**ニュートン法**）。ですから，計算条件（初期値や反復数）によって推定値はやや異なります。

なお，ロジスティック関数のパラメータを直接推定するのではなく，ロジット変換で線形にしたロジットモデルならばOLSが使えるのではないかと思われるかもしれませんが，オッズの対数が計算できなくなる（1÷0や0÷1の対数は取れない）ので，やはり適しません。

ただし，2値データを集計した割合データならば1や0となることがなさそうなので，OLSが使われることもあります。例えば従属変数が割合データで，元がS字曲線をしている事例としては，普及率（ロボットを導入した工場の比率を年ごとに集計したデータなど）があるでしょう。

ソフトウェアによる分析：係数解釈と分類予測

Excelの分析ツールには，残念ながらロジスティック回帰分析や最尤法が備わっていませんので，Rコマンダーを使って推定してみましょう。

Rコマンダーを起動したら，データエディタでデータを入力するか，メニュー［データ］→［データセットのロード］でオーム社Webページからダウンロードした「ロジスティック回帰（車の購買行動）.RData」を読み込みます。

メニュー［統計量］→［モデルへの適合］→［一般化線形モデル］を選択すると，「一般線形モデル」のウィンドウが出てくるので，「y購入ダミー」→「x所得」の順にダブルクリックしてモデル式に変数を投入します。リンク関数族（データの分布）にはbinominal（二項分布），リンク関数にはlogit（ロジット関数）が標準で選ばれているので（青背景），そのままOKをクリックします。

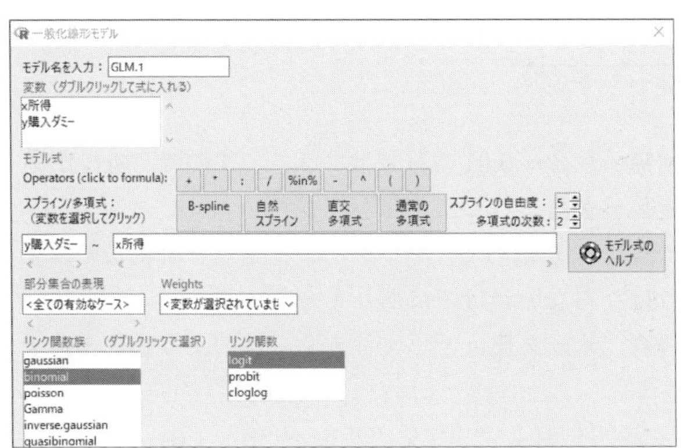

すると，次のような結果が出力されます（濃いグレー部分は重要なので解説します）。

```
Call:
glm(formula = y購入ダミー ~ x所得, family = binomial(logit),
data = Dataset)

Deviance Residuals:
    Min       1Q   Median       3Q      Max
-1.4555  -0.4861   0.0184   0.4358   1.8175

Coefficients:
              Estimate    Std. Error   z value   Pr(>|z|)
(Intercept) -6.619136     3.685590    -1.796     0.0725 .
x所得         0.010361     0.005618     1.844     0.0652 .
---
Signif. codes:  0 '***' 0.001 '**' 0.01 '*' 0.05 '.' 0.1 ' ' 1

(Dispersion parameter for binomial family taken to be 1)

    Null deviance: 13.8629  on 9  degrees of freedom
Residual deviance:  7.3422  on 8  degrees of freedom
 AIC: 11.342

Number of Fisher Scoring iterations: 5

 exp(coef(GLM.1))  # Exponentiated coefficients ('odds ratios')
(Intercept)          x所得
0.001334583          1.010414674
```

Coefficients（係数）のEstimate（推定）の列がパラメータの最尤推定値（$\hat{\alpha}=-6.62$，$\hat{\beta}=0.01$）ですので，ロジスティック関数（ロジスティック回帰モデル）は，次のように推定されました。

$$\hat{p}_i=\frac{e^{-6.62+0.01x_i}}{1+e^{-6.62+0.01x_i}}$$

所得xの回帰係数$\hat{\beta}=0.01$の符号はプラスですので，所得が高くなるほど購入確率の推定値$\hat{p}$が高まることがわかります。

次に，オッズ比$e^{\hat{\beta}}$を求めて，パラメータ推定値を解釈してみましょう（必ず解釈しなければならないわけではありません）。

本事例の場合，オッズ比は$e^{0.01}$ですから，次のように“1.01”となります。

$$\frac{\hat{p}_i}{1-\hat{p}_i}=e^{0.01(x_i+1)}=e^{0.01x_i}\times e^{0.01}=e^{0.01x_i}\times 1.01$$

$e^{0.01}$ はExcel関数の＝EXP(0.01)で計算できますが，Rコマンダーでも出力の一番下にExponentiated coefficients（指数化された係数）として表示されます。事例でオッズ比を解釈してみますと，所得が1単位（万円）増加する度に，車を購入しない確率に対する購入する確率が1.01倍に増加することになります。このように，わかりやすい解釈ができることもロジスティック回帰分析の長所です。

次に，未知の消費者iが車を購入するかどうかを予測してみましょう。

推定したロジスティック回帰モデルのx_iに，消費者iの所得を入力すれば，車を購入する確率$\hat{p}_i$が求まります。そして，$\hat{p}_i$が0.5以上ならば「購入する」，0.5未満なら「購入しない」と判別するのです。なお，この0.5は**閾値**（しきいち）(threshold)と呼ばれ，値が変えられることはあまりありません。

例えば，所得が600万円の消費者（観測データには存在しません）の購買行動を予測するとします。推定された予測式（ロジスティック関数）で，この消費者の購入確率を計算すると“0.40”（丸めた値からだと0.35）となり，閾値0.5よりも低いため「車を購入しない（$y = 0$の群)」と分類できます。

13.3 推定モデルの評価

予測能力と適合度

モデルの評価指標として，OLSで使用した決定係数は適しません。予測されるのは確率なのに，観測される値は1か0かしかないので，それらがどれぐらい適合しているかを考えても意味がないからです。

そこで，最尤法で推定されたモデルの評価指標として，まず思いつくのは図13.6（290ページ）右の一番大きくなっているところである**最大対数尤度**(maximum log-likelihood）です。データの得られやすさである対数尤度が最大となるパラメータを探し出したのですから，その最大値は，推定されたモデルと観測データとのあてはまりの良さを表しているといえるからです。

しかし，最大対数尤度は，説明変数を増やして（＝パラメータを増やして）モデルを複雑にするだけで，自動的に大きくなってしまうという欠点があります。いくらあてはまりが良くても，本来，複雑過ぎるモデルでは不安定になり，予測能力は低いでしょう。

そこで，統計数理研究所所長を務めた赤池弘次（1927－2009）が，**赤池情報量規準**（Akaike's information criterion；AIC）という，複雑さを考慮しつつ推定モデルの悪さを評価する指標を考案しました。AICは，次のように，最大対数尤度$\log L$に-2を乗じて，自由度k（パラメータの数）の2倍を加えた内容となっています。

逸脱度（あてはまりの悪さ）

赤池情報量規準　$\mathrm{AIC} = -2\log L + 2k$

この$-2\log L$の部分は**逸脱度**（deviance）といって，モデルの「あてはまりの悪さ」を表します（-2を乗ずる理由は，χ^2分布に近似して検定などで便利だからです）。そして，この逸脱度に，さらにモデルの複雑さをペナルティーとして，パラメータ（αとβ）の数k（の2倍）を加えているのです。

AICが小さいモデルは，あてはまりが良い上に構造が単純で安定しているため，予測能力が高いといえます。ですから，複数のモデルを推定した場合に，**一番小さいAICのモデルを採用すべき**であることを教えてくれる**モデル選択基準**として優れています。

ただし，AICは，OLSの決定係数のように，それだけで評価できる指標ではありませんので，単体の推定モデルでAICを計算しても，そのモデル自体の良し悪しは判断できません。先ほどのRコマンダーの出力画面にも“AIC=11.3472”という表示がありましたが，これだけではなんともいえませんよね？

そこで，**判別的中率**（percentage of correct classifications；割合によるR^2）によってモデルを評価します。判別的中率とは，その名の通り，予測した分類（判別）が全体のうち何%的中したか（正しかったか）を示すものです。

判別的中率　$$割合による R^2 = \frac{\text{正しく分類されたデータ数}}{\text{観測データの総数}} \times 100(\%)$$

車の購買行動の事例で計算してみましょう。表13.2（287ページ）をもう一度見てください。0.5が閾値ですので，Eさんは予測確率が0.65で0.5を超えているため車を購入する群に分類されますが，実際には購入していません。また，Fさんも予測確率は0.19で0.5未満なので購入しない群に分類されますが，実際には購入しています。よって，この事例では，10名中2名が誤まって分類（誤判別）され，残りの8名が正しく分類（的中）されていることになりますので，判別的中率は$8 \div 10 \times 100$で“80%”ということになります。

なお，決定係数は適さないと冒頭で述べましたが，擬似的に決定係数のように解釈できる指標（**疑似決定係数**；pseudo R^2）がいくつか考案されています。Rコマンダーにはいずれも搭載されていませんが，次の**McFadden**（マクファーデン）**の擬似決定係数**ならば，出力結果から簡単に計算できるので紹介しておきましょう。

McFaddenの擬似決定係数

$$擬似R^2 = 1 - \frac{\log L_1}{\log L_0} \xrightarrow[\text{出力結果からの計算}]{\text{Rコマンダーの}} 1 - \frac{Residual\ deviance}{Null\ deviance}$$

ここで，L_1は推定されたモデルの尤度，L_0は切片（定数項）のみのモデルの尤度です。つまり，擬似決定係数は，説明変数xをモデルに含めたことによって，対数尤度が改善された度合いを示しているのです。

Rコマンダーの出力結果のうち，Null devianceが切片モデルの逸脱度，Residual devianceが推定モデルの逸脱度という意味ですので（正確にはそれぞれ最小逸脱度との差），事例のMcFaddenの擬似決定係数は，$1 - (7.3422 \div 13.8629)$で"0.47"と計算できます。McFaddenの疑似決定係数は0〜1の間の値を取りますが，やや厳しめの評価（小さい値）となることが知られていますので，悪くない適合度といえるでしょう。

回帰係数の検定

最後に，パラメータ（回帰係数）の最尤推定値$\hat{\beta}$が統計的に有意にゼロから離れているかどうかを検定しましょう。しかし，データ（誤差）の分布は正規分布でなくても良いという最尤法のメリットがあだとなり，$\hat{\beta}$がどのような分布になるのかはっきりしないため検定できません。

でも，それでは変数を選べなくなってしまいますので，パラメータの**最尤推定量は漸近的に（標本が無限大に近くなると）正規分布に従う**という性質（**漸近性**）を用いてz検定（H_0：$\beta = 0$）を実施します。検定統計量であるzは，回帰係数を標準誤差で割った値となります。

先ほどのRコマンダーの出力を見てみると，所得xの回帰係数のz値（z value）は"1.844"で，p値（Pr(>|z|)）は"0.0652"ですから，残念ながら5%水準（両側）では統計的に有意にゼロから離れているとは（本データからは）いえません。事例では標本サイズがたったの10ですので，有意にならなかったのは検出力が低かったからでしょう。そもそも，最尤法は，適切な推定のためにはOLSに比べて大きな標本を必要とする推定法です。大まかな最低標本サイズの目安として，従属変数の1と0のうち，少ない方の数が説明変数の数の10倍ぐらいといわれています。ですから車の購入行動の事例の場合ですと，1と0が同じ5つずつあり，説明変数は1つだけですので，少なくともあと2倍の最低50のデータは欲しいところでした。

13.4　クラスター分析

手本なしの分類法

ロジスティック回帰分析では，「買う/買わない」などの分類結果が従属変数として与えられていました。そして，それを分類の手本（**外的基準**；external criteria）とすることで，個体を上手に分類するモデルを作り上げました。

しかし，実際には，そのような“手本”となるような変数がなくても分類したい場合が多々あります。そうした手本なしの分類手法が**クラスター分析**（cluster analysis）です。よって，クラスター分析で扱うデータには，原因も結果もありません（全ての変数が対等ですから区別しません）。

ですから，分類されたグループの意味は分析者が考えなければなりません。なお，分類されたグループのことを**クラスター**（cluster；房とか群という意味）と呼びます。

クラスター分析には，大きく分けて，**階層クラスター分析**（hierarchical cluster analysis）と**非階層クラスター分析**（non-hierarchical cluster analysis）の2種類の方法があります（図13.7）。前者は，結果がデンドログラム（302ページの図13.11参照）で示されるため，わかりやすいという特徴がありますが，分類対象（個体や変数）があまりに多い場合には使えません。一方，後者は，ビッグデータなど，個体数が膨大な場合でも対応できますが，デンドログラムは出力されないので，わかりやすさという点では劣ります。また分類するクラスターの数を事前に決めておく必要があることも非階層型の欠点といえるでしょう（階層型ならば結果を見てから決めることができます）。

まずは，結果がわかりやすい階層クラスター分析から解説しましょう。

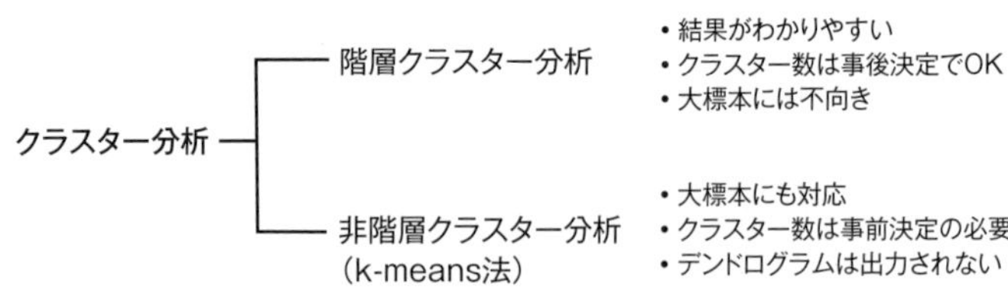

図 13.7　クラスター分析の種類と特徴

階層クラスター分析

クラスター分析は多変量解析の一種ですので，変数はいくつでも使えますが（回帰分析と異なり，データ数より多くても大丈夫です），今回もわかりやすさを優先して，変数が2つの事例で説明します。

ある高校の3年生5名について，学習効率を上げるため，数学と英語の成績を使って，分類することにしました。表13.4は，対象となる5名の成績で，x_1 が数学，x_2 が英語の成績（それぞれ10点満点）です。その成績を散布図に示したのが図13.8です。

階層クラスター分析では，次のような手順で複数のクラスターを作っていきます。なお，クラスターを作っていくことを“クラスタリング”ともいいます。

表 13.4　数学と英語の成績（10点満点）

生徒	x_1：数学	x_2：英語
A君	9	3
Bさん	7	4
Cさん	3	9
D君	8	2
Eさん	2	7

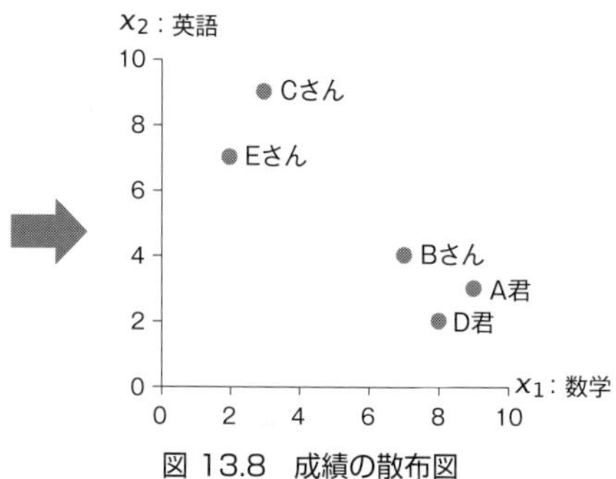

図 13.8　成績の散布図

手順①：対象間の距離

まず，似た個体（生徒）を集めて最初のクラスターを作ります（なにも集めていない図13.8の状態が第1階層です）。似ているということは，個体間の距離が近いことを意味します。ですから，5名の生徒間の距離を計算します。

距離にもいろいろありますが，**ユークリッド距離**（Euclidean distance）が一般的です。難しそうな名称ですが，実は中学数学で学んだ「三平方の定理」（ピタゴラスの定理）を用いて任意の2点の間を測定した距離（直角三角形の斜辺の長さ）のことで，それを多次元空間に一般化したものです。

変数 x_1 と変数 x_2 における個体A（x_{A1}，x_{A2}）と個体B（x_{B1}，x_{B2}）のユークリッド距離は次のような式で表されます。

$$\text{ユークリッド距離}\quad d_{AB} = \sqrt{(x_{A1} - x_{B1})^2 + (x_{A2} - x_{B2})^2}$$

事例のA君とBさんの距離を計算すると，次のように“2.24”となります。

$$d_{AB} = \sqrt{(9-7)^2 + (3-4)^2} = \sqrt{4+1} = 2.24$$

表13.5は，このようにして5名の生徒間のユークリッド距離を計算した行列です。これを見ると，もっとも距離が近い（＝似ている）のはA君とD君で，距離は“1.41”であることがわかります。よって，図13.9の実線の楕円のように，まずはA君とD君の2名を結合して最初のクラスターを作成します（第2階層）。

次に，残りの個体（Bさん，Cさん，Eさん）の間の距離に加え，各個体とクラスター（A君・D君）との間を含めた計6対の距離を計算して比較します（個体とクラスターの距離の計算は次の手順で説明します）。すると，CさんとEさんの距離が一番近かったので，2番目のクラスターとして結合させます（第3階層）。

この第3階層の時点でクラスター作成を止めれば，3つのクラスター（ADとCEとB）に分類されたことになります。せっかくですから，もう一段階上の第4階層まで進めて2つのクラスターにまとめてみましょう。

表13.5　5人の距離（ユークリッド距離）

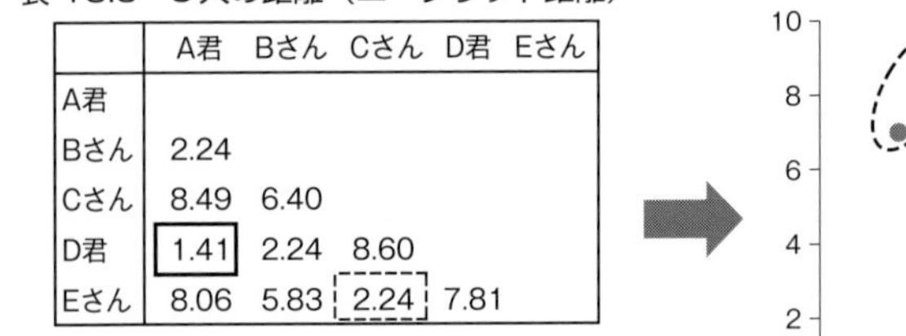

	A君	Bさん	Cさん	D君	Eさん
A君					
Bさん	2.24				
Cさん	8.49	6.40			
D君	1.41	2.24	8.60		
Eさん	8.06	5.83	2.24	7.81	

図13.9　クラスターの作成

手順②：クラスターと個体の結合

次の段階（事例では第4階層）はやや面倒です。個体とクラスター，あるいはクラスターとクラスターとの距離を考えなければならないからです。

第3階層で1人だけ残されたBさんを，図13.10左のようにA君・D君のクラスターに加えるべきでしょうか？それとも図13.10右のように，Cさん・Eさんのクラスターに加えるべきでしょうか？

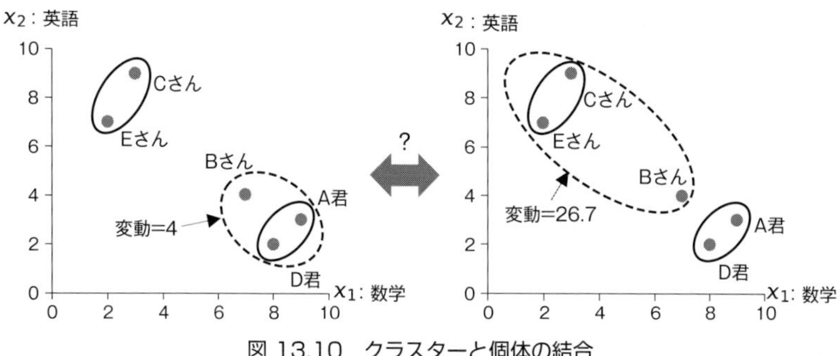

図 13.10　クラスターと個体の結合

結合後の個体とクラスター，あるいはクラスターとクラスターの距離を測る方法もいろいろと考えられています。なかでも，変動（偏差平方和）を距離と考える**ウォード法**（Ward's method）が，比較的よい分類をするとされています。ウォード法は，**結合後の変動が小さい方をクラスターとして選びます**。

図13.10左の（BさんがA君・D君に加わる）場合のクラスターの変動は，次のように“4”と計算できます。ただし，A君・Bさん・D君のx_1軸（数学）の平均は“8”，x_2軸（英語）の平均は“3”です。

$$\underbrace{(9-8)^2+(7-8)^2+(8-8)^2}_{\text{ABDの数学の変動}}+\underbrace{(3-3)^2+(4-3)^2+(2-3)^2}_{\text{ABDの英語の変動}}=\underbrace{4}_{\text{クラスターABDの変動}}$$

一方，図13.10右の（BさんがCさん・Eさんに加わる）場合のクラスターの変動は，次のように“26.67”と計算できます。ただし，Bさん・Cさん・Eさんのx_1軸（数学）の平均は“4”，x_2軸（英語）の平均は“6.67”です。

$$\underbrace{(7-4)^2+(3-4)^2+(2-4)^2}_{\text{BCEの数学の変動}}+\underbrace{(4-6.67)^2+(9-6.67)^2+(7-6.67)^2}_{\text{BCEの英語の変動}}=\underbrace{26.67}_{\text{クラスターBCEの変動}}$$

両方の変動を比較すると，BさんがA君とD君のクラスターに加わったときの方が小さい（$4<26.67$）ので，A君・Bさん・D君のクラスター（図13.10左）を作成した方が良いことがわかります。

これで，5名の生徒は2つのクラスターに分類されました。2つの変数軸の内容からクラスターに名称を付けるとすれば，A君・Bさん・D君のクラスターは理系，もう一方のCさん・Eさんのクラスターは文系といえるでしょう。

ソフトウェアによる分析：デンドログラム

事例では，手計算できるように，たった2つの変数を使って階層クラスター分析を実施しましたが，実際にはもっと多くの変数を使用するため，ソフトウェアが必要になります。

残念ながらExcelの分析ツールには搭載されていないので，Rコマンダーを使って先ほどの事例を分析してみましょう。

まず，データエディタでデータを入力するか，［データセットのロード］で，オーム社Webページからダウンロードした「クラスター分析（数学英語成績）.RData」を読み込みます。

メニュー［統計量］→［次元解析］→［クラスタ分析］→［階層的クラスタ分析］で「階層的クラスタリング」のウィンドウが現れたら，「データ」タブの［変数］でx_1とx_2の両方を選択します（選択された変数は青背景になります）。「オプション」タブでは，標準で［クラスタリングの方法］には「ウォード法」が，［距離の測度］には「ユークリッドの距離」と設定されており，［デンドログラムを描く］にも☑されていますので，なにもせずそのまま［OK］をクリックしてください。

そうすると，（Rコマンダーではなく）裏に隠れているR GuiのなかのR Graphicsに，図13.11のような**デンドログラム**（**樹形図**；dendrogram）が描かれます。デンドログラムとは，個体やクラスターの結合過程を表した図のことです（横向きに出力するソフトウェアもあります）。これならば，図13.8→図13.9→図13.10左という流れが一目瞭然で，とてもわかりやすいですね。

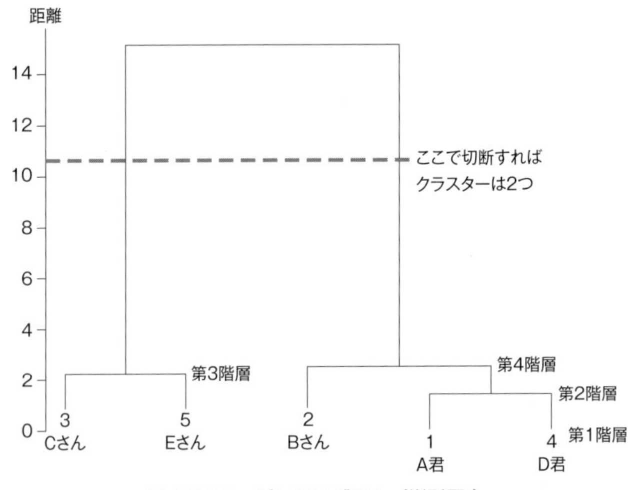

図 13.11　デンドログラム（樹形図））

デンドログラムの線（枝）の長さはクラスターや個体との間の距離を表していますので，どこで切断して最終的なクラスターとするのか，つまりクラスターの数を決めるのにも有効です。図13.11を見てみると，第3階層で切断して3つのクラスターとするよりも，第4階層で切断して2つのクラスターとする方が，クラスター間で距離があるということですので，両クラスターが似ていない，つまりはっきり異なるクラスターに分類できていて，好ましいことになります。

なお，Rコマンダーのメニューで［統計量］→［次元解析］→［クラスタ分析］→［階層的クラスタリングの結果をデータセットに保存］で任意の［クラスター数］を指定すれば，データセットの右列に，それぞれの個体がどのクラスターに分類されたのかを示す値が挿入されます。

変数の分類

ここまでは個体を分類してきましたが，変数を分類することも可能です。変数間の距離（非類似度）は“2－2×相関係数”，クラスターとクラスター（あるいは個別変数）の間の距離はウォード法として，個体と同じように階層的に分類できます。個体の分類に比べると，それほど出番はないので，これ以上の解説は本書ではいたしませんが，例えばいろいろな調査項目があってそれを分類したい場合などに使えるでしょう。ただし，Rコマンダーでは変数の分類はできません。

13.5　非階層クラスター分析（k-means法）

階層クラスターはデンドログラムが得られるので，とてもわかりやすいのですが，それも分類対象がせいぜい20～30程度までで，それ以上だとデンドログラムの線の間が狭くなりすぎて，逆にわかりにくくなってしまいます。

そこで，個体が多い場合には非階層クラスター分析を用います。非階層クラスター分析にもいくつかあるのですが，代表的なのが**k-means法**（**k平均法**；k-means clustering）です。名称のkはクラスターの数で，事前に決めなければなりません。また，meansは，クラスターの平均（正確には重心）を何度も修正しながら，個体を組み合わせるところからきています。

それでは，図13.12に沿って，4つの手順に分けて説明しましょう。

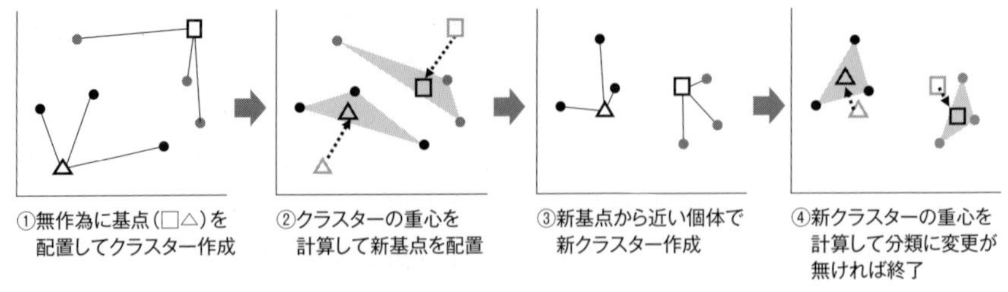

図 13.12　非階層クラスター分析（k-means法，クラスター数 $k = 2$）

手順①

作成したいクラスターの数（k）を決めたら，クラスターを作るための基点 k 個（図13.12では□と△の2つ）を無作為に配置します。そして，その基点から各個体までのユークリッド距離を計算し，それぞれに近い個体を集めて k 個のクラスターを作成します。ですから，どこに最初の基点を配置するか（ソフトウェアがランダムに決めます）によって，結果が変わることがあります。

手順②

各クラスターの重心を計算し，そこを新しい基点にします。なお，2点（線）や3点（三角形）の重心は平均と一致しますが，4点以上の重心は高校数学でも扱っていない難しい計算ですので，本書でも省略させていただきます。

手順③

新しい各基点から再度，個体までの距離を計算して，新しいクラスターを作成します。

手順④

新しいクラスターの重心を計算して，基点をそこに移動します。移動した基点から再び個体までの距離を計算して，クラスターを組み直します。手順③の分類結果から変更がなければ終了します。そうでなければ②〜④の手順を繰り返します。

Rコマンダーにはk-means法も搭載されています。メニュー［統計量］→［次元解析］→［クラスタ分析］→［k-平均クラスタ分析］で「k平均クラスタリング」のウィンドウが現れたら，「データ」タブの［変数］で x_1 と x_2 の両方を選択します。「オプション」タブで作成するクラスター数を設定したら，［データセットにクラスタを割り当てる］に☑をして［OK］をクリックします。

［シード初期値の数］は最初の基点を決める乱数の種（タネ）のことで，［最大繰り返

し数］は手順②〜④の最大繰り返し数ですので，分類結果を見て，上手くいっていないと感じた場合には変更してやり直しても良いでしょう（かなり恣意的ですが……）。

このように，上手く分類できたかどうかを客観的に評価する指標がないのが，クラスター分析の欠点ですが，なにせ手本となる外的基準がないので仕方がありませんね（正解しているかどうかを評価しようがありません）。

ユークリッド距離の注意点：バラツキと相関

本書では，個体間の距離として，一番基本的な「ユークリッド距離」を使った方法を紹介しました。ただし，ユークリッド距離を使用する場合，2つほど注意していただきたいことあります（階層型と非階層型どちらにも共通する問題です）。

1つ目は，変数間でバラツキが異なっているときです。変数間で単位が異なっている場合や，単位が同じでもバラツキが異なっている場合，クラスターを作る際に，**バラツキの大きな方の変数の影響が強く出てしまいます**。それが変数の性質だと考えて，あえてそのまま使用することもありますが，とくに何か仮説があるわけでもない場合には，あらかじめ変数ごとに標準化しておいた方が良いでしょう。なお，平均の違いは問題ないので，（標準化までせず）標準偏差で割るだけでも結構です。

2つ目は，変数の間に高い相関があるときです。変数間に強い相関があると，同じ距離でも，**相関が強い方向の距離は弱い方向の距離よりも相対的に長く**なってしまいます。つまり，相関の強い方向の個体同士は，本来は似ているにもかかわらず，異なるクラスターと判別されてしまう可能性が高くなるのです。実は，図13.8〜13.10の事例も，2変数間に負の相関がありそうなので，あまり良くない例です（D君はA君よりも，本当はBさんとの方が近かったかもしれません）。

そのため，ユークリッド距離は，できるだけ独立（直交）した変数の場合に使うことが望ましいのです。なお，相関のある変数に適した距離として相関の強い方向の距離を相対的に短くする**マハラノビス距離**などがありますが，本書では扱いません（搭載されているソフトウェアも少ないです）。

章末問題

問1 次の表は，ある病院に来た患者のうち，脳出血になった人9名とならなかった人11名の年齢と拡張期血圧のデータ（仮想）です。ロジスティック回帰分析で脳出血の要因を探り，60歳で拡張期血圧90mmHgの人が脳出血を罹患する確率を予測しなさい。

脳出血の要因分析用データ

個人番号	脳出血ダミー	年齢	拡張期血圧	個人番号	脳出血ダミー	年齢	拡張期血圧
1	1	80	70	11	0	41	70
2	1	64	99	12	0	30	77
3	1	68	101	13	0	32	79
4	1	63	95	14	0	40	76
5	1	41	80	15	0	69	71
6	1	77	95	16	0	29	74
7	1	79	100	17	0	31	76
8	1	73	94	18	0	42	72
9	1	62	120	19	0	36	69
10	0	28	75	20	0	47	90

注：脳出血ダミーは1が罹患したことを表す。

問2 次の表は，アヤメに関するデータです。k-means法を用いて，15の個体を3つのクラスターに分類しなさい。ただし，変数間でバラツキが異なっていることに注意すること。

アヤメのデータ

個体番号	がくの長さ (cm)	がくの幅 (cm)	花弁の長さ (cm)	花弁の幅 (cm)
1	5.0	3.5	1.3	0.3
2	4.5	2.3	1.3	0.3
3	4.4	3.2	1.3	0.2
4	5.0	3.5	1.6	0.6
5	5.1	3.8	1.9	0.4
6	5.5	2.6	4.4	1.2
7	6.1	3.0	4.6	1.4
8	5.8	2.6	4.0	1.2
9	5.0	2.3	3.3	1.0
10	5.6	2.7	4.2	1.3
11	6.7	3.1	5.6	2.4
12	6.9	3.1	5.1	2.3
13	5.8	2.7	5.1	1.9
14	6.8	3.2	5.9	2.3
15	6.7	3.3	5.7	2.5

出所：「R.A.Fisher (1936)：The Use of Multiple Measurements in Taxonomic Problems」から一部抽出。

第14章 主成分分析と因子分析 —多変量解析③—

主成分分析：観測変数が持っている情報を，互いに直交する新しい変数で代表させる。単純に総合的指標を作成したいときなどに用いる。

因子分析：観測変数の背後に潜在している共通因子を抽出することで，複雑な社会現象などを単純化する。

14.1 主成分分析

因子分析との違い

本章では，主成分分析と因子分析を紹介します。どちらも**変数（次元）の数の削減を目的とした多変量解析**ですが，図14.1のように考え方は異なります。

この図では，どちらも3つの観測変数から1つの新しい変数（主成分分析では**主成分**，因子分析では**共通因子**と呼びます）へ削減されています。しかし，よく見ると矢印の向きが逆ですね。主成分分析では観測変数を主成分に単純に合成しているのに対して，因子分析では，観測変数の背後に潜在している（観測変数を説明する）共通因子を抽出しているのです。

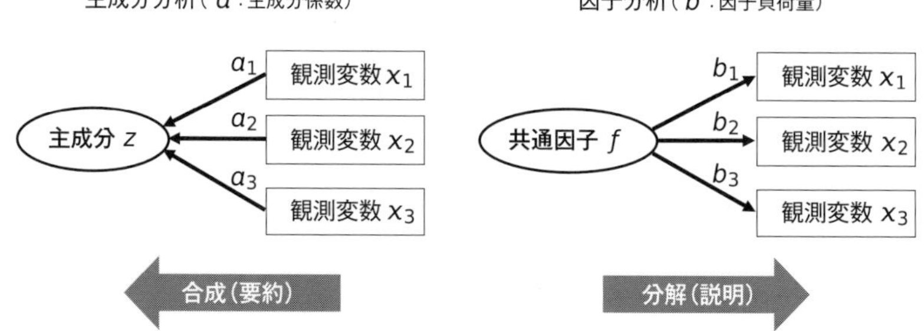

図 14.1　主成分分析と因子分析の違い

このように，両手法は，結果としては似たような形でも，根本的な考え方が異なるため，意識して使い分けるのが望ましいのです。

例えば，たくさんの観測変数から総合的な指標を作りたい場合は主成分分析が適しています。また，主成分を複数合成すると，それらは互いに直交（独立）しているため，回帰分析の説明変数として用いることで多重共線性を回避することができます。一方，因子分析は主に心理学，教育学，経済学の分野などでよく使われます。こうした社会科学分野で観測されるデータは，複雑に絡みあっていてわかりにくいものですが，それらに共通する少数の因子（人の○○についての能力など）で説明することで，格段に理解しやすくなります。つまり，主成分分析はとくに仮説を立てない場合に用い，因子分析は仮説を立てて検証するような場合に用いるのです。

また，両手法とも，新しい変数における個体の得点（スコア）を計算できるので，それを使って個体を評価・予測したり，分類・類型化したりします。このように，似て非なる2つの手法ですが，まずは主成分分析から説明しましょう。

主成分の概念

主成分分析（principal component analysis）の目的は，複数の変数で観測されたデータを，少数の変数（主成分）で上手に表現することです。いいかえれば，元の変数が持つ情報をなるべく損なわないで代表する変数を合成する手法です。“情報を損なう”とは，変数軸とデータが離れてしまうことですので，それを最小限にした変数軸である主成分zとは，図14.2のように，全てのデータから軸に対して下ろした垂線の距離（これが情報の損失量です）を最小にした直線になります。そうして引かれた主成分zは，**データのバラツキ（分散）が最大となる方向（傾き）へ引いた直線**にほかなりません。

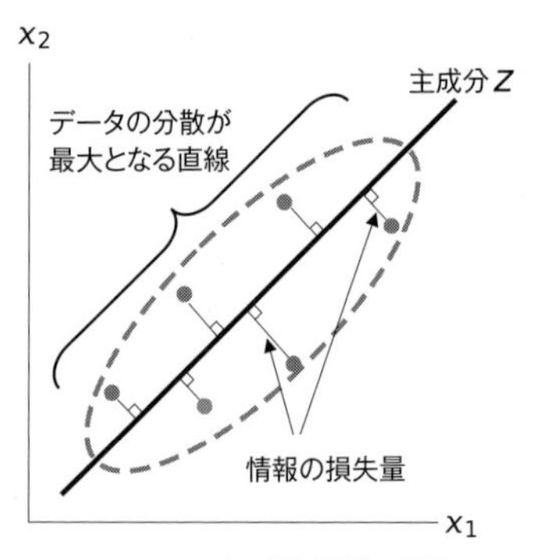

図 14.2　主成分分析の概念

第１主成分から第２主成分へ

主成分は1つとは限りません。（変数の削減にはなりませんが）作ろうと思えば観測変数の数まで合成することができます。

もう少し具体的な事例で説明しましょう。図14.3は，身長と体重という，正の相関のある2変数で測定した12名の大学生の散布図です。

ただし，この事例のように単位が異なっていては上手く1つの主成分に合成できません（身長の1cmが体重の何kgに相当するかは誰にもわかりません）。たとえ同じ単位でもバラツキが異なると，バラツキの大きな変数の影響が強く出てしまいます（クラスター分析と同じです）。

そこで，普通，観測変数は標準化しておきます。とはいえ，直交する変数を得ることだけが目的の場合など，主成分軸を解釈する必要のない場合には，標準化しないこともあります。なお，標準化変量は，第1章で学んだようにzで表した方が良いのですが，主成分をzで表す決まりなので，本章ではxのまま表記させていただきます。

まず，最初の主成分z_1（第1主成分）は，図14.3左のように，変数の平均が交差する重心（標準化してあれば原点0になります）を通り，データのバラツキの幅が一番広い（分散が最大となる）方向（傾き）を見つけて線を引くことで合成できます。第1主成分の得点が大きい（右上に来る）学生は身長が高く，体重も重いので，『体格』と解釈できそうですね。

このように，**第１主成分は総合的な指標**となることが多いです。

第1主成分だけでは，あまり上手くデータを代表できていない場合，続いて第2主成分z_2の合成を考えます。第2主成分は第1主成分で表現しきれなかった残りのバラツキを説明するわけですから，図14.3右のように，（データの重

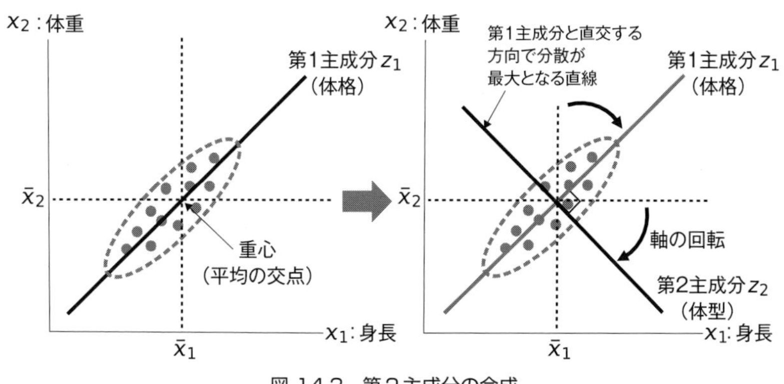

図 14.3　第２主成分の合成

心を通りつつ）第1主成分と直交する（無相関の）方向に線を引きます。この線は第1主成分の軸に直交する直線のなかでもっとも分散の大きな方向に引かれます。この事例の場合，得点の高い（右下に来る）学生は痩せ型，得点の低い（左上に来る）学生は肥満型ですので，第2主成分は『体型』と解釈できそうですね。

この図を見ていただければわかるように，主成分分析とは，元の観測変数x_1とx_2の（平均の）軸を，データのバラつく方向に合わせてz_1とz_2という新しい変数（主成分）の軸へ回転させていることにほかなりません。

主成分の分散

ここまでの話を数式で表してみましょう。

まず，2つの観測変数で1つの主成分を合成することを次のように表します。zが主成分，x_1とx_2が観測変数（ただし標準化済み），a_1とa_2が係数です。

主成分　$z = a_1 x_1 + a_2 x_2$

こうして式にすると，2つの観測変数の値にそれぞれ重み（係数）を付けて合計を求めたのが主成分の得点であることがわかります。

主成分分析の目的は，主成分のバラツキ（分散）を最大にする係数（a_1，a_2）を，観測データから求めることです（係数の比が主成分直線の傾きのため）。

最大化する主成分zの分散V_zは，次のように表せます。ただし，両変数とも標準化されているのでzの平均も0となり，矢印右側のように表せます。なお，主成分分析では推定や検定はしないので，nで割る標本分散でも，$n-1$で割る不偏分散でも構いません。

主成分の分散　$V_z = \frac{1}{n}\sum(z-\bar{z})^2 \longrightarrow \frac{1}{n}\sum z^2 = \frac{1}{n}\sum(a_1 x_1 + a_2 x_2)^2$

もうちょっと式を展開しておきましょう。両変数とも標準化されているので，x_1やx_2の平方和はn，そしてx_1とx_2の積和は「標準化変量の共分散である相関係数rのn倍」（節1.6を参照）となるため，次のように表せます。

$$V_z = \frac{1}{n}\left\{a_1^2 \sum x_1^2 + 2a_1 a_2 \sum x_1 x_2 + a_2^2 \sum x_2^2\right\} = a_1^2 + a_2^2 + 2r_{x_1 x_2} a_1 a_2$$

このzの分散V_zの最大化を考えます。しかしながら，式が1本しかないので，このままでは2つの未知のパラメータ（a_1，a_2）を求めることはできません。そこで，次のような等式の制約条件を追加します。

制約条件 $a_1^2 + a_2^2 = 1$

なぜ，係数の平方和が1となる式を加えることができるのかというと，図14.4のように，我々が知りたいのはあくまで主成分zの傾き（比a_2/a_1）であり，大きさ（直角三角形の斜辺の長さ$\sqrt{a_1^2 + a_2^2}$）はどうでもよいからです。そこで，わかりやすいように，主成分の長さが1の場合のa_1とa_2を求めることにしているのです。

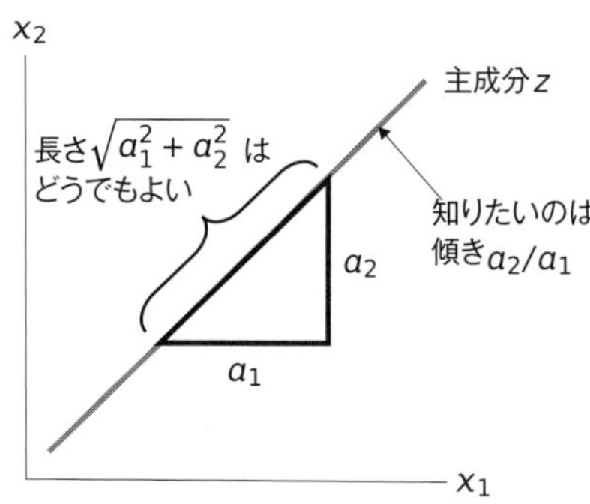

図 14.4　$a_1^2 + a_2^2 = 1$と制約する理由

14.2 分散の最大化

固有値問題

このような等式の制約が付いた最大化問題は，**ラグランジュの未定乗数法**で解くことができます。なお，本節は大学数学の知識が必要ですので，難しいと感じる方は読み飛ばしていただいて構いません。

まず，λ（ラムダ）という第3の変数（ラグランジュ未定乗数）を用いて，次のようなラグランジュ関数Lを作ります。具体的には，制約条件を"= 0"の形にした$a_1^2 + a_2^2 - 1$にλをかけ，最大化したい関数から引きます。

最大化したい関数（主成分の分散）　　制約条件式

ラグランジュ関数 $L(a_1, a_2, \lambda) = a_1^2 + a_2^2 + 2r_{x_1x_2}a_1a_2 - \lambda(a_1^2 + a_2^2 - 1)$

この関数を，それぞれの変数（a_1，a_2，λ）で偏微分します。そしてそれらを0と置き，2で割って，λの項を右辺に移動すると，次のような3元連立方程式が得られます（a_1，a_2は定数ですが，未知なので変数と考えます）。

$$\frac{\partial L}{\partial a_1} = 2a_1 + 2r_{x_1x_2}a_2 - 2\lambda a_1 \quad \rightarrow \quad a_1 + r_{x_1x_2}a_2 = \lambda a_1$$
$$\frac{\partial L}{\partial a_2} = 2a_2 + 2r_{x_1x_2}a_1 - 2\lambda a_2 \quad \rightarrow \quad r_{x_1x_2}a_1 + a_2 = \lambda a_2$$
$$\frac{\partial L}{\partial \lambda} = -(a_1^2 + a_2^2 - 1) \quad \rightarrow \quad a_1^2 + a_2^2 = 1$$

これを解くことで，分散V_zの最大化を与えるa_1とa_2の値が求まるというのがラグランジェ乗数法です。つまり，観測変数間の相関係数rから主成分が求まるのです。ただし，観測変数が多くなってくると，連立方程式を代入法や加減法で解くのは大変ですので，行列を使った“固有値問題”として解きます。

まず，3本目の式は制約条件式そのものなので，最初の2本を連立方程式として考え，行列で表してみましょう（最初の2本でλを消した後に3本目を用いてa_1とa_2を求めます）。

固有値問題の式

$$\begin{cases} a_1 + r_{x_1x_2}a_2 = \lambda a_1 \\ r_{x_1x_2}a_1 + a_2 = \lambda a_2 \end{cases} \longrightarrow \begin{pmatrix} 1 & r_{x_1x_2} \\ r_{x_1x_2} & 1 \end{pmatrix} \begin{pmatrix} a_1 \\ a_2 \end{pmatrix} = \lambda \begin{pmatrix} a_1 \\ a_2 \end{pmatrix}$$

相関行列　固有ベクトル（大きさのみ変化）　固有値

この行列の方程式は，よく見ると，とても珍しい（我々にとってはありがたい）形になっています。普通はベクトル（向きと大きさを持つ量）に行列をかけると向きも大きさも変わってしまうのに，このベクトルは行列をかけても，向きは変わらずに（a_1，a_2のまま）大きさのみ（λ倍に）変わっています。

このように行列をかけても，向きは変わらず大きさのみ変わるような，行列に特有なベクトルのことを**固有ベクトル**（eigenvector），大きさのみを変える倍率λのことを**固有値**（eigenvalue）といいます。そして，実際に値の入った行列から固有値を求め，その固有値から固有ベクトルを求めることを**固有値問題**といいます。

ここで，固有値問題を解く意味を確認しておきましょう。固有値問題の両辺の行列に，（無理やり）固有ベクトルの転置行列をかけて方程式にしてみます。すると，左辺は先ほどの主成分zの分散V_zとなり，右辺は制約条件式より固有値λになります。

$$\begin{pmatrix} a_1 & a_2 \end{pmatrix}\begin{pmatrix} 1 & r_{x_1x_2} \\ r_{x_1x_2} & 1 \end{pmatrix}\begin{pmatrix} a_1 \\ a_2 \end{pmatrix} = \lambda \begin{pmatrix} a_1 & a_2 \end{pmatrix}\begin{pmatrix} a_1 \\ a_2 \end{pmatrix}$$

$$\longrightarrow a_1^2 + a_2^2 + 2r_{x_1x_2}a_1a_2 = \lambda(a_1^2 + a_2^2) \longrightarrow V_z = \lambda$$

zの分散V　　制約条件＝1

つまり，観測データから得られた**相関行列の固有値問題を解けば，主成分の分散（λ）と，その係数（固有ベクトル）が求まる**のです。

さて，固有値問題は，①相関行列の固有値を求める→②その固有値から固有ベクトルを求める，という2段構えで解いて行きます。

まず，サイズの異なる行列は引き算できないため，固有値問題の相関行列を，対角成分が1で他は0の単位行列を使って，固有ベクトルを外に出して“=0”の形にします。

$$\left\{\begin{pmatrix} 1 & r_{x_1x_2} \\ r_{x_1x_2} & 1 \end{pmatrix} - \lambda\begin{pmatrix} 1 & 0 \\ 0 & 1 \end{pmatrix}\right\}\begin{pmatrix} a_1 \\ a_2 \end{pmatrix} = 0$$

次に，固有ベクトルの解が0だと制約条件（$a_1^2 + a_2^2 = 1$）を満たさなくなるため，固有ベクトルに掛かる{}の中の行列が逆行列（行列の逆数のこと）を持たないよう，“{}の中の行列式 = 0”と置きます（**固有方程式**）。なぜならば，{}の行列が逆行列を持ってしまうと，左辺と右辺に逆行列をかけて固有ベクトルが0になってしまうからです。

少し補足しますと，**逆行列を持つのは行列式が0でないとき**なので，行列式 = 0と置いた固有方程式を解くことで，{}の中の行列が逆行列を持たない，つまり固有ベクトルが0でない固有値が求まるのです。なお，**行列式**とは，行列成分の(左上×右下)−(右上×左下)で求めるスカラー（大きさの量）のことで，行列の性質を表しています（| |で囲むことで行列式であることを示します）。

固有方程式　$\left|\begin{pmatrix} 1 & r_{x_1x_2} \\ r_{x_1x_2} & 1 \end{pmatrix} - \lambda \begin{pmatrix} 1 & 0 \\ 0 & 1 \end{pmatrix}\right| = 0$

この固有方程式を解くと，複数個の固有値λが求まります。本事例（2次の相関行列）の場合は，次のように，$1+r$と$1-r$という2つのλが求まります（それぞれλ_1とλ_2としておきましょう）。

$$\begin{vmatrix} 1-\lambda & r_{x_1x_2} \\ r_{x_1x_2} & 1-\lambda \end{vmatrix} = (1-\lambda)^2 - r_{x_1x_2}^2 = 0 \rightarrow \begin{cases} \lambda_1 = 1 + r_{x_1x_2} \\ \lambda_2 = 1 - r_{x_1x_2} \end{cases}$$

次に，2つのλのうち大きい方（$r \geq 0$だとしたら$1+r$のλ_1）を固有値問題の行列に代入すると，次のような$a_1 = a_2$という固有ベクトルの成分の関係を表す不定方程式を得られます（2元連立方程式が得られますが，どちらを使っても同じです）。

$$\begin{pmatrix} -r_{x_1x_2} & r_{x_1x_2} \\ r_{x_1x_2} & -r_{x_1x_2} \end{pmatrix} \begin{pmatrix} a_1 \\ a_2 \end{pmatrix} = \begin{pmatrix} 0 \\ 0 \end{pmatrix} \rightarrow \begin{cases} -r_{x_1x_2}a_1 + r_{x_1x_2}a_2 = 0 \\ r_{x_1x_2}a_1 - r_{x_1x_2}a_2 = 0 \end{cases} \rightarrow a_1 = a_2$$

これを$a_1^2 + a_2^2 = 1$という制約条件が成り立つようにすると，次のように，λが最大のときの「大きさ（長さ）が1」の固有ベクトルの成分（＝第1主成分の係数）が求まります。

第1主成分の係数（固有ベクトルの成分）　$a_1 = a_2 = \dfrac{\sqrt{2}}{2}$

すなわち，第1主成分は次のようになります（$x_{1\cdot2}$は標準化変量）。

第1主成分　$z_1 = \dfrac{\sqrt{2}}{2}x_1 + \dfrac{\sqrt{2}}{2}x_2$

よって，観測変数が2つの場合，直線の角度はデータに関わらず45°になることがわかりますね（ですから観測変数が2つの主成分分析を実施しても面白くありません）。

以上が第1主成分の合成方法ですが，第2主成分を合成したい場合には，λの小さい方のλ_2（$= 1 - r$）を使って第2主成分の係数の不定方程式を求めます。

そして，$a_1^2 + a_2^2 = 1$に加えて第1主成分と直交するような制約条件の下で固有ベクトルを求めれば，第2主成分が合成できます。

- $1-r$から導いた係数の関係式（不定方程式）：$a_1 + a_2 = 0$
- 直交するための制約条件：
  （第1主成分a_1）×（第2主成分a_1）+（第1主成分a_2）×（第2主成分a_2）= 0

第2主成分　$z_2 = \frac{\sqrt{2}}{2}x_1 - \frac{\sqrt{2}}{2}x_2$

なお，これらの式の$x_{1\cdot 2}$に標準化した値を代入して，得られた値が**主成分得点**（principal component score）です。主成分得点は，各主成分に対してデータ（対象となる個体）の数だけ計算されますので，例えばそれから散布図を作成すれば，主成分軸の解釈結果などを参考に，個体を視覚的に分類できるというわけです。

主成分の数と寄与率

第1主成分だけでは上手くデータを代表できていないと考えられた場合には，第2主成分，第3主成分……と，観測変数の数まで主成分を合成して行くことになります。しかし，残念ながら，どこまで（いくつ）合成するのかを決める明確な基準はありません。

そこで，主成分の分散である固有値や，固有値から計算した寄与率をおよその判断材料とします。

固有値λは，主成分が持っている情報量ですから，値が大きいほど，観測変数の情報を損なわずにデータを上手く代表していることになります。よって，**固有値が"1"を下回らない主成分まで**，あるいは**固有値がガクンと下がる手前の主成分まで**を合成するという考え方があります。前者は，元の観測変数1個が持つ情報量が，相関行列の固有値では平均で"1"となるため，総合的指標というべき主成分ならば，それ以上は欲しいという考え方です。後者は，**スクリープロット**という，主成分と固有値との対応関係を表す図で確認することができます（318ページのRコマンダーの演習で作成します）。

寄与率（contribution ratio）は主成分分析に限った指標ではありません。寄与率とは，データが持っている全情報のうち，各要素が持っている情報の割合のことです。これを，主成分分析では，次のように，第k主成分z_kの固有値λ_kを，固有値の総和（全ての主成分$z_1 \sim z_p$の固有値を足し合わせた値←制約条件から観測変数の数になります）で割ったものとします（100を乗じて%とする場合もあります)。そうすれば，第k主成分z_kだけで，観測データが持つ情報の何割を代表できているかがわかります。

$$\textbf{寄与率（第}k\textbf{主成分）}\quad \frac{\lambda_k}{\sum_{i=1}^{p}\lambda_i} = \frac{\text{第}k\text{主成分の固有値}}{\text{固有値の総和}(=\text{観測変数の数})} \quad (\times 100)$$

よって，観測変数が2つならばzも2つまで（$p = 2$）なので，第1主成分の寄与率は$\lambda_1/(\lambda_1 + \lambda_2 = 2)$，第2主成分の寄与率は$\lambda_2/(\lambda_1 + \lambda_2 = 2)$となります。この寄与率を第1主成分から累積させた値（**累積寄与率**；cumulative contribution ratio）が0.7 ~ 0.8ぐらいになるところまで，主成分を合成するのです。

とはいえ，あまりにもたくさんの主成分を合成しても扱いにくい結果となってしまいますので，結果を図に表せるように第2主成分までにするという考え方もあるでしょう。

◉ 主成分負荷量

合成された主成分が何を意味するのか（どのようなことを測っているのか）を解釈する場合，その主成分を構成する観測変数の固有ベクトル（係数）の符号条件や大きさを見ながら考えることになります。しかし，固有ベクトルには，$a_1^2 + a_2^2 + \cdots + a_p^2 = 1$という制約条件があるため，観測変数が増えるに従って取り得る値は小さくなり，読みにくい場合があります。

そこで，固有ベクトルに固有値の平方根（zの標準偏差）をかけて，標準化した観測変数と主成分との相関係数にしたのが**主成分負荷量**（principal component loading）です。主成分負荷量ならば，固有ベクトルと違って観測変数の数に左右されず，ちょうど良い値（±1以内）に収まります。第k主成分z_kの第i番目の観測変数x_i（標準化済み）の主成分負荷量$r_{z_k x_{ki}}$を式で表すと，次のようになります。

$$\textbf{主成分負荷量}\quad r_{z_k x_{ki}} = \sqrt{\lambda_k}\, a_{ki}$$

観測変数が2つならば，第1主成分の第1観測変数の主成分負荷量は，

$$r_{z_i x_{11}} = \sqrt{\lambda_1}\, a_{11} = \sqrt{(1 + r_{x_1 x_2})} \cdot \frac{\sqrt{2}}{2} = \frac{\sqrt{2(1 + r_{x_1 x_2})}}{2}$$

となります。ほかの3つの主成分負荷量についても導いてみてください。

ソフトウェアによる分析

Excelの分析ツールには主成分分析は搭載されていませんので，Rコマンダーを使って，事例を分析してみましょう。

表14.1は，国連が公表した1998年の社会指標です（15カ国を抽出，GDPの単位は米ドル，変数のいくつかを修正）オーム社Webページから「主成分分析（国連社会指標）.RData」としてダウンロードできますが，Rコマンダーの「carData」というパッケージ内の「UN98」に207カ国の基データが収納されています。

表 14.1 16カ国の社会指標（国連・1998年）

国名	合計特殊出生率	避妊率	乳児死亡率	1人あたりGDP	平均教育年数	出生時平均余命	非識字率
アメリカ	1.96	71	0.7	26 037	15.80	76.75	2.238
エジプト	3.40	47	5.4	973	9.80	66.00	48.800
カタール	3.77	32	1.7	14 013	11.10	72.70	20.450
キューバ	1.55	70	0.9	1 983	11.30	76.10	4.250
スペイン	1.22	59	0.7	14 111	15.50	78.00	2.850
スワジランド(エスワティニ)	4.46	20	6.5	1 389	11.15	60.00	23.200
チリ	2.44	30	1.3	4 736	11.75	75.30	4.800
ドミニカ	2.80	64	3.4	1 508	11.20	71.00	17.900
トリニダード・ドバゴ	2.10	53	1.4	4 083	10.70	73.85	2.100
ニカラグア	3.85	49	4.4	464	9.15	68.20	34.400
バーレーン	2.97	53	1.8	9 073	12.95	73.20	15.750
ブルキナ・ファソ	6.57	8	9.7	165	2.65	46.05	80.650
ボツワナ	4.45	33	5.6	3 640	10.60	50.30	29.800
ポルトガル	1.48	66	0.8	10 428	14.30	75.35	10.250
ルーマニア	1.40	57	2.4	1 570	11.45	69.60	2.100

手順①：主成分の合成

メニュー［データ］→［データセットのロード］でデータを読み込んだら，メニュー［統計量］→［次元解析］→［主成分分析］を選択すると，主成分分析のウィンドウが現れます。

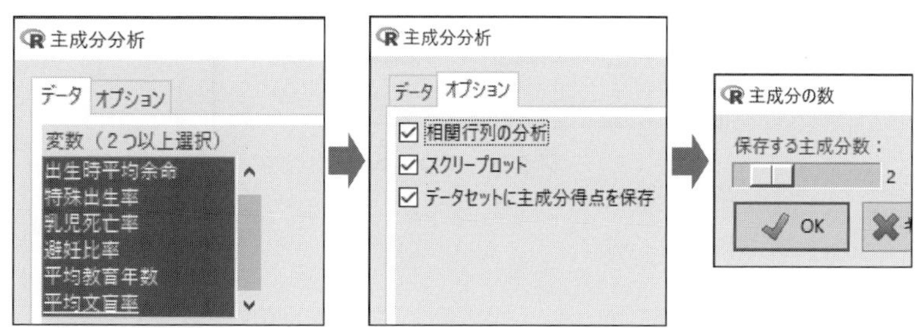

［データ］タブの［変数］で全ての変数を選択し（青背景），［オプション］タブで［相関行列の分析］と［スクリープロット］，［データセットに主成分得点を保存］の3つ全てに☑を入れます。相関行列に☑しない場合，標準化しないデータ（共分散行列）から主成分を合成することになります。OKボタンを押すと，［主成分の数］でデータセットに得点を保存する主成分の数を指定するウィンドウが出てきます。今回は2次元の散布図に表して，国を分類・類型化してみたいので，第2主成分まで得点を計算・保存するように設定します。

以上で設定は終了です。OKボタンを押すと，R Gui（Rコマンダーの裏に隠れています）の中には下のような**スクリープロット**（scree plot）が，そしてRコマンダーの出力欄には主成分分析の結果が出力されます。

スクリープロットは，主成分ごとの固有値（分散；Variances）を表したものです。主成分をいくつまで求めるのか（あるいは第何主成分まで分析に用いるのか）を事前に決められない場合には，スクリープロットの“肘”，つまり固有値がガクンと下がる手前の主成分までを求めると良いでしょう。事例では，第2主成分（Comp.2）で固有値が下がっており，かつ第2主成分から固有値が1.0を下回っているので，第1主成分のみでも良さそうです（ただし，今回は主成分得点を散布図に表したいので第2主成分まで使用します）。

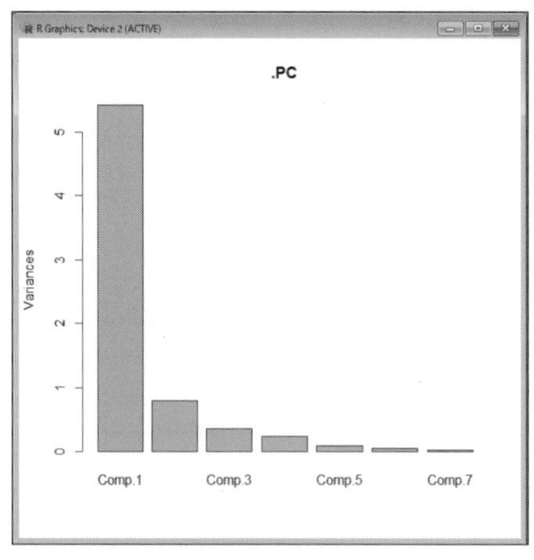

スクリープロット

手順②：主成分の解釈

Rコマンダーに出力された結果を見てみましょう（実際には，第7主成分までが小数点第8位まで出力されます）。

```
Component loadings（固有ベクトル）:
                Comp.1   Comp.2   Comp.3   Comp.4
1人あたりGDP      0.262    0.867    0.193    0.121
合計特殊出生率    -0.404    0.295   -0.025    0.088
出生時平均余命     0.397   -0.113   -0.054    0.650
乳児死亡率        -0.415    0.025    0.181   -0.348
避妊比率           0.357   -0.265    0.799   -0.177
非識字率          -0.392    0.132    0.522    0.295
平均教育年数       0.392    0.242   -0.115   -0.560

Component variances（固有値）:
  Comp.1   Comp.2   Comp.3   Comp.4
  5.413    0.797    0.366    0.242

Importance of components:
                                    Comp.1   Comp.2   Comp.3   Comp.4
Standard deviation（標準偏差）       2.326    0.893    0.605    0.492
Proportion of Variance（寄与率）     0.773    0.113    0.052    0.034
Cumulative Proportion（累積寄与率）  0.773    0.887    0.939    0.974
```

［Component loadings］は，本来，主成分負荷量という意味ですが，Rコマンダーでは固有ベクトルが出力されます（これに標準偏差を乗ずれば負荷量を求められます）。今回は，15の国を第1主成分と第2主成分を使って分類するので，それぞれの意味を固有ベクトルの内容から解釈してみましょう。なお，累積寄与率である［Cumulative Proportion］を見てみると，第2主成分までで“0.887”と十分な寄与率となっている（代表している）ことがわかります。

まず，第1主成分は，乳児死亡率や非識字率，合計特殊出生率が負の符号で，平均余命や教育年数が正の符号であることから，『福祉水準』を表す総合的指標といえそうです。そして，第2主成分は，GDP/人のみが“0.867”と，突出して正に大きいことから『経済水準』を表す指標といえそうですね。

手順③：主成分得点による分類

手順①で，第1主成分と第2主成分の主成分得点を，データセットに保存するように設定しておいたので，その2列を使って15カ国の散布図を描いてみましょう。念のため，［データセットを表示］で，次のようにPC1（第1主成分得点）とPC2（第2主成分得点）という新しい列が加わっていることを確かめておきましょう）。

Dataset

主成分得点

	国名	合計特殊出生率	避妊比率	乳児死亡率	1人あたりGDP	平均教育年数	出生時平均余命	非識字率	PC1	PC2
1	アメリカ	1.96	71	0.7	26037	15.80	76.75	2.238	3.1352702	2.03031470
2	エジプト	3.40	47	5.4	973	9.80	66.00	48.800	-1.5542802	-0.44152250
3	カタール	3.77	32	1.7	14013	11.10	72.70	20.450	0.1175649	1.27387698
4	キューバ	1.55	70	0.9	1983	11.30	76.10	4.250	1.6381043	-1.35896360
5	スペイン	1.22	59	0.7	14111	15.50	78.00	2.850	2.6649567	0.54086668
6	スワジランド	4.46	20	6.5	1389	11.15	60.00	23.200	-2.1437123	0.25358375
7	チリ	2.44	30	1.3	4736	11.75	75.30	4.800	0.6590315	-0.20034727
8	ドミニカ	2.80	64	3.4	1508	11.20	71.00	17.90[illegible]	0.2629961	-0.90748335
9	トリニダード・ドバゴ	2.10	53	1.4	4083	10.70	73.85	2.[illegible]00	1.0136783	-0.76898794
10	ニカラグア	3.85	49	4.4	464	9.15	68.20	[illegible]4.400	-1.2241558	-0.62114777
11	バーレーン	2.97	53	1.8	9073	12.95	[illegible]	5.750	0.9056911	0.30910275
12	ブルキナ・ファソ	6.57	8	9.7	165	2.65	[illegible]	[illegible]0.650	-6.3229050	0.58318236
13	ボツワナ	4.45	33	5.6	3640	10.60	50.30	29.800	-2.2686270	0.44729936
14	ポルトガル	1.48	66	0.8	10428	14.30	75.35	10.250	2.1644855	0.01957656
15	ルーマニア	1.40	57	2.4	1570	11.45	69.60	2.100	0.9519017	-1.15935071

次に，メニュー［グラフ］→［散布図］を選択すると，散布図のウィンドウが現れますので，［データ］タブの［x変数］にPC1を，［y変数］にPC2を選択し，［階層のプロット］→［層別変数］に国名を選択してOKボタンを押すと，R Guiの中に散布図が描かれます（実際にはカラーで描かれるのでもっと見やすいです）。

この15カ国の主成分得点の散布図を見てみると，福祉水準（PC1），経済水準（PC2）ともに高い第1象限に位置する国のなかでもアメリカが突出して高いことがわかります。また，第2象限左端に位置するブルキナ・ファソは，15

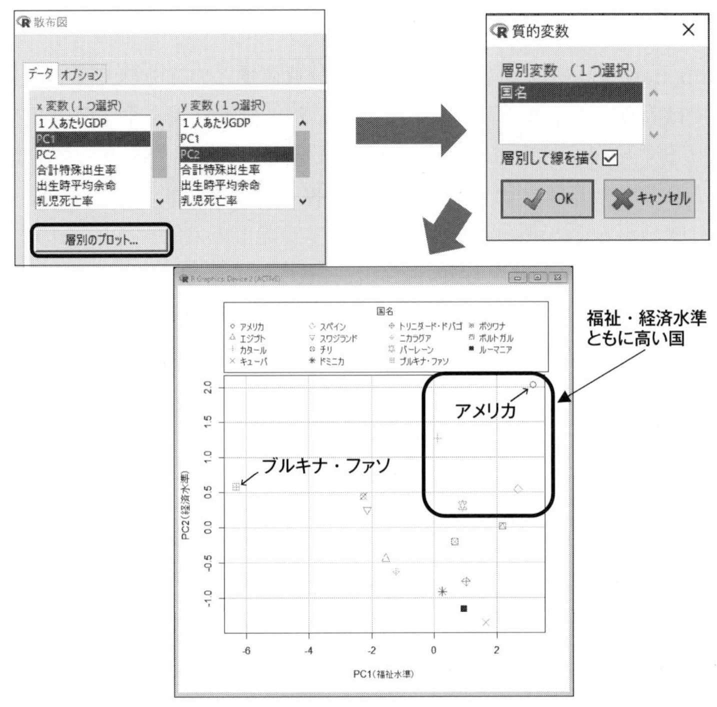

カ国のなかで経済水準は平均よりはやや高いものの，福祉水準が極めて低い国であることなどがわかります。

このように各国を分類，あるいは新しい指標で評価することで，例えば国別に適切な国際協力策などを検討しやすくなるのではないでしょうか。なお，分類・類型化が主な目的の場合，総合的指標となりやすい第1主成分が邪魔になる場合があります。そのようなときには第1主成分を無視して，第2主成分以降の得点を用いてもよいでしょう。

また，主成分は互いに直交しているので，重回帰分析の説明変数として2次利用すれば，多重共線性を回避した回帰モデルを推定することもできます（**主成分回帰分析**）。このように，いろいろな分析の可能性が広がるのが主成分分析の魅力です。

14.3 因子分析

因子分析の概念と手順

因子分析（factor analysis）の土台は，1904年（K・ピアソンが主成分分析を考案した3年後です），心理学者であったC・スピアマンによって創案されました。その後，L・L・サーストンによって，現在の多因子モデルが完成，命名されました。

スピアマンは，33人の生徒の6科目の成績を眺めていたとき，それらの間に相関があることに気がついたのです。「古典の成績が良い生徒は仏語の成績も良い」といった具合です。

そこでスピアマンは，生徒の成績は，図14.5のように，生まれ持った1つの**共通因子**（common factor）と，科目ごとに働く**独自因子**（unique factor）から説明できると考えました（2因子説）。つまり，ある生徒の古典の成績は，その生徒の持つ全科目に共通する「知能」と，その生徒の古典固有の能力から決まるという発想です（ほかの科目も同様）。

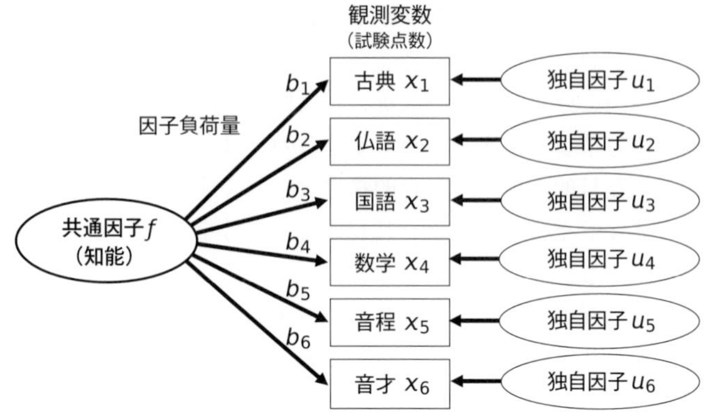

図 14.5　スピアマンによる共通因子が 1 つのモデル

この構造を式で表すと，次のようになります。

$$
\begin{cases}
x_1 = b_1 f + u_1 \\
x_2 = b_2 f + u_2 \\
\quad\vdots \\
x_6 = b_6 f + u_6
\end{cases}
$$

観測変数　因子負荷量　共通因子　独自因子

ただし，x_j は科目 j の（科目ごとに標準化した）得点で，生徒ごとに観測できる変数です。f は共通因子（知能）で，生徒ごとの観測できない潜在変数であり，その値を**因子得点**（factor score）と呼びます。b_j は科目 j の**因子負荷量**（factor loading）で，共通因子にかかる全生徒共通の係数（定数）です。u_j は科目 j の独自因子で，生徒ごとの観測できない変数です。

この式は，共通因子 f が，科目ごとに定まる因子負荷量 b_j を重みとして，観測変数 x_j の動き（分散）を説明し，x_j の動きのうち共通因子で説明できない残りの部分を，各科目に固有の独自因子が説明しているという構造を表しています（324 ページの図 14.6 も参照）。

ここで，共通・独自因子に関するいくつかの仮定の下で，**因子負荷量を求めるのが因子分析**の最大の目的です。また，対象となる個体（ここでは生徒）ごとの共通因子の値（因子得点）を求めることも，対象の分類・類型化などをする場合には重要です。

因子分析の手順を整理すると，次のようになります。

手順①

▼ 共通因子数の決定（モデルの設定）

手順②

▼ 因子負荷量の推定（推定法はいくつかある）

手順③

▼ 因子軸を回転して解釈

手順④

因子得点の推定（対象を分類・類型化したい場合）

共通因子の数

スピアマンが提案したのは共通因子が1つのモデルですが，観測データを1つの共通因子だけで説明し尽くせることは滅多にないので，実際にはいくつかの共通因子を設定することになります。理論上はかなりの数まで（後述の因子軸の回転まで考えると，例えば観測変数が10個ならば共通因子は6個まで）設けることができますが，複雑な社会学的・心理学的現象を単純化するための“共通”因子ですので，できるだけ少ない数でデータを説明できるモデルを構築するに越したことはありません。

ここで面倒なのは，主成分分析と異なって，**事前に共通因子の数を決めておかなければならない**ことです。主成分分析では，合成した第1主成分だけではデータを十分に代表できていなくても，残りの分散の大きい方向へ次々と主成分を合成していけばよかったのでした（結果を見ながら主成分の数を決めることができました）。しかし，因子分析は，先ほどの構造式のように，共通因子の数をあらかじめ決めたモデルに基づいて因子負荷量を計算していかなければならない（＝仮説を検証する）のです。

とはいえ，実際に共通因子を抽出してみないと，データをどの程度説明できているのかはわかりません。そこで，とりあえず共通因子が1つのモデルから始めて，2つ，3つ……と増やして繰り返し推定します。そして，主成分分析のときの判断基準を流用して，固有値（Rコマンダーでは出力されません）が1を下回らない因子まで，あるいは固有値がガクンと下がる手前の因子までを抽出するようにします。また，寄与率も計算できますので，その累積値が0.7～0.8（最低でも0.5は欲しいところです）になる因子までを抽出するようにしても良いでしょう。

このように，確固たる仮説がない（共通因子数が決まっていない）場合には，いくつかのモデルを想定して，「一番良さそうなモデルはどれか」ということを探索するのです。

共通性と独自性

繰り返しになりますが，主成分分析は，観測データを代表する成分を，分散（固有値）の大きな順に取り出すだけでした。しかし，モデルありきの因子分析では，図14.6のように，観測データの分散のうち，共通因子で説明できる部分（**共通性**；communality）はどのぐらいで，共通因子で説明できない（独自因子で説明しなければならない）部分（**独自性**；uniqueness）はどのぐらいかを考慮しながら共通因子を抽出して行きます。

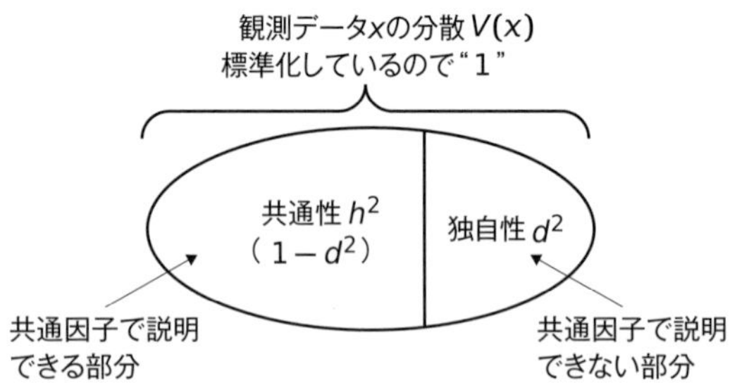

図 14.6　共通性と独自性

それでは，単純化して，2つの変数 x_1 と x_2 で観測されたデータから，2つの共通因子 f_1 と f_2 を抽出することを考えてみましょう（観測変数が2つだと因子が無数に存在してしまうので，本当は良くない例ですが……）。

構造を式で表すと次のようになります。

$$\begin{cases} x_1 = b_{11}f_1 + b_{12}f_2 + u_1 \\ x_2 = b_{21}f_1 + b_{22}f_2 + u_2 \end{cases}$$

観測される x を被説明変数，潜在的な共通因子である f を説明変数，f で説明できない部分を説明する独自因子 u を誤差項と考えれば，重回帰モデルが2本あるのと同じです。となると，f の係数である b（因子負荷量）の推定に，$\hat{u}$ の平方和を最小にするOLSが使えそうですが，重回帰とは異なり f も観測できないため，そうもいきません。

そこでどうするかというと，どちらの方程式にも同じf_1とf_2が使われているので，方程式を別々に考えずにまとめて扱います。具体的には，観測変数xの**分散共分散行列**（＝対角成分のみ分散で，ほかは共分散の行列）を使うのです。分散共分散行列には，観測データのバラツキ具合や変数間の相関の情報が全て集約されているので，設定したモデルが正しいならば，そこから因子負荷量も求めることができるはずです。

そのためには，まず式の変数に下記のような仮定をおきます。

- **観測変数**（x_1 と x_2）**の仮定**：変数ごとに標準化されている（平均=0，分散=1）。
- **共通因子**（f_1 と f_2）**の仮定**：共通因子ごとに因子得点は標準化されている。また，f_1 と f_2 は互いに無相関である（直交している）。
- **独自因子**（u_1 と u_2）**の仮定**：平均はそれぞれ0で，分散はd_1^2とd_2^2である。また，独自因子と共通因子は互いに無相関で，独自因子同士も互いに無相関である。

これらの仮定の下，主成分分析同様，観測変数x_1の分散V_{x_1}を考えます。ここで，f_1とf_2が無相関ならば，節3.4の補足（62ページ）で示した分散の2つの性質「“和の分散”は“分散の和”と等しい」と「変数を定数倍したものの分散は，変数の分散を定数の2乗倍したものになる」）から，x_1の分散は，次のように，それぞれの因子負荷量の2乗と独自性の和となります（標準化されているのでfの分散は1です）。

観測変数x_1の分散

$$
\begin{aligned}
V_{x_1} &= V(b_{11}f_1 + b_{12}f_2 + u_1) = b_{11}^2 \cancel{V(f_1)} + b_{12}^2 \cancel{V(f_2)} + V(u_1) \\
&= b_{11}^2 + b_{12}^2 + d_1^2
\end{aligned}
$$

このように，観測変数x_1の分散V_{x_1}は，係数（因子負荷量）の2乗和（$b_{11}^2+b_{12}^2$）の部分と，独自因子u_1の分散d_1^2の部分から構成されていることがわかります（x_2の分散も同様）。

そして，観測変数x_1は標準化されているため，その分散V_{x_1}は“1”です。そのうち共通因子f_1とf_2で説明できる部分は次のように表せます。この“$b_{11}^2 + b_{12}^2$”，あるいは“$1 - d_1^2$”がx_1の共通性です（単に“h_1^2”と表記することが多いです）。

$$
b_{11}^2 + b_{12}^2 + d_1^2 = 1 \rightarrow \text{共通性}(h_1^2):b_{11}^2 + b_{12}^2 = 1 - d_1^2
$$

次に，x_1とx_2の間の共分散（標準化していない相関係数）を考えます。3つの変数（f_1とf_2とu）から説明される観測変数の間の共分散は，それぞれの共分散の和になりますが，先の仮定から，独自因子同士が無相関ならばその共分散は0になるため，次のような簡単な形になります（fの分散はそれぞれ1なので，係数の乗算部分だけが残ります）。

x_1とx_2の共分散

$$Cov(x_1, x_2) = Cov(b_{11}f_1 + b_{12}f_2 + u_1, b_{21}f_1 + b_{22}f_2 + u_2)$$
$$= b_{11}b_{21}\cancel{V(f_1)} + b_{11}b_{22}\cancel{V(f_2)} + \cancel{Cov(u_1, u_2)} = b_{11}b_{21} + b_{12}b_{22}$$

観測変数（x_1，x_2）は標準化されているため，その共分散$Cov(x_1, x_2)$は相関係数$r_{x_1x_2}$となります。ほかの観測変数の分散や共分散も同じように求めて，行列の式として整理すると，（仮定の下では）次のように，相関行列＝分散共分散行列となります。

標準化されている場合の関係

相関行列　分散　共分散

$$\begin{pmatrix} 1 & r_{x_1x_2} \\ r_{x_2x_1} & 1 \end{pmatrix} = \begin{pmatrix} b_{11}^2 + b_{12}^2 + d_1^2 & b_{11}b_{21} + b_{12}b_{22} \\ b_{21}b_{11} + b_{22}b_{12} & b_{21}^2 + b_{22}^2 + d_2^2 \end{pmatrix}$$

この関係を使って因子負荷量を求めて行きます。

まず，右辺から独自因子の分散d^2の対角行列を分離し，残った行列を因子負荷量行列とその転置行列（各成分を対角成分で折り返した行列）との積の形にしておきます。

$$\begin{pmatrix} 1 & r_{x_1x_2} \\ r_{x_2x_1} & 1 \end{pmatrix} = \begin{pmatrix} b_{11}^2 + b_{12}^2 & b_{11}b_{21} + b_{12}b_{22} \\ b_{21}b_{11} + b_{22}b_{12} & b_{21}^2 + b_{22}^2 \end{pmatrix} + \begin{pmatrix} d_1^2 & 0 \\ 0 & d_2^2 \end{pmatrix}$$
$$= \begin{pmatrix} b_{11} & b_{12} \\ b_{21} & b_{22} \end{pmatrix} \begin{pmatrix} b_{11} & b_{21} \\ b_{12} & b_{22} \end{pmatrix} + \begin{pmatrix} d_1^2 & 0 \\ 0 & d_2^2 \end{pmatrix}$$

独自因子の分散の行列

因子負荷量行列　転置行列

因子負荷量の推定

右辺から独自因子の分散d^2の対角行列を左辺に移すと，次のように対角成分が共通性の相関行列（**因子決定行列**）の式に整理できます。

$$\begin{pmatrix} 1 & r_{x_1x_2} \\ r_{x_2x_1} & 1 \end{pmatrix} - \begin{pmatrix} d_1^2 & 0 \\ 0 & d_2^2 \end{pmatrix} = \begin{pmatrix} b_{11} & b_{12} \\ b_{21} & b_{22} \end{pmatrix} \begin{pmatrix} b_{11} & b_{21} \\ b_{12} & b_{22} \end{pmatrix}$$

$$\longrightarrow \begin{pmatrix} 1-d_1^2 & r_{x_1x_2} \\ r_{x_2x_1} & 1-d_2^2 \end{pmatrix} = \begin{pmatrix} b_{11} & b_{12} \\ b_{21} & b_{22} \end{pmatrix} \begin{pmatrix} b_{11} & b_{21} \\ b_{12} & b_{22} \end{pmatrix}$$

因子決定行列　　これを求めるのが目的

ここで確認しておきますと，因子負荷量bは，観測変数と共通因子とのいわば相関係数です。主成分分析において，観測変数と主成分との相関係数である主成分負荷量が，固有ベクトルaに固有値λの平方根を乗じてたものであったことを思い出してください。

つまり，今回も「因子負荷量$b = \sqrt{固有値\lambda} \times$固有ベクトル$a$」と考えれば，次のように**固有値問題として，因子負荷量行列を求めることができる**のです。

$$\begin{pmatrix} 1-d_1^2 & r_{x_1x_2} \\ r_{x_2x_1} & 1-d_2^2 \end{pmatrix} \begin{pmatrix} a_1 \\ a_2 \end{pmatrix} = \lambda \begin{pmatrix} a_1 \\ a_2 \end{pmatrix} \longrightarrow \begin{pmatrix} \sqrt{\lambda_1}a_{11} & \sqrt{\lambda_2}a_{12} \\ \sqrt{\lambda_1}a_{21} & \sqrt{\lambda_2}a_{22} \end{pmatrix} を \begin{pmatrix} b_{11} & b_{12} \\ b_{21} & b_{22} \end{pmatrix} と解釈$$

ここ（共通性）だけが主成分分析と異なる　　2組のλと$a_{1\cdot2}$が求まる

ただし，左辺の行列の対角成分が共通性（$1-d^2$）となっている点が，最初から“1”であった主成分分析とは大きく異なります（$r_{x_2x_1}$は$r_{x_1x_2}$と同じことです）。ですから，因子負荷量行列を求めるには，共通性がわかっている必要があるのです。このように，**因子負荷量だけでなく，共通性も求めなければならない**のが因子分析の面倒なところです。

推定方法はいくつか考えられていますが，その中から代表的な2つを紹介しましょう。

①（反復）主因子法

わかりやすい方法としては，とりあえず，共通性の初期値として，SMC（後述）などの適当な値を投入して固有値問題を解いてしまう方法です。しかしながら，当然，得られた推定値は真の値からは離れているでしょうから，推定された因子負荷行列×転置行列の対角成分を（初期値に代わる）新たな共通性として再び固有値問題を解きます。

このように，**因子負荷量と共通性の推定を交互に繰り返**し，共通性が1を超える手前まで反復して，精度の高い因子負荷量を推定する方法を**（反復）主因子法**（principal factor analysis）と呼びます。共通性が1の直前を目指すのは，独自性が小さい，つまり仮説が正しい（設定した共通因子でデータが説明できている）ことになるからです。

②最尤法

しかし，最近はコンピュータの性能の向上に伴い，前章で紹介した最尤法で因子負荷量と共通性を直接推定する方法が一般的となっています（Rコマンダーでも最尤法が使われています）。

因子分析における最尤法とは，**Wishart分布**という確率密度関数を尤度として，それが最大となるようなパラメータを推定する方法です。Wishart分布とは，観測された分散共分散行列から得られる確率分布のことで，いわばχ^2分布の多変量版ですが，その内容は難しいので本書ではこれ以上は立ち入らないようにします。とりあえず，「今回のような分散共分散行列が観測されるためには，どのような値の因子負荷量と独自性であるべきか」と考えて，総当たり作戦でもっとも尤もらしい値を探し出す方法だと理解しておいてください。

最尤法の長所は，標本サイズが大きければ精度の高い推定が可能となることや，仮説（設定した因子の数）が適切であったかどうかを検定（**適合度検定**）できることです。反面，短所としては，標本が小さすぎたり，設定した因子数が真のモデルよりも多すぎたりすると，**不適解**といって共通性が1を超えてしまう場合があります（反復主因子法でも不適解になることはたまにあります）。

ところで共通性の初期値ですが，主因子法でも最尤法でも，下限値としてSMC（squared multiple correlation）を用いる方法が一般的です。SMCとは，当該変数をほかの観測変数から回帰予測したときの決定係数（**重相関係数の2乗**）です。つまり，各観測変数が持つ変動のうち，全ての因子によって説明される割合です。事例では，例えば$1-d_1^2$の初期値として，$x_1=\alpha+\beta x_2+u$を推定したときの決定係数R^2を与えます。また，SMC以外にも，観測変数間の相関行列の（各列内の）最大値や，*Jöreskog*（ヨレスコグ）という統計学者が考えた方法（SMCを観測変数の数と共通因子の数で調整します）が用いられるようです（なお，Rコマンダーの初期値は明らかにされていません）。

14.4　因子軸の回転

さて，因子負荷量が推定されたら，その値を眺めながら抽出された共通因子の意味を解釈（ネーミング）することになります。しかし，そのままでは主成分分析と同様，大抵は図14.7左のように第1因子からの負荷量ばかりが大きくなってしまいます（×は観測変数）。

総合的因子を抽出したいだけならばそれでもよいでしょうが，個体の分類や類型化が目的ならば使いにくいですね。そこで，明確な解釈ができるように図14.7右のように**因子軸の回転**（factor rotation）を施します。回転することで，それぞれの因子軸に各観測変数の負荷量がメリハリを持って（いくつかの観測変数の負荷量のみが大きく，ほかは小さくなって）近づくため**単純構造**になり，各共通因子の特徴が捉えやすくなります。

なぜ，このようなことができるのかというと，推定された因子負荷量は，たくさんある解のうちの1つに過ぎず，それをもとにして因子軸の回転を施して得られるほかの解も全て正しいからです（軸を回転しても共通性の推定値は変わりません）。この性質を**回転の不定性**と呼びます。ただし，設定した因子が1つの場合，因子空間は1本の直線と見なせるので，回転に意味はありません。

軸の回転法にもいろいろありまして，大きく分けると，回転後の因子軸が直交する（＝因子間に相関があることを許容しない）**直交回転**（orthogonal rotation）と，図14.7右のように斜交する（＝因子間に相関があることを許容する）**斜交回転**（diagonal rotation）の2つがあります。それぞれいくつか考えられているのですが，直交回転の代表的な手法としてバリマックス法，斜交回転にはプロマックス法があります。

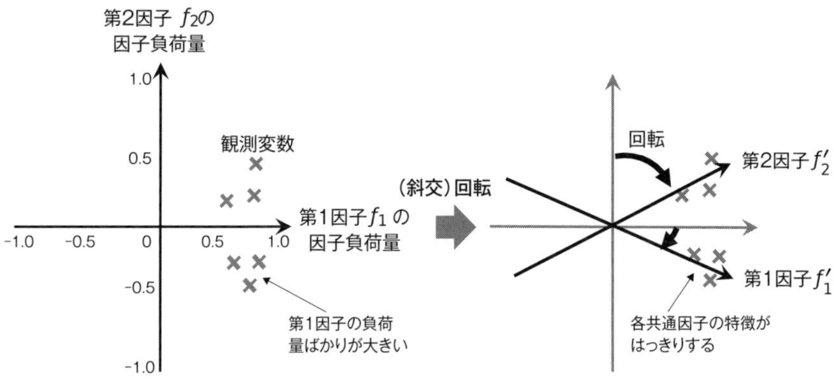

図 14.7　因子軸の回転（斜交回転）

①バリマックス法（直交回転）

バリマックス法（varimax method）は，回転後の因子負荷量行列における各列内の負荷量bの2乗の偏差平方の和Qが最大になるような回転角度を探し出すのです（ただし，共通性の大きさが回転に影響を及ぼさないように，因子負荷量は共通性で割っておきます）。

Qが最大になる角度で回転させれば，列（因子）ごとに1や−1に近い負荷量とゼロに近いものに分離できますね。また，回転前の因子同士は直交していることを仮定とした下で抽出されたので，回転後も直交しています。名称も分散（variance）の最大化（maximize）から来ています。

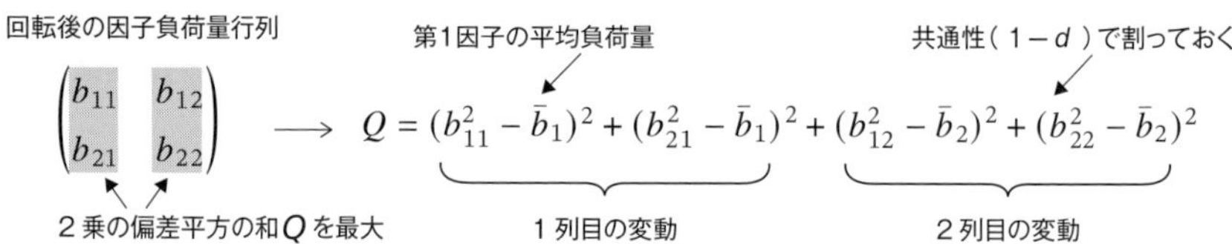

このように，わかりやすいバリマックス法ですが，因子分析の主な対象は心理学など社会科学分野ですので，共通因子の間に全く相関がないという仮定は現実的ではありません。そこで，最近は斜交回転，なかでも次のプロマックス法が主流となりつつあります。

②プロマックス法（斜交回転）

プロマックス法（promax method）は，とても複雑なので，手順のみ大まかに紹介しておきます。まず，一旦，バリマックス回転を実施します。次に，バリマックス回転した因子負荷量行列を何度か累乗して**ターゲット行列**を作成します。そして，このターゲット行列が真の（母集団の）因子負荷量であると考え，それに近づくように因子軸を回転させるのですが，このとき因子間に相関が発生することを許します。

このように，バリマックス回転した因子負荷量行列を何度もかけ合わせるのですから，負荷量の大小関係はさらに極端になり，より単純な構造を得られやすくなります。しかし，因子負荷量行列を何回かけ合わせれば真の行列になるかは誰にもわかりません（累乗数は“κ（カッパ）”で表します）。一方，累乗を重ねるということは，直交から離れて因子間の相関が強くなるということでもあるので，あまりκを大きくするのも考えものです。そこで，設定できる場合には$\kappa = 3 \sim 4$とするのが一般的のようです（Rコマンダーでは$\kappa = 4$に設定されていて変更できません）。

因子得点（回帰法）

対象となる個体を分類・類型化するのが目的の場合，個々の**因子得点**（factor score）を推定します（予測も行えます）。

主成分分析の主成分得点zは，固有ベクトルaさえわかれば，推定式の変数xに個体の値を入れるだけで計算できました。しかし，因子得点fは，因子負荷量bがわかっただけでは計算できません。なぜならば，因子分析は特定のモデルを想定して，観測値xを（共通因子だけでなく）独自因子uを含めて説明しようとしているからです。

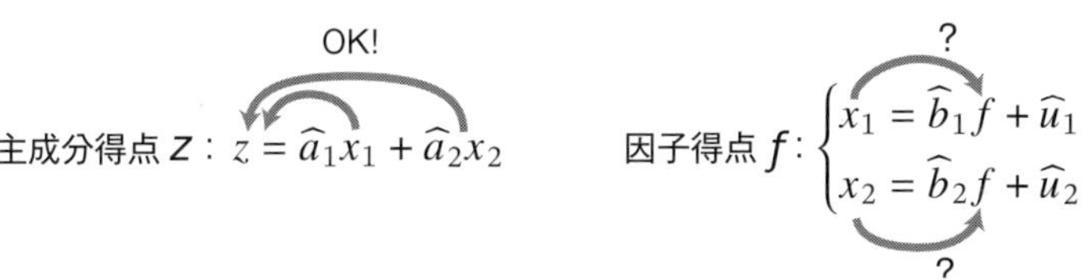

とはいえ，因子得点がわからなければ個体を分類できません。そこで，設定した共通因子だけで十分に観測データを説明する「良いモデルが特定できた」と考え，最尤法などで求めた因子負荷量$\widehat{b}$と観測値xから因子得点fを推定するのです。推定方法はいくつかあるのですが，もっとも一般的なのは，次のように回帰式の推定値として求める**回帰法**（regression method）です（ほかにもBartlett（バートレット）法などがあります）。

因子得点の回帰モデル　$f = w_1 x_1 + w_2 x_2 + \varepsilon$

fもxも平均は0ですので定数項は不要で，εは誤差項です。

ここで問題となるのは，観測変数xにかかる係数“w”を，因子負荷量の推定値$\widehat{b}$からどうやって求めるのかです。もちろん回帰法ですので，因子得点の真の値fと推定値$\widehat{f}$との差（残差$\widehat{\varepsilon}$）の平方和が最小になるようなwを求めればよいのですが，肝心のfが観測できません。そこで，xとfとの相関係数がbであるという関係を利用します。

第12章では，行列を使った係数の計算式までは掲載しませんでしたが，定数項のない重回帰$y = \beta_1 x_1 + \beta_2 x_2$の回帰係数$\beta_{1\cdot 2}$のベクトルを正規方程式から導き出すと，次のように「xの分散共分散行列の逆行列」と「xとyの共分散行列」の積になります。

$$\textbf{一般の回帰係数}\quad \begin{pmatrix} \hat{\beta}_1 \\ \hat{\beta}_2 \end{pmatrix} = \begin{pmatrix} S_{x_1x_1} & S_{x_1x_2} \\ S_{x_1x_2} & S_{x_2x_2} \end{pmatrix}^{-1} \begin{pmatrix} S_{x_1y} \\ S_{x_2y} \end{pmatrix}$$

因子得点の推定では，xは標準化されているので分散共分散行列は相関行列になりますし，xとyの共分散行列はxとfの相関行列，つまり因子負荷量行列になります。よって，因子得点の回帰係数$w_{1\cdot2}$のベクトルは，次のように「xの相関行列の逆行列」と「因子負荷量行列」の積になります。

$$\textbf{因子得点の回帰係数}\quad \begin{pmatrix} \hat{w}_1 \\ \hat{w}_2 \end{pmatrix} = \begin{pmatrix} 1 & r_{x_1x_2} \\ r_{x_1x_2} & 1 \end{pmatrix}^{-1} \begin{pmatrix} \hat{b}_1 \\ \hat{b}_2 \end{pmatrix}$$

因子負荷行列（回転後）

仮に対象をA，B，Cの3個体だとすると，2つの観測変数$x_{1\cdot2}$から1つの共通因子fを抽出した場合の因子得点$f_{A\cdot B\cdot C}$は，次のような行列計算で推定できます。

個体Aの観測変数 x_1の値（標準化済み）

$$\textbf{因子得点の推定式}\quad \begin{pmatrix} \text{A の因子得点} \\ \text{B の因子得点} \\ \text{C の因子得点} \end{pmatrix} = \begin{pmatrix} \hat{f}_A \\ \hat{f}_B \\ \hat{f}_C \end{pmatrix} = \begin{pmatrix} x_{A_1} & x_{A_2} \\ x_{B_1} & x_{B_2} \\ x_{C_1} & x_{C_2} \end{pmatrix} \begin{pmatrix} \hat{w}_1 \\ \hat{w}_2 \end{pmatrix}$$

なお，こうして計算された因子得点は，あくまで推定値です（誤差を持っています）ので，分散は1にはなりません（SMCの値となります）。また，同様の理由で，たとえ直交回転でも，因子間で若干の相関を持ってしまいます。

寄与率

主成分分析と同じように，因子分析でも寄与率を計算できます。寄与率の意味を再確認しておきますと，当該共通因子が，観測データの分散のうちのどのぐらいの割合を説明しているのかを表していました。

主成分分析の寄与率は，「当該固有値÷固有値の総和（＝観測変数の数）」でしたが，因子分析の寄与率は，次のように「当該因子の負荷量bの2乗和である**寄与度**を，観測変数の数で割った値」となります。寄与度は共通性と似ているので，混同しないようにしてください（x_1の共通性は$b_{11}^2 + b_{12}^2$であるように，観測変数ごとのbの2乗和です）。

このように書くと主成分分析の寄与率と全く異なるもののように感じるかもしれませんが，回転前の寄与度（因子ごとの因子負荷量の2乗和）は因子決定行列の固有値ですので，同じものと考えていただいて結構です。ただし，回転してしまった後（ソフトウェアではこちらが出力されます）では，固有値と同じとはいえません。そのため，回転前と比べると第2因子以降の寄与率は劇的に大きくなる傾向があります。

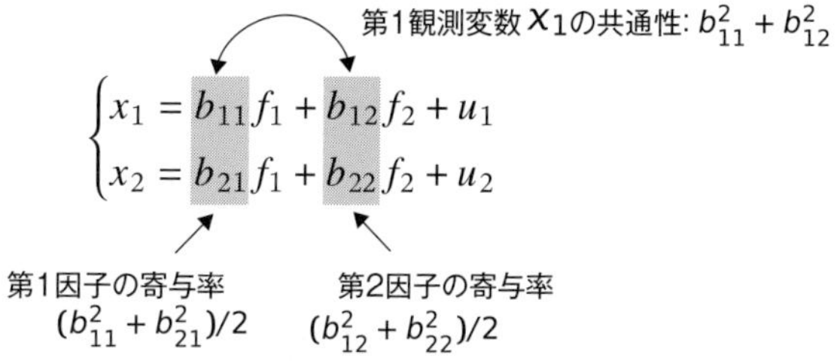

第1観測変数 x_1 の共通性: $b_{11}^2 + b_{12}^2$

$$\begin{cases} x_1 = b_{11} f_1 + b_{12} f_2 + u_1 \\ x_2 = b_{21} f_1 + b_{22} f_2 + u_2 \end{cases}$$

第1因子の寄与率 $(b_{11}^2 + b_{21}^2)/2$

第2因子の寄与率 $(b_{12}^2 + b_{22}^2)/2$

ソフトウェアによる分析

表14.2は，International Personality Item Poolが公表している性格診断テストの一部です。元データには，25の性格指標と3つの属性に対する2,800人分の回答が収まっています（psychという因子分析用のRパッケージに"bfi"という名称で入っています）。

Rコマンダーを使って因子分析を実施してみましょう（データは自分で入力するか，オーム社Webページから「因子分析（性格診断テスト）.RData」を入手し，［データセットのロード］で読み込んでください）。

表 14.2　性格診断テスト（6段階評価）

回答者	人の幸せを願える	慰めることができる	子供を愛せる	仕事に厳格である	完璧主義である	計画的である
A	5	6	5	3	4	2
B	5	5	5	4	4	4
C	5	6	6	5	3	2
D	5	6	6	6	6	5
E	5	5	4	6	6	5
F	6	6	6	6	6	6
G	6	6	6	2	5	5
H	5	5	6	2	3	4
I	3	5	6	5	5	5
J	4	3	5	6	5	6
K	6	6	6	3	2	5
L	5	6	4	4	3	4
M	4	4	4	2	3	4
N	2	2	1	3	4	2
O	6	6	4	5	2	4

出所： International Personality Item Pool

手順①：共通因子の抽出と推定モデルの評価

Rコマンダーのメニューから［統計量］→［次元解析］→［因子分析］を選択すると，因子分析のウィンドウが現れます。

［データ］タブの［変数］で6つの性格指標全てを選択し，［オプション］タブで［因子の回転］でプロマックスを，［因子スコア］で回帰を選択します。

OKボタンを押すと，因子数を設定するウィンドウが現れますので，今回は［抽出する因子数］を“2”にしてモデルを推定してみましょう。

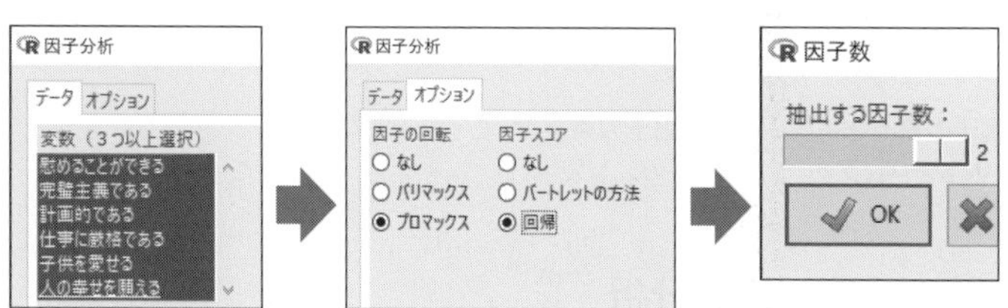

OKボタンを押すと，次のような結果がRコマンダーの出力欄に出力されます。なお，Rコマンダーが使用するfactanal関数は最尤法による推定のみです。

```
Uniquenesses（独自性）:
慰めることができる    完璧主義である    計画的である    仕事に厳格である
          0.128             0.360         0.534                0.606
       子供を愛せる    人の幸せを願える
            0.426             0.231

Loadings（因子負荷量）:
                     Factor1 Factor2
慰めることができる    0.958  -0.132
完璧主義である       -0.218   0.826
計画的である          0.135   0.636
仕事に厳格である              0.628
子供を愛せる          0.677   0.210
人の幸せを願える      0.897

                            Factor1 Factor2
SS loadings（寄与度）         2.246   1.553
Proportion Var（寄与率）      0.374   0.259
Cumulative Var（累積寄与率）  0.374   0.633

Factor Correlations（因子間相関係数）:
        Factor1 Factor2
Factor1   1.000  -0.252
Factor2  -0.252   1.000

Test of the hypothesis that 2 factors are sufficient.（適合度検定）
The chi square statistic is 4.58 on 4 degrees of freedom.
The p-value is 0.333
```

早速，推定されたモデルを評価しましょう。

まず，観測変数ごとの独自性を表す［Uniquenesses］を見てみると，「仕事に厳格である」と「計画的である」という性格指標の値が大きいことから，その2指標については2つの共通因子では十分に説明できなかったことがわかります。いくつ以上という基準はありませんが，あまりにも独自性が大きければモデルを考え直さなければいけません。なお，Rコマンダーの場合，下限の0.005と表示されたら，共通性が1を超えて不適解（モデリングの失敗）の可能性があるので注意が必要です。

次に，共通因子を2つに設定したことに対する是非については，累積寄与率と適合度検定を見ます。累積寄与率は0.7 ~ 0.8ぐらいは欲しいところですので，今回の“0.633”はやや低いですね（ただし0.5を超えているので悪いというほどでもありません）。そして，推定した（共通因子が2つの）モデルが観測データと適合しているといえるかどうかを統計的に検証した適合度検定の結果が最後に書かれています。この適合度検定は，χ^2検定の一種ですが，本書では詳しい解説は省略させていただきます。とりあえず，「適合している」が帰無仮説ですので，p値が0.333と大きい値になっているということは，今回は帰無仮説を棄却できないことから「共通因子は2つで良さそうだ」ということになります（ただし標本サイズが小さいので，検出力は弱いでしょう）。

なお，適合度検定の上にある［Factor Correlations］は，斜交回転後の因子間の相関係数を示しています（直交回転の「バリマックス」を選択すると出力されません）。“−0.252”ですから，第1因子と第2因子の間には弱い負の相関があることがわかります。

手順②：共通因子の解釈

因子負荷量を示す［Loadings］を見ながら2つの共通因子を解釈してみましょう。まず，［Factor1］（第1因子）は，「慰めることができる」と「子供を愛せる」と「人の幸せを願える」が正に大きくなっていますので，『協調性』を表す共通因子といえる（ネーミングできる）でしょう。なお，「仕事に厳格である」が空欄になっていますが，これは0に近いことを意味しています。

次に，［Factor2］（第2因子）を見てみると，「完璧主義である」と「計画的である」と「仕事に厳格である」が正に大きくなっているので，『勤勉性』といえそうですね（データを公表しているIPIPは，それぞれを“Agreeableness”と“Conscientiousness”とネーミングしています）。

手順③：因子得点による分類

手順①で，第1因子と第2因子の得点（スコア）を回帰の方法で推定するように設定しておくと，データセットに自動で保存されます。それを使って15人の散布図を描いたのが次の図です（描き方は320ページを参照）。

第1象限に配置されたFさんとDさんが，協調性と勤勉性がともに高い人であることがわかります。第2象限に配置されたJさんやEさん，Iさんは勤勉性は高いものの，協調性が低いことがわかります（第3，第4象限は省略します）。

みなさんも就職するときに，これと似たような適性検査を受けたと思いますが，企業側はこうした因子分析をして，「この学生は○○の部署に配置すべだな」とか「この学生は自社では活かせないな」とか判断していたのかもしれませんね。

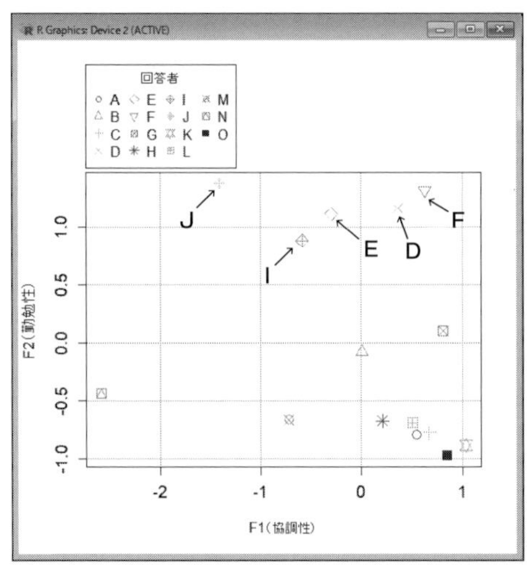

章末問題

問1 次の表は，千葉県松戸市における農業集落（耕地率15％以上）の主な農業関連指標を整理したものです。主成分分析で第2主成分までを合成し，農業集落の主成分得点から散布図を作成しなさい。
なお，農業集落とは，農業生産や農村生活の地域単位のことで，5年ごとに実施される農林業センサスの結果から，様々な農業指標が集計されています。

千葉県松戸市の農業集落（耕地率15%以上，増加率は対2010年）

農業集落	農家数増加率	農家人口増加率	生産年齢人口率	基幹的農業従事者率	経営耕地面積増加率
大谷口新田	-18.2	-28.1	44.4	70.6	36.8
七右衛門新田	-7.1	-12.2	56.1	88.6	-33.3
主水新田	0.0	-10.4	56.5	86.3	-4.5
旭町	-25.0	-37.7	48.0	75.9	-29.6
金ケ作佐野	-23.1	-26.2	47.6	62.1	51.6
六実	13.0	3.5	52.8	77.6	27.3
紙敷向	-23.5	-31.0	59.5	94.9	-1.3
紙敷中内	-27.8	-26.7	66.7	71.8	-23.1
高塚新田	-17.8	-22.4	64.9	71.2	-23.1
和名ケ谷	-9.7	-5.0	57.3	82.9	19.9
大橋	-6.1	-22.2	50.0	74.1	-5.3
栗山	30.0	45.9	25.0	78.1	44.9
下矢切	-25.0	-23.4	45.9	73.6	-21.8
中矢切	-22.2	-40.0	50.0	100.0	4.2
上矢切	-9.1	-16.3	63.0	73.1	-8.5
幸田	-9.1	-13.3	46.0	71.4	-21.6
平賀	0.0	-3.2	47.1	84.2	16.3

出所：2015年農林業センサス（農林水産省）

問2 次の表は，中学3年生15名の5科目の成績です（100点満点）。因子分析で第2因子までを抽出し，因子得点から散布図を作成しなさい。

生徒15名の成績（5科目）

生徒	国語	社会	数学	理科	英語	生徒	国語	社会	数学	理科	英語
A	51	51	46	54	50	I	55	49	44	39	56
B	46	50	50	46	45	J	57	61	41	51	64
C	63	54	63	56	67	K	24	47	50	50	55
D	49	49	53	53	43	L	65	59	37	51	53
E	40	42	42	45	42	M	69	54	48	52	59
F	41	41	43	48	44	N	50	51	49	40	60
G	57	51	43	41	49	O	53	53	59	64	48
H	61	55	57	60	49						

第15章 ベイズ統計学

ベイズ統計学：新しいデータを柔軟に取り込むことで，分析の正確さを向上させることのできる統計学。パラメータ自体の分布から推定値を検討できる。
MCMC（マルコフ連鎖モンテカルロ法）：確率分布から乱数をサンプリングするアルゴリズムの総称。ベイズ統計学では複雑な積分に代えて用いる。

15.1 ベイズ統計学とは

ブームの到来

先日，大学の生協の書籍コーナーを久しぶりに眺めて驚きました。ベイズ統計学に関する本が棚2段を埋め尽くしていたのです。私が学生時代には汎用プログラミング言語（C++が出てきた頃でした）がブームで，やはり生協や書店の本棚にずらりと並んでいたものです。それと同じ社会現象が，いまベイズ統計学で起きていたのです。

「全部入り」を自負している本書としては，これだけ注目されている統計学を扱わないわけにはいきません。そこで最終章として，ベイズ統計学を取り上げ，その基本的な考え方と，どのような場面で活躍するのかを紹介しておきたいと思います。

ところでベイズ統計学自体は，ずっと昔からあったのに，なぜ最近になってこのようなブームが到来したのでしょうか。理由は2つあります。

1つには，ビル・ゲイツ氏がマイクロソフト社のCEO時代に幾度となくその重要性について言及したことや，GoogleなどGAFAと呼ばれるアメリカIT関連企業の驚異的な発展の裏にはベイズ統計学があると聞いた学生や社会人が「何かすごい統計学のようなので，今後のために勉強しておかなければ！」と危機感を持つようになったのです。もちろん，その背景には，ビックデータなど，ベイズ統計学と相性の良い情報分野の発達があります。

もう1つの理由として，パソコンやソフトウェアの性能が向上したことによって，ベイズ統計学の長年の課題であった“複雑な積分”をMCMCという方法で対応できるようになったことです。これまでベイズ統計学といえば，ベン図でも解けるような簡単な確率問題を解くのが関の山でしたが，MCMCのおかげで，ようやく現実的な問題へも適用できるようになりました。また，フリーソフトとしてMCMCが容易に実行できるStan（RやPythonの上で動きます）が開発されたこと，そして有料ソフトとしてメジャーなSPSS（IBM社）やStata（StataCorp社）に実装されたインパクトはとても大きいでしょう。

伝統的統計学との違い

このように，近年，大注目されている**ベイズ統計学**（Bayesian statistics）ですが，簡単にいえば“ベイズの定理”を土台とした推測統計学です。定理については次節で説明するとして，まずは前章までに学んできた伝統的な統計学（頻度論とか頻度主義と呼びます）と何が違うのかについて整理しておきましょう。

実は，両者とも同じような目的で用いることができます。つまり，ベイズ統計学でもパラメータ（母数）の推定をするのです（とくに**ベイズ推定**と呼ぶことがあります）。ただし，ベイズ統計学には，推定対象そのものであるパラメータの分布を特定できるという大きな特徴があります。

前章までの頻度論では，パラメータの真の値は1つと考えているので分布などしません。その代わり，母集団から標本を何度も無作為抽出することを想定し，その標本統計量を確率変数と考え，その標本分布をもとにいろいろな検定や推定を繰り広げます。

それに対して，ベイズ統計学では，パラメータの確率分布（データ観測後に判明するので**事後分布**と呼びます）を想定し，そこから母平均や母分散などを推定するのです。真の値は1つかもしれませんが，どうせ不明なので，思い切ってパラメータそのものが分布すると考えてしまうのです。そうすれば，パラメータの区間や分散，平均などを直接推定できるので直感的にわかりやすいですし，もし新たな情報が入手できたら，それでパラメータを更新できるという長所も生まれます。

もちろん両者は，パラメータへのアプローチが違うだけで，どちらが正しいというわけではありません。時と場合によって使い分ければ良いだけです。とはいえ，ブームになっているだけあって，ベイズ統計学の方が「使えるな！」というところがいろいろとあります。

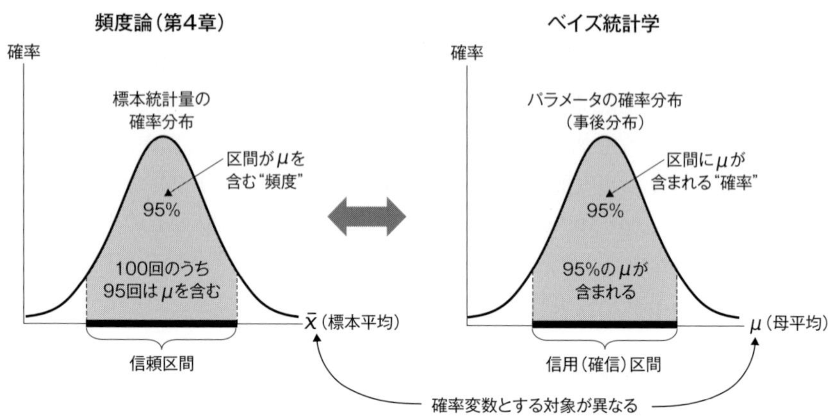

図 15.1　頻度論とベイズ統計学の違い（母平均 μ の区間推定）

とりあえず，区間推定で頻度論と違いを比較しておきましょう。第4章で学んだ頻度論の95％信頼区間は，図15.1の左のように「100回の標本抽出において95回ぐらいはパラメータの真の値を含む区間」という意味でした。未知のパラメータ（図では母平均 μ）を1つの固定された値，信頼限界となる標本統計量（標本平均 $\bar{x}$）を確率変数として扱っています。

それに対して，ベイズ統計学では図15.1の右のようにパラメータを確率変数（横軸）として扱っているため，95％信頼区間は，「パラメータの分布において，パラメータ自身が95％含まれる区間」を意味します。これを少し飛躍させると，推定した区間にパラメータの真の値が含まれていると信用（確信）できる度合いが95％という解釈もできるため，頻度論の信頼区間と区別して，**信用区間**あるいは**確信区間**（credible interval）と呼びます。このように，ベイズ統計学の"95％"は頻度（信頼係数）ではなく，パラメータが収まる確率そのものなのです。

ここまで説明すると，「では，どのようにパラメータの事後分布を得るのか」という疑問が湧いてくるでしょう。もちろん，事後分布というぐらいですから，観測データを利用するのですが，その考え方の土台になるのが，次に紹介する"ベイズの定理"です。

15.2　ベイズの定理

条件付き確率とベイズの定理

ベイズ統計学の基本である**ベイズの定理**（Bayes' theorem）とは，次のような条件付き確率に関して成り立つ定理のことです。

ベイズの定理　$$P(X|Y) = \frac{P(Y|X)P(X)}{P(Y)}$$

まずは，この定理を導き出しておきましょう。

ベイズの定理の左辺$P(X|Y)$は，事象YとXについて，Yが起こったという条件の下でXが起こる確率です。これを，Yが起こったときのXの**条件付き確率**（conditional probability）と呼び，次のような式で定義することができます（後ほどもう1つ載せるので，条件付き確率1とします）。ここで，右辺分子の$P(X \cap Y)$は，事象Xと事象Yがともに起こる確率（**同時確率**；joint probability）です。

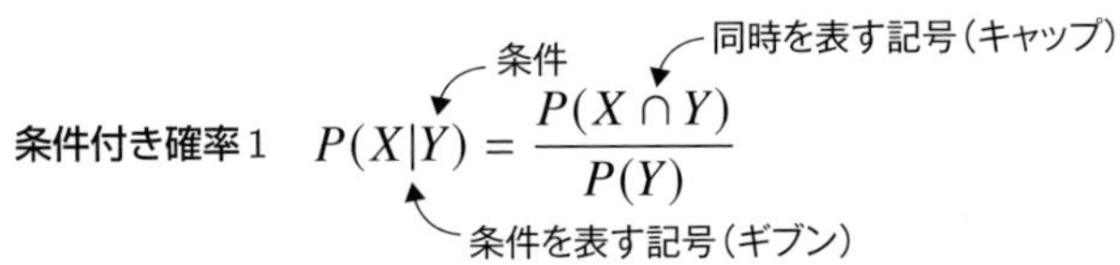

$$P(X|Y) = \frac{P(X \cap Y)}{P(Y)}$$

ベン図を使って，条件付き確率1が指す事象を確認してみると，図15.2において，Yに限定した中のXに重なる濃いグラデーションの部分（$X \cap Y$）になります。このように，条件付き確率1は，「Yの確率」$P(Y)$に対する「XかつYの同時確率」$P(X \cap Y)$です。

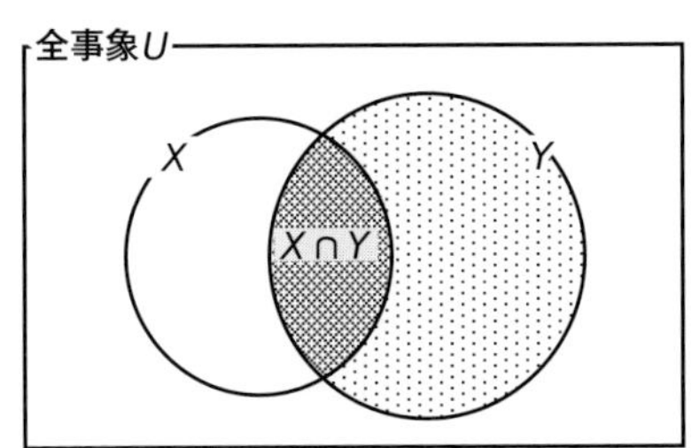

図 15.2　条件付き確率が指す事象

次に，先ほどの条件付き確率1の式で事象XとYを交換して，条件付き確率2の式を導き出してみましょう。ただし，$P(Y \cap X)$ と$P(X \cap Y)$ は同じ確率なので，右辺分子の$P(X \cap Y)$ はそのままにしておきます。

条件付き確率2　$$P(Y|X) = \frac{P(X \cap Y)}{P(X)} \rightarrow P(X \cap Y) = \underbrace{P(Y|X)P(X)}_{\text{条件付き確率1の右辺分子に代入}}$$

この条件付き確率2の式を“$P(X \cap Y)$=”に変形したときに右辺に来る$P(Y|X)P(X)$を，先ほどの条件付き確率1の式の右辺の分子に代入します。

これでベイズの定理となりました。

さて，ベイズの定理が面白いのは（使える理由は）ここからです。

Xが原因でYを結果の事象と仮定します。すると，時間の流れとしては当然，原因Xが先で結果Yが後ですから，普通は定理の右辺分子の条件付き確率P(結果Y|原因X)のように，「原因Xの発生（実現値xであることが確定）によって，結果Yが引き起こされる（実現値yが観測される）確率」しか考えられません。

ベイズの定理（再掲）　$$P(\text{原因 } X|\text{結果 } Y) = \frac{P(\text{結果 } Y|\text{原因 } X)P(\text{原因 } X)}{P(\text{結果 } Y)}$$

でも，ベイズの定理で求めようとしている左辺の条件付き確率P(原因X|結果Y)は，その逆です。つまり，時間の流れに逆らって「結果Yとしてyが観測されたとき，その原因Xがxである確率」なのです。

過去に戻れるタイムマシーンでもなければ，そんな確率を計算することはできません。でも，ベイズの定理を使えば可能になるのです。なぜならば，定理式の右辺には3つの部品（確率）がありますが，いずれも時間の流れに逆らってはいないからです。

ここで，Xを原因，Yを結果の事象とした場合の，ベイズの定理を構成している4つの確率と，その呼び方を整理しておきましょう。

- $P(X|Y)$：結果Yとしてyが観測されたとき，原因Xがxである条件付き確率です。結果が起きた（観測された）後の確率なので**事後確率**（posterior probability），あるいは時間の流れに逆らった確率なので**逆確率**（inverse probability）と呼びます。これを求めるのがベイズ統計学の目的です。

- $P(Y|X)$：原因Xが起こったことがわかったとき，結果Yを観測する条件付き確率です。ただし，既に結果は観測されてyであることが確定しているので，もはやYが起こる確率と考えるのは不自然です。ですから「観察した結果Y（データ）から見て，それを生み出した原因はXであることの尤（もっと）もらしさ」と考え，**尤度**（likelihood）と呼びます（節13.2で出てきた尤度と同じです）。
- $P(X)$：原因Xが起こる確率です。結果Yの影響を受けていない（観測される前の）段階の確率なので**事前確率**（prior probability）と呼びます。
- $P(Y)$：結果Yとしてyが観測される確率です。一見，単純そうですが，原因が複数ある場合には，それぞれの原因Xから発生した結果Yの同時確率$P(X \cap Y)$を足し合わせるので，計算は大変です（そのため**全確率**と呼びます）。例えば原因Xがxの場合とxでない場合の2つあるとすると，$P(Y|X = x)P(X = x)$と$P(Y|X \neq x)P(X \neq x)$を足し合わせます。足し合わせると，原因Xは同時確率から消えて関係なくなって，結果Yだけの確率になります。このように事象（変数）の確率の和や積分を取ることを**周辺化**というため，全確率を**周辺尤度**（marginal likelihood）とも呼びます。

それでは，時間の流れに逆らった事後確率（逆確率）に関する簡単な問題を，ベイズの定理を使って解いてみましょう。

例題

2020年，新型コロナウィルスの流行で世界は大きな混乱に陥りました。このウィルスに感染しているかどうかを検査する方法としてPCR（polymerase chain reaction）法がありますが，偽陰性（感染しているのに陽性反応が出ない）の確率の高さが話題となりました。さて，市中でランダムにPCR検査を実施した場合，「陽性の反応が出た人が本当に感染している確率」はどれぐらいでしょうか？
ただし，市中感染率は0.1％で，偽陰性は30％，偽陽性は1％と仮定します。

解：
ベイズの定理を使った典型的な例題に，こうした検診問題があります。感染していることは原因（時間的に前），陽性反応が出ることは結果（時間的に後）ですので，陽性反応が出た人が感染している確率は，時間の流れと逆の事後確率（逆確率）です。ベイズの定理を使って計算してみましょう。
まず，与えられた情報を整理すると，次の表のようになります。

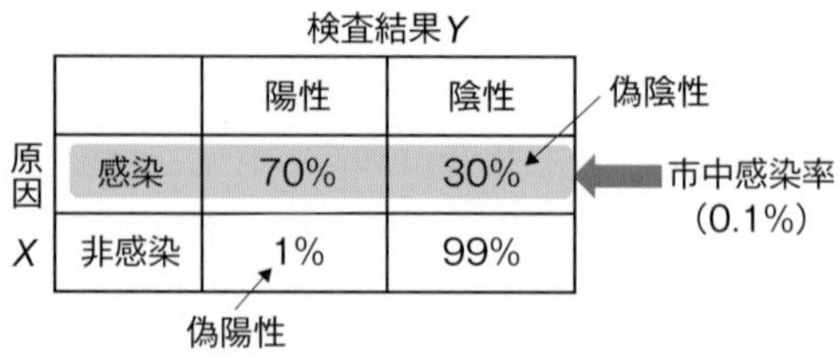

ベイズの定理で必要な確率（式の右辺にある 3 つの確率）をそろえましょう。

- 尤度は，「陽性という結果から見て，感染したことが原因であると考える尤もらしさ」ですが，本例題では「感染していて陽性反応が出る」という条件付き確率 $P(Y=\text{陽性}\,|X=\text{感染})$ そのものが 0.7 であることがわかっています。
- 事前確率は，市中で人々が感染している確率なので $P(X=\text{感染})=0.001$ となります。
- 全確率（周辺尤度）は，陽性反応が出る確率なので $P(Y=\text{陽性})$ なのですが，注意が必要です。感染していないのに陽性反応が出る偽陽性の場合も考えなければならないからです。よって，感染していて陽性反応が出る確率 $P(Y=\text{陽性}\,|X=\text{感染})=0.7$ に市中感染率 $P(X=\text{感染})=0.001$ を乗じた 0.0007 と，感染していないのに陽性反応が出る偽陽性の確率 $P(Y=\text{陽性}\,|X=\text{非感染})=0.01$ に市中非感染率 $P(X=\text{非感染})=0.999$ を乗じた 0.00999 とを合わせた 0.01069 となります。

以上をベイズの定理に入れて計算すると，PCR 検査で陽性反応が出た人が本当に新型コロナウィルスに感染している確率 $P(\text{感染}\,|\,\text{陽性})$ は，0.065（6.5 %）となります。

$$\frac{P(\text{陽性}\mid\text{感染})P(\text{感染})}{P(\text{陽性})}=\frac{P(\text{陽性}\mid\text{感染})P(\text{感染})}{P(\text{陽性}\mid\text{感染})P(\text{感染})+P(\text{陽性}\mid\text{非感染})P(\text{非感染})}$$

$$=\frac{0.7\times0.001}{0.7\times0.001+\underset{\text{偽陽性率}}{0.01}\times\underset{1-0.001}{0.999}}=\frac{0.7\times0.001}{0.01069}=0.06548\cdots\ (\text{約}\,6.5\%)$$

ベイズの定理を知らないと，70 %という尤度に目を奪われて「検診で陽性反応が出たら高い確率で感染していそう」と考えがちですが，事前確率（市中感染率）次第では，陽性反応が出ても本当に感染している確率は，ぐっと低くなります（事前確率の影響が大きいことがわかります）。これが検診における陽性者の再検査の重要性が叫ばれる理由です。

離散型確率分布のベイズの定理

ここまでは，感染／非感染や陽性／陰性など，個々の事象についての確率を題材としてベイズの定理を学んできました。ここからはベイズの定理を“確率分布”に一般化して，パラメータの推定に繋げていきます。

まずは，確率変数が飛び飛びの値を取る離散型の場合から考えみましょう。とはいえ離散型の場合，ベイズの定理における原因Xの事象が増えた場合を考えるだけです。変数が取る値の数（i個）だけ事象があると考えれば，その確率P（変数）の分布が確率分布だからです。よって，PCR検査の例題も，感染（$X = x$）と非感染（$X \neq x$）の事後確率をまとめれば，事象（変数の実現値）が2つの一番単純な離散型分布だったといえます。

さて，漠然としたパラメータ全般を指すのにΘ（シータ）という記号をよく使うので，以降では原因Xをパラメータの確率変数と考えてΘで表します。原因Xをパラメータと考えるのは，結果Yの観測値であるデータを生み出した原因こそが統計モデル（のパラメータ）だからです。そうしたベイズの定理をより丁寧に書くと，次のように表現できます。なお，θ_i（複数あるためiを付けます）はΘの実現値，yは結果Yの観測データのことです。

離散型分布のベイズの定理

$$P(\Theta = \theta_i | Y = y) = \frac{P(Y = y | \Theta = \theta_i) P(\Theta = \theta_i)}{P(Y = y)}$$

パラメータ → θ_i　データ → y

尤度 → $P(Y = y | \Theta = \theta_i)$

全 θ_iの P をまとめれば事前分布 → $P(\Theta = \theta_i)$

全 θ_iの P をまとめれば事後分布 → $P(\Theta = \theta_i | Y = y)$

全確率（周辺尤度）$\sum P(Y = y | \Theta = \theta_i) P(\Theta = \theta_i)$ → $P(Y = y)$

この式から，データYが観測されたときのパラメータΘの分布を求めることができます。ベン図を使いながら解説しましょう。事例として，1個のサイコロを振ったときの，それぞれの出た目の確率が指す事象を示したのが図15.3です（面白くない事例ですが，わかりやすいのでご容赦ください）。

サイコロの目をパラメータΘとします（これを原因とします）。六面体の場合，その実現値（目の値）は$\theta_1 = 1$から$\theta_6 = 6$まであります。完璧な六面体であると仮定すれば，それぞれの目の出る確率（事前確率）$P(\Theta = \theta_{1\sim6})$は，全て1/6となります。これら全ての目の事前確率をまとめれば**事前分布**（prior distribution）になります（今回は一様分布）。

ここで，データyを結果として観測した場合の，それぞれの個別事象（サイ

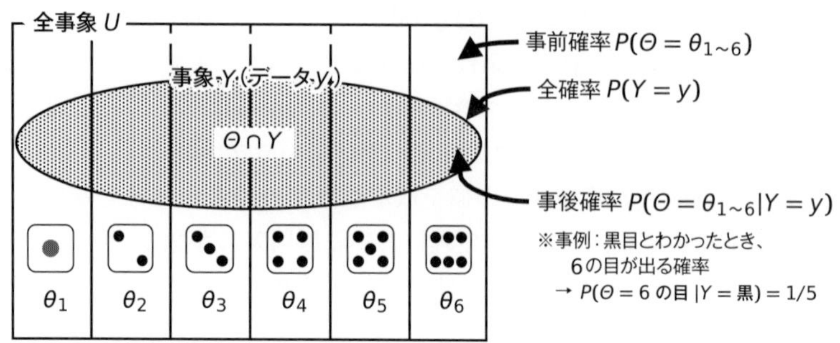

図 15.3 離散型の事後確率が指す事象

コロの目の）確率が事後確率 $P(\Theta = \theta_{1\sim6}|Y = y)$ になります。つまり，データ y の下での各サイコロの目が出る確率を求めるのが本事例の目的となります。普通のサイコロは1の目だけ赤く，他の目は黒く染まっていますので，その色を結果と考えてみましょう。例えばデータとして「黒い目」が観測（$Y =$ 黒目）された場合，その原因が6の目（$\Theta = 6$ の目）であった事後確率は $P(\Theta = 6$ の目 $|Y =$ 黒目$)$ です。他の事象（サイコロの目）の事後確率も求め，それらをまとめて考えれば**事後分布**（posterior distribution）となります。この事後分布が“パラメータの分布”ですから，これさえわかれば，そこ（事後分布）から信用区間や平均（期待値）や分散を推定すればよいのです。

それでは，事後分布 $P(\Theta = 6$ の目 $|Y =$ 黒目$)$ を構成する3つの要素を求めてみましょう。

まず，尤度 $P(Y =$ 黒 $|\Theta = 6$ の目$)$ は，黒であることが観測されたとき，サイコロの目は6であることの尤もらしさです。本事例では，6の目が出たときの黒い目の条件付き確率ですから，黒以外は考えられないため，1になります。

次に，6の目の事前確率 $P(\Theta = 6$ の目$)$ ですが，一様分布なので他の目同様，1/6となります。

最後に，黒の全確率 $P(Y =$ 黒$)$ は，全ての原因の下で黒い目が出る確率です。ベン図では $\Theta \cap Y$ のグレー部分のうち，θ_1（赤い1の目の確率はゼロ）を含まない部分となります。つまり，各 θ についての 尤度 × 事前確率 を足し合わせたものですので，0が1つと1/6が5つで，5/6となります。

以上，黒い目が観測されたときの6の目が出る事後確率 $P(6$ の目 $|$ 黒目$)$ を，ベイズの定理を使って計算すると，次のように1/5となります。

$$\frac{P(\text{黒目}\mid 6\text{の目})P(\text{各目})}{P(\text{黒目})}=\frac{1\times\frac{1}{6}}{\frac{0}{6}+\frac{1}{6}+\frac{1}{6}+\frac{1}{6}+\frac{1}{6}+\frac{1}{6}}=\frac{1\times\frac{1}{6}}{\frac{5}{6}}=\frac{1}{5}$$

この事後確率を，他の1～5の目についても同様に求めると，1の目だけ0で，他の目は1/5となります。これらをまとめると図15.4のような事後分布になります。これがデータとして黒い目を観測した場合の，パラメータ（サイコロの目）の離散型確率分布です。

この事後分布から，パラメータについての，様々な推定ができます（サイコロの目を変数の値として計算します）。350ページの図15.5（連続型）と合わせて確認してください。

まず，事後分布の中央値を推定値とする**事後中央値**（posterior median；MED）があります。事後分布全体の確率がちょうど半分になる点（サイコロの目）ですが，本事例では一目瞭然で“4”となります。

次に，平均は**事後期待値**（expected a posteriori；EAP）といいます。これは第2章で学んだ離散型確率分布の期待値の式に変数の値（サイコロの目）と事後確率 p_i を代入するだけですので，MEDと同じ“4”となります。

事後期待値（EAP）　$$E(\Theta)=\sum_{i=1}^{6}\theta_i p_i=1\times0+2\times\frac{1}{5}+3\times\frac{1}{5}+4\times\frac{1}{5}+5\times\frac{1}{5}+6\times\frac{1}{5}=4$$

なお，今回はパラメータ $\theta_2\sim\theta_6$ の事後確率が同じなので使えませんが，事後確率がもっとも大きな θ（つまり最頻値）を推定値とするという考え方もあります。**事後確率最大値**（maximum a posteriori；MAP）と呼ばれます。

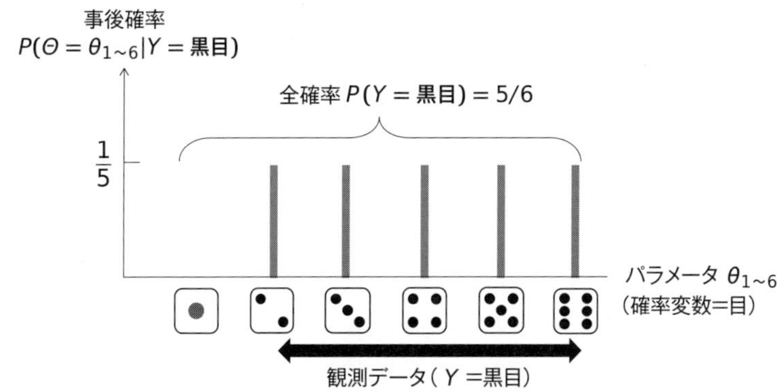

図 15.4　黒目が観測されたサイコロの目の事後分布

以上が事後分布の点推定となりますが，幅を持って推定する方法として**信用（確信）区間**の推定があるというのは，図15.1右（図は連続型）で紹介した通りです。本事例では，1の目の事後確率が0，2の目と6の目がそれぞれ20％ですので，「黒い目が観測されたとき，サイコロの真の目が60％の確率で含まれると信用できるのは，サイコロの目が3から5の区間である」といえます。

そして，事後分布のバラツキ，つまり分散（**事後分散**；posterior variance）についても，母分散として第2章で学んだ離散型確率分布の分散の式から（EAP周りのバラツキ度合いとして）求めることができます。本事例で求めてみると，次のように“2”となります。

事後分散

$$V(\Theta) = \sum_{i=1}^{6}(\theta_i - E(\Theta))^2 p_i = (1-4)^2 \times 0 + (2-4)^2 \times \frac{1}{5}$$
$$+ (3-4)^2 \times \frac{1}{5} + (4-4)^2 \times \frac{1}{5} + (5-4)^2 \times \frac{1}{5} + (6-4)^2 \times \frac{1}{5} = 2$$

連続型確率分布のベイズの定理

離散型のベイズの定理はわかりやすいのですが，現実の世界では，長さや重さなど，大抵の変数は連続しています。よって，ここからは連続型の確率分布を考えましょう。

変数値が連続している場合，ある1点の確率を考えることはできません。そこで，確率の代わりに確率密度（変数の特定範囲の面積が起きやすさ）という考えを導入します。よって，定理の式も“P(変数)”ではなく，積分できるように確率密度関数を意味する“f(変数の実現値)”で表現します。

連続型分布のベイズの定理　事後分布　尤度　事前分布

$$f(\theta|y) = \frac{f(y|\theta)f(\theta)}{f(y)}$$

周辺尤度（正規化定数）

$$\int_{-\infty}^{\infty} f(y|\theta)f(\theta)d\theta$$

連続型といっても，ベイズの定理を構成する確率密度関数の意味や呼び方については離散型のときと変わりません。この確率密度関数の式で，yというデータを観測したときのパラメータθの事後分布を得ることが目的です。

なお，右辺分母の周辺尤度$f(y)$の計算式では，記号が$\sum$ではなく$\int$となっています。これは，離散型のときは足し合わせていた全てのθについての「尤度×事前確率」(θとyの同時確率)を，連続型では足し算の代わりに積分して求めるためです。このように積分することで周辺化され，変数θは消えてyだけの確率密度関数になってしまいます。つまり，周辺尤度は最終的に観測データyにのみ依存し，パラメータθの分布とは関係がなくなるのです。

そして，この周辺尤度のおかげで，事後確率分布の面積（確率）は1になっています。そのため，この周辺尤度を**正規化定数**（normalizing constant）とも呼びます（変数であるθと関係がなく，確定しているyで決まるので，もはや定数です)。

定理右辺の分母が定数ということは，事後分布は尤度と事前分布の積と比例するということです。そもそもベイズ統計学の目的は，パラメータの分布（事後分布）がどのようになっているのかを知ることでした。ということは，パラメータとは関係のない定数である周辺尤度を無視して，パラメータに関する情報が集約されている「尤度×事前分布」の部分を観察するだけでも，その目的は十分達成できるはずです。周辺尤度（正規化定数）の積分はとても難しいことが多いので，この考え方はとてもありがたいのです。

以上のように，ベイズ統計学では，**尤度と事前分布から事後分布を得る**ことを考えます。次式の∝（プロポーション）は，比例を意味する記号です。

ベイズ統計学の基本式

$$\underbrace{f(\theta|y)}_{\text{事後分布}} \overset{\text{比例}}{\propto} \underbrace{f(y|\theta)}_{\text{尤度}} \times \underbrace{f(\theta)}_{\text{事前分布}}$$

事後分布の評価

事後分布が得られれば，そこからパラメータの推定量$\hat{\theta}$を求められます。

まず，信用区間（95％）の信用限界の下限値$\hat{\theta}_{lower}$は，分布関数Fが下側（上限値$\hat{\theta}_{upper}$は上側）から2.5％になる点です（図15.5の左下）。なお，Fは漠然とした関数の意味で，χ^2の比のF分布を表すものではありません。

信用区間（95％信用限界）

下限値 $$F(\hat{\theta}_{lower}|y) = \int_{-\infty}^{\hat{\theta}_{lower}} f(\theta|y)d\theta = 0.025$$

上限値 $$F(\hat{\theta}_{upper}|y) = \int_{\hat{\theta}_{upper}}^{\infty} f(\theta|y)d\theta = 0.025$$

また，点推定は，離散型のときと同様，次の3種類です（図15.5上段）。

事後期待値（EAP）　$\hat{\theta}_{eap} = \int_{-\infty}^{\infty} \theta f(\theta|y) d\theta$

事後確率最大値（MAP）　$\hat{\theta}_{map} = max_{\theta} f(\theta|y)$　←事後確率が最大になる点

事後中央値（MED）　$F(\hat{\theta}_{med}|y) = \int_{-\infty}^{\hat{\theta}_{med}} f(\theta|y) d\theta = 0.5$

↑事後分布の両側の確率がちょうど半分（分布関数が0.5）になるθ

そして分散は，事後期待値（EAP）周辺のバラツキ度合いとなります（図15.5右下）。

事後分散　$V(\Theta) = \int_{-\infty}^{\infty} (\theta - E(\Theta))^2 f(\theta|y) d\theta$

以上を整理したのが図15.5ですが，違いがわかりやすいように，左右非対称の事後分布を想定しています（左右対称ならば上段3つの点推定は一致）。

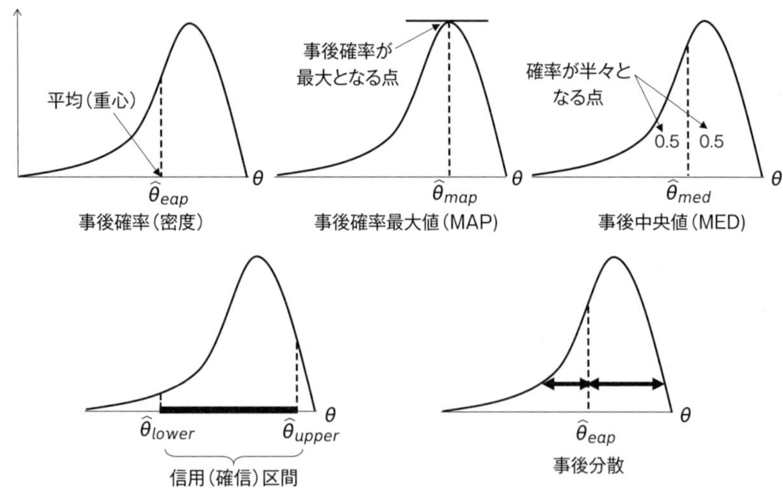

図 15.5　事後分布の評価（パラメータの推定）

15.3 活躍場面　その1

ベイズ更新

ベイズ統計学が活躍する場面は，主に次の3つです。

活躍場面

①：事前にパラメータに関する情報を持っているとき
②：新しいデータが次々と手に入るとき
③：複雑な統計モデルを推定したいとき

まずは最初の2つ（①と②）から紹介していきましょう。

図15.6は，349ページで導き出したベイズ統計学の基本式のポンチ絵です。ベイズ統計学の特徴が，パラメータθに関する分布（事前分布）を，観測データyに関する尤度でアップデートすること（**ベイズ更新**；Bayesian updating）であることがわかります。

もちろん，この特徴を生かすためには，事前に分析者が更新対象であるパラメータに関する情報（期待値や分散，分布の種類など）を持っていなければなりません。

サイコロ振りやコイン投げでもない限り，観測する前からパラメータの分布などわかるはずがないと思われるかもしれませんが，関連した既往研究や過去の実験データがあればどうでしょうか？　「当該パラメータは母平均が○○，母分散が△△の□□分布に従いそうだ」という情報を得られるのではないでしょうか。もし，そうした**正しい事前情報を入手できれば，頻度論に比べてより正確な推定が可能になる**でしょう。頻度論が苦手な小標本にも強そうです。

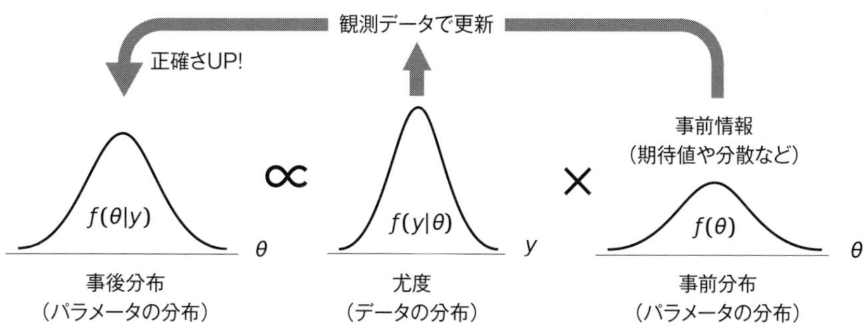

図 15.6　事前に想定したパラメータをデータで更新

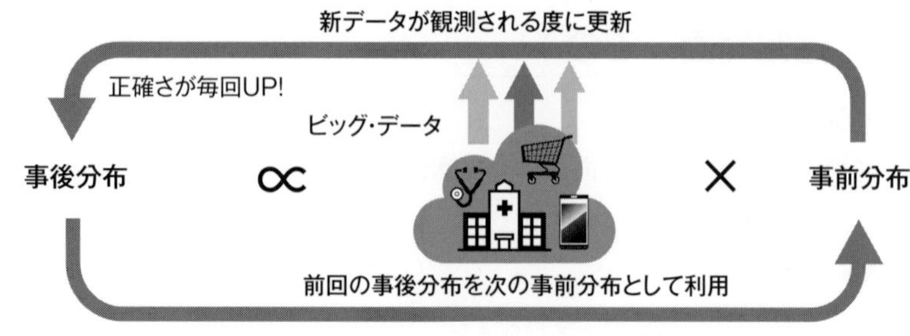

図 15.7　ビッグ・データによるベイズ更新

また，ベイズ更新は1回とは限りません。前回の事後分布を次回の事前分布とすることも可能です。ですから，近年注目されているビッグ・データが，ベイズ統計学と相性が良いといわれているのです。例えばモバイルSuicaやVisaタッチなど，刻々と膨大な購買データが蓄積される現代では，頻度論のようにパラメータの推定を一度だけやって終了する方法よりも，図15.7のように，**新しいデータが手に入る度に推定量を何度でも更新できる**ベイズ統計学の方が「使える統計学」といえるでしょう。

では，パラメータに関する事前情報が全くない場合にはどうすれば良いでしょうか。ベイズ統計をあきらめて頻度論でパラメータを推定しましょうか？　頻度論による代表的な推定法として，第13章で学んだ最尤法があります。最尤法は，尤度 $f(y|\theta)$ における未知のパラメータ θ を変数とした尤度関数 $L(\theta|y)$ を考え，その値が最大となる θ を探索する方法でした（第13章では条件付き確率を学んでいなかったので，ベルヌーイ分布のパラメータ p の関数として単に $L(p)$ と表していました）。

最尤法も優れた推定法ではありますが，パラメータの分布自体を得られるわけではないので，新しいデータが後から入手できても結果を簡単に更新することができません（最初から仕切り直しです）。やはりそうした環境があるならば，ベイズ統計学の枠組みで事後分布を手に入れたいところですね。

そこで，事前情報を持っていない場合にはどうするかというと，事前に設定するパラメータの分布として**無情報事前分布**（non-informative prior distribution）を考えます。これは名称の通り，情報の無い（弱い）事前分布のことで，推定するパラメータの性質に合わせた平たい分布が用いられます。平たい事前分布ならば，パラメータ θ の確率はどこでも一定であるため，図15.8のように，事後分布に対する影響はほとんどなくなるというわけです。

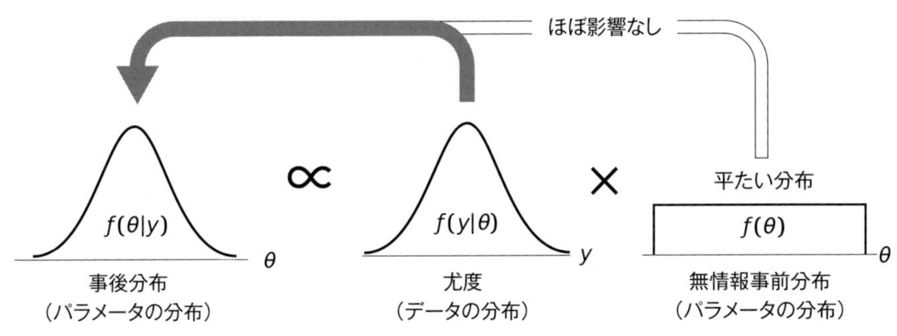

図 15.8 事前分布に関する情報を持っていない場合

このように，たとえ事前情報を持っていなくても，とりあえず無情報事前分布を利用することで，新しいデータをベイズ更新で柔軟に取り込むことが可能になるのです。

なお，無情報事前分布を利用すると，事後分布は尤度関数の面積を1に調整した確率分布となるため（つまり，下のような比例関係），事後確率最大値（MAP）と最尤推定量は近似的に一致します。このことから，ベイズ統計学と頻度論（最尤法）とは親戚みたいなもので，対峙するような統計学ではないことがわかっていただけると思います。

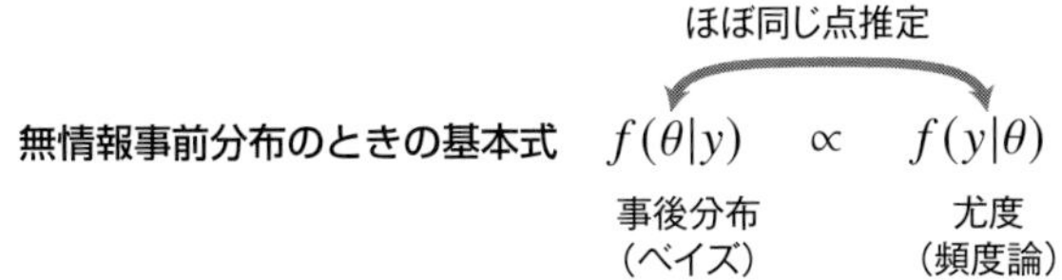

「なんだ，それなら私は新しいデータが次々に入手できるような環境ではないから，頻度論でいいや」と思われる方もいるかもしれませんが，尤度関数の局所的な情報しか利用しない（点推定のみの）最尤法に対して，尤度関数の全般的な動きの情報を利用してパラメータの事後分布を手に入れるベイズ統計学の方が優位性はあるといえるのではないでしょうか（とくに標本が小さい場合は，点推定だけでは危険です）。

回帰モデルのベイズ推定

ここまで漠然としたパラメータθを使って解説してきましたが，3つ目の活躍場面（複雑な統計モデルを推定したいとき）へのステップとして，回帰モデルの具体的なパラメータをベイズ推定することを考えたいと思います。

原因となる変数が1つの線形の単回帰モデルの場合，次のように表せることを第12章で学びました。データは2変数で，yが結果となる被説明変数，xが原因となる説明変数です。未知のパラメータは2つで，αが定数項，βが回帰係数です。また，モデルで説明できない部分を示す誤差項uは，平均が0で分散σ^2の正規分布に従うという仮定です（"~"は分布に従うという意味）。

単回帰モデル（一般的な表現）　$y = \alpha + \beta x + u \qquad u \sim N(0, \sigma^2)$

頻度論では，誤差項の実現値である残差の2乗和が最小になるようなパラメータの値を探しました（標準的仮定が満たされれば，OLSと最尤法との結果は同一です）。さて，この式ですが，yが従う分布に注目すれば，次のようにも表せます（μはyの平均）。

単回帰モデル（別の表現）　$y \sim N(\mu, \sigma^2) \qquad \mu = \alpha + \beta x$

この表現では，結果として観測されるyが，平均$\alpha + \beta x$，分散σ^2の正規分布に従っていることが強調されます（282ページの図12.13左参照）。

いいかえると，データyとxは，αとβとσ^2をパラメータとした統計モデル（線形回帰では正規分布）から生成されているのです（何がパラメータになるのかは，yの従う確率分布によって異なります）。

そして，データyとxが与えられたとき，それらを固定してパラメータを推定するのです。この概念を頻度論と比較したのが，図15.9です。

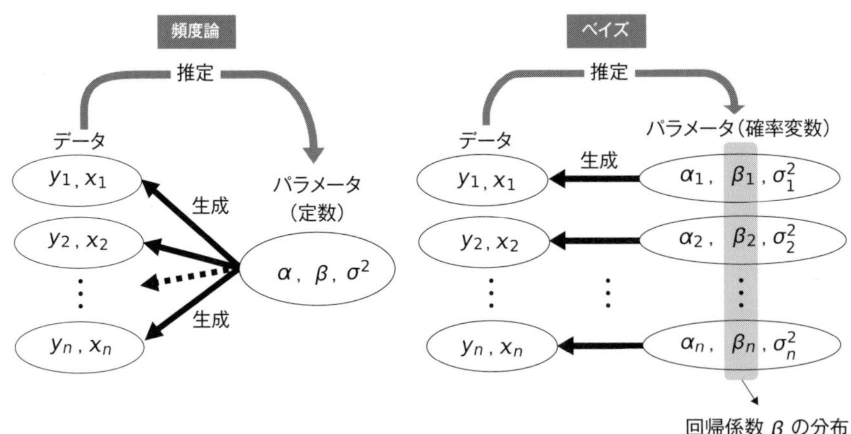

図 15.9　パラメータ推定の考え方の違い（線形単回帰）

よって，ベイズ統計学では，回帰線のパラメータの事後分布は，次のように表せます。

単回帰モデルのパラメータの事後分布

$$\underbrace{f(\alpha,\beta,\sigma^2|y,x)}_{\text{事後分布}} \propto \underbrace{f(y,x|\alpha,\beta,\sigma^2)}_{\text{尤度}} \times \underbrace{\boxed{f(\alpha)\times f(\beta)\times f(\sigma^2)}}_{\text{事前分布}}$$

ここで，尤度は，yが従う正規分布（平均$\alpha+\beta x$，分散σ^2）から得られる確率密度をかけ合わせた（積分した）ものになります。

事前分布には，事前に何か情報を持っていればそれに沿った分布を設定し，持っていない場合には平べったい無情報事前分布を設定します。無情報事前分布としては，回帰係数βは取り得る値が$-\infty$から∞なので，αやβの事前分布$f(\alpha)$と$f(\beta)$には$\sigma=100$とした正規分布を設定するのが一般的です。一方，分散σ^2は取り得る値が0から∞なので，σ^2の事前分布$f(\sigma^2)$には，正値しか取らない一様分布などが用いられます。

そして，最終的には，事前分布や尤度を使ったMCMC（後述）などによって事後分布を獲得します。得られた事後分布にはαやβやσ^2が混ぜこぜになっていて使い物にならないように見えるでしょうが，周辺化というワザを思い出してください。σで積分すればσ^2が消えてαとβの事後分布になり，それをさらにαで積分すればβの事後分布になります。

15.4 活躍場面　その2

入れ子構造のデータ

ベイズ統計学が活躍するもう1つの場面が**複雑な統計モデルの推定**です。

複雑な統計モデルとは，推定すべきパラメータがたくさんあって最尤法などの頻度論では手に負えないモデルです。その典型的な例が，データが入れ子構造を持っている場合です。表15.1は，中学生の成績に関する仮想データです。

これまでは，水準ごとの影響がはっきりしない（定義できない）学校の列は使わずに，右2列だけを使って「成績という結果（y）を左右した原因は学習時間(x)だろう」という仮説を検証してきました。具体的には，次のような統計モデル（線形単回帰モデル）のパラメータ（α，β）を推定することを考えてきました。先ほどの単回帰モデルと同じ構造ですが，この後に紹介するモデルと区別できるように，変数には添字iを付けています（y_iは生徒iの成績）。

表 15.1　入れ子構造を持つデータ事例

学校 j	生徒番号 i	成績 y_i	学習時間/日 x_i
1	1	75	4
1	2	81	6
1	3	58	1
2	4	42	0
2	5	91	5
2	6	66	3
3	7	69	2
3	8	73	2
3	9	48	0
⋮	⋮	⋮	⋮

変量効果　　結果（被説明変数）　　固定効果（説明変数）

?

固定効果のみの単回帰モデル

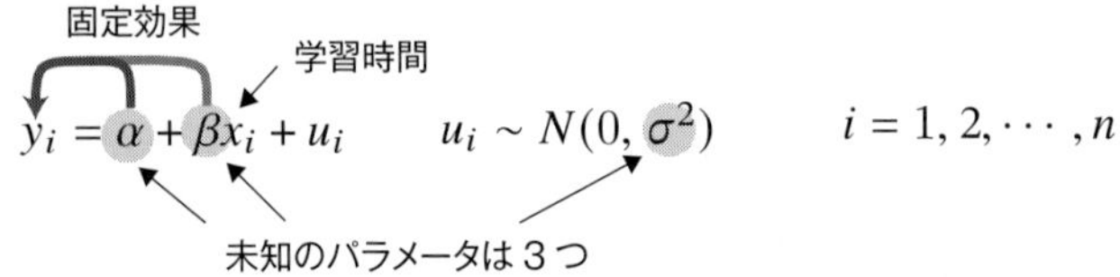

この学習時間（β_x）のように，変数の1つひとつの特定の水準が，結果である成績に与える影響を**固定効果**（fixed effect）と呼びます（定数項αも固定効果に含めます）。

しかし，学力には，固定効果だけでは説明しきれない部分があるのは，みなさんも実感しているのではないでしょうか。本事例では，学校ごとにデータが観測されていますが，こうしたグループによる差（学校差）があることも容易に想像が付きます。その原因や傾向は，はっきりしませんが（はっきりしていたら固定効果として使えます），例えば校風の違いかもしれませんし，校長先生のやる気の違いかもしれません……。そうしたグループ差や，場合によっては個人差（本事例では，生徒ごとに成績が繰り返し測定されているわけではないので捉えられません）による効果を**変量効果**（random effect）と呼びます。

つまり，本事例のデータは，図15.10のような入れ子（nested）の，あるいは多層（multilevel）の構造を持っていると考えた方がよさそうです。

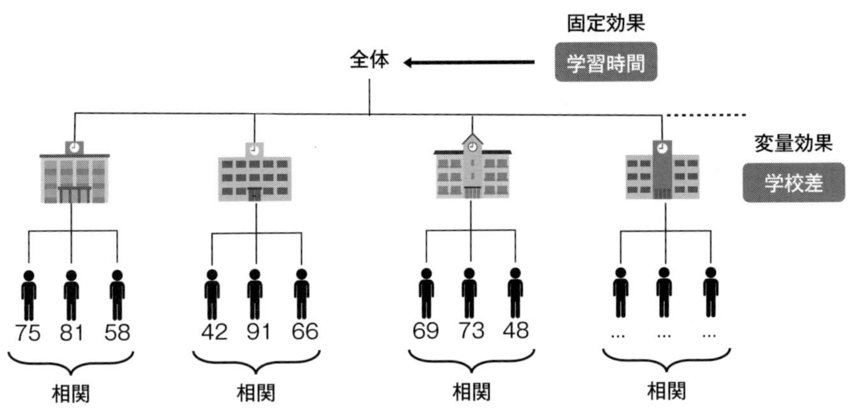

図 15.10 入れ子構造の事例

入れ子構造を持っているということは，本来，独立しているべき個別データが，同一グループ内で相関している（**級内相関**と呼びます）ということです。それにもかかわらず，こうしたデータに対して，グループ差を考慮しない（先ほどのような固定効果のみの）統計モデルを推定してしまうと，どうなってしまうでしょうか？

その場合，モデルに取り入れなかった変量効果が固定効果に含まれて表れてしまうため，**効果のない変数を採用してしまう**（頻度論でいえば，有意ではないのに有意だと判断してしまう）可能性が出てくるのです。かといって，学校ごとにモデルを推定していたのでは，モデルごとの標本サイズが小さくなりすぎて，上手く推定できません。また，各学校をそれぞれダミー変数にして固定効果として取り入れようとしても，学校の数が多い場合には，結果が煩雑になって解釈が難しくなります。とくに地区別などを取り入れて階層を増やすとグループの組み合わせも急増してしまいますし，階層間で多重共線性という問題も発生するでしょう。

混合モデル

そこで，データが入れ子構造の場合には，固定効果に加えて変量効果（合わせて**混合効果**と呼びます）も取り入れた**混合モデル**（mixed model）を考えるのです。

次が固定効果（学習時間β_x）に加えて，学校差r_jという変量効果を取り入れた線形回帰モデル（**線形混合モデル**；liner mixed model, LMM）です。なお，本書では扱いませんが，ロジスティック回帰モデルのような一般化線形モデルに変量効果を取り入れたモデルも考えられており，**一般化線形混合モデル**（generalized linear mixed model, GLMM）と呼びます。

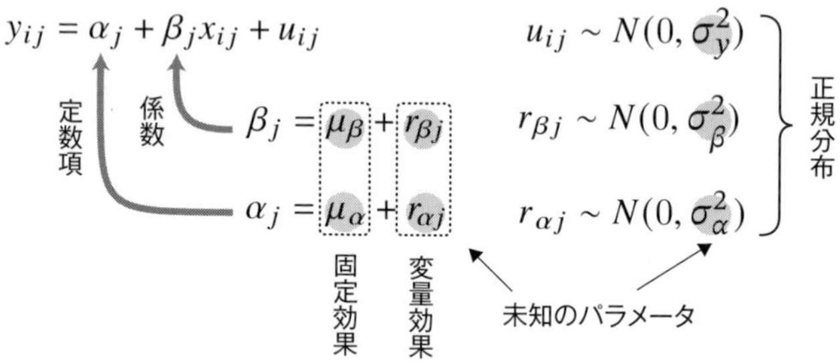

今回の線形混合モデルでは，学校差r_jという変量効果を含むので，どの学校に通う生徒かをそれぞれ区別できるように，データyとxならびに誤差uにはijという添字を付けます（例えばy_{ij}は，学校jに通う生徒iの成績）。

さて，結論からいえば，定数項αも回帰係数βも，固定効果μと変量効果rが合わさったものであると考えるのです。ちなみに本式は，定数項αにも回帰係数βにも変量効果が入るモデルを表しておりますが，定数項か係数のどちらかのみに変量効果を設定することもあります。

まず，定数項の固定効果μ_αと，回帰係数の固定効果μ_βは，それぞれ全ての学校で共通の全体平均（データ全体の平均的な切片と回帰係数）です。

そして，ここが重要なのですが，定数項の変量効果$r_{\alpha j}$も，回帰係数の変量効果$r_{\beta j}$も，何らかの確率分布（普通は正規分布を仮定して計算しやすくしておきます）に従うという点です。つまり，変量効果である学校“差”とは，それぞれの学校の，全体平均（先ほどの固定効果μ_αとμ_β）からの1つひとつのズレ（確率的な変動）なのです。ですから，学校差パラメータである$r_{\alpha j}$や$r_{\beta j}$はグループ（学校）の数だけあります。

整理すると，事例のような単回帰の混合モデルで，変量効果が定数項と回帰係数にあるとすると，推定すべきパラメータ（式の●）は，固定効果のμ_αとμ_β，y（あるいは誤差項）の分散σ_y^2，そして変量効果のグループ毎の$r_{\alpha j}$と$r_{\beta j}$，変量効果の分散σ_α^2とσ_β^2となります。なお，$r_{\alpha j}$と$r_{\beta j}$との共分散（定数項と係数との変量効果の相関）をパラメータとして推定することもできますが，解釈が難しいので今回は考えません。

以上，データが入れ子構造の場合に適している混合モデルについて簡単に説明してきましたが，次の2つの理由から，**混合モデルのパラメータ推定に最尤法はあまり向いていません**。

理由の1つ目は，最尤法だと変量効果の全体の大きさである分散$\sigma^2_{\alpha\cdot\beta}$は推定できるのですが，個別の変量効果$r_{\alpha\cdot\beta}$を推定することができないからです。学校の数がそれほど多くなければ，どの学校が平均$\mu_{\alpha\cdot\beta}$よりも正に大きいとか，負に大きいのかを知りたいでしょう？　でも最尤法では，変量効果の分散や固定効果を推定するために，グループごとの尤度式の中で$r_{\alpha\cdot\beta}$を積分するため，周辺化されて$r_{\alpha\cdot\beta}$が消えてしまうのです。

理由の2つ目は，最尤法自体の問題です。実は，最尤法が使えるのは，パラメータが少ない単純な統計モデルの場合に限られるのです。というのも，複雑なモデルだと，いくら標本サイズが大きくなっても，最尤推定量が正規分布に収束する“漸近性”が保証されないのです。漸近性が保証されないと，最尤推定量は真の値から大きくズレたり，検出力がとても弱くなります。それに，そもそもパラメータがいろいろと異なる確率分布に従う場合，確率の積である尤度を計算することは大変困難です（繰り返しの近似計算をもってしても，試すべき初期値が多過ぎて不安定になります）。

以上の理由から，混合効果を含む複雑なモデル推定には，最尤法は向いていないのです。その点，ベイズ統計学ならば，データから得られる尤度に対して，適当な事前分布をパラメータの階層構造（データの階層構造ではありません）に応じて，次々と乗じれば，幾多のパラメータを混ぜこぜにした1つの事後分布が得られます（後述する階層ベイズモデル）。もちろん，変量効果の分散だけでなくグループ別の値もパラメータとして扱えます。そして，事後分布は正規分布に近づく必要などありませんから，頻度論的な漸近性に縛られることもありません。

なお，計量経済学におけるパネルデータ分析でも固定効果と変量効果という言葉が出てきますが，それらは本節で扱った混合モデルのものとは定義が異なります。具体的には，時間を通じて変化しない個体固有の個別効果のうち，定数項に現れるものを固定効果，ランダムに現れるものを変量効果と呼びます。巻末384ページで紹介している計量経済学のテキスト〔21〕が参考になります。

階層ベイズモデル

それでは，混合モデルをベイズ統計学で推定していきましょう。

まず，事前分布を考えやすくするため，先ほどの線形混合モデル（LMM）の式を，次のように，データyや変量効果rが従う分布に注目した表現で書き直してみます（回帰モデルのベイズ推定のところで使ったのと同じ表現法です）。

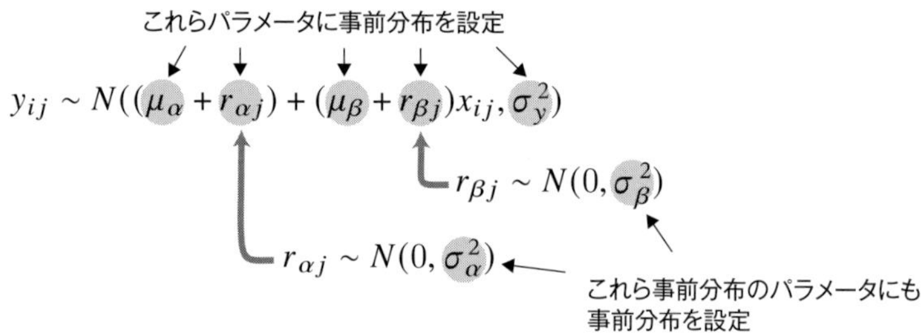

この式から，パラメータの事後分布を求めるためのベイズ統計学の基本式（事後分布 ∝ 尤度 × 事前分布）を考えてみましょう。

まず，基本式左辺の事後分布はf(パラメータ | データ)ですから，条件記号|の左側に，分布を入手したいパラメータ全てを設定します（●印は7つですが，$r_{\alpha j}$と$r_{\beta j}$は学校の数だけあります）。

次に，右辺の尤度は，f(データ | パラメータ)です。ただし，この段階では，データを生成する統計モデルを考えるので，yの従う正規分布のパラメータ（μ_α，μ_β，$r_{\alpha j}$，$r_{\beta j}$，σ_y^2の5つ）のみを設定し，変量効果r_α，r_βのパラメータである分散σ_α^2とσ_β^2は含めません。

最後の事前分布がミソです。尤度のパラメータである$r_{\alpha j}$と$r_{\beta j}$が，それぞれ平均0，分散σ_α^2，σ_β^2の正規分布に従うということは，パラメータ$r_{\alpha j}$，$r_{\beta j}$を決めるパラメータが$\sigma_\alpha^2, \sigma_\beta^2$ということです。こうした"パラメータのパラメータ"をどのように扱うのかというと，"事前分布の事前分布"というように，**事前分布に階層構造を持たせればよい**のです。

例えば，定数項の変量効果である$r_{\alpha j}$ならば，事前分布を$f(r_{\alpha j}|\sigma_\alpha^2)$として条件付きで表し，その条件となる事前分布を$f(\sigma_\alpha^2)$として設定するのです（もちろん不明ならば無情報事前分布でOK）。こうした事前分布の事前分布を**超事前分布**（hyperprior），パラメータを生成するパラメータを**ハイパーパラメータ**（hyper parameter）と呼びます。

まとめますと，単回帰LMMの事後分布は，次のようなベイズの基本式で表せます。

階層ベイズモデル

事後分布　　　　　　　　　　　　　尤度

$$f(\mu_\alpha,\mu_\beta,\sigma_y^2,r_{\alpha j},r_{\beta j},\sigma_\alpha^2,\sigma_\beta^2|y_{ij},x_{ij}) \propto f(y_{ij},x_{ij}|\mu_\alpha,\mu_\beta,\sigma_y^2,r_{\alpha j},r_{\beta j})$$

事前分布 ← 階層構造 → 超事前分布

$$\times f(\mu_\alpha)\times f(\mu_\beta)\times f(\sigma_y^2)\times f(r_{\alpha j}|\sigma_\alpha^2)\times f(r_{\beta j}|\sigma_\beta^2)\times f(\sigma_\alpha^2)\times f(\sigma_\beta^2)$$

パラメータ　　ハイパーパラメータ

生成

このように，混合モデルのような複雑な統計モデルも，ベイズの枠組みで扱えば，無理なく推定することができるのです。なお，こうした事前分布（あるいはパラメータ）に階層性を持たせたベイズ統計モデルを**階層ベイズモデル**（hierarchical Bayesian model）と呼びます（データが持つ多階層構造とイコールではないので注意してください）。

15.5　事後分布の評価

事後分布からのサンプリング

階層ベイズモデルを用いれば，複雑なモデルでもパラメータの統計的推測を自然に行うことができることは理解していただけたと思いますが，まだ大きな問題が残っています。

それは，先ほどの階層ベイズモデルの事後分布の中身をみていただければわかる通り，パラメータがたくさんあるために積分計算がとても難しくなってしまうという問題です（$\int$記号がずらずらと並んだ何重もの積分を計算する必要が出てきます）。

ベイズ統計学において，パラメータの平均（事後期待値）や分散，信用区間などを評価する場合，必ず事後分布を積分しなければなりません（節15.2の終わりあたりの式に$\int$記号が付いていましたね）。パラメータが数個程度ならば，細かい長方形の和から近似値を計算する区分求積法を用いることができます。しかし，パラメータ（変数）が増えて積分の次元が高くなると，急激に必要な長方形（次元が1つ高くなると四角柱）の数が増えてしまい，太刀打ちできなくなります。それに，全てのパラメータが単純な式の確率分布に従うとは限りません。1つでも複雑な分布のパラメータがあると，積分はさらに困難になります。

そこで，**MCMC（マルコフ連鎖モンテカルロ法**；Markov chain Monte Carlo methods）の出番です。MCMCとは，確率分布からマルコフ連鎖を用いてサンプリングするアルゴリズムの総称です。ただし，ここでのサンプリングとは，社会調査などにおける標本抽出の問題ではなく，プログラムや数式で与えられた多変数の分布から乱数（確率変数）を取り出すことです。そして，その乱数の集合であるサンプルに対して平均や分散を計算すれば，積分の代わりになるという考え方です。それでは，モンテカルロ法とマルコフ連鎖について，それぞれ簡単に説明しましょう。

モンテカルロ法

モンテカルロ法は，乱数を用いて積分の近似計算をする手法の総称です。有名な事例として，図15.11のような円の面積の計算があります。

まず，円を四角で囲み，四角の中でランダムに点（乱数）をばらまきます。ばらまいた数のうち，いくつ円の中に入ったのかを数えた“比”を確率pとします。その確率pを四角の面積に乗ずれば，円の面積が求まります。

円の面積を求めるには，本来は積分（$x^2 + y^2 = r^2$から導き出した$\int_{-r}^{r} \sqrt{r^2 - x^2}dx$の2倍）が必要ですが，代わりに乱数を使ったというわけです。そして，これと同じことを1つ高い次元，つまり球で行うこともできます。箱の中の球を考え，箱の中でランダムに点をばらまき，球に入った点の数から体積を求めるだけです。

このように単純な乱数を用いるモンテカルロ法ならば，区分求積法のように長方形の面積や四角柱の体積を計算するわけではないため，いくらパラメータが増えて次元が上がっても（変数が増えても），容易に対応できるのです。

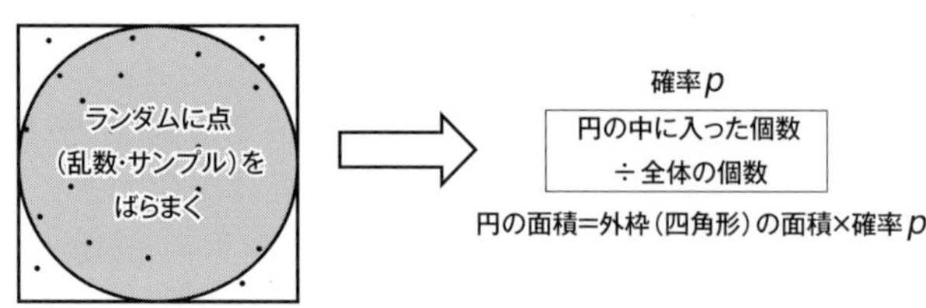

図 15.11　モンテカルロ法による数値積分例

マルコフ連鎖

モンテカルロ法を用いることで，パラメータの多い確率密度関数の積分も近似的に求めることができることはわかりました。しかし，そもそもそうした複雑な分布に従う乱数をどのように生成するのでしょうか？

高次元空間で，毎回，1つずつ完全にランダムに生成するのはとても効率が悪そうです。また，事後分布を評価（積分）するためには，ベイズの定理の分母の正規化定数（複雑な周辺尤度）を積分する必要があります。いくら事後分布が「尤度×事前分布」と比例しているとはいえ，あくまで比例です。分母の値が全く不明のままでは，事後分布をちゃんと評価することはできません。

そこで，効率的で，かつ正規化定数の積分を回避できる手法として，マルコフ連鎖を利用して乱数を生成する方法が考案されたのです。

マルコフ連鎖とは，未来の確率変数（乱数）X_{n+1}が現在の値X_nだけから決定されるという考え方です（それより前まで遡ると計算が大変ですので無関係とします）。

式で定義すると，次を満たすような確率変数列（確率分布）です。

1時点前の状態に依存

マルコフ連鎖 $$P(X_{n+1}=x|X_n=x_n,\ldots,X_1=x_1)=P(X_{n+1}=x|X_n=x_n)$$

nを時点だとすると，左辺の「過去の値$X_{1\sim n}$が全部わかっているという条件の下での未来X_{n+1}の確率分布」が，右辺の「現在のX_nだけわかっているという条件の下での未来の確率分布X_{n+1}」に等しいことを意味しています。

このような，右辺の1時点前の値を所与とした条件付き確率を**遷移核**（transition kernel）と呼びます。

そして，この遷移核というルールに従って，p_1からp_2を，p_2からp_3を……と順番にかけ合わせていくと，確率変数の値は徐々に変化しなくなり，最終的には**定常分布**（stationary distribution）と呼ばれる“変化しなくなった確率分布”に**収束**します。

MCMCは，このマルコフ連鎖を利用して事後分布に従う乱数を生成します。1期前のみを参考にするという遷移核があれば，いわば乱数の取り出し方のヒントを手に入れたようなものですので，全くの当てずっぽうで取り出すよりも効率がよくなります。また，乱数を取ってくる事後分布がフラフラしていては困りますから，それが不変の定常分布に収束することは，とても重要です。

MCMC（M-Hアルゴリズム）

MCMCでは，**遷移核を上手く設定して，事後分布が定常分布になるマルコフ連鎖を作り，そこから乱数を生成**します。つまり，マルコフ連鎖の各要素X_{n+1}を，事後分布から取ってきた乱数（パラメータ）θ_{n+1}とみなすのです。

それでは，事後分布が定常分布になる遷移核は，どのように設計すればよいでしょうか？

パラメータが1つの場合に単純化して説明しましょう。

なお，MCMCにも何種類かありますが，これは**メトロポリス・ヘイスティング法**（Metropolis-Hasting algorithm；M-Hアルゴリズム）というもっとも基本的な手法です。

M-Hアルゴリズムでは，遷移核として，次のように，2つの事後分布（尤度×事前分布÷正規化定数）の確率密度の比rを設定します（yはデータ）。

M-Hアルゴリズムの遷移核
$$r=\frac{\text{事後分布の確率密度}\theta_{n+1}}{\text{事後分布の確率密度}\theta_n}=\frac{\dfrac{f(y|\theta_{n+1})f(\theta_{n+1})}{\cancel{f(y)}}}{\dfrac{f(y|\theta_n)f(\theta_n)}{\cancel{f(y)}}}$$

ここで，分母はパラメータの事後分布からn番目に取り出した乱数θ_nの確率密度で，分子は“次の乱数としていかがでしょう？”と提案された$n+1$番目の乱数θ_{n+1}の確率密度です（θ_nより大きい値が提案されるか小さい値が提案されるかはランダムに決まります）。

このように，2つの事後分布の確率密度の比を取ることで，それぞれの分母の正規化定数が約分されて消えてしまいます（これがMCMCで正規化定数の面倒な積分を回避できる理由です）。

確率密度は確率変数である乱数（パラメータ）の“起きやすさ”ですから，その比である遷移核rをみれば，θ_{n+1}とθ_nとでは，どちらが起きやすいか（パラメータとして適しているか）を判定できます。よって，rが1よりも大きければ，より起きやすいθ_{n+1}の方を事後分布からの乱数として採択します。このように，$n+1$番目の乱数を決めるのにn番目の乱数の情報を利用しているところがマルコフ連鎖です。

それでは，rが1より小さいときはどうしましょう？　必ずθ_{n+1}を棄却して，θ_nにとどまるようにしてしまうと，あっというまに事後分布の確率密度の一番高い点に到達してしまい，そこから動けなくなってしまいます。定常分布に収束するためには，何度も何度もサンプリングを繰り返して乱数をたくさん発生

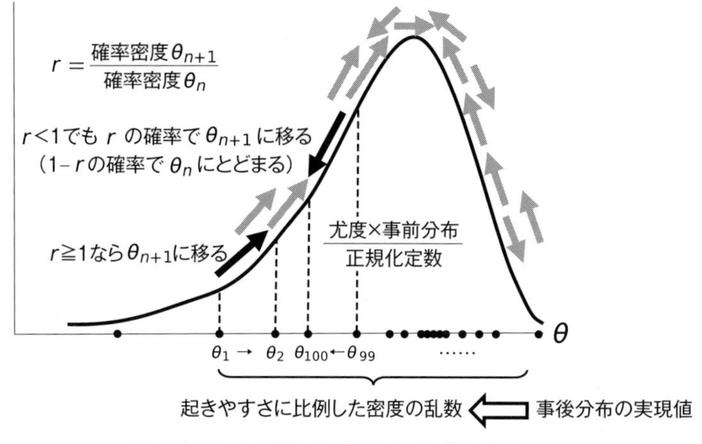

図 15.12　MCMC法（M-Hアルゴリズム）

させなければなりませんし，乱数が少ないとモンテカルロ法（近似積分）の精度も落ちてしまいます。

そこで，rが1より小さい場合でもθ_{n+1}の起きる見込みがゼロというわけではないのですから，確率rでθ_{n+1}をときどき採択し，確率（$1-r$）で棄却するようにするのです。そうすれば，最終的に図15.12のように，確率密度の高いところで比較的たくさん，低いところで少しウロつく乱数（横軸の●）を手に入れることができます。これらの乱数は，「尤度×事前分布÷正規化定数」の起きやすさに比例した密度で集まっているわけですから，事後分布の実現値である（事後分布に従う）と考えても良さそうですね。

事後分布に従う乱数さえ手に入れれば，あとはモンテカルロ法を使った積分で事後分布を評価できる（事後期待値などを求められる）というわけです。

15.6　まとめ　―ベイズ統計学の注意点とソフトウェア―

本章では，話題のベイズ統計学とMCMCを簡単に説明しました。

最初に頻度論を勉強してしまうと，パラメータ（母数）が分布するという考え方に戸惑うかもしれません。しかし，一旦，ベイズ統計学に慣れてしまえば，かえって帰無仮説を棄却してなんぼという，回りくどい仮説検定や，標本分布の解釈に違和感を覚えるようになるでしょう。ですから，大学によっては頻度論を教えずに最初からベイズ統計学だけを教えているところもあるようです。

しかし，冒頭で述べたように，ベイズ統計学が頻度論より優れているというわけではなく，それぞれ長所と短所があるのです（そもそも事後分布の中に頻度論で用いる尤度が含まれている時点で対立する統計学でないことは明らかです）。

本章では，ベイズ統計学やMCMCの短所についてはあまり述べてきませんでしたが，最後に2つほど（注意点として）挙げておきましょう。

1つは，**収束しないことがある**ということです。事後分布の評価には，多くの場合MCMCが使われますが，ちょっと複雑なモデルになると，なかなか収束しないのです。つまり，同じデータを使って同じモデルを推定しても，毎回，回帰係数の平均などが大きく異なってしまうのです（それでは当てになりません）。その対処法として，事前分布の設定を変更したり，生成する乱数の数を増やしたりして収束を試みる技もありますが，「そもそもそんな複雑な（何層にも入れ子にしたような）モデルが必要なのか？」という基本に立ち返る必要はあるでしょう。

もう1つは，**恣意的な分析に陥りやすい**（分析者の裁量が大きい）ということです。1つ目で触れたように，ベイズ面白さで不要に複雑な統計モデルを試みようとすることも問題ですが，2群の平均の差の事後分布を推定するような簡単な分析においても，事前分布に自分に都合のよい分布を設定してしまえば，どのような結果でも得ることができます。ですから，例えば薬効の単純な検証など，データ取得が1回きりで，客観性や公平性が重視されるような分野では頻度論の方が向いているといえるでしょう。

なお，本章では，ソフトウェアによる演習を設けませんでした。Rコマンダーのような，無料で，かつマウスだけで操作できるものがまだ存在しないからです。冒頭で紹介したStanは優れた無料ソフトではありますが，文字コマンドを長々と入力しなければならないため，本書で取り上げることはあきらめました（興味がある方は，巻末で紹介するStan関連テキストを参考に挑戦してみてください）。一方，有料ソフトとしてはSPSSがありますが，単純な線形回帰までです。そうしたなか，唯一，入れ子構造の混合効果など，複雑な統計モデルをマウスだけで操作できるのがSTATAです。ただし，価格は30万円弱（教員ならば14万円，学生ならば3万円）と高価なので，まずは評価版を試してはいかがでしょう。

トピックス⑪

どっこい生きてたベイズ統計学！

T. Bayes
(1702～1761)

イギリスの牧師でアマチュア数学者であるトーマス・ベイズが定理の原型を思いついたのは1740年代です。その後，フランスの数理天文学者であるラプラスが，独自にこの定理を再発見し，確率的推論に使えることを体系的に示したのは1770～1810年頃です。ロナルド・フィッシャーが最尤法を発見したのが1920年頃ですから，そのずっと前からベイズ統計学はありました。

それではなぜ，後発の頻度論の方が，いまでは「伝統的」とか「古典的」統計学と呼ばれるようになったのでしょうか？

それは，次の2つの理由で，ベイズ統計学が葬り去られそうになったからです。

1つは，ベイズ統計学最大の功労者であるラプラスの死後，生前の成功への僻みから，根も葉もない誹謗中傷が繰り広げられたことです。「坊主憎けりゃ袈裟まで憎い」ではありませんが，彼が育んだベイズ統計学までもが攻撃の対象となってしまったのです。

もう1つは，フィッシャーや，仮説検定を完成させたエゴン・ピアソンとイエジ・ネイマンから目の敵にされたことです。彼らには，主観的に事前確率を使うことや，新たなデータセットを使って何度も事前確率を更新することが受け入れられなかったのです。20世紀の統計学の巨人達に睨まれてはたまりません。こうして，研究に表だってベイズ統計学を使う者は居なくなったのです。

しかし，ベイズ統計学は死にませんでした。学術の世界では封じ込められましたが，実戦の舞台ではめざましい活躍をしていたのです。とくに名をあげたのは，第二次世界大戦下で，アラン・チューリングがドイツ海軍の暗号エニグマをベイズの定理を使って解読したことでしょう。その後，保険料や選挙得票率，原発やスペースシャトルの事故確率の予測など，様々な場面で注目されるようになりました。そして，ついに現在では，物理学や経済学，医学など，あらゆる学術分野においても欠かせない存在となったのです（多くのノーベル賞受賞研究に利用されています）。

章末問題

問1　ある会社の有機ELパネルはA工場，B工場，C工場の3カ所で製造され，全製造台数に占める割合は，それぞれ5割，3割，2割です。また，歩留り（良品割合）は，それぞれ8割，7割，6割であることがわかっています。
さて，担当者が1つ取り出して検品したところ不良品でした。それがC工場で製造されたパネルである確率はいくらでしょうか。各工場では検品せず，1カ所に集められているものとします。

問2　線形単回帰モデルをyが正規分布に従うことを強調する形で表現すると次のようになります。

$$y_i \sim N(\alpha + \beta x_i, \sigma^2)$$

よって，線形単回帰モデルをベイズ推定する場合には，α，β，σ^2という3つのパラメータに事前分布を設定します。
それでは，ロジスティック回帰モデル（定数項と説明変数1個）をベイズ推定する場合，どのようなパラメータに事前分布を設定することになるのでしょうか。

問2のヒント：第2章の二項分布のパラメータはnとpでした（なかでもベルヌーイ分布は試行回数nが1）。そして，第15章のロジスティック関数の式は，次のようでした（y_iが1を取る確率がp_i）。これらをもとに，yがベルヌーイ分布に従うことを強調する形で表現してみるとよいでしょう。

$$P(y_i = 1) = p_i = \frac{e^{\alpha + \beta x_i}}{1 + e^{\alpha + \beta x_i}}$$

付録

統計数値表（分布表）と直交表およびギリシャ文字一覧

Ⅰ　標準正規（z）分布表（上側確率※）

Ⅱ　t 分布表（上側確率）

Ⅲ　χ^2 分布表（上側確率）

Ⅳ　F 分布表（上側確率 5%）

Ⅴ　F 分布表（上側確率 2.5%）

Ⅵ　スチューデント化された範囲の（q）分布表（上側確率 5%）

Ⅶ　マン・ホイットニーの U 検定表（両側確率 5% と 1%）

Ⅷ　直交表（2 水準系）

Ⅸ　直交表（3 水準系）

Ⅹ　直交表（混合系）

Ⅺ　ギリシャ文字一覧

※上側確率とは分布右裾だけの片側確率を意味する。

また，数値表は一部を除いて Excel の関数を使って著者が作成している。

I　標準正規（z）分布表（表頭表側のz値に対応する上側確率）

注：表中の値が標準正規分布の上側確率を表す。
表側がz値の小数点第1位，表頭が第2位である。

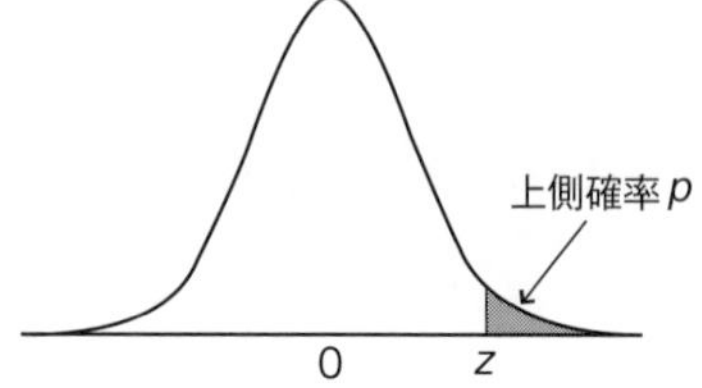

z	0.00	0.01	0.02	0.03	0.04	0.05	0.06	0.07	0.08	0.09
0.0	0.5000	0.4960	0.4920	0.4880	0.4840	0.4801	0.4761	0.4721	0.4681	0.4641
0.1	0.4602	0.4562	0.4522	0.4483	0.4443	0.4404	0.4364	0.4325	0.4286	0.4247
0.2	0.4207	0.4168	0.4129	0.4090	0.4052	0.4013	0.3974	0.3936	0.3897	0.3859
0.3	0.3821	0.3783	0.3745	0.3707	0.3669	0.3632	0.3594	0.3557	0.3520	0.3483
0.4	0.3446	0.3409	0.3372	0.3336	0.3300	0.3264	0.3228	0.3192	0.3156	0.3121
0.5	0.3085	0.3050	0.3015	0.2981	0.2946	0.2912	0.2877	0.2843	0.2810	0.2776
0.6	0.2743	0.2709	0.2676	0.2643	0.2611	0.2578	0.2546	0.2514	0.2483	0.2451
0.7	0.2420	0.2389	0.2358	0.2327	0.2296	0.2266	0.2236	0.2206	0.2177	0.2148
0.8	0.2119	0.2090	0.2061	0.2033	0.2005	0.1977	0.1949	0.1922	0.1894	0.1867
0.9	0.1841	0.1814	0.1788	0.1762	0.1736	0.1711	0.1685	0.1660	0.1635	0.1611
1.0	0.1587	0.1562	0.1539	0.1515	0.1492	0.1469	0.1446	0.1423	0.1401	0.1379
1.1	0.1357	0.1335	0.1314	0.1292	0.1271	0.1251	0.1230	0.1210	0.1190	0.1170
1.2	0.1151	0.1131	0.1112	0.1093	0.1075	0.1056	0.1038	0.1020	0.1003	0.0985
1.3	0.0968	0.0951	0.0934	0.0918	0.0901	0.0885	0.0869	0.0853	0.0838	0.0823
1.4	0.0808	0.0793	0.0778	0.0764	0.0749	0.0735	0.0721	0.0708	0.0694	0.0681
1.5	0.0668	0.0655	0.0643	0.0630	0.0618	0.0606	0.0594	0.0582	0.0571	0.0559
1.6	0.0548	0.0537	0.0526	0.0516	0.0505	0.0495	0.0485	0.0475	0.0465	0.0455
1.7	0.0446	0.0436	0.0427	0.0418	0.0409	0.0401	0.0392	0.0384	0.0375	0.0367
1.8	0.0359	0.0351	0.0344	0.0336	0.0329	0.0322	0.0314	0.0307	0.0301	0.0294
1.9	0.0287	0.0281	0.0274	0.0268	0.0262	0.0256	0.0250	0.0244	0.0239	0.0233
2.0	0.0228	0.0222	0.0217	0.0212	0.0207	0.0202	0.0197	0.0192	0.0188	0.0183
2.1	0.0179	0.0174	0.0170	0.0166	0.0162	0.0158	0.0154	0.0150	0.0146	0.0143
2.2	0.0139	0.0136	0.0132	0.0129	0.0125	0.0122	0.0119	0.0116	0.0113	0.0110
2.3	0.0107	0.0104	0.0102	0.0099	0.0096	0.0094	0.0091	0.0089	0.0087	0.0084
2.4	0.0082	0.0080	0.0078	0.0075	0.0073	0.0071	0.0069	0.0068	0.0066	0.0064
2.5	0.0062	0.0060	0.0059	0.0057	0.0055	0.0054	0.0052	0.0051	0.0049	0.0048
2.6	0.0047	0.0045	0.0044	0.0043	0.0041	0.0040	0.0039	0.0038	0.0037	0.0036
2.7	0.0035	0.0034	0.0033	0.0032	0.0031	0.0030	0.0029	0.0028	0.0027	0.0026
2.8	0.0026	0.0025	0.0024	0.0023	0.0023	0.0022	0.0021	0.0021	0.0020	0.0019
2.9	0.0019	0.0018	0.0018	0.0017	0.0016	0.0016	0.0015	0.0015	0.0014	0.0014
3.0	0.0013	0.0013	0.0013	0.0012	0.0012	0.0011	0.0011	0.0011	0.0010	0.0010
3.1	0.0010	0.0009	0.0009	0.0009	0.0008	0.0008	0.0008	0.0008	0.0007	0.0007
3.2	0.0007	0.0007	0.0006	0.0006	0.0006	0.0006	0.0006	0.0005	0.0005	0.0005
3.3	0.0005	0.0005	0.0005	0.0004	0.0004	0.0004	0.0004	0.0004	0.0004	0.0003
3.4	0.0003	0.0003	0.0003	0.0003	0.0003	0.0003	0.0003	0.0003	0.0003	0.0002
3.5	0.0002	0.0002	0.0002	0.0002	0.0002	0.0002	0.0002	0.0002	0.0002	0.0002
3.6	0.0002	0.0002	0.0001	0.0001	0.0001	0.0001	0.0001	0.0001	0.0001	0.0001
3.7	0.0001	0.0001	0.0001	0.0001	0.0001	0.0001	0.0001	0.0001	0.0001	0.0001
3.8	0.0001	0.0001	0.0001	0.0001	0.0001	0.0001	0.0001	0.0001	0.0001	0.0001
3.9	0.0000	0.0000	0.0000	0.0000	0.0000	0.0000	0.0000	0.0000	0.0000	0.0000

Ⅱ　*t*分布表（表頭の上側確率と表側の自由度 ν に対応する t 値）

注：標準正規分布表(Ⅰ)と異なり，表中の値が t 値になる。

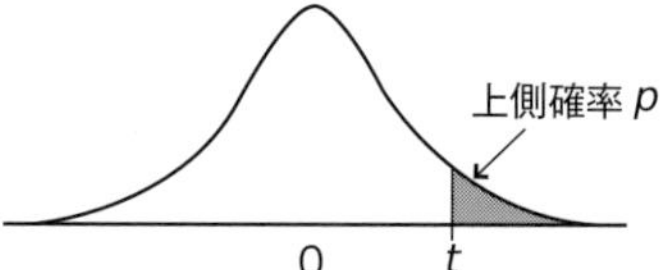

ν \ p	0.10	0.05	0.025	0.01	0.005	0.001
1	3.078	6.314	12.706	31.821	63.657	318.309
2	1.886	2.920	4.303	6.965	9.925	22.327
3	1.638	2.353	3.182	4.541	5.841	10.215
4	1.533	2.132	2.776	3.747	4.604	7.173
5	1.476	2.015	2.571	3.365	4.032	5.893
6	1.440	1.943	2.447	3.143	3.707	5.208
7	1.415	1.895	2.365	2.998	3.499	4.785
8	1.397	1.860	2.306	2.896	3.355	4.501
9	1.383	1.833	2.262	2.821	3.250	4.297
10	1.372	1.812	2.228	2.764	3.169	4.144
11	1.363	1.796	2.201	2.718	3.106	4.025
12	1.356	1.782	2.179	2.681	3.055	3.930
13	1.350	1.771	2.160	2.650	3.012	3.852
14	1.345	1.761	2.145	2.624	2.977	3.787
15	1.341	1.753	2.131	2.602	2.947	3.733
16	1.337	1.746	2.120	2.583	2.921	3.686
17	1.333	1.740	2.110	2.567	2.898	3.646
18	1.330	1.734	2.101	2.552	2.878	3.610
19	1.328	1.729	2.093	2.539	2.861	3.579
20	1.325	1.725	2.086	2.528	2.845	3.552
21	1.323	1.721	2.080	2.518	2.831	3.527
22	1.321	1.717	2.074	2.508	2.819	3.505
23	1.319	1.714	2.069	2.500	2.807	3.485
24	1.318	1.711	2.064	2.492	2.797	3.467
25	1.316	1.708	2.060	2.485	2.787	3.450
26	1.315	1.706	2.056	2.479	2.779	3.435
27	1.314	1.703	2.052	2.473	2.771	3.421
28	1.313	1.701	2.048	2.467	2.763	3.408
29	1.311	1.699	2.045	2.462	2.756	3.396
30	1.310	1.697	2.042	2.457	2.750	3.385
31	1.309	1.696	2.040	2.453	2.744	3.375
32	1.309	1.694	2.037	2.449	2.738	3.365
33	1.308	1.692	2.035	2.445	2.733	3.356
34	1.307	1.691	2.032	2.441	2.728	3.348
35	1.306	1.690	2.030	2.438	2.724	3.340
36	1.306	1.688	2.028	2.434	2.719	3.333
37	1.305	1.687	2.026	2.431	2.715	3.326
38	1.304	1.686	2.024	2.429	2.712	3.319
39	1.304	1.685	2.023	2.426	2.708	3.313
40	1.303	1.684	2.021	2.423	2.704	3.307

III　χ^2 分布表（表頭の上側確率と表側の自由度 ν に対応する χ^2 値）

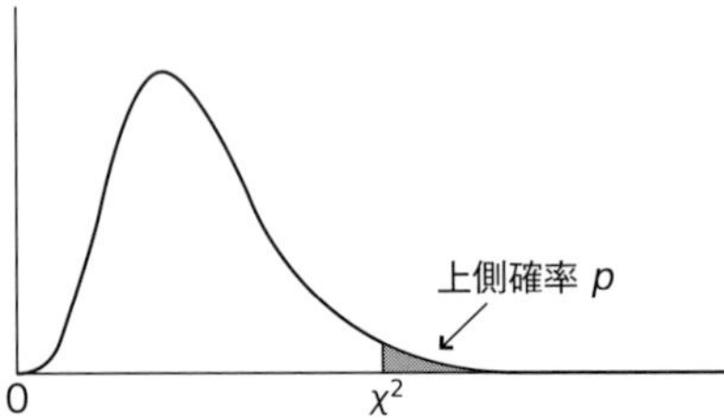

ν \ p	0.995	0.990	0.975	0.950	0.900	0.100	0.050	0.025	0.010	0.005
1	0.000	0.000	0.001	0.004	0.016	2.706	3.841	5.024	6.635	7.879
2	0.010	0.020	0.051	0.103	0.211	4.605	5.991	7.378	9.210	10.597
3	0.072	0.115	0.216	0.352	0.584	6.251	7.815	9.348	11.345	12.838
4	0.207	0.297	0.484	0.711	1.064	7.779	9.488	11.143	13.277	14.860
5	0.412	0.554	0.831	1.145	1.610	9.236	11.070	12.833	15.086	16.750
6	0.676	0.872	1.237	1.635	2.204	10.645	12.592	14.449	16.812	18.548
7	0.989	1.239	1.690	2.167	2.833	12.017	14.067	16.013	18.475	20.278
8	1.344	1.646	2.180	2.733	3.490	13.362	15.507	17.535	20.090	21.955
9	1.735	2.088	2.700	3.325	4.168	14.684	16.919	19.023	21.666	23.589
10	2.156	2.558	3.247	3.940	4.865	15.987	18.307	20.483	23.209	25.188
11	2.603	3.053	3.816	4.575	5.578	17.275	19.675	21.920	24.725	26.757
12	3.074	3.571	4.404	5.226	6.304	18.549	21.026	23.337	26.217	28.300
13	3.565	4.107	5.009	5.892	7.042	19.812	22.362	24.736	27.688	29.819
14	4.075	4.660	5.629	6.571	7.790	21.064	23.685	26.119	29.141	31.319
15	4.601	5.229	6.262	7.261	8.547	22.307	24.996	27.488	30.578	32.801
16	5.142	5.812	6.908	7.962	9.312	23.542	26.296	28.845	32.000	34.267
17	5.697	6.408	7.564	8.672	10.085	24.769	27.587	30.191	33.409	35.718
18	6.265	7.015	8.231	9.390	10.865	25.989	28.869	31.526	34.805	37.156
19	6.844	7.633	8.907	10.117	11.651	27.204	30.144	32.852	36.191	38.582
20	7.434	8.260	9.591	10.851	12.443	28.412	31.410	34.170	37.566	39.997
22	8.643	9.542	10.982	12.338	14.041	30.813	33.924	36.781	40.289	42.796
24	9.886	10.856	12.401	13.848	15.659	33.196	36.415	39.364	42.980	45.559
26	11.160	12.198	13.844	15.379	17.292	35.563	38.885	41.923	45.642	48.290
28	12.461	13.565	15.308	16.928	18.939	37.916	41.337	44.461	48.278	50.993
30	13.787	14.953	16.791	18.493	20.599	40.256	43.773	46.979	50.892	53.672
40	20.707	22.164	24.433	26.509	29.051	51.805	55.758	59.342	63.691	66.766
50	27.911	29.707	32.357	34.764	37.689	63.167	67.505	71.420	76.154	79.490
60	35.534	37.485	40.482	43.188	46.459	74.397	79.082	83.298	88.379	91.952
70	43.275	45.442	48.758	51.739	55.329	85.527	90.531	95.023	100.425	104.215
80	51.172	53.540	57.153	60.391	64.278	96.578	101.879	106.629	112.329	116.321
90	59.196	61.754	65.647	69.126	73.291	107.565	113.145	118.136	124.116	128.299
100	67.328	70.065	74.222	77.929	82.358	118.498	124.342	129.561	135.807	140.169
110	75.550	78.458	82.867	86.792	91.471	129.385	135.480	140.917	147.414	151.948
120	83.852	86.923	91.573	95.705	100.624	140.233	146.567	152.211	158.950	163.648

Ⅳ　F分布表 上側確率5%（表頭と表側の自由度に対応するF値）

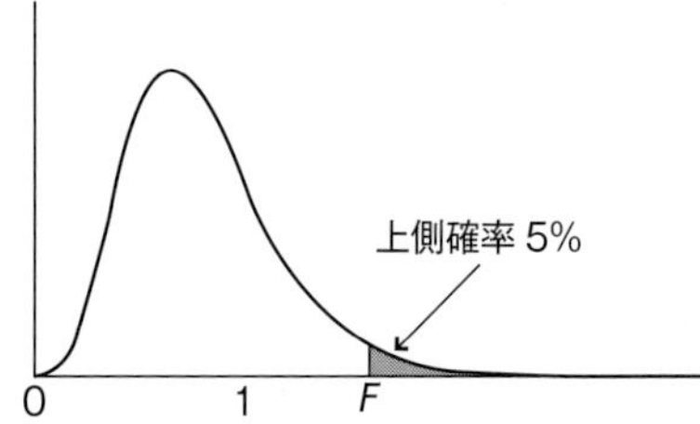

ν_2（分母の自由度） \ ν_1（分子の自由度）	1	2	3	4	5	6	7	8	9	10	15	20
1	161.45	199.50	215.71	224.58	230.16	233.99	236.77	238.88	240.54	241.88	245.95	248.01
2	18.51	19.00	19.16	19.25	19.30	19.33	19.35	19.37	19.38	19.40	19.43	19.45
3	10.13	9.55	9.28	9.12	9.01	8.94	8.89	8.85	8.81	8.79	8.70	8.66
4	7.71	6.94	6.59	6.39	6.26	6.16	6.09	6.04	6.00	5.96	5.86	5.80
5	6.61	5.79	5.41	5.19	5.05	4.95	4.88	4.82	4.77	4.74	4.62	4.56
6	5.99	5.14	4.76	4.53	4.39	4.28	4.21	4.15	4.10	4.06	3.94	3.87
7	5.59	4.74	4.35	4.12	3.97	3.87	3.79	3.73	3.68	3.64	3.51	3.44
8	5.32	4.46	4.07	3.84	3.69	3.58	3.50	3.44	3.39	3.35	3.22	3.15
9	5.12	4.26	3.86	3.63	3.48	3.37	3.29	3.23	3.18	3.14	3.01	2.94
10	4.96	4.10	3.71	3.48	3.33	3.22	3.14	3.07	3.02	2.98	2.85	2.77
11	4.84	3.98	3.59	3.36	3.20	3.09	3.01	2.95	2.90	2.85	2.72	2.65
12	4.75	3.89	3.49	3.26	3.11	3.00	2.91	2.85	2.80	2.75	2.62	2.54
13	4.67	3.81	3.41	3.18	3.03	2.92	2.83	2.77	2.71	2.67	2.53	2.46
14	4.60	3.74	3.34	3.11	2.96	2.85	2.76	2.70	2.65	2.60	2.46	2.39
15	4.54	3.68	3.29	3.06	2.90	2.79	2.71	2.64	2.59	2.54	2.40	2.33
16	4.49	3.63	3.24	3.01	2.85	2.74	2.66	2.59	2.54	2.49	2.35	2.28
17	4.45	3.59	3.20	2.96	2.81	2.70	2.61	2.55	2.49	2.45	2.31	2.23
18	4.41	3.55	3.16	2.93	2.77	2.66	2.58	2.51	2.46	2.41	2.27	2.19
19	4.38	3.52	3.13	2.90	2.74	2.63	2.54	2.48	2.42	2.38	2.23	2.16
20	4.35	3.49	3.10	2.87	2.71	2.60	2.51	2.45	2.39	2.35	2.20	2.12
22	4.30	3.44	3.05	2.82	2.66	2.55	2.46	2.40	2.34	2.30	2.15	2.07
24	4.26	3.40	3.01	2.78	2.62	2.51	2.42	2.36	2.30	2.25	2.11	2.03
26	4.23	3.37	2.98	2.74	2.59	2.47	2.39	2.32	2.27	2.22	2.07	1.99
28	4.20	3.34	2.95	2.71	2.56	2.45	2.36	2.29	2.24	2.19	2.04	1.96
30	4.17	3.32	2.92	2.69	2.53	2.42	2.33	2.27	2.21	2.16	2.01	1.93
32	4.15	3.29	2.90	2.67	2.51	2.40	2.31	2.24	2.19	2.14	1.99	1.91
34	4.13	3.28	2.88	2.65	2.49	2.38	2.29	2.23	2.17	2.12	1.97	1.89
36	4.11	3.26	2.87	2.63	2.48	2.36	2.28	2.21	2.15	2.11	1.95	1.87
38	4.10	3.24	2.85	2.62	2.46	2.35	2.26	2.19	2.14	2.09	1.94	1.85
40	4.08	3.23	2.84	2.61	2.45	2.34	2.25	2.18	2.12	2.08	1.92	1.84
42	4.07	3.22	2.83	2.59	2.44	2.32	2.24	2.17	2.11	2.06	1.91	1.83
44	4.06	3.21	2.82	2.58	2.43	2.31	2.23	2.16	2.10	2.05	1.90	1.81
46	4.05	3.20	2.81	2.57	2.42	2.30	2.22	2.15	2.09	2.04	1.89	1.80
48	4.04	3.19	2.80	2.57	2.41	2.29	2.21	2.14	2.08	2.03	1.88	1.79
50	4.03	3.18	2.79	2.56	2.40	2.29	2.20	2.13	2.07	2.03	1.87	1.78
60	4.00	3.15	2.76	2.53	2.37	2.25	2.17	2.10	2.04	1.99	1.84	1.75
70	3.98	3.13	2.74	2.50	2.35	2.23	2.14	2.07	2.02	1.97	1.81	1.72
80	3.96	3.11	2.72	2.49	2.33	2.21	2.13	2.06	2.00	1.95	1.79	1.70
90	3.95	3.10	2.71	2.47	2.32	2.20	2.11	2.04	1.99	1.94	1.78	1.69
100	3.94	3.09	2.70	2.46	2.31	2.19	2.10	2.03	1.97	1.93	1.77	1.68

V　*F*分布表 上側確率2.5%（表頭と表側の自由度に対応する*F*値）

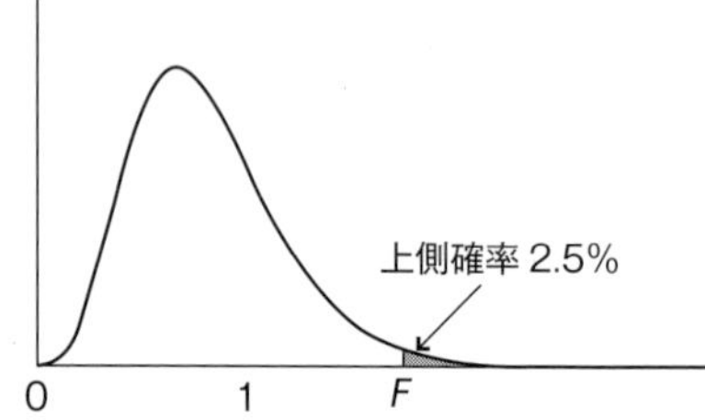

	ν_1（分子の自由度）											
ν_2（分母の自由度）	1	2	3	4	5	6	7	8	9	10	15	20
1	647.8	799.5	864.2	899.6	921.8	937.1	948.2	956.7	963.3	968.6	984.9	993.1
2	38.51	39.00	39.17	39.25	39.30	39.33	39.36	39.37	39.39	39.40	39.43	39.45
3	17.44	16.04	15.44	15.10	14.88	14.73	14.62	14.54	14.47	14.42	14.25	14.17
4	12.22	10.65	9.98	9.60	9.36	9.20	9.07	8.98	8.90	8.84	8.66	8.56
5	10.01	8.43	7.76	7.39	7.15	6.98	6.85	6.76	6.68	6.62	6.43	6.33
6	8.81	7.26	6.60	6.23	5.99	5.82	5.70	5.60	5.52	5.46	5.27	5.17
7	8.07	6.54	5.89	5.52	5.29	5.12	4.99	4.90	4.82	4.76	4.57	4.47
8	7.57	6.06	5.42	5.05	4.82	4.65	4.53	4.43	4.36	4.30	4.10	4.00
9	7.21	5.71	5.08	4.72	4.48	4.32	4.20	4.10	4.03	3.96	3.77	3.67
10	6.94	5.46	4.83	4.47	4.24	4.07	3.95	3.85	3.78	3.72	3.52	3.42
11	6.72	5.26	4.63	4.28	4.04	3.88	3.76	3.66	3.59	3.53	3.33	3.23
12	6.55	5.10	4.47	4.12	3.89	3.73	3.61	3.51	3.44	3.37	3.18	3.07
13	6.41	4.97	4.35	4.00	3.77	3.60	3.48	3.39	3.31	3.25	3.05	2.95
14	6.30	4.86	4.24	3.89	3.66	3.50	3.38	3.29	3.21	3.15	2.95	2.84
15	6.20	4.77	4.15	3.80	3.58	3.41	3.29	3.20	3.12	3.06	2.86	2.76
16	6.12	4.69	4.08	3.73	3.50	3.34	3.22	3.12	3.05	2.99	2.79	2.68
17	6.04	4.62	4.01	3.66	3.44	3.28	3.16	3.06	2.98	2.92	2.72	2.62
18	5.98	4.56	3.95	3.61	3.38	3.22	3.10	3.01	2.93	2.87	2.67	2.56
19	5.92	4.51	3.90	3.56	3.33	3.17	3.05	2.96	2.88	2.82	2.62	2.51
20	5.87	4.46	3.86	3.51	3.29	3.13	3.01	2.91	2.84	2.77	2.57	2.46
22	5.79	4.38	3.78	3.44	3.22	3.05	2.93	2.84	2.76	2.70	2.50	2.39
24	5.72	4.32	3.72	3.38	3.15	2.99	2.87	2.78	2.70	2.64	2.44	2.33
26	5.66	4.27	3.67	3.33	3.10	2.94	2.82	2.73	2.65	2.59	2.39	2.28
28	5.61	4.22	3.63	3.29	3.06	2.90	2.78	2.69	2.61	2.55	2.34	2.23
30	5.57	4.18	3.59	3.25	3.03	2.87	2.75	2.65	2.57	2.51	2.31	2.20
32	5.53	4.15	3.56	3.22	3.00	2.84	2.71	2.62	2.54	2.48	2.28	2.16
34	5.50	4.12	3.53	3.19	2.97	2.81	2.69	2.59	2.52	2.45	2.25	2.13
36	5.47	4.09	3.50	3.17	2.94	2.78	2.66	2.57	2.49	2.43	2.22	2.11
38	5.45	4.07	3.48	3.15	2.92	2.76	2.64	2.55	2.47	2.41	2.20	2.09
40	5.42	4.05	3.46	3.13	2.90	2.74	2.62	2.53	2.45	2.39	2.18	2.07
42	5.40	4.03	3.45	3.11	2.89	2.73	2.61	2.51	2.43	2.37	2.16	2.05
44	5.39	4.02	3.43	3.09	2.87	2.71	2.59	2.50	2.42	2.36	2.15	2.03
46	5.37	4.00	3.42	3.08	2.86	2.70	2.58	2.48	2.41	2.34	2.13	2.02
48	5.35	3.99	3.40	3.07	2.84	2.69	2.56	2.47	2.39	2.33	2.12	2.01
50	5.34	3.97	3.39	3.05	2.83	2.67	2.55	2.46	2.38	2.32	2.11	1.99
60	5.29	3.93	3.34	3.01	2.79	2.63	2.51	2.41	2.33	2.27	2.06	1.94
70	5.25	3.89	3.31	2.97	2.75	2.59	2.47	2.38	2.30	2.24	2.03	1.91
80	5.22	3.86	3.28	2.95	2.73	2.57	2.45	2.35	2.28	2.21	2.00	1.88
90	5.20	3.84	3.26	2.93	2.71	2.55	2.43	2.34	2.26	2.19	1.98	1.86
100	5.18	3.83	3.25	2.92	2.70	2.54	2.42	2.32	2.24	2.18	1.97	1.85

VI スチューデント化された範囲の（q）分布表

（群数j，自由度vの限界値，上側確率5%）

注：Tukey（-Kramer）法の限界値には$\sqrt{2}$で割った値を使う。

v \ j	2	3	4	5	6	7	8	9
2	6.085	8.331	9.798	10.881	11.734	12.434	13.027	13.538
3	4.501	5.910	6.825	7.502	8.037	8.478	8.852	9.177
4	3.927	5.040	5.757	6.287	6.706	7.053	7.347	7.602
5	3.635	4.602	5.218	5.673	6.033	6.330	6.582	6.801
6	3.460	4.339	4.896	5.305	5.629	5.895	6.122	6.319
7	3.344	4.165	4.681	5.060	5.359	5.605	5.814	5.995
8	3.261	4.041	4.529	4.886	5.167	5.399	5.596	5.766
9	3.199	3.948	4.415	4.755	5.023	5.244	5.432	5.594
10	3.151	3.877	4.327	4.654	4.912	5.124	5.304	5.460
11	3.113	3.820	4.256	4.574	4.823	5.028	5.202	5.353
12	3.081	3.773	4.199	4.508	4.750	4.949	5.118	5.265
13	3.055	3.734	4.151	4.453	4.690	4.884	5.049	5.192
14	3.033	3.701	4.111	4.407	4.639	4.829	4.990	5.130
15	3.014	3.673	4.076	4.367	4.595	4.782	4.940	5.077
16	2.998	3.649	4.046	4.333	4.557	4.741	4.896	5.031
17	2.984	3.628	4.020	4.303	4.524	4.705	4.858	4.991
18	2.971	3.609	3.997	4.276	4.494	4.673	4.824	4.955
19	2.960	3.593	3.977	4.253	4.468	4.645	4.794	4.924
20	2.950	3.578	3.958	4.232	4.445	4.620	4.768	4.895
21	2.941	3.565	3.942	4.213	4.424	4.597	4.743	4.870
22	2.933	3.553	3.927	4.196	4.405	4.577	4.722	4.847
23	2.926	3.542	3.914	4.180	4.388	4.558	4.702	4.826
24	2.919	3.532	3.901	4.166	4.373	4.541	4.684	4.807
25	2.913	3.523	3.890	4.153	4.358	4.526	4.667	4.789
26	2.907	3.514	3.880	4.141	4.345	4.511	4.652	4.773
27	2.902	3.506	3.870	4.130	4.333	4.498	4.638	4.758
28	2.897	3.499	3.861	4.120	4.322	4.486	4.625	4.745
29	2.892	3.493	3.853	4.111	4.311	4.475	4.613	4.732
30	2.888	3.487	3.845	4.102	4.301	4.464	4.601	4.720
31	2.884	3.481	3.838	4.094	4.292	4.454	4.591	4.709
32	2.881	3.475	3.832	4.086	4.284	4.445	4.581	4.698
33	2.877	3.470	3.825	4.079	4.276	4.436	4.572	4.689
34	2.874	3.465	3.820	4.072	4.268	4.428	4.563	4.680
35	2.871	3.461	3.814	4.066	4.261	4.421	4.555	4.671
36	2.868	3.457	3.809	4.060	4.255	4.414	4.547	4.663
37	2.865	3.453	3.804	4.054	4.249	4.407	4.540	4.655
38	2.863	3.449	3.799	4.049	4.243	4.400	4.533	4.648
39	2.861	3.445	3.795	4.044	4.237	4.394	4.527	4.641
40	2.858	3.442	3.791	4.039	4.232	4.388	4.521	4.634
41	2.856	3.439	3.787	4.035	4.227	4.383	4.515	4.628
42	2.854	3.436	3.783	4.030	4.222	4.378	4.509	4.622
43	2.852	3.433	3.779	4.026	4.217	4.373	4.504	4.617
44	2.850	3.430	3.776	4.022	4.213	4.368	4.499	4.611
45	2.848	3.428	3.773	4.018	4.209	4.364	4.494	4.606
46	2.847	3.425	3.770	4.015	4.205	4.359	4.489	4.601
47	2.845	3.423	3.767	4.011	4.201	4.355	4.485	4.597
48	2.844	3.420	3.764	4.008	4.197	4.351	4.481	4.592
49	2.842	3.418	3.761	4.005	4.194	4.347	4.477	4.588
50	2.841	3.416	3.758	4.002	4.190	4.344	4.473	4.584
60	2.829	3.399	3.737	3.977	4.163	4.314	4.441	4.550
80	2.814	3.377	3.711	3.947	4.129	4.278	4.402	4.509
100	2.806	3.365	3.695	3.929	4.109	4.256	4.379	4.484
120	2.800	3.356	3.685	3.917	4.096	4.241	4.363	4.468
240	2.786	3.335	3.659	3.887	4.063	4.205	4.324	4.427
360	2.781	3.328	3.650	3.877	4.052	4.193	4.312	4.413
∞	2.772	3.314	3.633	3.858	4.030	4.170	4.286	4.387

Ⅶ　マン・ホイットニーのU検定表

（標本サイズが$n_B > n_A$の場合の限界値，両側確率5%と1%）

両側 5%		n_B																			
		1	2	3	4	5	6	7	8	9	10	11	12	13	14	15	16	17	18	19	20
	1	—	—	—	—	—	—	—	—	—	—	—	—	—	—	—	—	—	—	—	—
	2	—	—	—	—	—	—	—	0	0	0	0	1	1	1	1	1	2	2	2	2
	3	—	—	—	—	0	1	1	2	2	3	3	4	4	5	5	6	6	7	7	8
	4	—	—	—	0	1	2	3	4	4	5	6	7	8	9	10	11	11	12	13	14
	5					2	3	5	6	7	8	9	11	12	13	14	15	17	18	19	20
	6						5	6	8	10	11	13	14	16	17	19	21	22	24	25	27
	7							8	10	12	14	16	18	20	22	24	26	28	30	32	34
	8								13	15	17	19	22	24	26	29	31	34	36	38	41
	9									17	20	23	26	28	31	34	37	39	42	45	48
n_A	10										23	26	29	33	36	39	42	45	48	52	55
	11											30	33	37	40	44	47	51	55	58	62
	12												37	41	45	49	53	57	61	65	69
	13													45	50	54	59	63	69	72	76
	14														55	59	64	69	74	78	83
	15															64	70	75	80	85	90
	16																75	81	86	92	98
	17																	87	93	99	105
	18																		99	106	112
	19																			113	119
	20																				127

両側 1%		n_B																			
		1	2	3	4	5	6	7	8	9	10	11	12	13	14	15	16	17	18	19	20
	1	—	—	—	—	—	—	—	—	—	—	—	—	—	—	—	—	—	—	—	—
	2	—	—	—	—	—	—	—	—	—	—	—	—	—	—	—	—	—	—	0	0
	3	—	—	—	—	—	—	—	—	0	0	0	1	1	1	2	2	2	2	3	3
	4	—	—	—	—	—	0	0	1	1	2	2	3	3	4	5	5	6	6	7	8
	5					0	1	1	2	3	4	5	6	7	7	8	9	10	11	12	13
	6						2	3	4	5	6	7	9	10	11	12	13	15	16	17	18
	7							4	6	7	9	10	12	13	15	16	18	19	21	22	24
	8								7	9	11	13	15	17	18	20	22	24	26	28	30
	9									11	13	16	18	20	22	24	27	29	31	33	36
n_A	10										16	18	21	24	26	29	31	34	37	39	42
	11											21	24	27	30	33	36	39	42	45	48
	12												27	31	34	37	41	44	47	51	54
	13													34	38	42	45	49	53	57	60
	14														42	46	50	54	58	63	67
	15															51	55	60	64	69	73
	16																60	65	70	74	79
	17																	70	75	81	86
	18																		81	87	92
	19																			93	99
	20																				105

注：—は標本サイズが小さ過ぎて検定できないことを示す。

Ⅷ 直交表（2水準系）

注：表中の値は水準を表している。また，各列の下のアルファベットは各列の成分を表す記号で，要因の割り付けを考えるとき，交互作用が現れる列を見つけるのに用いる。

$L_4(2^3)$

No.＼列番	1	2	3
1	1	1	1
2	1	2	2
3	2	1	2
4	2	2	1
成分	a	b	a b

← **3列目に1列目と2列目の交互作用が現れる。**

$L_8(2^7)$

No.＼列番	1	2	3	4	5	6	7
1	1	1	1	1	1	1	1
2	1	1	1	2	2	2	2
3	1	2	2	1	1	2	2
4	1	2	2	2	2	1	1
5	2	1	2	1	2	1	2
6	2	1	2	2	1	2	1
7	2	2	1	1	2	2	1
8	2	2	1	2	1	1	2
成分	a	b	a b	c	a c	b c	a b c

$L_{16}(2^{15})$

No.＼列番	1	2	3	4	5	6	7	8	9	10	11	12	13	14	15
1	1	1	1	1	1	1	1	1	1	1	1	1	1	1	1
2	1	1	1	1	1	1	1	2	2	2	2	2	2	2	2
3	1	1	1	2	2	2	2	1	1	1	1	2	2	2	2
4	1	1	1	2	2	2	2	2	2	2	2	1	1	1	1
5	1	2	2	1	1	2	2	1	1	2	2	1	1	2	2
6	1	2	2	1	1	2	2	2	2	1	1	2	2	1	1
7	1	2	2	2	2	1	1	1	1	2	2	2	2	1	1
8	1	2	2	2	2	1	1	2	2	1	1	1	1	2	2
9	2	1	2	1	2	1	2	1	2	1	2	1	2	1	2
10	2	1	2	1	2	1	2	2	1	2	1	2	1	2	1
11	2	1	2	2	1	2	1	1	2	1	2	2	1	2	1
12	2	1	2	2	1	2	1	2	1	2	1	1	2	1	2
13	2	2	1	1	2	2	1	1	2	2	1	1	2	2	1
14	2	2	1	1	2	2	1	2	1	1	2	2	1	1	2
15	2	2	1	2	1	1	2	1	2	2	1	2	1	1	2
16	2	2	1	2	1	1	2	2	1	1	2	1	2	2	1
成分	a	b	a b	c	a c	b c	a b c	d	a d	b d	a b d	c d	a c d	b c d	a b c d

（田口玄一（1977）『実験計画法 下』丸善株式会社から抜粋、編集）

IX 直交表（3水準系）

$L_9(3^4)$

No. ＼ 列番	1	2	3	4
1	1	1	1	1
2	1	2	2	2
3	1	3	3	3
4	2	1	2	3
5	2	2	3	1
6	2	3	1	2
7	3	1	3	2
8	3	2	1	3
9	3	3	2	1
成分	a	b	ab	a^2
				b

$L_{27}(3^{13})$

No. ＼ 列番	1	2	3	4	5	6	7	8	9	10	11	12	13
1	1	1	1	1	1	1	1	1	1	1	1	1	1
2	1	1	1	1	2	2	2	2	2	2	2	2	2
3	1	1	1	1	3	3	3	3	3	3	3	3	3
4	1	2	2	2	1	1	1	2	2	2	3	3	3
5	1	2	2	2	2	2	2	3	3	3	1	1	1
6	1	2	2	2	3	3	3	1	1	1	2	2	2
7	1	3	3	3	1	1	1	3	3	3	2	2	2
8	1	3	3	3	2	2	2	1	1	1	3	3	3
9	1	3	3	3	3	3	3	2	2	2	1	1	1
10	2	1	2	3	1	2	3	1	2	3	1	2	3
11	2	1	2	3	2	3	1	2	3	1	2	3	1
12	2	1	2	3	3	1	2	3	1	2	3	1	2
13	2	2	3	1	1	2	3	2	3	1	3	1	2
14	2	2	3	1	2	3	1	3	1	2	1	2	3
15	2	2	3	1	3	1	2	1	2	3	2	3	1
16	2	3	1	2	1	2	3	3	1	2	2	3	1
17	2	3	1	2	2	3	1	1	2	3	3	1	2
18	2	3	1	2	3	1	2	2	3	1	1	2	3
19	3	1	3	2	1	3	2	1	3	2	1	3	2
20	3	1	3	2	2	1	3	2	1	3	2	1	3
21	3	1	3	2	3	2	1	3	2	1	3	2	1
22	3	2	1	3	1	3	2	2	1	3	3	2	1
23	3	2	1	3	2	1	3	3	2	1	1	3	2
24	3	2	1	3	3	2	1	1	3	2	2	1	3
25	3	3	2	1	1	3	2	3	2	1	2	1	3
26	3	3	2	1	2	1	3	1	3	2	3	2	1
27	3	3	2	1	3	2	1	2	1	3	1	3	2
成分	a		a	a^2		a	a		a	a		a	a
		b	b	b				b	b	b^2	b	b^2	b
					c	c	c^2	c	c	c^2	c^2	c	c^2

（田口玄一（1977）『実験計画法 下』丸善株式会社から抜粋、編集）

X 直交表（混合系）

$L_{18}(2^1 \times 3^7)$

No. ＼ 列番	1	2	3	4	5	6	7	8
1	1	1	1	1	1	1	1	1
2	1	1	2	2	2	2	2	2
3	1	1	3	3	3	3	3	3
4	1	2	1	1	2	2	3	3
5	1	2	2	2	3	3	1	1
6	1	2	3	3	1	1	2	2
7	1	3	1	2	1	3	2	3
8	1	3	2	3	2	1	3	1
9	1	3	3	1	3	2	1	2
10	2	1	1	3	3	2	2	1
11	2	1	2	1	1	3	3	2
12	2	1	3	2	2	1	1	3
13	2	2	1	2	3	1	3	2
14	2	2	2	3	1	2	1	3
15	2	2	3	1	2	3	2	1
16	2	3	1	3	2	3	1	2
17	2	3	2	1	3	1	2	3
18	2	3	3	2	1	2	3	1

$L_{36}(2^{11} \times 3^{12})$

No. ＼ 列番	1	2	3	4	5	6	7	8	9	10	11	12	13	14	15	16	17	18	19	20	21	22	23
1	1	1	1	1	1	1	1	1	1	1	1	1	1	1	1	1	1	1	1	1	1	1	1
2	1	1	1	1	1	1	1	1	1	1	1	2	2	2	2	2	2	2	2	2	2	2	2
3	1	1	1	1	1	1	1	1	1	1	1	3	3	3	3	3	3	3	3	3	3	3	3
4	1	1	1	1	1	2	2	2	2	2	2	1	1	1	1	2	2	2	2	3	3	3	3
5	1	1	1	1	1	2	2	2	2	2	2	2	2	2	2	3	3	3	3	1	1	1	1
6	1	1	1	1	1	2	2	2	2	2	2	3	3	3	3	1	1	1	1	2	2	2	2
7	1	1	2	2	2	1	1	1	2	2	2	1	1	2	3	1	2	3	3	1	2	2	3
8	1	1	2	2	2	1	1	1	2	2	2	2	2	3	1	2	3	1	1	2	3	3	1
9	1	1	2	2	2	1	1	1	2	2	2	3	3	1	2	3	1	2	2	3	1	1	2
10	1	2	1	2	2	1	2	2	1	1	2	1	1	3	2	1	3	2	3	2	1	3	2
11	1	2	1	2	2	1	2	2	1	1	2	2	2	1	3	2	1	3	1	3	2	1	3
12	1	2	1	2	2	1	2	2	1	1	2	3	3	2	1	3	2	1	2	1	3	2	1
13	1	2	2	1	2	2	1	2	1	2	1	1	2	3	1	3	2	1	3	3	2	1	2
14	1	2	2	1	2	2	1	2	1	2	1	2	3	1	2	1	3	2	1	1	3	2	3
15	1	2	2	1	2	2	1	2	1	2	1	3	1	2	3	2	1	3	2	2	1	3	1
16	1	2	2	2	1	2	2	1	2	1	1	1	2	3	2	1	1	3	2	3	3	2	1
17	1	2	2	2	1	2	2	1	2	1	1	2	3	1	3	2	2	1	3	1	1	3	2
18	1	2	2	2	1	2	2	1	2	1	1	3	1	2	1	3	3	2	1	2	2	1	3
19	2	1	2	2	1	1	2	2	1	2	1	1	2	1	3	3	3	1	2	2	1	2	3
20	2	1	2	2	1	1	2	2	1	2	1	2	3	2	1	1	1	2	3	3	2	3	1
21	2	1	2	2	1	1	2	2	1	2	1	3	1	3	2	2	2	3	1	1	3	1	2
22	2	1	2	1	2	2	2	1	1	1	2	1	2	2	3	3	1	2	1	1	3	3	2
23	2	1	2	1	2	2	2	1	1	1	2	2	3	3	1	1	2	3	2	2	1	1	3
24	2	1	2	1	2	2	2	1	1	1	2	3	1	1	2	2	3	1	3	3	2	2	1
25	2	1	1	2	2	2	1	2	2	1	1	1	3	2	1	2	3	3	1	3	1	2	2
26	2	1	1	2	2	2	1	2	2	1	1	2	1	3	2	3	1	1	2	1	2	3	3
27	2	1	1	2	2	2	1	2	2	1	1	3	2	1	3	1	2	2	3	2	3	1	1
28	2	2	2	1	1	1	1	2	2	1	2	1	3	2	2	2	1	1	3	2	3	1	3
29	2	2	2	1	1	1	1	2	2	1	2	2	1	3	3	3	2	2	1	3	1	2	1
30	2	2	2	1	1	1	1	2	2	1	2	3	2	1	1	1	3	3	2	1	2	3	2
31	2	2	1	2	1	2	1	1	1	2	2	1	3	3	3	2	3	2	2	1	2	1	1
32	2	2	1	2	1	2	1	1	1	2	2	2	1	1	1	3	1	3	3	2	3	2	2
33	2	2	1	2	1	2	1	1	1	2	2	3	2	2	2	1	2	1	1	3	1	3	3
34	2	2	1	1	2	1	2	1	2	2	1	1	3	1	2	3	2	3	1	2	2	3	1
35	2	2	1	1	2	1	2	1	2	2	1	2	1	2	3	1	3	1	2	3	3	1	2
36	2	2	1	1	2	1	2	1	2	2	1	3	2	3	1	2	1	2	3	1	1	2	3

（田口玄一（1977）『実験計画法 下』丸善株式会社から抜粋、編集）

XI ギリシャ文字一覧

大文字	小文字	読み方	対応するアルファベット	統計学での使い方例
Α	α	アルファ	a	有意水準，回帰モデルの切片（定数項）
Β	β	ベータ	b	偏回帰係数，第二種の過誤の確率
Γ	γ	ガンマ	g	ガンマ関数(大文字)
Δ	δ	デルタ	d	差(変化量)
Ε	ε	イプシロン	e	回帰モデルの誤差項
Ζ	ζ	ジータ	z	
Η	η	イータ	e(長音)	
Θ	θ	シータ	th	母数（パラメータ），定数，推定値
Ι	ι	イオタ	i	
Κ	κ	カッパ	k	累乗数（因子軸のプロマックス回転）
Λ	λ	ラムダ	l	ポアソン分布の母数，固有値，定数
Μ	μ	ミュー	m	母平均
Ν	ν	ニュー	n	自由度
Ξ	ξ	クサイ	x	変数
Ο	o	オミクロン	o	
Π	π	パイ	p	総乗(大文字)，円周率(小文字)
Ρ	ρ	ロー	r	相関係数
Σ	σ	シグマ	s	総和(大文字)，母標準偏差・母分散(小文字)
Τ	τ	タウ	t	
Υ	υ	ウプシロン	y	
Φ	ϕ	ファイ	ph	自由度（小文字）
X	χ	カイ	ch	χ^2分布の統計量（小文字）
Ψ	ψ	プサイ	ps	
Ω	ω	オメガ	o(長音)	加重平均の重み係数

本書の次に読むと良さそうなテキスト

1　統計学

〔1〕P.G. ホーエル（1981），初等統計学，培風館

数式をあまり使わないという現代の統計学入門書のお手本となった名著です。最初からじっくり読むと前半で息切れしてしまうので，前半の数学や統計の復習部分は読み流しましょう。なお，数式にアレルギーのない方には，同じ著者が書いた『入門数理統計学』（培風館）をお勧めします。

〔2〕宮川公男（2015），基本統計学　第4版，有斐閣

初版は1977年ですが，大幅な改訂を重ねて，日本における統計学の代表的入門書の地位を確立しました。確率と確率分布の解説に大部分を割いており，基本を重視する著者の思いが伝わってきます。ただし，ノンパラや多重性にはまったく触れていませんので，実戦には物足りません。

〔3〕東京大学教養学部統計学教室編（1991），統計学入門，東京大学出版

〔2〕とほぼ同じ構成ですが，中級向けといった感じです。練習問題に良問がそろっていますので，頑張って解いていけば理解が深まるでしょう。

〔4〕高橋信（2004），マンガでわかる統計学，オーム社

漫画形式を取ってはいますが奥の深い良書です。ただし，どうしても内容は限られてしまいますので，本書はあくまで動機付けとして利用し，他のテキストで補完しましょう。

〔5〕小島寛之（2006），完全独習 統計学入門，ダイヤモンド社

確率分布（とくにχ^2分布）について大変わかりやすく書いてあります。しかし，信頼区間の推定で終わってしまっており，検定についてはあまり触れていません。確率分布の考え方を理解できない方にお勧めします。

〔6〕森敏昭・吉田寿夫（1990），心理学のためのデータ解析テクニカルブック，北大路書房

タイトル通り，人間相手の実験で必要になるノンパラなどについてわかりやすく書かれた秀著です。とくにページ下に書かれた補注が役に立ちます。しかし，5人の先生が執筆しているため，章によって専門用語や難度にバラツキがあります。

〔7〕粕谷英一（1998），生物学を学ぶ人のための統計のはなし — きみにも出せる有意差 —，文一総合出版

会話形式で書かれていますが，どちらかというと，すでに統計学の基礎を学んでいる人が「なるほど」と思うようなトピックス中心となっています。ノンパラ重視の新しい構成に挑戦した入門書として注目できます。サブタイトルはもちろん“皮肉”です。

〔8〕市原清志（1990），バイオサイエンスの統計学—正しく活用するための実践理論—，南江堂

さまざまな仮説検定に関してパラメトリックとノンパラ両面から辞書式で詳しく解説しています。文字は少なめですが，とても工夫されたわかりやすい図を多用しているので，初学者のあらゆる疑問を解決してくれます。

〔9〕栗原伸一・丸山敦史（2017），統計学図鑑，オーム社

入門者から実務者までを対象に，「あれはどうだったけな？」というときにパラパラと辞書代わりに使えるようにしました。最新の話題も扱っており，この手の本にありがちな無駄なイラストも一切ありません。『入門 統計学』とセットで活用していただければ幸いです。

〔10〕鶴田陽和（2013），独習 統計学24講　—医療データの見方・使い方—，朝倉書店

ランダム化比較試験から入るなど，構成は変化球ですが，医療系の統計学テキストとしてはもっとも実践的で，かつ基本もおさえた良書です。医療系の論文を読んだり書いたりするときには大変役に立つでしょう。

〔11〕デイヴィッド・サルツブルグ（2010），統計学を拓いた異才たち — 経験則から科学へ進展した一世紀 —，日本経済新聞出版社

フィッシャーやらピアソンやらの短い伝記集です。翻訳が難解な部分もありますが，読み飛ばして構いません。統計学を切り拓いてきた偉人達の努力と苦難の歴史については学んでおくべきだと思います。

2　検出力分析・多重比較法

〔12〕大久保街亜・岡田謙介（2012），伝えるための心理統計 — 効果量・信頼区間・検定力，勁草書房

検出力分析全般を丁寧に解説している数少ないテキストです。とくに効果量と信頼区間の説明に多くが割かれています。入門書をマスターした後に本書を読むことで，統計学の本質が見えてくるでしょう。

〔13〕永田靖（2003），サンプルサイズの決め方，朝倉書店

本書も検出力分析を扱った数少ないテキストの1つですが，〔12〕とは異なり，はっきりと検定の種類ごとにサンプルサイズの決め方を整理しており，より実践的な内容となっております。

〔14〕永田靖・吉田道弘（1997），統計的多重比較法の基礎，サイエンティスト社

多重比較法の専門書はなかなかありません。その意味でこの本が研究者に与えたインパクトは大きいです。しかし，その後もいろいろと多重比較法の研究・改良はされているので改訂版が望まれます。

3　分散分析・実験計画法・品質工学

〔15〕永田靖（2000），入門実験計画法，日科技連

実験計画法は，学生よりも実務家に需要のある分野なので，本書のように体系的にまとめ上げられたテキストは貴重です。また，実際に運用するときになって，色々な疑問が湧いてきてしまうのが実験計画法の特徴なので，後半に設けられたQ&Aがとても役に立ちます。

〔16〕大村平（2013），改訂版　実験計画と分散分析のはなし―効率よい計画とデータ解析のコツ―，日科技連

ミミズとバッタと餌など，事例は独特ですが，最初からじっくり読めば，本書一冊で分散分析を完全理解できます。独学でマスターしたいと考えている人は最初に読むべき本といえるでしょう。ただし，あくまで読本形式で書かれているので，必要に応じて読み返すような使い方はできません。

〔17〕森田浩（2019），図解入門 よくわかる最新実験計画法の基本と仕組み 第2版，秀和システム

イラストによるわかりやすい解説が満載で，まさに実務者向けのテキストです。ただし，分散分析中心で実験計画についてはさらっと触れているだけなのが残念です。Excelを使った簡易分析法も掲載されています。

〔18〕矢野耕也（2006），はじめての品質工学―初歩的な疑問を解決しよう―，日本規格協会

品質工学（品質管理）は，得体の知れない，取っ付きにくい分野です。

本書は100ページにも満たないボリュームですが，美味しいコーヒーの入れ方を事例として，とてもわかりやすく解説しております。ただし，本当に入門の入門で終わってしまっているので，次のステップに進むには別途，中級レベルのテキストが必要になります。

4　回帰分析（計量経済学）

〔19〕白砂堤津耶（2007），例題で学ぶ初歩からの計量経済学 第2版，日本評論社

統計学からその応用である計量経済の基本までを豊富な例題でわかりやすく解説している秀著です。しかし，若干厳密さに欠けるところも散見されるため，大学の講義で教員がテキスト指定する形が望ましいでしょう。

〔20〕山本拓（1995），計量経済学，新世社

計量経済学初心者の自習書としては日本一でしょう。式も丁寧に展開されていますので，他のテキストを必要としません。ただし，著者が時系列分析の専門家なので，社会実験やアンケートなど，クロスセクションのデータに関する記述が少ないのが残念です。同著者の『入門 計量経済学』は端折られ過ぎているため，お勧めしません。

〔21〕山本勲（2015），実証分析のための計量経済学，中央経済社

2冊目に読むべきテキストです。まさに実証分析のための内容となっており，ちょっと凝ったモデルの解釈方法や，最新の分析手法などがわかりやすく紹介されています。

5　多変量解析

〔22〕田中豊・脇本和昌（1983），多変量統計解析法，現代数学社

大方の手法について理論まで丁寧に解説してあります。多変量解析には決定版といえる本がなかなかないので，認定するとすればこの本です。

〔23〕永田靖・棟近雅彦（2001），多変量解析法入門，サイエンス社

ときには具体的な数値を使いながら，丁寧に式を展開しているので，じっくり読めば本書のみで完結する良本です。とくに主成分分析とクラスター分析の解析が逸品です。因子分析はおまけ程度ですが，こちらも意外とわかりやすいです。

6　ベイズ統計学・統計モデリング

〔24〕豊田秀樹（2015），基礎からのベイズ統計学―ハミルトニアンモンテカルロ法による実践的入門，朝倉書店

コンパクトながら，序盤はベイズ統計学の基本と注意点を，中盤以降はMCMCの解説を丁寧に進めています。巻末にはStanのコードも書かれていますが，おまけ程度です。一見，難しそうですが，「なぜそうなるのか？」という，初学者が引っかかるところ（ベイズはこれが多いのです）も省略せずに書かれているのがありがたいです。

〔25〕髙橋信（2017），マンガでわかる　ベイズ統計学，オーム社

漫画部分は2章以降，殆ど意味ありません。しかし，数式や具体的な値を丁寧に導き出しているので，一般のテキストよりよほどテキストらしいです。ただし，後半の階層ベイズやMCMCは早足になってしまいました。

〔26〕松浦健太郎（2016），StanとRでベイズ統計モデリング，共立出版

階層ベイズも簡単に扱えるStanの演習本です。この手の本にありがちな“写経”にならないように，医療関係の事例などを使って，最後まで飽きずにStanを学べます。Stan関連本ではナンバーワンです。

〔27〕馬場真哉（2019），RとＳｔａｎではじめる　ベイズ統計モデリングによるデータ分析入門，講談社

〔26〕をもう少し初心者向けにした内容です。とはいえ，Stanを学ぶには十分な構成となっております。また，Stanとは関係のない第1部の理論編がとてもわかりやすいのも得した気分にしてくれます。

〔28〕久保拓弥（2012），データ解析のための統計モデリング入門　―一般化線形モデル・階層ベイズモデル・MCMC―，岩波書店

“緑本”と呼ばれ，階層ベイズを用いた混合モデルの解説には定評があります。前半の一般化線形モデル（ポアソンとロジット）の説明もとてもよいです。ただし，説明法がかなりユニークなのと，カウントデータにこだわっている点が読者や分野を選ぶでしょう。

おわりに

著者は農業経済学を専門としている。我々の分野においては1870年代に起きたいわゆる限界革命以降，近代経済学の台頭によって，統計学，そしてその応用である計量経済学は今や必須の学問となった。統計的手法を全く用いない論文は，学術雑誌はおろか，学会個別報告会でもなかなかお目にかかれない状況である。こうした傾向は他の分野においても同様であろう。

今回，本書を執筆するにあたって，他分野を含め多くの同僚から話を伺った。その結果，大学の圃場や研究室で実験を行う場合，予算などの制約から標本サイズは20から30程度であり，科学的な結論を得るにはやはり推測統計学が欠かせないことが確認できた。しかしながらそうした状況にもかかわらず，どの分野においても学生の統計に対するアレルギーは根強く，卒論で必要になった場合にのみ，先輩の見よう見まねで，（理論はブラックボックスのまま）統計ソフトが弾き出した結果をコピー&ペーストすることで，なんとかその場をしのいでいるという実態も浮かび上がってきた。例えば，以前，著者の統計学の授業で苦手意識を5段階で聞いたことがあるが，「苦手」または「やや苦手」と回答した学生は6割にも上っていたのである。その一方で，必ずしも高度な手法を必要とはしていないこともわかった。自然科学の分野で求められているのは，主にt検定やF検定による「差の検定」であり，せいぜい分散分析までできれば卒論レベルとしては十分であるということであった。ただし，大きな標本を比較的取得しやすい農業経済学の分野では，もう少し複雑な手法が必要とされている。例えば，時系列データを用いる場合には単位根検定（本書では扱っていない）が今では当たり前だし，意識調査のデータなどを用いる場合にはノンパラメトリック検定などが必要になる。そして卒論レベルでも，最終的な分析では多変量解析が使われることが多い。しかし，やはり基本は各種の確率分布の理解と，それを使った信頼区間の推定や各種検定なのである。それらをしっかりと理解すれば，重回帰分析などへのステップアップも容易になる。

本書はこうした卒論のための土台となる基本的な統計学を，15回の講義でどうにか理解させるために試行錯誤した講義録の結晶である（第2版は増量したので15回で終えるのは困難だろう）。本書執筆のために，どこが理解できてどこが理解できないかについて学生アンケートを毎回実施し，それをフィードバックした。農学部系の学部学生だけでなく，他分野の学生や大学院生，統計が苦手な現場の研究者にも読んでもらうことができたならば幸いである。

英語索引

日本語索引

さ行

た行

な行

は行

ま行

や行

ら行

わ行

〈著者略歴〉

栗原伸一（くりはら しんいち）

1966年 茨城県水戸市生まれ

1996年 東京農工大学大学院博士課程修了 博士（農学）

現在 千葉大学大学院園芸学研究院教授

専門は農業経営・経済学、農村計画、政策評価、消費者行動分析

授業は上記専門関連科目の他、統計学や計量経済学、マーケティングリサーチなどを担当

〈著 書〉

『統計学図鑑』（オーム社）など

入門 統計学（第2版）— 検定から多変量解析・実験計画法・ベイズ統計学まで —

2011年7月25日 第1版第1刷発行
2021年7月5日 第2版第1刷発行
2024年7月10日 第2版第5刷発行

著 者 栗原伸一
発行者 村上和夫
発行所 株式会社 オーム社
郵便番号 101-8460
東京都千代田区神田錦町3-1
電話 03(3233)0641(代表)
URL https://www.ohmsha.co.jp/

組版 トップスタジオ 印刷・製本 三美印刷
ISBN978-4-274-22738-7 Printed in Japan